普通高等教育数学基础课程教材

Applied Mathematical Statistics
应用数理统计
——基于MATLAB

韩 明 ◎ 编著

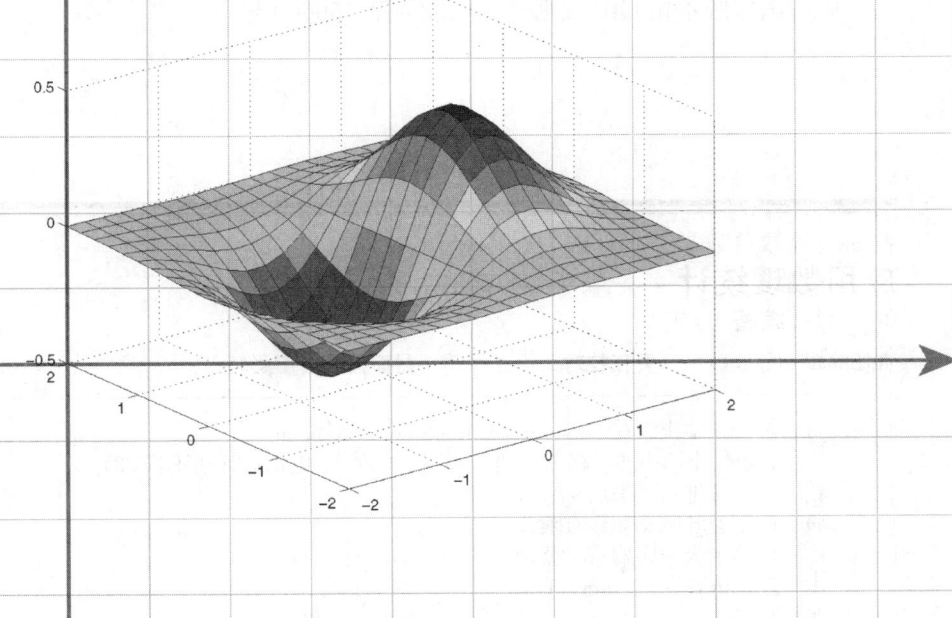

同济大学 出版社
TONGJI UNIVERSITY PRESS
·上海·

内 容 提 要

本书是根据"工学硕士研究生应用数理统计课程基本要求"编写的.全书除了讲述数理统计的传统基础内容——数理统计的基本概念、参数估计、假设检验、方差分析、回归分析外,还包括多元统计分析初步、随机过程简介.

本书根据研究生教学的特点精心选材(除"随机过程简介"外),注重阐明统计思想,突出统计方法介绍,强调 MATLAB 在数理统计中的应用;并通过问题的引入、内容的阐述、例题、应用案例和习题的配置等环节体现本书的特色.为便于读者自学,在书末还以附录形式给出了 MATLAB 的基本操作、数理统计实验简介、概率论基础知识概要、数理统计附表及习题参考答案.

本书可供相关专业工科硕士研究生作为教材使用,还可供有关专业师生以及科技工作者参考使用.

图书在版编目(CIP)数据

应用数理统计:基于 MATLAB / 韩明编著. -- 上海:同济大学出版社,2023.8
ISBN 978-7-5765-0735-5

Ⅰ. ①应… Ⅱ. ①韩… Ⅲ. ①Matlab 软件-应用-数理统计 Ⅳ. ①O212

中国国家版本馆 CIP 数据核字(2023)第 156600 号

普通高等教育数学基础课程教材

应用数理统计——基于 MATLAB

韩 明 编著

责任编辑 陈佳蔚　**责任校对** 徐逢乔　**封面设计** 渲彩轩

出版发行	同济大学出版社　www.tongjipress.com.cn	
	(地址:上海市四平路 1239 号　邮编:200092　电话:021-65985622)	
经　销	全国各地新华书店	
排　版	南京月叶图文制作有限公司	
印　刷	常熟市大宏印刷有限公司	
开　本	787 mm×1092 mm　1/16	
印　张	19.5	
字　数	487 000	
版　次	2023 年 8 月第 1 版	
印　次	2023 年 8 月第 1 次印刷	
书　号	ISBN 978-7-5765-0735-5	
定　价	59.00 元	

本书若有印装质量问题,请向本社发行部调换　　版权所有　侵权必究

前　言

　　本书是根据"工学硕士研究生应用数理统计课程基本要求"编写的. 随着大数据在人们日常生活中的广泛应用, 作为其数学基础之一的"数理统计"面临着新的需求. 因此, 围绕该课程的教学改革一直受到人们的关注. 数理统计以概率论为基础, 是一门研究如何有效地收集和分析受到随机影响的数据的学科, 主要培养学生分析(受到随机影响的)数据的能力, 这种能力在大数据时代对于大多数人来说都是必须的.

　　作为工科硕士研究生(专业学位硕士、学术型硕士)的一门公共数学基础课, "数理统计"是一门相对成熟的课程, 本书的编写更注重引入统计思想, 努力写出新意. 书中对一些细节的处理, 能具体地体现这一初衷. 除了作为数理统计的传统基础内容(本书的前五章), 本书还包括多元统计分析初步(作为多元数据处理的内容)、随机过程简介(作为数理统计的扩展).

　　本书尝试与数学实验(mathematical experiment)、数学建模(mathematical modelling)进行融合. 把数学实验和数学建模的思想方法融入数学类课程, 这是当前高等院校研究生数学类课程教学改革的一个重要方向. 数学实验、数学建模对激发学生学习数学的兴趣、提高学生应用数学的能力有着重要的作用. 本书中有一些计算和图都是用MATLAB软件来实现的, 在附录A中还给出了MATLAB的基本操作. 本书附录B"数理统计实验简介"及其在正文中的相关内容(每一章都包括MATLAB在本章中的应用, 并且在正文中很多例题、应用案例都给出了代码), 从一个侧面体现了本课程的教学改革情况.

　　本书的编写是在作者阅读了大量国内外文献的基础上进行的, 并在书末列出了参考文献, 在此对参考文献中的作者表示感谢. 本书在编写过程中, 曾就有关问题与许家清教授、赵卓教授进行讨论, 在此一并感谢.

　　虽然编者努力使本书写成为一本既有特色又便于教学的教材, 但由于水平所限, 书中如有疏漏甚至是错误, 恳请专家和读者批评指正.

韩　明
2023年8月

目 录

前言

第1章 数理统计的基本概念 ... 1
  1.1 数据的收集 ... 1
    1.1.1 数据的来源 ... 1
    1.1.2 总体、个体和样本 ... 2
    1.1.3 经验分布函数 ... 4
    习题 1.1 ... 6
  1.2 数据的描述 ... 6
    1.2.1 数据的频数频率分布表和直方图 ... 6
    1.2.2 样本分位数与中位数 ... 8
    1.2.3 数据的五数概括与箱线图 ... 9
    习题 1.2 ... 11
  1.3 统计量与样本均值的抽样分布 ... 12
    1.3.1 统计量与样本矩 ... 12
    1.3.2 样本均值的抽样分布 ... 14
    习题 1.3 ... 16
  1.4 三个重要抽样分布与抽样定理 ... 16
    1.4.1 三个重要抽样分布 ... 16
    1.4.2 正态总体下的抽样定理 ... 24
    习题 1.4 ... 27
  1.5 MATLAB 在数据描述中的应用 ... 28

第2章 参数估计 ... 35
  2.1 点估计 ... 35
    2.1.1 矩估计法 ... 35
    2.1.2 极大似然估计法 ... 37
    习题 2.1 ... 43
  2.2 估计量的评选标准 ... 44
    2.2.1 无偏性 ... 45
    2.2.2 有效性与相合性 ... 46
    2.2.3 均方误差 ... 48

	2.2.4　一致最小方差无偏估计	49
	习题 2.2	49
2.3	区间估计	50
	2.3.1　区间估计的概念	50
	2.3.2　枢轴量法	53
	2.3.3　单个正态总体均值与方差的置信区间	54
	2.3.4　两个正态总体均值之差与方差之比的置信区间	56
	2.3.5　单侧置信限	60
	习题 2.3	63
2.4	贝叶斯估计	64
	2.4.1　统计推断的基础	64
	2.4.2　贝叶斯公式的密度函数形式	65
	2.4.3　贝叶斯估计	70
	2.4.4　贝叶斯估计的误差	71
	习题 2.4	72
2.5	MATLAB 在参数估计中的应用	73
	2.5.1　矩估计和极大似然估计	73
	2.5.2　点估计和区间估计	74

第 3 章　假设检验 ············ 76

3.1	假设检验的基本思想与步骤	76
	3.1.1　假设检验的基本思想	76
	3.1.2　两类错误与假设检验的步骤	79
	3.1.3　检验的 p 值	82
	3.1.4　确定原假设 H_0 和备择假设 H_1 的方法	83
	习题 3.1	85
3.2	单个正态总体均值与方差的检验	85
	3.2.1　单个总体均值的检验	85
	3.2.2　置信区间、单侧置信限与假设检验的关系	89
	3.2.3　单个总体方差的检验	90
	习题 3.2	92
3.3	两个正态总体均值与方差的检验	94
	3.3.1　两个正态总体均值之差的检验	94
	3.3.2　两个正态总体方差之比的检验	96
	习题 3.3	98
3.4	分布拟合检验	99
	习题 3.4	103

3.5 MATLAB在假设检验中的应用 ·············· 104
　　3.5.1 单个正态总体的检验 ·············· 104
　　3.5.2 两个正态总体的检验 ·············· 106
　　3.5.3 分布拟合检验 ·············· 107

第4章 方差分析 ·············· 110

4.1 单因素方差分析 ·············· 110
　　4.1.1 数学模型 ·············· 111
　　4.1.2 方差分析 ·············· 112
　　4.1.3 均值的多重比较 ·············· 117
　　习题4.1 ·············· 119
4.2 双因素方差分析 ·············· 120
　　4.2.1 不考虑交互作用 ·············· 121
　　4.2.2 考虑交互作用 ·············· 124
　　习题4.2 ·············· 129
4.3 MATLAB在方差分析中的应用 ·············· 130
　　4.3.1 单因素方差分析 ·············· 130
　　4.3.2 双因素方差分析 ·············· 132

第5章 回归分析 ·············· 134

5.1 一元线性回归 ·············· 134
　　5.1.1 一个例子 ·············· 135
　　5.1.2 数学模型 ·············· 136
　　5.1.3 回归参数的估计 ·············· 136
　　5.1.4 回归方程的显著性检验 ·············· 137
　　5.1.5 预测 ·············· 146
　　习题5.1 ·············· 147
5.2 可线性化的一元非线性回归 ·············· 148
　　习题5.2 ·············· 151
5.3 多元线性回归 ·············· 151
　　5.3.1 多元线性回归模型 ·············· 152
　　5.3.2 回归参数的估计 ·············· 152
　　5.3.3 回归方程的显著性检验 ·············· 153
　　习题5.3 ·············· 157
5.4 逐步回归 ·············· 158
　　5.4.1 变量的选择 ·············· 158
　　5.4.2 逐步回归的计算 ·············· 159

习题 5.4 ·· 160
　5.5　多项式回归 ··· 161
　　　习题 5.5 ·· 168
　5.6　MATLAB 在回归分析中的应用 ··· 168
　　　5.6.1　一元线性回归 ··· 168
　　　5.6.2　可线性化的一元非线性回归 ··································· 172
　　　5.6.3　多元线性回归 ··· 173

第 6 章　多元统计分析初步 ··· 176
　6.1　聚类分析 ··· 177
　　　6.1.1　聚类分析的基本思想与意义 ··································· 178
　　　6.1.2　Q 型聚类分析 ··· 179
　　　6.1.3　R 型聚类分析 ··· 184
　　　6.1.4　我国高等教育发展状况的聚类分析 ······················· 187
　　　6.1.5　聚类分析的注意事项 ·· 194
　　　习题 6.1 ·· 194
　6.2　主成分分析 ··· 195
　　　6.2.1　主成分分析的基本思想及方法 ······························· 196
　　　6.2.2　特征值因子的筛选 ·· 197
　　　6.2.3　我国高等教育发展情况的主成分分析 ··················· 201
　　　6.2.4　主成分分析的注意事项 ·· 205
　　　习题 6.2 ·· 205
　6.3　因子分析 ··· 206
　　　6.3.1　因子分析模型 ··· 206
　　　6.3.2　因子载荷矩阵的估计方法 ······································ 208
　　　6.3.3　因子旋转 ··· 214
　　　6.3.4　因子得分 ··· 216
　　　6.3.5　因子分析的步骤 ··· 217
　　　6.3.6　我国上市公司的因子分析 ······································ 218
　　　习题 6.3 ·· 222
　6.4　MATLAB 在多元统计分析中的应用 ································· 222

第 7 章　随机过程简介 ··· 223
　7.1　随机过程的概念 ·· 223
　7.2　独立增量过程 ··· 224
　　　7.2.1　泊松过程 ··· 224
　　　7.2.2　维纳过程 ··· 225

7.3 马尔可夫过程 ·· 225
    7.3.1 马尔可夫过程的定义 ·· 225
    7.3.2 马尔可夫链 ··· 226
7.4 平稳过程 ·· 227
    7.4.1 严平稳过程 ··· 227
    7.4.2 宽平稳过程 ··· 227
    7.4.3 高斯过程 ·· 228
7.5 MATLAB 在随机过程中的应用 ·· 228

附录 A   MATLAB 的基本操作 ·· 231
附录 B   数理统计实验简介 ··· 245
附录 C   概率论基础知识概要 ··· 249
附录 D   数理统计附表 ·· 280

习题参考答案 ·· 295

参考文献 ·· 299

第 1 章

数理统计的基本概念

数理统计是一门应用性非常强的学科,它的历史已有三百多年(从 17 世纪中叶算起),即使是从皮尔逊(K. Pearson,1857—1936)和费歇尔(R. A. Fisher,1890—1962)的工作算起,数理统计的发展也已有一百多年的历史,并取得了良好的社会和经济效益.关于数理统计发展史,见本章最后——"数理统计"发展简史,《数理统计学简史》(陈希孺,2002)等.

数理统计以概率论为基础,是一门研究如何有效地收集和分析受到随机影响的数据的学科.数据随机性的来源有二:一是抽样的随机性,由于一些条件的限制不可能或者没有必要得到研究对象的全部资料,而只能用"一定的方式"抽取一部分进行考察;二是试验过程中的随机误差,即在试验过程中无法控制,甚至是尚不了解的因素所引起的误差.

数理统计包括两个方面的内容:一个是如何有效地收集数据——抽样方法、试验设计;另一个是如何对收集到的局部数据进行合理地分析、推断整体情况——统计推断.数理统计的创始人之一,英国统计学家费歇尔曾把统计推断归纳为抽样分布、参数估计和假设检验三个方面.

经过多年的发展和完善,数理统计的研究内容已非常丰富,且形成了多个学科分支,如抽样调查,试验设计,回归分析,多元统计分析,时间序列分析,非参数统计,贝叶斯(Bayes)统计及可靠性统计等.

本章将介绍:数据的收集,数据的描述,统计量与样本均值的抽样分布,三个重要抽样分布与抽样定理,MATLAB 在数据描述中的应用.

1.1 数据的收集

1.1.1 数据的来源

当人们翻开报纸、打开电视,或用手机、电脑上网时,就可以看到各种数据.比如物价指数、股票行情、外汇牌价、犯罪率、房价、流行病的有关数据;当然还有国家统计局定期发布的各种国家经济数据、海关发布的进出口贸易数据,等等.从这些数据中人们可以提取对自己有用的信息.

某些企业每年都要花数目可观的经费来收集和分析数据.他们调查其产品目前在市场中的状况和地位,并确定其竞争对手的态势;他们调查不同地区、不同阶层的民众对其产品的认知程度和购买意愿,以改进产品或推出新品种以争取新顾客;他们还收集各地方的经济交通等信息,以决定如何保住现有市场和开发新市场.

在实际中,我们观察或考察一个研究对象获得的数据(又称收集数据)的方式主要有两种:一种是直接地收集观察对象获得的数据,另一种是对要观察的对象通过人为地设计某种试验进行观察或者设计某种方案进行抽样得到的数据.它们的区别在于,前者是观察者处在被动的地位,他们只是对感兴趣的事务记录下"自然而然"发生的结果,而不是企图要改变他们所观察到的事务.而后者则是观察者处于主动地位,在试验中可以在一定范围内自由地控制某些因素,以考察这些因素对其他因素的影响,在"抽样"中可以按照观察者的某种要求,得到具有代表性的数据.在经济和金融中涉及的数据,主要属于第一种,即直接收集到的数据.例如,股票价格波动的观测数据,它的波动不会因为观察者的需要而改变.而在工业设计试验中,得到的数据大都来自试验,属于第二种数据——试验数据.

从性质上看,数据可以分为定量和定性两种.定量数据有大小之分,如股票价格、产品个数、人的身高和体重等都是定量数据;而定性数据则没有大小之分,只有表示研究对象的某种特征,如人的性别、产品的种类等,人们可以用数据来描述它们(例如,用1表示男性,用-1表示女性),这样的数据是不能比较大小的.定量数据,又习惯地分为连续型和离散型两种.例如人的身高,从理论上说它的取值范围可以是一个区间[如区间(0,3)等],习惯上称为连续型的;又如产品的种类,它的取值范围是离散的,如0,1,2,…,习惯上称为离散型的.这里需要说明,以上只是关于连续型和离散型数据的习惯描述,对于它们的严格数学定义,分别对应着概率论中的连续型和离散型随机变量的定义.

1.1.2 总体、个体和样本

某城市交通建设是以轨道交通在内的公共交通工具为主,还是以小汽车为主?要想了解该市市民的观点,需要进行调查.调查对象为所有该市市民,调查的目的是希望知道市民对这个问题的不同观点各自占有的比例.显然,不能去问该市所有市民,而只能问其中的一部分;并根据这部分市民的观点来理解整个城市市民的观点.

定义 1.1.1 在数理统计中,把所研究对象的全体称为**总体**,把构成总体中每个元素称为**个体**.总体中所包含个体的个数称为总体的**容量**.容量为有限的总体称为**有限总体**,容量为无限的总体称为**无限总体**.

例如,在前面城市交通工具调查问题中,每个市民是一个个体,而所有市民是一个总体.某大学研究生一年级(简称"研一")的男生是一个总体,其中的每一个男生是一个个体;某种手机中装配的锂电池是一个总体,每只锂电池是一个个体.在实际问题中所研究的是总体中个体的某一个数量指标.例如,对上述"研一"男生这一总体来说,只研究男生的身高这个数量指标.又如对于锂电池这个总体,只研究电池寿命这个数量指标.

例如,考察某天生产的某型号锂电池,总体的容量就是锂电池的个数,所以是有限总体.当有限总体所含个体的数量很大时,可以认为它近似地是一个无限总体.例如,考察全国正在使用的某种型号灯泡的寿命,总体的容量就是灯泡的个数,由于灯泡的个数很多,可以近似地认为是无限总体.

我们所要研究的个体的某一个数量指标(例如"研一"男生的身高),它对总体中不同的个体来说取不同的数值,即具有不确定性.我们自总体中随机取一个个体,观察它的数量指标的值,这就是一个随机试验.而数量指标 X 作为随机试验中被观察的量,它的取值随试验的结果而定,是一个随机变量.我们对总体的研究,就是对随机变量 X 的研究. X 的分布函数和数字特征,分别称为总体的分布函数和数字特征.这样,一个总体对应于一个随机变量 X. 今后将不区分总体与相应的随机变量,笼统地称为总体 X.

例如,我们检验自动生产线生产出来的零件是次品还是正品,用 1 表示产品为次品,用 0 表示产品为正品.设出现次品的概率为 p,那么总体是由一些具有数量指标为 1 和一些具有数量指标为 0 的个体所组成.这个总体对应于一个参数为 p 的两点分布,我们就将它说成是两点分布的总体.

要将一个总体的性质了解清楚,初看起来,最理想的办法是对每个个体逐一进行观察,但这在实际问题中往往是不现实的.例如要研究一批电池的寿命,由于寿命试验是破坏性的,一旦我们获得了每个电池的寿命数据,这批电池已经全部报废了.因此只能从这批电池中随机地抽取一部分进行寿命试验,并记录其结果,然后根据这些数据来推断这批电池的寿命情况.

在数理统计中,人们一般都是通过从总体中抽取一部分个体,根据获得的数据来对总体进行推断的.被抽出的部分个体叫做总体的一个样本.

所谓从总体中抽取一个个体,就是对总体 X 进行一次观察并记录其结果.我们在相同的条件下对总体 X 进行 n 次重复的、独立的观察,并将 n 次观察结果按试验的次序记为 $X_1, X_2, \cdots, X_n$. 由于 $X_1, X_2, \cdots, X_n$ 是对随机变量 X 的观察结果,且各次观察是在相同的条件下独立进行的,所以有理由认为 $X_1, X_2, \cdots, X_n$ 是相互独立的,且都是与 X 具有相同分布的随机变量.

定义 1.1.2 设 X 是具有分布函数 F 的随机变量,若 $X_1, X_2, \cdots, X_n$ 是具有相同分布函数 F 的、相互独立的随机变量,则称 $X_1, X_2, \cdots, X_n$ 为从总体 X 得到的**容量为 n 的简单随机样本**,简称**样本**(sample),它们的观察值 $x_1, x_2, \cdots, x_n$ 称为**样本观察值**,简称**观察值**.

应该注意的是,由于数理统计是通过从总体中抽取一部分个体组成的样本,并根据获得的样本数据来对总体进行推断的,因此这就决定了数理统计的方法是"归纳性"的(而且是不完全的归纳),它区别于概率论的"演绎性".

由定义 1.1.2 可知,若 $X_1, X_2, \cdots, X_n$ 为总体 X 的一个简单随机样本(或样本),则有以下两个重要性质.

(1) **独立性**: $X_1, X_2, \cdots, X_n$ 是相互独立的随机变量,也就是每次抽样的结果既不影响其他次抽样的结果,也不受其他次抽样结果的影响.

(2) **代表性**: $X_1, X_2, \cdots, X_n$ 能代表总体的特性,即要求 $X_1, X_2, \cdots, X_n$ 与总体 X 具有相同的分布.

它们的分布函数都是 F,所以 $X_1, X_2, \cdots, X_n$ 的联合分布函数为

$$F(x_1, x_2, \cdots, x_n) = \prod_{i=1}^{n} F(x_i).$$

又设 X 具有密度函数 f,则 $X_1, X_2, \cdots, X_n$ 的联合密度函数为

$$f(x_1, x_2, \cdots, x_n) = \prod_{i=1}^{n} f(x_i).$$

例 1.1.1 (1) 设 $X_1, X_2, \cdots, X_n$ 是来自正态总体 $X \sim N(\mu, \sigma^2)$ 简单随机样本,求 $X_1, X_2, \cdots, X_n$ 的联合密度函数.(2) 设 $X_1, X_2, \cdots, X_5$ 是来自均值为 θ 的指数分布总体的简单随机样本,求 $X_1, X_2, \cdots, X_5$ 的联合密度函数;设 $X_1, X_2, \cdots, X_5$ 分别为 5 块独立工作的电路板的寿命(以年记),求 5 块电路板的寿命都大于 1 年的概率.

解 (1) 若 $X \sim N(\mu, \sigma^2)$,则 X 的密度函数为

$$f(x; \mu, \sigma^2) = \frac{1}{\sqrt{2\pi}\sigma} \exp\left\{-\frac{(x-\mu)^2}{2\sigma^2}\right\}, \quad -\infty < x < \infty.$$

设 $x_1, x_2, \cdots, x_n$ 为 $X_1, X_2, \cdots, X_n$ 的观察值,则 $X_1, X_2, \cdots, X_n$ 的联合密度函数为

$$\begin{aligned} f(x_1, x_2, \cdots, x_n) &= \prod_{i=1}^{n} \frac{1}{\sqrt{2\pi}\sigma} \exp\left\{-\frac{(x_i-\mu)^2}{2\sigma^2}\right\} \\ &= (2\pi)^{-\frac{n}{2}} (\sigma^2)^{-\frac{n}{2}} \exp\left\{-\frac{1}{2\sigma^2} \sum_{i=1}^{n} (x_i - \mu)^2\right\}. \end{aligned}$$

(2) 若总体 X 服从均值为 θ 的指数分布,则其密度函数为

$$f(x; \theta) = \begin{cases} \dfrac{1}{\theta} \exp\left\{-\dfrac{x}{\theta}\right\}, & x > 0, \\ 0, & \text{其他}. \end{cases}$$

设 $x_1, x_2, \cdots, x_5$ 为 $X_1, X_2, \cdots, X_5$ 的观察值,则 $X_1, X_2, \cdots, X_5$ 的联合密度函数为

$$f(x_1, x_2, \cdots, x_5) = \begin{cases} \prod_{i=1}^{5} \dfrac{1}{\theta} \exp\left\{-\dfrac{x_i}{\theta}\right\} = \dfrac{1}{\theta^5} \exp\left\{-\sum_{i=1}^{5} \dfrac{x_i}{\theta^5}\right\}, & x_1, x_1, \cdots, x_5 > 0, \\ 0, & \text{其他}. \end{cases}$$

根据题意,5 块电路板的寿命都大于 1 年的概率为

$$\begin{aligned} P\{X_1 > 1, X_2 > 1, \cdots, X_5 > 1\} &= P\{X_1 > 1\} P\{X_2 > 1\} \cdots P\{X_5 > 1\} \\ &= [P\{X_1 > 1\}]^5 \\ &= \left(\int_1^{\infty} \frac{1}{\theta} \mathrm{e}^{-\frac{x}{\theta}} \mathrm{d}x\right)^5 = \mathrm{e}^{-\frac{5}{\theta}}. \end{aligned}$$

1.1.3 经验分布函数

定义 1.1.3 设 $X_1, X_2, \cdots, X_n$ 是来自总体 X 的容量为 n 的样本,若将样本观察值 $x_1, x_2, \cdots, x_n$ 由小到大进行排列为 $x_{(1)}, x_{(2)}, \cdots, x_{(n)}$,则 $x_{(1)}, x_{(2)}, \cdots, x_{(n)}$ 称为**有序样本**,并用它们来定义如下函数:

$$F_n(x) = \begin{cases} 0, & x < x_{(1)}, \\ \dfrac{k}{n}, & x_{(k)} \leqslant x < x_{(k+1)}, \quad k = 1, 2, \cdots, n-1, \\ 1, & x \geqslant x_{(n)}. \end{cases}$$

则 $F_n(x)$ 是一个非减右连续函数,且满足:

$$F_n(-\infty)=0, \quad F_n(\infty)=1.$$

由此可见,$F_n(x)$ 是一个分布函数,并称 $F_n(x)$ 为**经验分布函数**.

经验分布函数 $F_n(x)$ 是事件 $\{X \leqslant x\}$ 发生的频率,而总体分布函数 $F(x)$ 是事件 $\{X \leqslant x\}$ 发生的概率. 对于固定的 x,$F_n(x)$ 是一个统计量,其分布律为

$$P\left\{F_n(x)=\frac{k}{n}\right\}=P\{nF_n(x)=k\}=C_n^k[F(x)]^k[1-F(x)]^{n-k}, \quad k=0,1,\cdots,n.$$

根据伯努利大数定律,当 n 充分大时,$F_n(x)$ 依概率收敛于 $F(x)$,即对于任意的 $\varepsilon > 0$,有

$$\lim_{n\to\infty}P\{|F_n(x)-F(x)|<\varepsilon\}=1.$$

还有更深刻的结果——格列纹科定理.

定理 1.1.1(格列纹科定理) 设总体 X 的分布函数为 $F(x)$,经验分布函数为 $F_n(x)$,记 $D_n=\sup\limits_{-\infty<x<\infty}|F_n(x)-F(x)|$,对于任意的实数 x,则有

$$P\{\lim_{n\to\infty}D_n=0\}=1.$$

定理 1.1.1 的证明从略(证明见:《数理统计讲义》,陈家鼎等,2006).

定理 1.1.1 告诉我们,当样本容量 n 足够大时,对于任意的实数 x,$F_n(x)$ 和 $F(x)$ 之差的绝对值很小,这个事件发生的概率为 1. 这也说明经验分布函数 $F_n(x)$ 是总体分布函数 $F(x)$ 的一个良好近似. 这就是我们可以根据样本推断总体的理论依据.

例 1.1.2 从某大学 300 名研究生一年级学生中随机抽取 15 名学生,调查其年龄,得到样本数据如下:22,22,21,23,22,23,20,21,22,24,22,23,23,22,21. 这是一个容量为 15 的样本观察值,经过排序得到有序样本:$x_{(1)}=20$,$x_{(2)}=21$,$x_{(3)}=21$,$x_{(4)}=21$,$x_{(5)}=22$,$x_{(6)}=22$,$x_{(7)}=22$,$x_{(8)}=22$,$x_{(9)}=22$,$x_{(10)}=22$,$x_{(11)}=23$,$x_{(12)}=23$,$x_{(13)}=23$,$x_{(14)}=23$,$x_{(15)}=24$,其经验分布函数为

$$F_n(x)=\begin{cases} 0, & x<20, \\ \dfrac{1}{15}, & 20 \leqslant x < 21, \\ \dfrac{4}{15}, & 21 \leqslant x < 22, \\ \dfrac{10}{15}, & 22 \leqslant x < 23, \\ \dfrac{14}{15}, & 23 \leqslant x < 24, \\ 1, & x \geqslant 24. \end{cases}$$

上述经验分布函数 $F_n(x)$ 的图形(其 MATLAB 代码,见附录 B 的列 B.2.1)如图 1-1 所示.

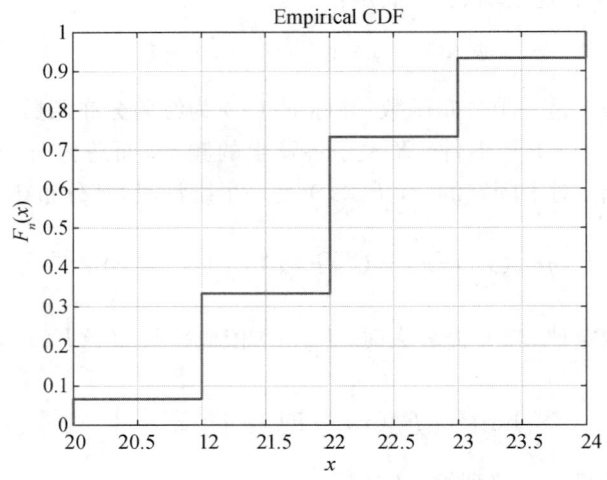

图 1-1　经验分布函数

习题 1.1

1. 设某产品的寿命 X 服从均值为 θ 的指数分布 $E(\theta)$，为了解该产品的平均寿命，从中抽取 10 个产品测试其实际使用寿命(单位：h)如下：$x_1, x_2, \cdots, x_{10}$. 试求：(1)总体及服从何种分布；(2)样本观察值；(3)当 $\theta = 2\,000$ h 时，求 10 个产品中每个产品的寿命都大于 100 h 的概率.

2. 设总体的容量为 10 的一组样本观察值为 1，2，4，3，3，4，5，6，4，8. 试求：(1)样本均值；(2)样本方差；(3)经验分布函数.

3. 设总体 $X \sim N(\mu, \sigma^2)$，$X_1, X_2, \cdots, X_n (n > 1)$ 是来自 X 的一个简单随机样本，$\bar{X}$ 为样本均值，试求 $X_n, 2X_n - X, X_1 + X_2 + \cdots + X_n$ 分别服从何分布.

4. 设总体 $X \sim B(1, p)$，$X_1, X_2, \cdots, X_n$ 是来自 X 的样本. 求：(1) $(X_1, X_2, \cdots, X_n)$ 的分布律；(2) $\sum_{i=1}^{n} X_i$ 的分布律.

1.2　数据的描述

对于收集到的数据，有些特征大致了解就可以得到，比如这些数据的大致范围，是定性还是定量数据，以及收集该数据的目的等. 以下介绍如何简单地用图表和少量的数字概括数据的某些特征. 当然数据是从总体中产生的，其特征也反映了总体的特征. 对数据的描述也是对其总体的一个近似的描述.

1.2.1　数据的频数频率分布表和直方图

为了研究总体的分布性质，人们经常通过试验得到一些观察值，一般情况下得到的数据可能是杂乱无章的. 为了利用这些数据进行统计分析，将这些数据加以整理，要借助表格和图形对它们进行描述.

1.2.1.1 数据的频数频率分布表

数据的整理是统计研究的基础,整理数据的最常见方法之一是给出其频数分布表或频率分布表.下面看一个例子.

例 1.2.1 为研究某厂工人生产某种产品的能力,随机调查了 20 名工人某天生产的该种产品的数量,数据如下:

$$160 \quad 196 \quad 164 \quad 148 \quad 170 \quad 175 \quad 178 \quad 166 \quad 181 \quad 162$$
$$161 \quad 168 \quad 166 \quad 162 \quad 172 \quad 156 \quad 170 \quad 157 \quad 162 \quad 154$$

对这 20 个数据进行整理,具体步骤如下:

(1) 数据分组

首先确定组数 k,作为一般性原则,组数通常在 5~20,对于容量较小的样本,通常将其分为 5 组或 6 组. 对于本例,由于只有 20 个数据,将其分为 5 组,即 $k=5$.

(2) 确定每组的组距

每组区间长度可以相同也可以不同,实际使用中常选用长度相同的区间以便进行比较,此时各组区间的长度称为**组距**,其近似公式为

$$组距\ d = \frac{样本最大观察值 - 样本最小观察值}{组数}.$$

本例中,最大观察值 $=196$,最小观察值 $=148$,因此组距近似为

$$d = \frac{196-148}{5} = 9.6,$$

为方便起见,取组距 $d=10$.

(3) 确定每组的组限

各组区间的端点为 $a_0, a_0+d=a_1, a_0+2d=a_2, \cdots, a_0+kd=a_k$,形成如下的分组区间:

$$(a_0, a_1], (a_1, a_2], \cdots, (a_{k-1}, a_k],$$

其中,a_0 略小于最小观察值,a_k 略大于最大观察值.

在本例中,取 $a_0=147, a_5=197$,于是本例的区间分组为

$$(147,157], \quad (157,167], \quad (167,177], \quad (177,187], \quad (187,197].$$

通常用每组的组中值来代表该组的变量取值,即

$$组中值 = \frac{组上限 + 组下限}{2}.$$

(4) 列出数据的频数频率分布表

在本例中,数据的频数频率分布见表 1-1.

从表 1-1 中可以读出很多信息,例如,40% 的工人的产量在 157~167;产量少于 167 的有 12 人,占 60%;产量高于 177 的有 3 人,占 15%.

表 1-1 数据的频数频率分布

组序	分组区间	组中值	频数	频率	累积频率
1	(147, 157]	152	4	0.20	20%
2	(157, 167]	162	8	0.40	60%
3	(167, 177]	172	5	0.25	85%
4	(177, 187]	182	2	0.10	95%
5	(187, 197]	192	1	0.05	100%
合计	—	—	20	1	—

1.2.1.2 数据的直方图

前面介绍了数据的频数频率分布表,以下介绍数据的直方图.

数据的图形显示最常用的有直方图、箱线图等. 直方图在组距相等场合常用宽度相等的长条矩形来表示,矩形的高低表示频数的大小. 在图形上,横坐标表示所关心的变量的取值区间,纵坐标表示组频数,这样就得到频数直方图. 若把纵轴改成频率,就得到频率直方图. 频数直方图与频率直方图的差别仅在于纵轴刻度的选择,直方图本身并无变化.

在例 1.2.1 中,频数直方图(其 MATLAB 代码,见附录 B 的例 B.2.2)如图 1-2 所示.

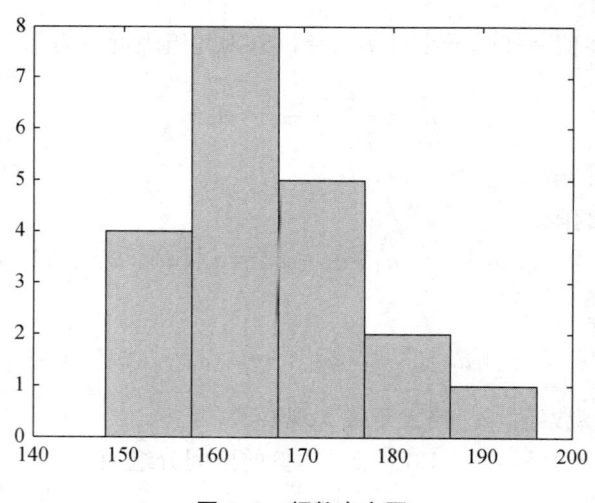

图 1-2 频数直方图

1.2.2 样本分位数与中位数

定义 1.2.1 设 $x_{(1)}, x_{(2)}, \cdots, x_{(n)}$ 为有序样本,则**样本中位数** $m_{0.5}$ 定义为

$$m_{0.5} = \begin{cases} x_{(\frac{n+1}{2})}, & \text{当 } n \text{ 为奇数}, \\ \frac{1}{2}\left(x_{(\frac{n}{2})} + x_{(\frac{n+1}{2})}\right), & \text{当 } n \text{ 为偶数}. \end{cases}$$

例如,当 $n=7$ 时,则 $m_{0.5}=x_{(4)}$;当 $n=8$ 时,则 $m_{0.5}=\frac{1}{2}(x_{(4)}+x_{(5)})$.

一般地,**样本 p 分位数 m_p** 可定义如下:

$$m_p=\begin{cases}x_{([np+1])}, & \text{若 } np \text{ 不是整数},\\ \frac{1}{2}(x_{(np)}+x_{(np+1)}), & \text{若 } np \text{ 是整数}.\end{cases}$$

其中 [ ] 表示取整函数(例如 $[4.3]=4$).

例如,当 $n=10$,$p=0.35$ 时,$m_{0.35}=x_{(4)}$;当 $n=20$,$p=0.45$ 时,则 $m_{0.45}=\frac{1}{2}(x_{(9)}+x_{(10)})$.

通常,样本均值在概括数据方面有一定的优势,但样本均值也存在不足之处.例如,有 5 个数据:3,5,9,10,13,则其均值为 $(3+5+9+10+13)/5=8$.如果将 13 错误地写成 133(比如在输入计算机时将 3 连按两下),则均值变成 $(3+5+9+10+133)/5=32$.这说明均值受极端值的影响较大,与之相对应,中位数则不受极端值的影响.因此,当数据中含有极端值时,使用中位数要比均值更好,中位数的这种抗干扰性在统计中称为具有**稳健性**.

1.2.3 数据的五数概括与箱线图

在得到有序样本 $x_{(1)}$,$x_{(2)}$,$\cdots$,$x_{(n)}$ 后,容易计算如下 5 个值:最小观察值 $x_{(1)}$,最大观察值 $x_{(n)}$,第一 4 分位数 $Q_1=m_{0.25}$,中位数 $Q_2=m_{0.5}$(即第二 4 分位数),第三 4 分位数 $Q_3=m_{0.75}$.

所谓**五数概括**就是指用这 5 个数:$x_{(1)}$,Q_1,Q_2,Q_3,$x_{(n)}$ 来大致描述一批数据的轮廓.而**箱线图**(或称 box 图)则是五数概括的图形化,垂直、水平箱线图分别如图 1-3 和图 1-4 所示.

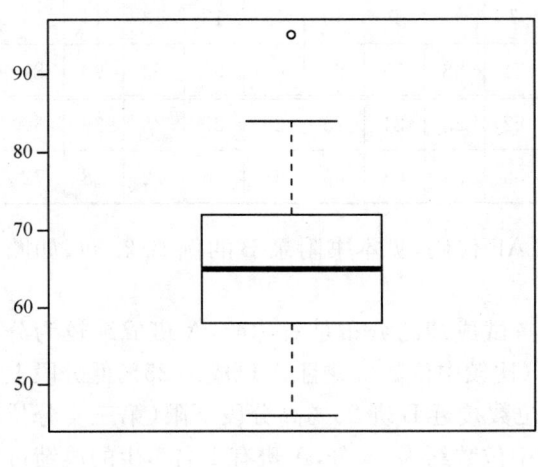

图 1-3 垂直箱线图

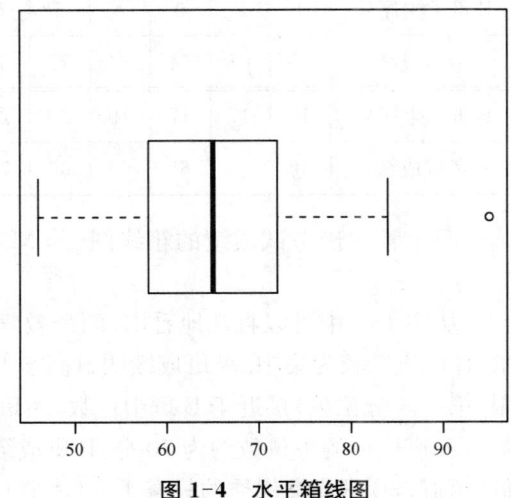

图 1-4 水平箱线图

从箱线图可以看出样本数据的如下特征：

(1) 中心位置

中位数 $Q_2=m_{0.5}$ 所在的位置，即为样本数据的中心，在 $[x_{(1)}, Q_2]$ 和 $[Q_2, x_{(n)}]$ 中各包含一半的样本数据.

(2) 散布情况

样本数据全部位于 $[x_{(1)}, x_{(n)}]$ 内，如果将样本数据 4 等分，那么区间 $[x_{(1)}, Q_1]$，$[Q_1, Q_2]$，$[Q_2, Q_3]$ 和 $[Q_3, x_{(n)}]$ 内各占 1/4. 如果各区间较短，特别是 $[x_{(1)}, x_{(n)}]$ 与 $[Q_1, Q_3]$ 较短时，表示样本数据较集中；反之较分散.

(3) 偏度

如果小矩形位于中间位置，中位数又位于矩形的中间位置，则分布较为对称，否则是偏态分布. 对于垂直箱线图(图 1-3)，如果小矩形偏于上端(或下端)，则分布是正偏(或负偏)；对于水平箱线图(图 1-4)，如果小矩形偏于右端(或左端)，则分布是正偏(或负偏).

(4) 离群值

当小矩形两端线段长度相差过大时，表明长的一侧有特大(或特小)值，称为离群值，用 。标记(如果用 R 软件画箱线图，图 1-3 和图 1-4)，而线段终于 $x_{(n-1)}$(或 $x_{(2)}$)，甚至终于 $x_{(n-2)}$(或 $x_{(3)}$).

例 1.2.2 设有两个教学班，各有 30 名学生. 在数学课上 A 班采用新的教学方法组织教学，B 班采用传统的教学方法组织教学，现得到期末考试成绩见表 1-2.

表 1-2 两个教学班的考试成绩

A 班学生序号	1	2	3	4	5	6	7	8	9	10	11	12	13	14	15
考试成绩	82	92	77	62	70	36	80	100	74	64	63	56	72	78	68
A 班学生序号	16	17	17	19	20	21	22	23	24	25	26	27	28	28	30
考试成绩	65	72	80	58	92	79	92	65	56	85	73	61	71	42	89
B 班学生序号	1	2	3	4	5	6	7	8	9	10	11	12	13	14	15
考试成绩	57	67	64	54	77	65	71	58	59	69	67	84	63	95	81
B 班学生序号	16	17	17	19	20	21	22	23	24	25	26	27	28	28	30
考试成绩	46	49	60	64	66	74	55	58	63	65	68	76	72	48	72

两个教学班考试成绩的箱线图(其 MATLAB 代码，见本书附录 B 的例 B.2.3)，如图 1-5 所示.

从图 1-5 中可以直观地看出，两个教学班考试成绩的分布是对称的，A 班成绩较为分散，B 班成绩较为集中. A 班成绩明显高于 B 班(比较中位数)，并且 A 班成绩 25% 低分段上限(第一 4 分位数)接近于 B 班中位数，A 班中位数接近 B 班 25% 高分段下限(第三 4 分位数)，A 班成绩的中位数约为 70 分，B 班成绩的中位数约为 65 分，A 班有 1 名学生的成绩过低(离群)，B 班成绩优秀的只有 1 人(离群).

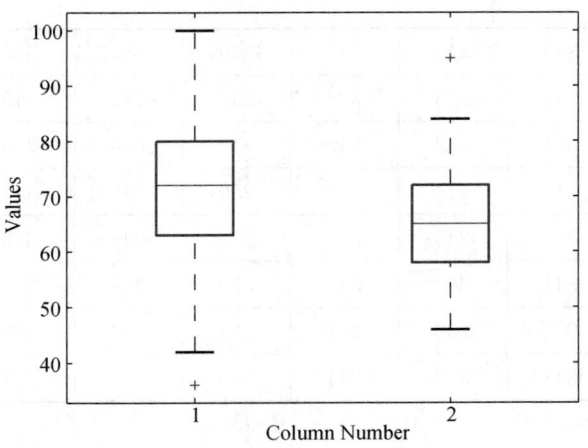

图 1-5 两个教学班考试成绩的箱线图

习题 1.2

1. 测得 12 名中学生的身高和体重的数据,见下表.请分别绘出学生的身高和体重的直方图.

序号	1	2	3	4	5	6	7	8	9	10	11	12
身高/cm	171	175	159	155	152	158	154	164	168	166	159	164
体重/kg	57	64	41	38	35	44	41	51	57	49	47	46

2. 中国改革开放 40 多年来的经济发展使人民的生活水平得到了很大的提高,不少家长都觉得孩子这一代的身高比上一代有了明显变化.下表是近期在一个经济比较发达的城市中学收集到的 17 岁男生的身高数据(单位:cm).请根据下表中的数据,(1)作学生身高的频数表;(2)绘制学生身高的的箱线图;(3)绘制学生身高的频数直方图.

学生的身高

170.1	179.0	171.5	173.1	174.1	177.2	170.3	176.2	163.7	175.4
163.3	179.0	176.5	178.4	165.1	179.4	176.3	179.0	173.9	173.7
173.2	172.3	169.3	172.8	176.4	163.7	177.0	165.9	166.6	167.4
174.0	174.3	184.5	171.9	181.4	164.6	176.4	172.4	180.3	160.5
166.2	173.5	171.7	167.9	168.7	175.6	179.6	171.6	168.1	172.2

3. 某食品厂为加强质量管理,对某天生产的罐头抽查了 100 个.(1)绘制直方图;(2)从直方图来看它是否近似服从正态分布? 100 个罐头样品的净重数据(单位:g)见下表.

100 个罐头样品的净重

342	340	348	346	343	342	346	341	344	348
346	346	340	344	342	344	345	340	344	344

(续表)

343	344	342	343	345	339	350	337	345	349
336	348	344	345	332	342	342	340	350	343
347	340	344	353	340	340	356	346	345	346
340	339	342	352	342	350	348	344	350	335
340	338	345	345	349	336	342	338	343	343
341	347	341	347	344	339	347	348	343	347
346	344	345	350	341	338	343	339	343	346
342	339	343	350	341	346	341	345	344	342

1.3 统计量与样本均值的抽样分布

1.3.1 统计量与样本矩

样本是统计推断的依据,但在实际问题中,往往不是直接使用样本本身,而是针对不同的问题构造适当的样本的函数,利用这种样本的函数来进行统计推断.

定义 1.3.1 设 $X_1, X_2, \cdots, X_n$ 是来自总体 X 的一个样本,$g(X_1, X_2, \cdots, X_n)$ 是 $X_1, X_2, \cdots, X_n$ 的函数,若 g 不含未知参数,则称 $g(X_1, X_2, \cdots, X_n)$ 是一个**统计量**. 设 $x_1, x_2, \cdots, x_n$ 为 $X_1, X_2, \cdots, X_n$ 的样本观察值,则称 $g(x_1, x_2, \cdots, x_n)$ 是统计量 $g(X_1, X_2, \cdots, X_n)$ 的**观察值**.

设 $X_1, X_2, \cdots, X_n$ 是来自总体 X 的一个样本,$x_1, x_2, \cdots, x_n$ 为样本观察值.以下给出几个常用的统计量的定义.

样本均值 $\bar{X} = \dfrac{1}{n} \sum\limits_{i=1}^{n} X_i$;

样本方差 $S^2 = \dfrac{1}{n-1} \sum\limits_{i=1}^{n} (X_i - \bar{X})^2 = \dfrac{1}{n-1} \left(\sum\limits_{i=1}^{n} X_i^2 - n\bar{X}^2 \right)$

或 $S_*^2 = \dfrac{1}{n} \sum\limits_{i=1}^{n} (X_i - \bar{X})^2 = \dfrac{1}{n} \left(\sum\limits_{i=1}^{n} X_i^2 - n\bar{X}^2 \right)$.

说明:在 n 不大时,常用 S^2 作为样本方差(又称无偏样本方差,其含义将在第 2 章中讲述),以后讲到样本方差通常指的是 S^2.

样本标准差 $S = \sqrt{S^2} = \sqrt{\dfrac{1}{n-1} \sum\limits_{i=1}^{n} (X_i - \bar{X})^2}$ 或 $S_* = \sqrt{S_*^2} = \sqrt{\dfrac{1}{n} \sum\limits_{i=1}^{n} (X_i - \bar{X})^2}$.

说明:在 n 不大时,常用 S 作为样本标准差,以后讲到样本标准差通常指的是 S.

样本 k 阶原点矩　　$A_k = \dfrac{1}{n}\sum_{i=1}^{n} X_i^k$, $k=1, 2, \cdots$;

样本 k 阶中心矩　　$B_k = \dfrac{1}{n}\sum_{i=1}^{n} (X_i - \bar{X})^k$, $k=1, 2, \cdots$.

它们的观察值分别为

$$\bar{x} = \frac{1}{n}\sum_{i=1}^{n} x_i;$$

$$s^2 = \frac{1}{n-1}\sum_{i=1}^{n}(x_i - \bar{x})^2 \quad \text{或} \quad s_*^2 = \frac{1}{n}\sum_{i=1}^{n}(x_i - \bar{x})^2;$$

$$s = \sqrt{s^2} = \sqrt{\frac{1}{n-1}\sum_{i=1}^{n}(x_i - \bar{x})^2} \quad \text{或} \quad s_* = \sqrt{s_*^2} = \sqrt{\frac{1}{n}\sum_{i=1}^{n}(x_i - \bar{x})^2};$$

$$a_k = \frac{1}{n}\sum_{i=1}^{n} x_i^k, \quad k=1, 2, \cdots;$$

$$b_k = \frac{1}{n}\sum_{i=1}^{n}(x_i - \bar{x})^k, \quad k=1, 2, \cdots.$$

这些观察值仍分别称为样本均值、样本方差、样本标准差、样本 k 阶原点矩、样本 k 阶中心矩.

若总体 X 的 k 阶矩存在,记为 $E(X^k) = \mu_k$,则当 $n \to \infty$ 时,$A_k \xrightarrow{P} \mu_k$, $k=1, 2, \cdots$. 这是因为 $X_1, X_2, \cdots, X_n$ 相互独立且与总体 X 同分布,所以 $X_1^k, X_2^k, \cdots, X_n^k$ 相互独立且与 X^k 同分布. 因此 $E(X_1^k) = E(X_2^k) = \cdots = E(X_n^k) = \mu_k$,根据辛钦大数定律知, $A_k = \dfrac{1}{n}\sum_{i=1}^{n} X_i^k \xrightarrow{P} \mu_k$, $k=1, 2, \cdots$. 根据关于依概率收敛的序列的性质知道 $g(A_1, A_2, \cdots, A_n) \xrightarrow{P} g(\mu_1, \mu_2, \cdots, \mu_n)$. 这一结果就是第 2 章中要介绍的矩估计法的理论根据.

例 1.3.1　设 $X_1, X_2, \cdots, X_n$ 是来自总体 X 的样本,且总体均值 $E(X) = \mu$,总体方差 $D(X) = \sigma^2$,求 $E(\bar{X})$, $D(\bar{X})$, $E(S^2)$.

解　根据样本的独立性、同分布性以及数学期望和方差的性质,有

$$E(\bar{X}) = E\left(\frac{1}{n}\sum_{i=1}^{n} X_i\right) = \frac{1}{n}\sum_{i=1}^{n} E(X_i) = \frac{1}{n} \cdot n \cdot \mu = \mu,$$

$$D(\bar{X}) = D\left(\frac{1}{n}\sum_{i=1}^{n} X_i\right) = \frac{1}{n^2}\sum_{i=1}^{n} D(X_i) = \frac{1}{n^2} \cdot n \cdot \sigma^2 = \frac{1}{n}\sigma^2,$$

$$E(S^2) = E\left[\frac{1}{n-1}\sum_{i=1}^{n}(X_i - \bar{X})^2\right]$$

$$= E\left[\frac{1}{n-1}\left(\sum_{i=1}^{n} X_i^2 - n\bar{X}^2\right)\right]$$

$$= \frac{1}{n-1}\left[\sum_{i=1}^{n}(\sigma^2 + \mu^2) - n\left(\frac{\sigma^2}{n} + \mu^2\right)\right]$$

$$= \sigma^2.$$

1.3.2 样本均值的抽样分布

统计量的分布称为**抽样分布**. 若 $X_1, X_2, \cdots, X_n$ 为取自某总体的样本,那么样本均值 $\bar{X}$ 服从(或近似服从)什么分布呢?

定理 1.3.1 若 $X_1, X_2, \cdots, X_n$ 为取自某总体的样本,$\bar{X}$ 为样本均值,那么有如下两个结论:

(1) 若总体的分布为 $N(\mu, \sigma^2)$,则 $\bar{X}$ 的**精确分布**为 $N\left(\mu, \dfrac{\sigma^2}{n}\right)$;

(2) 若总体的分布为未知,或不是正态分布,但 $E(X) = \mu$, $D(X) = \sigma^2$,则当 n 比较大时,$\bar{X}$ 的**渐近分布**为 $N\left(\mu, \dfrac{\sigma^2}{n}\right)$,记作 $\bar{X} \stackrel{\cdot}{\sim} N\left(\mu, \dfrac{\sigma^2}{n}\right)$. 这里渐近分布是指 n 比较大时的近似分布.

证明 (1) 若 $X_1, X_2, \cdots, X_n$ 为取自 $N(\mu, \sigma^2)$ 总体的样本,$\bar{X} = \dfrac{1}{n}\sum_{i=1}^{n} X_i$ 也服从正态分布. 根据例 1.3.1, $E(\bar{X}) = \mu$, $D(\bar{X}) = \dfrac{\sigma^2}{n}$,所以 $\bar{X} \sim N\left(\mu, \dfrac{\sigma^2}{n}\right)$.

(2) 根据(独立同分布)中心极限定理,有 $\dfrac{\bar{X} - \mu}{\sigma/\sqrt{n}} \xrightarrow{L} N(0, 1)$,即 $\dfrac{\bar{X} - \mu}{\sigma/\sqrt{n}}$ 依分布收敛于 $N(0, 1)$,则当 n 比较大时,有 $\bar{X} \stackrel{\cdot}{\sim} N\left(\mu, \dfrac{\sigma^2}{n}\right)$.

需要说明的是,定理 1.3.1 的(1)还可以用特征函数来证明.

例 1.3.2 设总体 X 服从参数为 1 的指数分布 $E(1)$,于是 $E(X) = D(X) = 1$,根据定理 1.3.1 的(2),当 n 比较大时,$\bar{X}$ 的渐近分布为 $N\left(1, \dfrac{1}{n}\right)$,即 $\bar{X} \stackrel{\cdot}{\sim} N\left(1, \dfrac{1}{n}\right)$. 这说明随着样本容量的增加,样本均值 $\bar{X}$ 的抽样分布逐渐向正态分布逼近. 它们的均值不变,而方差则缩小为原来的 $\dfrac{1}{n}$.

当 $n = 2$ 和 5 时,$\bar{X}$ 的密度函数的图形分别如图 1-6 和图 1-7 所示.

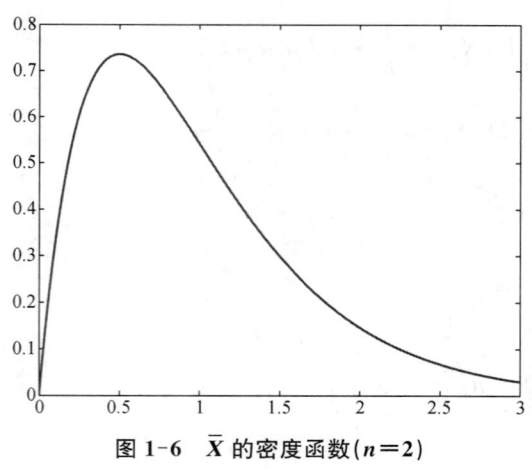

图 1-6 $\bar{X}$ 的密度函数($n=2$)　　　　图 1-7 $\bar{X}$ 的密度函数($n=5$)

从图 1-6 和图 1-7 可以看出,当 $n=2$ 和 5 时,$\bar{X}$ 的密度函数的图形与正态分布还有一定的距离(从对称性等方面来看是比较明显的).

那么 $\bar{X}$ 的分布与其近似分布 $N\left(1,\dfrac{1}{n}\right)$ 之间的差异究竟如何呢?

当 $n=20$ 时,有 $\bar{x} \stackrel{.}{\sim} N\left(1,\dfrac{1}{20}\right)=N(1,0.2236^2)$;

当 $n=30$ 时,有 $\bar{x} \stackrel{.}{\sim} N\left(1,\dfrac{1}{30}\right)=N(1,0.1826^2)$;

当 $n=50$ 时,有 $\bar{x} \stackrel{.}{\sim} N\left(1,\dfrac{1}{50}\right)=N(1,0.1414^2)$;

当 $n=100$ 时,有 $\bar{x} \stackrel{.}{\sim} N\left(1,\dfrac{1}{100}\right)=N(1,0.1^2)$.

当 $n=20,30,50$ 和 100 时,$\bar{X}$ 的密度函数与近似分布 $N\left(1,\dfrac{1}{n}\right)$ 的密度函数的图形,分别如图 1-8—图 1-11 所示.

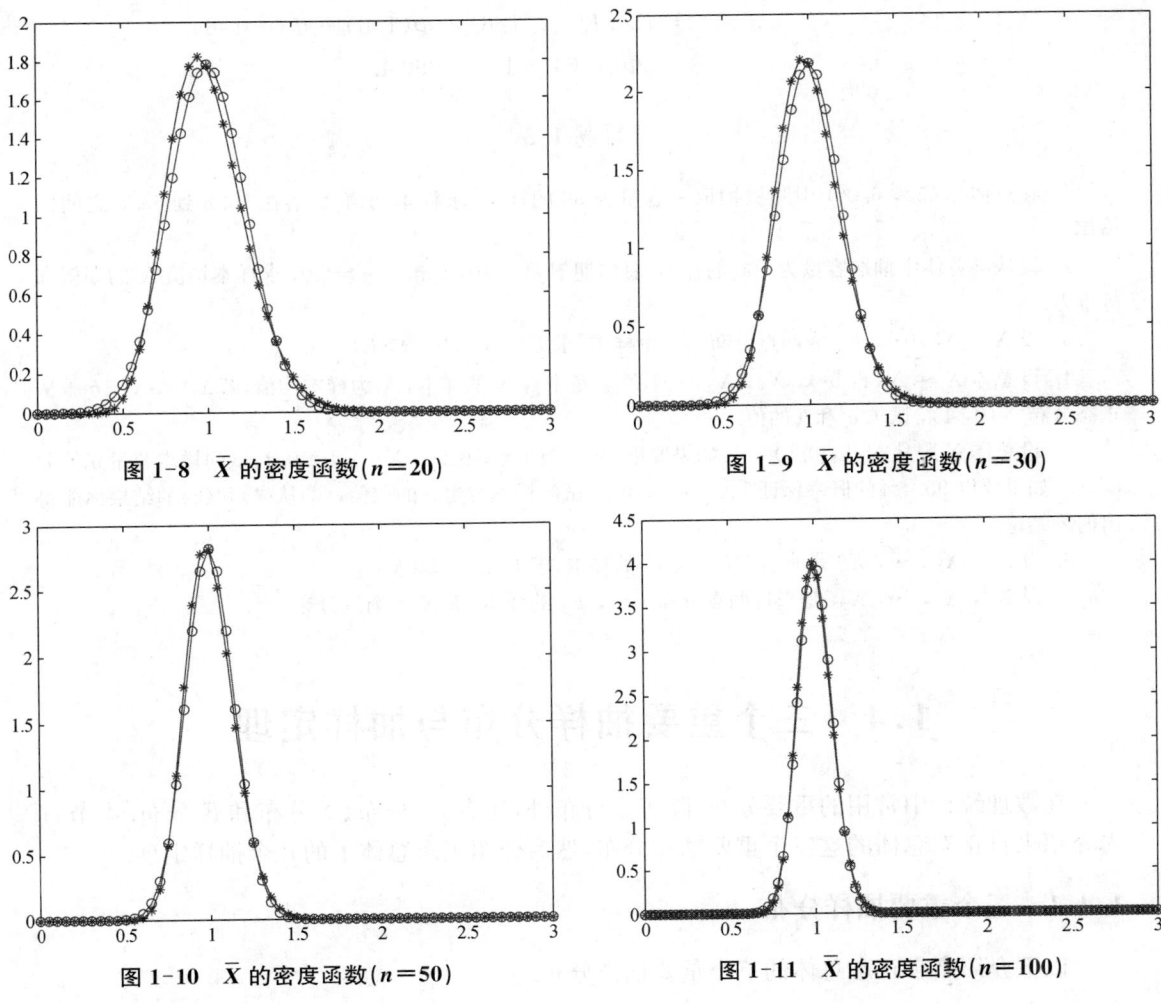

图 1-8　$\bar{X}$ 的密度函数($n=20$)

图 1-9　$\bar{X}$ 的密度函数($n=30$)

图 1-10　$\bar{X}$ 的密度函数($n=50$)

图 1-11　$\bar{X}$ 的密度函数($n=100$)

说明：在图 1-8—图 1-11 中，* 表示 $\bar{X}$ 的密度函数，。表示 $\bar{X}$ 的近似分布 $N\left(1, \dfrac{1}{n}\right)$ 的密度函数.

从图 1-8—图 1-11 可以看出，随着 n 由 20 增至 30，50，100，$\bar{X}$ 的密度函数与近似分布 $N\left(1, \dfrac{1}{n}\right)$ 的密度函数越来越接近.

例 1.3.3 从正态总体 $N(\mu, 25)$ 中抽取容量为 16 的样本，求样本均值 $\bar{X}$ 与总体均值 μ 之差的绝对值小于 2 的概率.

解 根据定理 1.3.1 的 (1)，有 $\bar{X} \sim N\left(\mu, \dfrac{25}{16}\right)$，于是 $\dfrac{\bar{X}-\mu}{\sqrt{\dfrac{25}{16}}} \sim N(0, 1)$，则

$$P\{|\bar{X}-\mu|<2\} = P\left\{\dfrac{|\bar{X}-\mu|}{\sqrt{\dfrac{25}{16}}} < \dfrac{2}{\sqrt{\dfrac{25}{16}}}\right\}$$
$$= P\{|U|<1.6\} = \Phi(1.6) - \Phi(-1.6)$$
$$= 2\Phi(1.6) - 1 = 0.8904.$$

习题 1.3

1. 在总体 $N(52, 6.3^2)$ 中随机抽取一容量为 36 的样本，求样本均值 $\bar{X}$ 落在 50.8 到 53.8 之间的概率.

2. 设从某总体中抽取容量为 100 的样本，总体期望 $\mu = 10$，标准差 $\sigma = 20$，求样本均值 $\bar{X}$ 的期望和标准差.

3. 设 $X_1, X_2, \cdots, X_n$ 为两点分布的一个样本. 求 $E(\bar{X})$，$D(\bar{X})$，$E(S^2)$.

4. 设总体 $X \sim N(1, 5^2)$，$X_1, X_2, \cdots, X_{100}$ 是来自 X 的样本，$\bar{X}$ 为样本均值，若 $Y = a\bar{X} + b$ 服从正态分布 $N(0, 1)$，试求 a 和 b 的值.

5. 设总体 X 服从 $N(\mu, 0.5)$. (1) 如果要以 99.7% 的概率保证 $|\bar{X}-\mu|<0.1$，试问样本容量 n 的取值；(2) 如果要以 95.4% 的概率保证 $|\bar{X}-\mu|<0.1$，试问样本容量 n 的取值；(3) 从 (1) 和 (2) 的结果你能得出何种结论？

6. 设 $X_1, X_2, \cdots, X_n$ 是来自 $U(-1, 1)$ 的样本，求 $E(\bar{X})$，$D(\bar{X})$.

7. 设 $X_1, X_2, \cdots, X_{20}$ 是来自两点分布 $B(1, p)$ 的样本，求 $\bar{X}$ 的渐近分布.

1.4 三个重要抽样分布与抽样定理

在数理统计中常用的重要分布，除正态分布外，还有 χ^2 分布、t 分布和 F 分布. 本节首先介绍来自正态总体的这三个重要抽样分布，然后介绍正态总体下的几个抽样定理.

1.4.1 三个重要抽样分布

以下介绍来自正态总体的三个重要抽样分布.

1.4.1.1 χ^2 分布

定义 1.4.1 设 $X_1, X_2, \cdots, X_n$ 是来自总体 $N(0,1)$ 的样本,则称统计量

$$\chi^2 = X_1^2 + X_2^2 + \cdots + X_n^2$$

服从自由度为 n 的 **χ^2 分布**,记为 $\chi^2 \sim \chi^2(n)$.

此处,χ^2 分布的自由度是指独立的随机变量的个数.

自由度为 n 的 χ^2 分布的密度函数为

$$f(x) = \begin{cases} \dfrac{1}{2^{\frac{n}{2}} \Gamma\left(\dfrac{n}{2}\right)} x^{\frac{n}{2}-1} e^{-\frac{x}{2}}, & x > 0, \\ 0, & x \leqslant 0. \end{cases}$$

其中 $\Gamma(a) = \int_0^\infty x^{a-1} e^{-x} dx$ 是 Gamma 函数.

对几个不同自由度 ($n = 1, 4, 10, 20$),χ^2 分布的密度函数 $f(x)$ 的图形如图 1-12 所示.

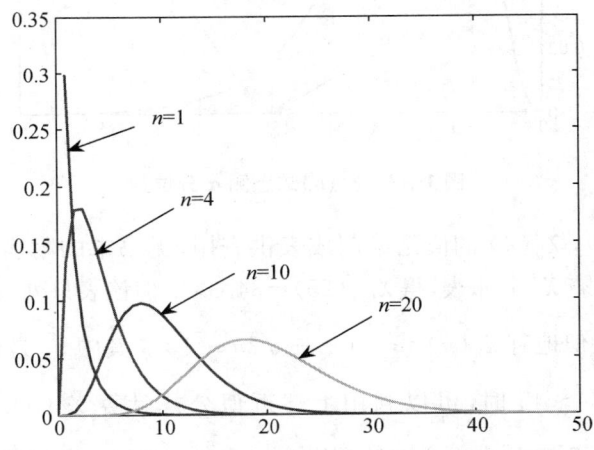

图 1-12 χ^2 分布的密度函数的图形

可以证明 χ^2 分布具有以下性质:

(1) 若 $X_1, X_2, \cdots, X_n$ 相互独立,都服从 $N(0,1)$ 分布,则 $X_1^2 + X_2^2 + \cdots + X_n^2 \sim \chi^2(n)$;反之,若 $X \sim \chi^2(n)$,则 X 可以分解为 n 个相互独立的标准正态随机变量的平方和.

(2) 若 $X \sim \chi^2(n)$,则 $E(X) = n$,$D(X) = 2n$.

(3) χ^2 分布与 Gamma 分布的关系如下:对于 Gamma 分布 $Ga(a, b)$,当 $a = \dfrac{n}{2}$,$b = \dfrac{1}{2}$ 时,有 $Ga\left(\dfrac{n}{2}, \dfrac{1}{2}\right) = \chi^2(n)$. 因此 χ^2 分布是 Gamma 分布的特殊情况.

(4) χ^2 分布具有可加性:设 $X \sim \chi^2(n_1)$,$Y \sim \chi^2(n_2)$,并且 X 和 Y 相互独立,则有 $X + Y \sim \chi^2(n_1 + n_2)$.

应该说明的是,对有限个相互独立的服从 χ^2 分布的随机变量, χ^2 分布的可加性也是成立的.

定义 1.4.2　若 $\chi^2 \sim \chi^2(n)$, 对于给定的 α, $0 < \alpha < 1$, 称满足条件

$$P\{\chi^2 > \chi_\alpha^2(n)\} = \int_{\chi_\alpha^2(n)}^{\infty} f(x)dx = \alpha$$

的点 $\chi_\alpha^2(n)$ 为 $\chi^2(n)$ 的上侧 α 分位数, 其中 $f(x)$ 为 χ^2 分布的密度函数, 其图形如图 1-13 所示.

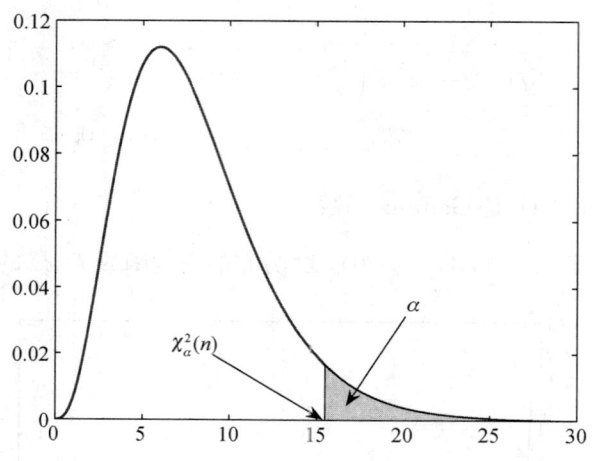

图 1-13　$\chi^2(n)$ 的上侧 α 分位数

对于不同的 α, n, $\chi_\alpha^2(n)$ 的值已编制成表供查用, 见书末的附表 3——χ^2 分布表. 例如, $\alpha = 0.1$, $n = 25$, 查 χ^2 分布表, 得 $\chi_{0.1}^2(25) = 34.382$. 但该表只列到 $n = 45$, 费歇尔曾证明, 当 n 充分大时, 近似地有 $\chi_\alpha^2(n) \approx \frac{1}{2}(z_\alpha + \sqrt{2n-1})^2$, 其中 z_α 是标准正态分布的上侧 α 分位数. 因此当 $n > 45$ 时, 可以利用上述近似公式计算 $\chi_\alpha^2(n)$. 例如, $\chi_{0.05}^2(50) \approx \frac{1}{2}(1.645 + \sqrt{99})^2 = 67.221$[由更详细的表得 $\chi_{0.05}^2(50) = 67.505$]. 计算 $\chi_\alpha^2(n)$ 的 MATLAB 代码, 见本书附录 B 的例 B.2.4 的(2).

例 1.4.1　设 $X_1, X_2, \cdots, X_{10}$ 是来自总体 $X \sim N(0, 0.3^2)$ 的样本, 求 $P\{\sum_{i=1}^{10} X_i^2 > 1.44\}$.

解　由于 $X_1, X_2, \cdots, X_{10}$ 是来自总体 $X \sim N(0, 0.3^2)$ 的样本, 则 $\frac{X_1}{0.3}, \frac{X_2}{0.3}, \cdots, \frac{X_{10}}{0.3}$ 都服从 $N(0, 1)$.

根据 χ^2 分布的定义, 有 $\sum_{i=1}^{10} \left(\frac{X_i}{0.3}\right)^2 \sim \chi^2(10)$, 因此, 有

$$P\left\{\sum_{i=1}^{10} X_i^2 > 1.44\right\} = P\left\{\sum_{i=1}^{10} \left(\frac{X_i}{0.3}\right)^2 > \frac{1.44}{0.3^2}\right\} = P\left\{\sum_{i=1}^{10} \left(\frac{X_i}{0.3}\right)^2 > 16\right\} = 0.1.$$

这是因为,当 $n=10$, $\chi_\alpha^2(n)=16$ 时,查 χ^2 分布表,得 $\alpha=0.1$.

例 1.4.2 设 X_1, X_2, $\cdots$, X_6 是来自总体 $X \sim N(0,1)$ 的样本,$Y=(X_1+X_2+X_3)^2+(X_4+X_5+X_6)^2$,求常数 c,使 cY 服从 χ^2 分布.

解 由于 X_1, X_2, $\cdots$, X_6 是来自总体 $X \sim N(0,1)$ 的样本,则有 $X_1+X_2+X_3 \sim N(0,3)$,所以 $\dfrac{X_1+X_2+X_3}{\sqrt{3}} \sim N(0,1)$.

同理 $X_4+X_5+X_6 \sim N(0,3)$,所以 $\dfrac{X_4+X_5+X_6}{\sqrt{3}} \sim N(0,1)$. 且 $X_1+X_2+X_3$ 和 $X_4+X_5+X_6$ 相互独立,根据 χ^2 分布的定义,有

$$\left(\frac{X_1+X_2+X_3}{\sqrt{3}}\right)^2 + \left(\frac{X_1+X_2+X_3}{\sqrt{3}}\right)^2 \sim \chi^2(2),$$

于是 $\dfrac{1}{3}Y = \dfrac{1}{3}[(X_1+X_2+X_3)^2+(X_4+X_5+X_6)^2] \sim \chi^2(2)$,即当 $c=\dfrac{1}{3}$ 时,cY 服从 χ^2 分布.

1.4.1.2 t 分布

定义 1.4.3 设 $X \sim N(0,1)$,$Y \sim \chi^2(n)$,且 X,Y 相互独立,则称统计量

$$T = \frac{X}{\sqrt{Y/n}}$$

服从自由度为 n 的 t **分布**,记为 $T \sim t(n)$.

自由度为 n 的 t 分布的密度函数为

$$f(x) = \frac{\Gamma\left(\dfrac{n+1}{2}\right)}{\sqrt{n\pi}\,\Gamma\left(\dfrac{n}{2}\right)}\left(1+\frac{x^2}{n}\right)^{-\frac{n+1}{2}}, \quad -\infty < x < +\infty.$$

对几个不同自由度 $n(n=1,2,5,\infty)$,t 分布密度函数 $f(x)$ 的图形如图 1-14 所示.

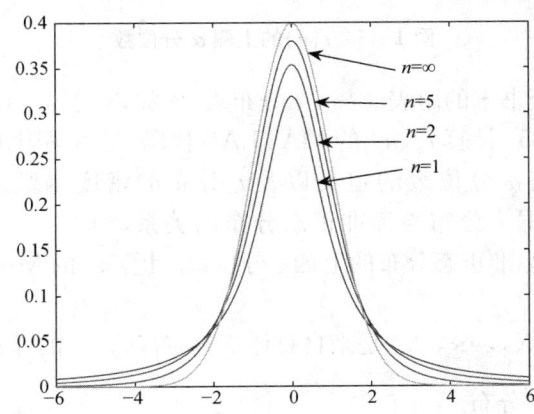

图 1-14 t 分布密度函数的图形

可以证明 t 分布具有以下性质：

(1) 若 $X \sim N(0,1)$，$Y \sim \chi^2(n)$，且 X, Y 相互独立，则 $T = \dfrac{X}{\sqrt{Y/n}} \sim t(n)$；反之，若 $T \sim t(n)$，则有相互独立的 $X \sim N(0,1)$，$Y \sim \chi^2(n)$，使 $T = \dfrac{X}{\sqrt{Y/n}}$.

(2) t 分布与标准正态分布有如下关系：
$$\lim_{n \to \infty} f_n(x) = \frac{1}{\sqrt{2\pi}} e^{-\frac{x^2}{2}} = \varphi(x).$$

其中，$f_n(x)$ 是自由度为 n 的 t 分布的密度函数，$\varphi(x)$ 为标准正态分布的密度函数．这个性质说明 t 分布的极限分布是标准正态分布．

定义 1.4.4 若 $t \sim t(n)$，对于给定的 α，$0 < \alpha < 1$，称满足条件
$$P\{t > t_\alpha(n)\} = \int_{t_\alpha(n)}^{\infty} f(x) \mathrm{d}x = \alpha$$

的点 $t_\alpha(n)$ 为 $t(n)$ 的**上侧 α 分位数**，其中 $f(x)$ 为 t 分布的密度函数，其图形如图 1-15 所示．

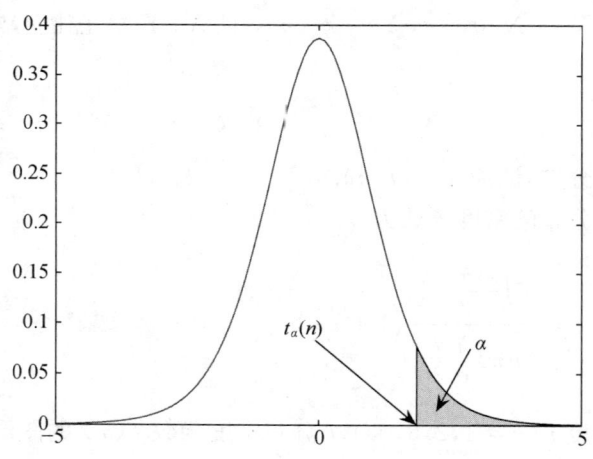

图 1-15 $t(n)$ 的上侧 α 分位数

$t_\alpha(n)$ 的值，可以查书末的附表 2——t 分布表．例如，对于 $\alpha = 0.05$，$n = 10$，查 t 分布表，得 $t_{0.05}(10) = 1.8125$．计算 $t_\alpha(n)$ 的 MATLAB 代码，见本书附录 B 的例 B.2.4 的 (3)．

根据 t 分布的上侧 α 分位数的定义以及 t 分布的密度函数 $f(x)$ 的对称性，可知 $t_{1-\alpha}(n) = -t_\alpha(n)$．根据 t 分布与标准正态分布的关系，当 $n > 45$ 时，可以用近似公式 $t_\alpha(n) \approx z_\alpha$，其中 z_α 是标准正态分布的上侧 α 分位数．计算 z_α 的 MATLAB 代码，见本书附录 B 的例 B.2.4 的 (1)．

例 1.4.3 设 $X_1, X_2, \cdots, X_5$ 是来自总体 $X \sim N(0,1)$ 的样本，求常数 c，使统计量 $\dfrac{c(X_1 + X_2)}{\sqrt{X_3^2 + X_4^2 + X_5^2}}$ 服从 t 分布．

解 由于 $X_1, X_2, \cdots, X_5$ 是来自总体 $X \sim N(0,1)$ 的样本，所以 $X_1 + X_2 \sim N(0,2)$，$X_3^2 + X_4^2 + X_5^2 \sim \chi^2(3)$，且二者独立，根据 t 分布的定义，要使

$$\frac{c(X_1+X_2)}{\sqrt{X_3^2+X_4^2+X_5^2}} = \frac{\frac{c}{\sqrt{3}}(X_1+X_2)}{\sqrt{(X_3^2+X_4^2+X_5^2)/3}}$$

服从 t 分布，则有 $\frac{c}{\sqrt{3}}(X_1+X_2) \sim N(0,1)$.

由于 $X_1 + X_2 \sim N(0,2)$，所以 $\frac{X_1+X_2}{\sqrt{2}} \sim N(0,1)$，又 $\frac{c}{\sqrt{3}}(X_1+X_2) \sim N(0,1)$，则有 $\frac{c}{\sqrt{3}} = \frac{1}{\sqrt{2}}$，解得 $c = \frac{\sqrt{6}}{2}$.

即当 $c = \frac{\sqrt{6}}{2}$ 时，$\frac{c(X_1+X_2)}{\sqrt{X_3^2+X_4^2+X_5^2}} \sim t(3)$.

例 1.4.4 设 $X_1, X_2, \cdots, X_9$ 和 $Y_1, Y_2, \cdots, Y_9$ 是来自同一个总体 $X \sim N(0,9)$ 的两个独立样本，确定

$$Z = \frac{\sum_{i=1}^{9} X_i}{\sqrt{\sum_{i=1}^{9} Y_i^2}}$$

的分布.

解 由于 $X_1, X_2, \cdots, X_9$ 和 $Y_1, Y_2, \cdots, Y_9$ 是来自同一个总体 $X \sim N(0,9)$ 的两个独立样本，根据样本的独立性及正态变量的线性函数的正态性，得 $\sum_{i=1}^{9} X_i \sim N(0,81)$，于是 $\frac{1}{9}\sum_{i=1}^{9} X_i \sim N(0,1)$，而 $\frac{Y_i}{3} \sim N(0,1)$，根据 χ^2 分布的定义，有

$$\sum_{i=1}^{9} \left(\frac{Y_i}{3}\right)^2 = \sum_{i=1}^{9} \frac{Y_i^2}{9} \sim \chi^2(9).$$

又 $\frac{1}{9}\sum_{i=1}^{9} X_i$ 与 $\sum_{i=1}^{9} \frac{Y_i^2}{9}$ 相互独立，根据 t 分布的定义，有

$$Z = \frac{\sum_{i=1}^{9} X_i}{\sqrt{\sum_{i=1}^{9} Y_i^2}} = \frac{\frac{1}{9}\sum_{i=1}^{9} X_i}{\sqrt{\sum_{i=1}^{9} Y_i^2 / 9}} \sim t(9).$$

1.4.1.3 F 分布

定义 1.4.5 设 $U \sim \chi^2(n_1)$，$V \sim \chi^2(n_2)$，且 U, V 独立，则称统计量

$$F=\frac{U/n_1}{V/n_2}$$

服从自由度为 (n_1, n_2) 的 **F 分布**,记为 $F \sim F(n_1, n_2)$,其中,n_1 称为第一自由度,n_2 称为第二自由度. 其密度函数为

$$f(x)=\begin{cases} \dfrac{\Gamma\left(\dfrac{n_1+n_2}{2}\right)\left(\dfrac{n_1}{n_2}\right)^{\frac{n_1}{2}}x^{\frac{n_1}{2}-1}}{\Gamma\left(\dfrac{n_1}{2}\right)\Gamma\left(\dfrac{n_2}{2}\right)\left(1-\dfrac{n_1}{n_2}x\right)^{\frac{n_1+n_2}{2}}}, & x>0, \\ 0, & x\leqslant 0. \end{cases}$$

对几个不同的自由度对应的密度函数 $f(x)$ 的图形如图 1-16 所示.

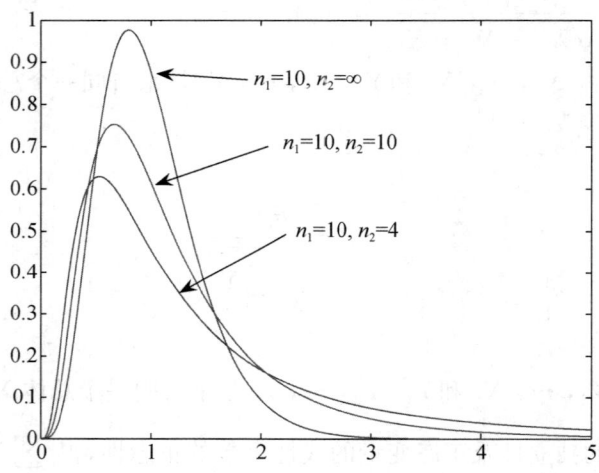

图 1-16 F 分布密度函数的图形

可以证明 F 分布具有以下性质:

(1) 若 $U \sim \chi^2(n_1)$,$V \sim \chi^2(n_2)$,且 U,V 独立,则 $F \sim F(n_1, n_2)$;反之,若 $F \sim F(n_1, n_2)$,则有相互独立的 $U \sim \chi^2(n_1)$,$V \sim \chi^2(n_2)$,使 $F=\dfrac{U/n_1}{V/n_2}$.

(2) 由 F 分布的定义可知,若 $F \sim F(n_1, n_2)$,则 $\dfrac{1}{F} \sim F(n_2, n_1)$.

定义 1.4.6 若 $F \sim F(n_1, n_2)$,对于给定的 α,$0<\alpha<1$,称满足条件

$$P\{F>F_\alpha(n_1, n_2)\}=\int_{F_\alpha(n_1, n_2)}^{\infty} f(x)\mathrm{d}x=\alpha$$

的点 $F_\alpha(n_1, n_2)$ 为 $F(n_1, n_2)$ 分布的**上侧 α 分位数**,其中 $f(x)$ 为 F 分布的密度函数,其图形如图 1-17 所示.

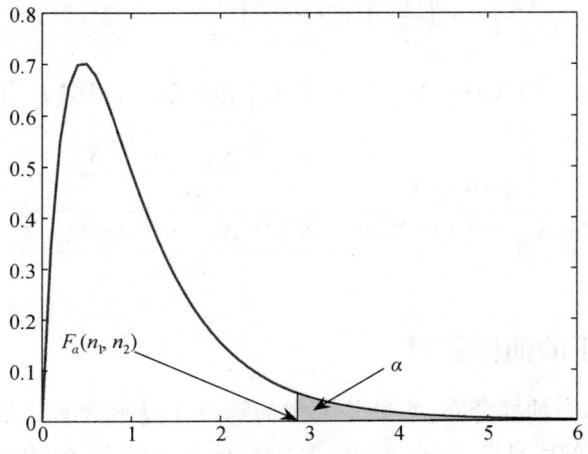

图 1-17　$F(n_1, n_2)$ 的上侧 α 分位数

$F_\alpha(n_1, n_2)$ 的值,可以查书末的附表 4——F 分布表. 例如,对于 $\alpha=0.05$, $n_1=9$, $n_2=12$,查 F 分布表,得 $F_{0.05}(9, 12)=2.80$.

F 分布的分位数,有如下重要的性质:$F_{1-\alpha}(n_1, n_2)=\dfrac{1}{F_\alpha(n_2, n_1)}$. 例如,$F_{0.95}(12, 9)=\dfrac{1}{F_{0.05}(9, 12)}=\dfrac{1}{2.80}=0.357$. 计算 $F_\alpha(n_1, n_2)$ 的 MATLAB 代码,见本书附录 B 的例 B.2.4 的(4).

例 1.4.5　已知 $X \sim t(n)$,证明:$X^2 \sim F(1, n)$.

证明　由于 $X \sim t(n)$,按 t 分布的定义和性质,X 可以写成 $X=\dfrac{Z}{\sqrt{Y/n}}$ 的形式,其中 $Z \sim N(0, 1)$,$Y \sim \chi^2(n)$,且 Z 与 Y 相互独立.

于是,在 $X^2=\dfrac{Z^2}{Y/n}$ 中,$Z^2 \sim \chi^2(1)$,$Y \sim \chi^2(n)$,且 Z^2 与 Y 相互独立. 按 F 分布的定义,有 $X^2=\dfrac{Z^2}{Y/n} \sim F(1, n)$.

例 1.4.6　设 $X_1, X_2, \cdots, X_{15}$ 是来自总体 $N(0, \sigma^2)$ 的样本,确定

$$Y=\frac{X_1^2+X_2^2+\cdots+X_{10}^2}{2(X_{11}^2+X_{12}^2+\cdots+X_{15}^2)}$$

的分布.

解　由于 $X_1, X_2, \cdots, X_{15}$ 是来自总体 $N(0, \sigma^2)$ 的样本,所有 $X_i \sim N(0, \sigma^2)$,$i=1, 2, \cdots, 15$,$\dfrac{X_i}{\sigma} \sim N(0, 1)$,$i=1, 2, \cdots, 15$,$\left(\dfrac{X_i}{\sigma}\right)^2 \sim \chi^2(1)$,$i=1, 2, \cdots, 15$,且它们相互独立. 根据 χ^2 分布的定义,有

$$\left(\frac{X_1}{\sigma}\right)^2+\left(\frac{X_2}{\sigma}\right)^2+\cdots+\left(\frac{X_{10}}{\sigma}\right)^2 \sim \chi^2(10),$$

$$\left(\frac{X_{11}}{\sigma}\right)^2 + \left(\frac{X_{12}}{\sigma}\right)^2 + \cdots + \left(\frac{X_{15}}{\sigma}\right)^2 \sim \chi^2(5),$$

而 $X_1^2 + X_2^2 + \cdots + X_{10}^2$ 和 $X_{11}^2 + X_{12}^2 + \cdots + X_{15}^2$ 相互独立,根据 F 分布的定义,有

$$Y = \frac{X_1^2 + X_2^2 + \cdots + X_{10}^2}{2(X_{11}^2 + X_{12}^2 + \cdots + X_{15}^2)} = \frac{\dfrac{X_1^2 + X_2^2 + \cdots + X_{10}^2}{10\sigma^2}}{\dfrac{X_{11}^2 + X_{12}^2 + \cdots + X_{15}^2}{5\sigma^2}} \sim F(10, 5).$$

1.4.2 正态总体下的抽样定理

统计量的分布称为抽样分布,它就是通常的随机变量函数的分布.研究统计量的性质和评价一个统计推断的优良性,完全取决于其抽样分布的性质.由此可见,抽样分布的研究是数理统计的一个重要内容.费歇尔曾把抽样分布、参数估计、假设检验看作统计推断的三个中心内容.

以下首先给出一个引理(只叙述,不证明).

引理 1.4.1 设 $X_1, X_2, \cdots, X_n$ 相互独立,且 $X_i \sim N(\mu_i, \sigma^2)$,$i = 1, 2, \cdots, n$,而 $A = (a_{ij})_{n \times n}$ 是 n 阶正交矩阵,$Y_i = \sum_{j=1}^{n} a_{ij} X_j$,$i = 1, 2, \cdots, n$,则 $Y_1, Y_2, \cdots, Y_n$ 相互独立,且 $Y_i \sim N(\sum_{k=1}^{n} a_{ik} \mu_k, \sigma^2)$,$i = 1, 2, \cdots, n$.

对于正态总体 $N(\mu, \sigma^2)$ 的样本均值 $\bar{X}$ 与样本方差 S^2,有如下定理.

定理 1.4.1 设 $X_1, X_2, \cdots, X_n$ 是来自正态总体 $N(\mu, \sigma^2)$ 的样本,$\bar{X}, S^2$ 分别为样本均值与样本方差,则有

(1) $\bar{X} \sim N\left(\mu, \dfrac{\sigma^2}{n}\right)$;

(2) $\dfrac{(n-1)S^2}{\sigma^2} \sim \chi^2(n-1)$;

(3) $\bar{X}$ 与 S^2 独立.

证明 记矩阵

$$A = (a_{ij})_{n \times n} = \begin{pmatrix} \dfrac{1}{\sqrt{n}} & \dfrac{1}{\sqrt{n}} & \dfrac{1}{\sqrt{n}} & \cdots & \dfrac{1}{\sqrt{n}} \\ \dfrac{1}{\sqrt{2 \times 1}} & \dfrac{-1}{\sqrt{2 \times 1}} & 0 & \cdots & 0 \\ \dfrac{1}{\sqrt{3 \times 2}} & \dfrac{1}{\sqrt{3 \times 2}} & \dfrac{-2}{\sqrt{3 \times 2}} & \cdots & 0 \\ \vdots & \vdots & \vdots & \vdots & \vdots \\ \dfrac{1}{\sqrt{n(n-1)}} & \dfrac{1}{\sqrt{n(n-1)}} & \dfrac{1}{\sqrt{n(n-1)}} & \cdots & \dfrac{-(n-1)}{\sqrt{n(n-1)}} \end{pmatrix}.$$

可知 A 是一个正交矩阵,对 $i=2,3,\cdots,n$, $\sum_{j=1}^{n}a_{ij}=0$, $\sum_{j=1}^{n}a_{ij}^{2}=1$,作正交变换

$$(Y_1,Y_2,\cdots,Y_n)'=A(X_1,X_2,\cdots,X_n)',$$

则有 $Y_1=\dfrac{1}{\sqrt{n}}\sum_{i=1}^{n}X_i=\sqrt{n}\bar{X}$,

$$(Y_1,Y_2,\cdots,Y_n)(Y_1,Y_2,\cdots,Y_n)'=(X_1,X_2,\cdots,X_n)AA'(X_1,X_2,\cdots,X_n)'$$
$$=(X_1,X_2,\cdots,X_n)(X_1,X_2,\cdots,X_n)',$$

即 $\sum_{i=1}^{n}Y_i^2=\sum_{i=1}^{n}X_i^2=\sum_{i=1}^{n}(X_i-\bar{X})^2+n\bar{X}^2$,所以 $\sum_{i=2}^{n}Y_i^2=\sum_{i=1}^{n}(X_i-\bar{X})^2=(n-1)S^2$.

根据引理 1.4.1 知 $Y_1,Y_2,\cdots,Y_n$ 相互独立,且 $Y_i\sim N(\sum_{k=1}^{n}a_{ik}\mu_k,\sigma^2)$, $i=1,2,\cdots,n$,而 $\mu_1=E(Y_1)=E(\sqrt{n}\bar{X})=\sqrt{n}\mu$,即有 $Y_1\sim N(\sqrt{n}\mu,\sigma^2)$;当 $i\geqslant 2$ 时,$\mu_i=E(Y_i)=\sum_{j=1}^{n}a_{ij}E(X_i)=(\sum_{j=1}^{n}a_{ij})\mu=0$, $Y_i\sim N(0,\sigma^2)$, $i=2,3,\cdots,n$.

所以 $\bar{X}=\dfrac{Y_1}{\sqrt{n}}\sim N\left(\mu,\dfrac{\sigma^2}{n}\right)$, $\dfrac{(n-1)S^2}{\sigma^2}=\dfrac{\sum_{i=2}^{n}Y_i^2}{\sigma^2}\sim\chi^2(n-1)$,且 $\bar{X}$ 与 S^2 独立.

定理 1.4.2 设 $X_1,X_2,\cdots,X_n$ 是来自正态总体 $N(\mu,\sigma^2)$ 的样本,$\bar{X},S^2$ 分别为样本均值与样本方差,则

$$\frac{\bar{X}-\mu}{S/\sqrt{n}}\sim t(n-1).$$

证明 根据定理 1.4.1,有

$$\frac{\bar{X}-\mu}{\sigma/\sqrt{n}}\sim N(0,1), \quad \frac{(n-1)S^2}{\sigma^2}\sim\chi^2(n-1),$$

且二者独立.根据 t 分布的定义,有

$$\frac{\dfrac{\bar{X}-\mu}{\sigma/\sqrt{n}}}{\sqrt{\dfrac{(n-1)S^2}{\sigma^2(n-1)}}}=\frac{\bar{X}-\mu}{S/\sqrt{n}}\sim t(n-1).$$

对于两个正态总体的样本均值与样本方差,有以下定理.

定理 1.4.3 设 $X_1,X_2,\cdots,X_{n_1}$ 和 $Y_1,Y_2,\cdots,Y_{n_2}$ 分别是来自正态总体 $N(\mu_1,\sigma_1^2)$ 和 $N(\mu_2,\sigma_2^2)$ 的样本,且两个样本相互独立.设 $\bar{X}=\dfrac{1}{n_1}\sum_{i=1}^{n_1}X_i$ 和 $\bar{Y}=\dfrac{1}{n_2}\sum_{i=1}^{n_2}Y_i$ 分别是这两个样本的均值,$S_1^2=\dfrac{1}{n_1-1}\sum_{i=1}^{n_1}(X_i-\bar{X})^2$ 和 $S_2^2=\dfrac{1}{n_2-1}\sum_{i=1}^{n_2}(Y_i-\bar{Y})^2$ 分别是这两个样本的方

差,则

(1) $\dfrac{S_1^2/S_2^2}{\sigma_1^2/\sigma_2^2} \sim F(n_1-1,\ n_2-1)$;

(2) 当 $\sigma_1^2 = \sigma_2^2 = \sigma^2$ 时,有

$$\dfrac{(\bar{X}-\bar{Y})-(\mu_1-\mu_2)}{S_w\sqrt{\dfrac{1}{n_1}+\dfrac{1}{n_2}}} \sim t(n_1+n_2-2),$$

其中 $S_w^2 = \dfrac{(n_1-1)S_1^2+(n_2-1)S_2^2}{n_1+n_2-2}$.

证明 (1) 根据定理 1.4.1,有

$$\dfrac{(n_1-1)S_1^2}{\sigma_1^2} \sim \chi^2(n_1-1),\quad \dfrac{(n_2-1)S_2^2}{\sigma_2^2} \sim \chi^2(n_2-1).$$

由于两个样本相互独立,所以 S_1^2 和 S_2^2 独立,由 F 分布的定义,有

$$\dfrac{\dfrac{(n_1-1)S_1^2}{\sigma_1^2(n_1-1)}}{\dfrac{(n_2-1)S_2^2}{\sigma_2^2(n_2-1)}} = \dfrac{S_1^2/S_2^2}{\sigma_1^2/\sigma_2^2} \sim F(n_1-1,\ n_2-1),$$

即 $\dfrac{S_1^2/S_2^2}{\sigma_1^2/\sigma_2^2} \sim F(n_1-1,\ n_2-1)$.

(2) 根据定理定理 1.4.1 知 $\bar{X}-\bar{Y} \sim N\left(\mu_1-\mu_2,\ \dfrac{\sigma^2}{n_1}+\dfrac{\sigma^2}{n_2}\right)$,则 $U = \dfrac{(\bar{X}-\bar{Y})-(\mu_1-\mu_2)}{\sigma\sqrt{\dfrac{1}{n_1}+\dfrac{1}{n_2}}}$

$\sim N(0,\ 1)$.

又 $\dfrac{(n_1-1)S_1^2}{\sigma^2} \sim \chi^2(n_1-1),\ \dfrac{(n_2-1)S_2^2}{\sigma^2} \sim \chi^2(n_2-1)$,且它们相互独立,根据 χ^2 分布的可加性,有

$$V = \dfrac{(n_1-1)S_1^2}{\sigma^2}+\dfrac{(n_2-1)S_2^2}{\sigma^2} \sim \chi^2(n_1+n_2-2).$$

可以证明 U 和 V 相互独立,根据 t 分布的定义,有

$$\dfrac{U}{\sqrt{V/(n_1+n_2-2)}} = \dfrac{(\bar{X}-\bar{Y})-(\mu_1-\mu_2)}{S_w\sqrt{\dfrac{1}{n_1}+\dfrac{1}{n_2}}} \sim t(n_1+n_2-2).$$

其中 $S_w^2 = \dfrac{(n_1-1)S_1^2+(n_2-1)S_2^2}{n_1+n_2-2}$.

本章给出的三个重要分布和三个抽样定理,在以下几章中起着重要的作用.

例 1.4.7 设 $X_1, X_2, \cdots, X_{10}$ 是来自总体 $X \sim N(\mu, 4)$ 的样本,求样本方差 S^2 大于 2.622 的概率.

解 根据定理 1.4.1,得 $\dfrac{(10-1)S^2}{4} \sim \chi^2(10-1)$,根据题意,所求概率为

$$P\{S^2 > 2.622\} = P\left\{\frac{9}{4}S^2 > \frac{9}{4} \times 2.622\right\} = P\left\{\frac{9}{4}S^2 > 5.8995\right\}.$$

查表得 $\chi^2_{0.75}(9) = 5.899$,由上侧 α 分位点的意义,有 $P\{S^2 > 2.622\} \approx 0.75$.

例 1.4.8 设两个正态总体 X, Y 的方差分别为 $\sigma_1^2 = 12, \sigma_2^2 = 18$,在总体 X, Y 中分别抽取容量为 $n_1 = 61, n_2 = 31$ 的样本,且两个样本相互独立,样本方差分别为 S_1^2, S_2^2,求 $P\left\{\dfrac{S_1^2}{S_2^2} > 1.16\right\}$.

解 根据定理 1.4.3,得 $\dfrac{S_1^2/S_2^2}{\sigma_1^2/\sigma_2^2} = \dfrac{S_1^2/S_2^2}{12/18} \sim F(60, 30)$,因此

$$P\left\{\frac{S_1^2}{S_2^2} > 1.16\right\} = P\left\{\frac{S_1^2/S_2^2}{\sigma_1^2/\sigma_2^2} > \frac{1.16}{12/18}\right\} = P\left\{\frac{S_1^2/S_2^2}{\sigma_1^2/\sigma_2^2} > 1.74\right\}.$$

查表知 $F_{0.05}(60, 30) = 1.74$,根据 F 分布上侧 α 分位点的意义,有 $P\left\{\dfrac{S_1^2}{S_2^2} > 1.16\right\} = 0.05$.

习题 1.4

1. 查标准正态分布表和 t 分布表(或用 MATLAB),求:(1) $z_{0.01}, z_{0.99}, t_{0.25}(20), t_{0.75}(20)$;(2)已知 $P\{|t(4)| < \lambda\} = 0.99$,求 λ.

2. 查 χ^2 分布表和 F 分布表(或用 MATLAB),求:(1) $\chi^2_{0.1}(25), F_{0.1}(15, 10), F_{0.9}(10, 15)$;(2)已知 $P\{\chi^2(15) < \lambda\} = 0.95$,求 λ.

3. 设总体 $X \sim \chi^2(n)$,$X_1, X_2, \cdots, X_{10}$ 是来自 X 的样本,求 $E(\bar{X}), D(\bar{X}), E(S^2)$.

4. 设 X_1, X_2, X_3, X_4 是来自总体 $X \sim N(0, 2^2)$ 的简单随机样本,求统计量 $Z = \dfrac{1}{20}(X_1 - 2X_2)^2 + \dfrac{1}{100}(3X_3 - 4X_4)^2$ 服从哪种分布及自由度?

5. 设在总体 $N(\mu, \sigma^2)$ 中抽取一容量为 16 的样本,μ, σ^2 均未知,求 $P\left\{\dfrac{S^2}{\sigma^2} \leqslant 2.041\right\}$,其中 S^2 为样本方差.

6. 设总体 $X \sim N(\mu, \sigma^2)$,已知样本容量 $n = 16$,样本方差 $s^2 = 5.3333$,求 $P\{|\bar{X} - \mu| < 0.5\}$.

7. 设总体 $X \sim N(20, 3)$,从 X 中分别抽取容量为 10, 15 的两个相互独立的样本,求两样本均值之差的绝对值大于 0.3 的概率.

8. 设总体 $X \sim N(10, 2^2)$,$X_1, X_2, \cdots, X_n$ 是来自 X 的样本,样本均值 $\bar{X}$ 满足关系式 $P\{9.02 \leqslant \bar{X} \leqslant 10.98\} = 0.95$,试求样本容量的大小.

9. 设 X_1, X_2 为来自正态总体 $X \sim N(0, \sigma^2)$ 的样本,试求 $\dfrac{(X_1 + X_2)^2}{(X_1 - X_2)^2}$ 的分布.

10. 设总体 $X \sim N(\mu, \sigma^2)$，$\bar{X}$ 与 S^2 是样本 $X_1, X_2, \cdots, X_n$ 的均值和样本方差，又设 $X_{n+1} \sim N(\mu, \sigma^2)$ 且与样本 $X_1, X_2, \cdots, X_n$ 独立，试求统计量 $T = \dfrac{X_{n+1} - \bar{X}}{S} \sqrt{\dfrac{n}{n+1}}$ 的分布。

11. 设总体 $X \sim N(\mu, \sigma_1^2)$，$Y \sim N(\mu, \sigma_2^2)$，并且 X, Y 相互独立，$X_1, X_2, \cdots, X_m$ 和 $Y_1, Y_2, \cdots, Y_n$ 分别是来自 X, Y 的样本，样本均值分别为 $\bar{X}, \bar{Y}$，样本方差分别为 S_1^2, S_2^2，记 $Z = a\bar{X} + b\bar{Y}$，其中 $a = \dfrac{S_1^2}{S_1^2 + S_2^2}$，$b = \dfrac{S_2^2}{S_1^2 + S_2^2}$，求 $E(Z)$。

12. 设 $X_1, X_2, \cdots, X_n$ 是取自总体 $X \sim N(\mu, \sigma^2)$ 的一个样本，$\bar{X}$ 和 S^2 分别为样本均值和样本方差，若 $n = 17$，求 $P\{\bar{X} > \mu + KS\} = 0.95$ 中的 K 值。

13. 设 $X_1, X_2, \cdots, X_n$ 是取自某连续总体的样本，该总体的分布函数 $F(x)$ 是连续严格递增函数，证明：统计量 $T = -2\sum_{i=1}^{n} \ln F(X_i) \sim \chi^2(2n)$。

14. 设 $X_1, X_2, \cdots, X_m$ 是来自 $N(\mu_1, \sigma^2)$ 的样本，$Y_1, Y_2, \cdots, Y_n$ 是来自 $N(\mu_2, \sigma^2)$ 的样本，且这两个样本相互独立，记 $S_x^2 = \dfrac{1}{m-1}\sum_{i=1}^{m}(X_i - \bar{X})^2$，$S_y^2 = \dfrac{1}{n-1}\sum_{i=1}^{n}(Y_i - \bar{Y})^2$，其中，$\bar{X} = \dfrac{1}{m}\sum_{i=1}^{m}X_i$，$\bar{Y} = \dfrac{1}{n}\sum_{i=1}^{n}Y_i$，记 $S_w^2 = \dfrac{(m-1)S_x^2 + (n-1)S_y^2}{m+n-2}$，$c, d$ 是任意两个不为 0 的常数，则有

$$\frac{c(\bar{X} - \mu_1) + d(\bar{Y} - \mu_2)}{S_w\sqrt{\dfrac{c^2}{m} + \dfrac{d^2}{n}}} \sim t(m+n-2).$$

1.5 MATLAB 在数据描述中的应用

应用 MATLAB 计算和绘图等都非常方便。在 1.1 节例 1.1.2 中绘制经验分布函数图；在 1.2 节例 1.2.1 中绘制直方图，在例 1.2.2 中绘制箱线图；在 1.4 节中，求几个重要分布（标准正态分布，χ^2 分布，t 分布，F 分布）的上侧 α 分位数等。

用 MATLAB 计算 $x_1, x_2, \cdots, x_n$ 的样本均值和样本方差等时，先给 x 赋值为 $x = [x_1, x_2, \cdots, x_n]$，然后调用表 1-3 中的函数进行计算。数据描述的常用函数，见表 1-3。

表 1-3 数据描述的常用函数

函数	名称	输入	输出
[n, y] = hist(x, k)	频数表	x：原始数据行向量 k：等分区间数	n：频数行向量 y：区间中点行向量
hist(x, k)	直方图	x：原始数据行向量 k：等分区间数	直方图
histfit(x, k)	带曲线的直方图	x：原始数据行向量 k：等分区间数	带曲线的直方图
mean(x)	均值	x：原始数据行向量	均值 $\bar{x}$

(续表)

函数	名称	输入	输出
median(x)	中位数	x:原始数据行向量	中位数
max(x)	最大值	x:原始数据行向量	$\max\{x_1, x_2, \cdots, x_n\}$
min(x)	最小值	x:原始数据行向量	$\min\{x_1, x_2, \cdots, x_n\}$
range(x)	极差	x:原始数据行向量	$\max\{x_1, x_2, \cdots, x_n\} - \min\{x_1, x_2, \cdots, x_n\}$
std(x)	标准差	x:原始数据行向量	标准差 s
var(x)	方差	x:原始数据行向量	方差 s^2

例 1.5.1 某学校随机抽取 100 名学生,测得他们的身高(单位:cm)和体重(单位:kg)的数据,分别见表 1-4 和表 1-5.

表 1-4 学生的身高

172	171	166	160	155	173	166	170	167	178
173	163	165	170	163	172	182	171	177	173
169	168	168	175	176	168	161	169	171	178
177	170	173	172	170	172	177	176	175	184
169	165	164	173	172	169	173	173	166	163
170	160	165	177	169	176	177	172	165	166
171	169	170	172	169	167	175	164	166	169
167	169	176	182	186	166	169	173	169	171
167	168	165	168	176	170	158	165	172	169
169	172	162	175	174	167	166	174	168	170

表 1-5 学生的体重

60	62	62	55	57	58	55	63	61	60
63	54	62	60	50	60	63	59	64	60
55	70	67	61	64	55	49	67	61	64
62	58	67	59	62	59	58	68	68	72
64	58	59	66	65	62	57	65	73	57
56	65	58	62	63	60	67	56	56	49
65	62	58	61	58	67	72	59	63	54
54	62	63	69	66	75	67	73	65	61
47	65	64	57	65	57	55	62	53	66
50	62	71	66	63	60	64	62	59	60

(1) 分别计算学生身高和体重的：均值，中位数，最大值，最小值，极差，标准差，方差；

(2) 分别作学生身高和体重的频数表；

(3) 分别绘制学生身高和体重的频数直方图.

解　根据表 1-4 和表 1-5，输入数据：

x1＝[172, 171, 166, 160, 155, 173, 166, 170, 167, 178];
x2＝[173, 163, 165, 170, 163, 172, 182, 171, 177, 173];
x3＝[169, 168, 168, 175, 176, 168, 161, 169, 171, 178];
x4＝[177, 170, 173, 172, 170, 172, 177, 176, 175, 184];
x5＝[169, 165, 164, 173, 172, 169, 173, 173, 166, 163];
x6＝[170, 160, 165, 177, 169, 176, 177, 172, 165, 166];
x7＝[171, 169, 170, 172, 169, 167, 175, 164, 166, 169];
x8＝[167, 169, 176, 182, 186, 166, 169, 173, 169, 171];
x9＝[167, 168, 165, 168, 176, 170, 158, 165, 172, 169];
x10＝[169, 172, 162, 175, 174, 167, 166, 174, 168, 170];
y1＝[60, 62, 62, 55, 57, 58, 55, 63, 61, 60];
y2＝[63, 54, 62, 60, 50, 60, 63, 59, 64, 60];
y3＝[55, 70, 67, 61, 64, 55, 49, 67, 61, 64];
y4＝[62, 58, 67, 59, 62, 59, 58, 68, 68, 72];
y5＝[64, 58, 59, 66, 65, 62, 57, 65, 73, 57];
y6＝[56, 65, 58, 62, 63, 60, 67, 56, 56, 49];
y7＝[65, 62, 58, 61, 58, 67, 72, 59, 63, 54];
y8＝[54, 62, 63, 69, 66, 75, 67, 73, 65, 61];
y9＝[47, 65, 64, 57, 65, 57, 55, 62, 53, 66];
y10＝[50, 62, 71, 66, 63, 60, 64, 62, 59, 60];
x＝[x1, x2, x3, x4, x5, x6, x7, x8, x9, x10];
y＝[y1, y2, y3, y4, y5, y6, y7, y8, y9, y10];

(1) 输入：

　　mean(x), median(x), max(x), min(x), range(x), std(x), var(x), mean(y), median(y), max(y), min(y), range(y), std(y), var(y)

运行结果为

　　170.1500　170　186　155　31　5.3303　28.4116　61.3400　62　75　47　28　5.4555　29.7620

所以学生身高相应统计量的值分别为：均值 170.150 0，中位数 170，最大值 186，最小值 155，极差 31，标准差 5.330 3，方差 28.411 6.

所以学生体重相应统计量的值分别为：均值 61.340 0，中位数 62，最大值 75，最小值 47，极差 28，标准差 5.455 5，方差 29.762 0.

(2) 用 hist 函数作频数表

输入：

[N, X]=hist(x, 10), [N, Y]=hist(y, 10)

得到学生身高和体重的频数表,见表 1-6.

表 1-6 学生身高和体重的频数

身高频数	2	3	6	18	26
身高/cm	156.55	159.65	162.85	165.85	168.95
身高频数	22	11	8	2	2
身高/cm	172.05	172.15	178.25	181.35	184.45
体重频数	3	2	9	15	19
体重/kg	48.4	51.2	54.0	56.8	59.6
体重频数	19	17	9	4	3
体重/kg	62.4	65.2	68.0	70.8	73.6

(3) 分别作学生身高和体重的频数直方图.

分别输入:

histfit(x, 10), histfit(y, 10)

运行结果如图 1-18 和图 1-19 所示.

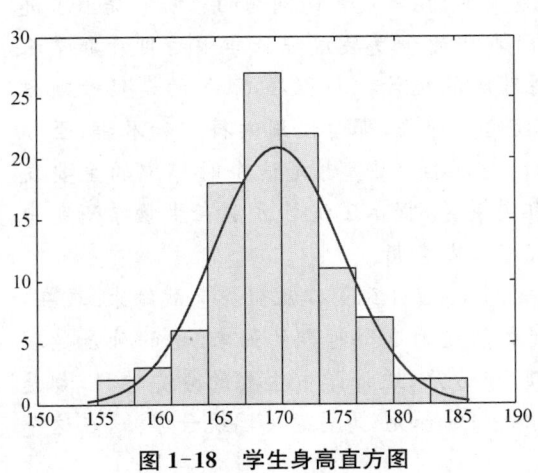

图 1-18 学生身高直方图

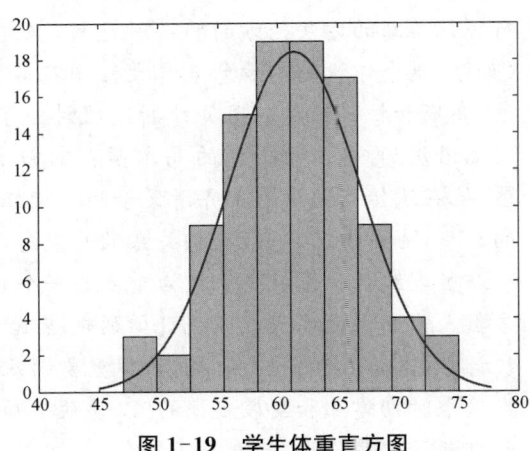

图 1-19 学生体重直方图

从学生身高直方图和体重的直方图可以看出,它们大体上都服从正态分布.

说明:在后面的第 3 章(例 3.5.4)中将给出学生体重数据来自正态分布的检验.

"数理统计"发展简史

相对于其他许多数学分支而言,数理统计是一个比较年轻的数学分支.多数人认为它的形成是在20世纪40年代克拉默(Carmer)的著作《统计学的数学方法》问世之时,它使得1945年以前的25年间英、美统计学家在统计学方面的工作与法、俄数学家在概率论方面的工作结合起来,从而形成数理统计这门学科.它是以对随机现象观测所取得的资料为出发点,以概率论为基础来研究随机现象的一门学科,它有很多分支,但其基本内容包括采集样本和统计推断两大部分.发展到今天的现代数理统计学,又经历了各种历史变迁.

统计的早期开端大约是在公元前1世纪初的人口普查计算中,这是统计性质的工作,但还不能算作是现代意义下的统计学.到了18世纪,统计学才开始向一门独立的学科发展,用于描述表征一个状态的条件的一些特征,这是由于受到概率论的影响.

高斯从描述天文观测的误差而引入正态分布,并使用最小二乘法作为估计方法,是近代数理统计学发展初期的重大事件,18世纪到19世纪初期的这些贡献,对社会发展有很大的影响.例如,用正态分布描述观测数据后来被广泛地用到生物学中,其应用是如此普遍,以至在19世纪相当长的时期内,包括高尔顿(Galton)在内的一些学者,认为这个分布可用于描述几乎是一切常见的数据.直到现在,有关正态分布的统计方法,仍占据着常用统计方法中很重要的一部分.最小二乘法方面的工作,在20世纪初以来,又经过了一些学者的发展,如今成了数理统计学中的主要方法之一.

从高斯到20世纪初这一段时间,统计学理论发展不快,但仍有若干工作对后世产生了很大的影响.其中,如贝叶斯(Bayes)在1763年发表的《论有关机遇问题的求解》,提出了进行统计推断的方法论方面的一种见解,在这个时期中逐步发展成统计学中的贝叶斯学派(如今,这个学派的影响愈来愈大).现在我们所理解的统计推断程序,最早的是贝叶斯方法,高斯和拉普拉斯应用贝叶斯定理讨论了参数的估计法,那时使用的符号和术语,至今仍然沿用.再如前面提到的高尔顿在回归方面的先驱性工作,也是这个时期中的主要发展,他在遗传研究中为了弄清父子两辈特征的相关关系,揭示了统计方法在生物学研究中的应用,他引进回归直线、相关系数的概念,创始了回归分析.

数理统计学发展史上极为重要的一个时期是从19世纪到第二次世界大战结束.现在,多数人倾向于把现代数理统计学的起点和达到成熟定为这个时期的始末.这的确是数理统计学蓬勃发展的一个时期,许多重要的基本观点、方法,统计学中主要的分支学科,都是在这个时期建立和发展起来的.以费歇尔和皮尔逊(Pearson)为首的英国统计学派,在这个时期起了主导作用,特别是费歇尔.

继高尔顿之后,皮尔逊进一步发展了回归与相关的理论,成功地创建了生物统计学,并得到了"总体"的概念,1891年之后,皮尔逊潜心研究区分物种时用的数据的分布理论,提出了"概率"和"相关"的概念.接着,又提出标准差、正态曲线、平均变差、均方根误差等一系列数理统计基本术语.皮尔逊致力于大样本理论的研究,他发现不少生物方面的数据有显著的偏态,不适合用正态分布去刻画,为此他提出了后来以他的名字命名的这个分布族中的参数,他提出了"矩法".为考察实际数据与这族分布的拟分布族,为估计合分布优劣问题,他引进了著名"χ^2 检验法",并在理论上研究了其性质.这个检验法是假设检验最早、最典型的方法,他在理论分布完全给定的情况下求出了检验统计量的极限分布.1901年,他创办了《生物统计学》杂志,使数理统计有了自己的阵地,这是 20 世纪初叶数学的重大收获之一.

1908 年,皮尔逊的学生戈赛特(Gosset)发现了精确分布,创始了"精确样本理论".他署名"Student"在《生物统计学》上发表文章,改进了皮尔逊的方法.他的发现不仅不再依靠近似计算,而且能用所谓小样本进行统计推断.现在"Student 分布"已成为数理统计学中的常用工具,"Student 氏"也是一个常见的术语.

英国实验遗传学家兼统计学家费歇尔,是将数理统计作为一门数学学科的奠基者,他开创的试验设计法,凭借随机化的手段成功地把概率模型带进了实验领域,并建立了方差分析法来分析这种模型.费歇尔的试验设计,既把实践带入理论的视野内,又促进了实践的进展,从而大量地节省了人力、物力.试验设计这个主题,后来为众多数学家所发展.费歇尔还引进了显著性检验的概念,成为假设检验理论的先驱.他考察了估计的精度与样本所具有的信息之间的关系而得到信息量概念,他对测量数据中的信息,压缩数据而不损失信息,以及对一个模型的参数估计等贡献了完善的理论概念,他把一致性、有效性和充分性作为参数估计量应具备的基本性质.同时还在 1912 年提出了极大似然法,这是应用上最广的一种估计法.他在 20 世纪 20 年代的工作,奠定了参数估计的理论基础.关于 χ^2 检验,费歇尔于 1924 年解决了理论分布包含有限个参数情况,基于此方法的列表检验,在应用上有重要意义.费歇尔在一般的统计思想方面也作出过重要的贡献,他提出的"信任推断法",在统计学界引起了相当大的兴趣和争论,费歇尔给出了许多现代统计学的基础概念,思考方法十分直观,他造就了一个学派,在纯粹数学和应用数学方面都建树卓越.

这个时期作出重要贡献的统计学家中,还应提到奈曼(Neyman)和皮尔逊.他们在从 1928 年开始的一系列重要工作中,发展了假设检验的系列理论.奈曼-皮尔逊假设检验理论提出和精确化了一些重要概念.该理论对后世也产生了巨大影响,它是现今统计教科书中不可缺少的一个组成部分.奈曼还创立了系统的置信区间估计理论,早在奈曼工作之前,区间估计就已是一种常用形式,奈曼从 1934 年开始的一系列工作,把区间估计理论置于柯尔莫哥洛夫概率论公理体系的基础之上,因而奠定了严格的理论基础,而且他还把求区间估计的问题表达为一种数学上的最优解问题,这个理论与奈曼-皮尔逊假设检验理论,对于数理统计形成为一门严格的数学分支起了重大作用.

以费歇尔为代表人物的英国成为数理统计研究的中心时,美国在第二次世界大战中发展较快,有 3 个统计研究组在投弹问题上进行了 9 项研究,其中最有成效的哥伦比亚大学研究小组在理论和实践上都有重大建树,而最著名的是首先系统地研究了"序贯分析",它被称为"30 年代最有威力"的统计思想."序贯分析"系统理论的创始人是著名统计学家沃德(Wald).他是原籍罗马尼亚的英国统计学家,他于 1934 年系统发展了早在 20 世纪 20 年代就受到注意的序贯分析法.沃德在统计方法中引进的"停止规则"的数学描述,是序贯分析的概念基础,并已证明是现代概率论与数理统计学中最富于成果的概念之一.

从第二次世界大战后到现在,是统计学发展的第三个时期,这是一个在前一段发展的基础上,随着生产和科技的普遍进步,这个学科得到飞速发展的一个时期,同时,也出现了不少有待解决的大问题.这一时期的发展可总结如下.

一是统计学的发展一开始就是应实际的要求,并与实际密切结合的,在应用上愈来愈广泛.在第二次世界大战前,统计学已在生物、农业、医学、社会、经济等方面有不少应用,在工业和科技方面也有一些应用,而后一方面在第二次世界大战后得到了特别引人注目的进展.例如,归到"统计质量管理"名目下的众多的统计方法,在大规模工业生产中的应用得到了很大的成功,目前已被认为是不可缺少的.统计学应用的广泛性,也可以从下述情况得到印证:统计学已成为高等学校中许多专业必修的内容;统计学专业的毕业生的人数,以及从事统计学的应用、教学和研究工作的人数的大幅度的增长;有关统计学的著作和期刊杂志的数量的显著增长.

二是统计学理论也取得重大进展.理论上的成就,综合起来大致有两个主要方面:一方面是沃德提出的"统计决策理论",另一方面就是大样本理论.

沃德是20世纪对统计学面貌的改观有重大影响的少数几个统计学家之一.1950年,他发表了题为"统计决策函数"的著作,正式提出了"统计决策理论".沃德本来的想法,是要把统计学的各分支都统一在"人与大自然的博弈"这个模式下,以便作出统一处理.不过,往后的发展表明,他最初的设想并未取得很大的成功,但却有着两方面的重要影响:一是沃德把统计推断的后果与经济上的得失联系起来,这使统计方法更直接应用到经济性决策的领域;二是沃德理论中所引进的许多概念和问题的新提法,丰富了以往的统计理论.

贝叶斯统计学派的基本思想,源出于英国学者贝叶斯的一项工作,发表于他去世后的1763年,后面的学者把它发展为一整套关于统计推断的系统理论.认可这种理论的统计学者,就组成了贝叶斯学派.这个理论在两个方面与传统理论(即基于概率的频率解释的那个理论)有根本的区别:一是否定概率的频率的解释,这涉及与此有关的大量统计概念,而提倡给概率以"主观上的相信程度"这样的解释;二是"先验分布"的使用,先验分布被理解为在抽样前对推断对象的知识的概括.按照贝叶斯学派的观点,样本的作用在于且仅在于对先验分布作修改,而过渡到"后验分布"——其中综合了先验分布中的信息与样本中包含的信息.近几十年来认可贝叶斯系统理论的学者愈来愈多,二者之间的争论,是第二次世界大战后时期统计学的一个重要特点.在这种争论中,提出了不少问题促使人们进行研究,其中有的是很根本性的.贝叶斯学派与沃德统计决策理论的联系在于:这二者的结合,产生的"贝叶斯决策理论",构成了统计决策理论在实际应用上的主要内容.

三是电子计算机的应用对统计学的影响.一些需要大量计算的统计方法,过去因计算工具不行而无法使用,有了计算机,这一切都不成问题.在第二次世界大战后,统计学应用愈来愈广泛,这在相当程度上要归功于计算机,特别是对高维数据的情况.计算机的使用对统计学另一方面的影响是:按传统数理统计学理论,一个统计方法效果如何,甚至一个统计方法如何付诸实施,都有赖于决定某些统计量的分布,而这常常是极困难的.有了计算机,就提供了一个新的途径:模拟.为了把一个统计方法与其他方法比较,可以选择若干组在应用上有代表性的条件,在这些条件下,通过模拟比较两个方法的性能,然后作出综合分析,这避开了理论上难以解决的难题,有极大的实用意义.

第 2 章

参 数 估 计

根据样本所包含的信息来建立关于总体的各种结论,这就是统计推断(statistical inference).费歇尔曾把统计推断归纳为抽样分布、参数估计和假设检验三个方面.第 1 章已讨论过抽样分布,本章主要讨论参数估计,第 3 章将讨论假设检验.

本章将讨论总体参数的点估计和区间估计问题.设总体 X 的分布函数的形式已知,但它的一个或者多个参数未知,借助总体 X 的样本来估计总体未知参数的值的问题,称为参数估计(parameter estimation)问题.

本章主要讨论:点估计,估计量的评选标准,区间估计,贝叶斯估计,MATLAB 在参数估计中的应用.

2.1 点 估 计

设 $X_1, X_2, \cdots, X_n$ 是总体 $X \sim F(x, \theta)$ 的一个样本,其中 $F(x, \theta)$ 的形式为已知,θ 为待估参数,$x_1, x_2, \cdots, x_n$ 是相应的样本观察值.点估计问题就是要构造一个适当的统计量 $\hat{\theta}(X_1, X_2, \cdots, X_n)$,用它的观察值 $\hat{\theta}(x_1, x_2, \cdots, x_n)$ 作为未知参数 θ 的近似值.称 $\hat{\theta}(X_1, X_2, \cdots, X_n)$ 为 θ 的**估计量**,$\hat{\theta}(x_1, x_2, \cdots, x_n)$ 为 θ 的**估计值**.

注意,估计量 $\hat{\theta}(X_1, X_2, \cdots, X_n)$ 是一个随机变量,是样本的函数,是一个统计量,对不同的样本观察值,θ 的估计值 $\hat{\theta}(x_1, x_2, \cdots, x_n)$ 一般是不同的.

例 2.1.1 在某烟花、爆竹制造厂,一天中着火的次数 X 是一个随机变量,它服从以 λ 为参数的泊松分布.现在有以下的样本观察值 1, 1, 0, 2, 1, 1, 2, 3, 1, 0,试估计参数 λ.

解 由于 $X \sim P(\lambda)$,所以有 $E(X) = \lambda$.根据大数定律知道,当 n 较大时,样本均值 $\bar{X} = \frac{1}{n}\sum_{i=1}^{n} X_i$ 依概率收敛于总体均值 $E(X)$.我们自然想到用样本均值 $\bar{X}$ 的观察值 $\bar{x} = \frac{1}{n}\sum_{i=1}^{n} x_i$ 来估计总体均值 $E(X) = \lambda$.由于 $\bar{x} = \frac{1}{10}\sum_{i=1}^{10} x_i = \frac{12}{10} = 1.2$,于是用 $\bar{x} = 1.2$ 作为参数 λ 的估计.

以下介绍两种常用的构造估计量的方法,矩估计法和极大似然估计法.

2.1.1 矩估计法

1900 年,英国统计学家皮尔逊提出了一个替换原理,后来人们称此方法为矩估计法.替换原理常叙述如下：

（1）用样本矩去替换总体矩，这里的矩可以是原点矩，也可以是中心矩.

（2）用样本矩的函数去替换相应总体矩的函数.

根据这个替换原理，在总体分布未知场合也可以对各种参数作出估计，例如：

（1）用样本均值 $\bar{X}$ 估计总体均值 $E(X)$.

（2）用样本方差 S^2 估计总体方差 $D(X)$.

（3）用事件 A 的频率估计事件 A 的概率.

（4）用样本的 p 分位数估计总体的 p 分位数. 特别地，用样本中位数估计总体的中位数.

基于样本矩 $A_l = \frac{1}{n}\sum_{i=1}^{n} X_i^l$ 依概率收敛于相应的总体矩 $\mu_l(l=1,2,\cdots,k)$，样本矩的函数依概率收敛于相应的总体矩的函数，我们就用样本矩作为相应的总体矩的估计量. 这种估计方法称为**矩估计法**. 用矩估计法得到的估计量称为**矩估计量**，矩估计量的观察值称为**矩估计值**.

当 $k=1$（一个未知参数）时，通常可以由样本均值出发，对未知参数进行估计；当 $k=2$（两个未知参数）时，通常可以由一阶、二阶原点矩（或中心矩）出发，对未知参数进行估计.

例 2.1.2 设总体为指数分布，其密度函数为

$$f(x;\theta) = \frac{1}{\theta}e^{-\frac{x}{\theta}}, \quad x>0, \theta>0.$$

$X_1, X_2, \cdots, X_n$ 是来自该总体的样本，求参数 θ 的矩估计量.

解 此处，$k=1$，可以由样本均值出发，对未知参数进行估计. 由于 $E(X)=\theta$，所以 θ 的矩估计量为 $\hat{\theta} = \bar{X}$.

例 2.1.3 设 $X_1, X_2, \cdots, X_n$ 是来自均匀分布 $U(a,b)$ 的样本，$x_1, x_2, \cdots, x_n$ 为样本观察值，a 与 b 是未知参数. 求：(1) a 与 b 的矩估计量；(2) a 与 b 的矩估计值；(3) 若从均匀分布总体 $U(a,b)$ 获得如下一个容量为 5 的样本：4.5，5.0，4.7，4.0，4.2，计算 a 与 b 的矩估计值.

解 (1) 此处，$k=2$. 由于 $X \sim U(a,b)$，则

$$E(X) = \frac{a+b}{2}, \quad D(X) = \frac{(b-a)^2}{12},$$

解得 $a = E(X) - \sqrt{3D(X)}$，$b = E(X) + \sqrt{3D(X)}$.

根据替换原理，用样本均值 $\bar{X}$ 估计总体均值 $E(X)$，用样本方差 S^2 估计总体方差 $D(X)$.

因此 a 与 b 的矩估计量分别为

$$\hat{a} = \bar{X} - \sqrt{3}S, \quad \hat{b} = \bar{X} + \sqrt{3}S.$$

(2) 若 $x_1, x_2, \cdots, x_n$ 为样本观察值，则 a 与 b 的矩估计值分别为

$$\hat{a} = \bar{x} - \sqrt{3}s, \quad \hat{b} = \bar{x} + \sqrt{3}s.$$

（3）经过计算，有 $\bar{x} = 4.48$，$s = 0.3962$，根据（2）得到 a 与 b 的矩估计值分别为

$$\hat{a} = \bar{x} - \sqrt{3}s = 4.48 - 0.3962\sqrt{3} = 3.7938,$$
$$\hat{b} = \bar{x} + \sqrt{3}s = 4.48 + 0.3962\sqrt{3} = 5.1662.$$

例 2.1.4 设总体 X 的均值 μ 和方差 σ^2 都存在，且 $\sigma^2 > 0$，但 μ 和 σ^2 均为未知．$X_1, X_2, \cdots, X_n$ 是总体 X 的一个样本，求 μ 和 σ^2 的矩估计量．

解 根据前面的替换原理，用样本均值 $\bar{X}$ 估计总体均值 $E(X)$，用样本方差 S^2 估计总体方差 $D(X)$，因此 μ 和 σ^2 的矩估计量为

$$\begin{cases} \hat{\mu} = \bar{X}, \\ \hat{\sigma}^2 = S^2. \end{cases}$$

例 2.1.4 的结果表明，总体 X 的均值 μ 和方差 σ^2 的矩估计量的表达式与总体具体服从什么分布无关，即无论总体 X 服从什么分布，只要均值和方差存在，结论都是成立的．

例如，若 $X \sim N(\mu, \sigma^2)$，μ 和 σ^2 未知，根据例 2.1.4，则 μ 和 σ^2 的矩估计量分别为

$$\begin{cases} \hat{\mu} = \bar{X}, \\ \hat{\sigma}^2 = S^2. \end{cases}$$

参数的矩估计法在估计总体的均值、方差等数字特征时，不必知道总体的分布类型，非常直观简便，这是矩估计法的优点．但矩估计法也存在不足，在总体分布类型已知的情况下，矩估计法没有充分利用总体分布所提供的信息，因此可能导致浪费一些信息．

2.1.2 极大似然估计法

为了说明极大似然原理，先看两个例子．

例 2.1.5 设有外形完全相同的两个箱子，甲箱中有 99 只白球和 1 只黑球，乙箱中有 99 只黑球和 1 只白球，现在随机地抽取一个箱子，并从中随机地抽取 1 只球，结果取得的是白球，问这个球是从哪个箱子中取出的？

解 无论是哪个箱子，从箱子中随机地抽取 1 只球，其可能结果只有 2 个：事件 A 表示"取出的是白球"，事件 B 表示"取出的是黑球"．

如果取出的是甲箱，则事件 A 发生的概率为 0.99；如果取出的是乙箱，则事件 A 发生的概率为 0.01．

现在一次试验中结果是事件 A 发生了，人们的第一印象是：此白球"最像"从甲箱取出的，或者认为试验条件对结果事件 A 发生有利，从而可以推断出这个球是从甲箱中取出的．

这个推断符合人们的经验，这里"最像"就是"极大似然"的意思．这种想法称为"极大似然原理"．

例 2.1.6 设产品分为合格与不合格两类，用一个随机变量 X 来表示某个产品经过检查后的不合格品数，则 $X = 0$ 表示合格品，$X = 1$ 表示不合格品，于是 X 服从二点分布 $B(1, p)$，其中 p 是不合格品率（是未知参数）．现在抽取 n 个产品看其是否合格，得到样本 X_1，

$X_2, \cdots, X_n$,这批观察值发生的概率为

$$P(X_1=x_1, X_2=x_2, \cdots, X_n=x_n; p) = \prod_{i=1}^{n} p^{x_i}(1-p)^{1-x_i} = p^{\sum_{i=1}^{n}x_i}(1-p)^{n-\sum_{i=1}^{n}x_i}.$$
(2.1.1)

由于参数 p 是未知的,根据"极大似然原理",应选择 p 使得式(2.1.1)表示的概率尽可能大. 把式(2.1.1)看作是未知参数 p 的函数,用 $L(p)$ 表示,称为**似然函数**(likelihood function),即

$$L(p) = p^{\sum_{i=1}^{n}x_i}(1-p)^{n-\sum_{i=1}^{n}x_i}.$$
(2.1.2)

以下求式(2.1.2)的极大值,将式(2.1.2)的两端取对数并关于 p 求导数,令导数为 0,即得如下方程(又称为似然方程):

$$\ln L(p) = \left(\sum_{i=1}^{n} x_i\right) \ln p + \left(n - \sum_{i=1}^{n} x_i\right) \ln(1-p),$$

令

$$0 = \frac{\mathrm{d}\ln L(p)}{\mathrm{d}p} = \frac{\sum_{i=1}^{n} x_i}{p} - \frac{n - \sum_{i=1}^{n} x_i}{1-p},$$

解得 p 的极大似然估计值为 $\hat{p} = \hat{p}(x_1, x_2, \cdots, x_n) = \frac{1}{n}\sum_{i=1}^{n} x_i = \bar{x}$.

一般地,若总体 X 为离散型随机变量,其分布律 $P\{X=x\} = p(x;\theta)$ 的形式为已知,θ 为待估参数,$\theta \in \Theta$,Θ 为参数空间. $X_1, X_2, \cdots, X_n$ 是总体 X 的一个样本,则 $X_1, X_2, \cdots, X_n$ 的联合分布律为 $\prod_{i=1}^{n} p(x_i;\theta)$. 设 $x_1, x_2, \cdots, x_n$ 是相应于 $X_1, X_2, \cdots, X_n$ 的样本观察值,易知样本 $X_1, X_2, \cdots, X_n$ 取到观察值 $x_1, x_2, \cdots, x_n$ 的概率,即事件 $\{X_1=x_1, X_2=x_2, \cdots, X_n=x_n\}$ 发生的概率为

$$L(\theta) = L(x_1, x_2, \cdots, x_n; \theta) = \prod_{i=1}^{n} p(x_i; \theta), \quad \theta \in \Theta.$$

$L(\theta)$ 称为**样本的似然函数**.

关于极大似然估计法,有以下直观想法:固定样本观察值 $x_1, x_2, \cdots, x_n$,在 θ 的可能取值范围 Θ 内挑选使似然函数 $L(x_1, x_2, \cdots, x_n; \theta)$ 达到最大的参数值 $\hat{\theta}$,作为 θ 的估计值. 即取 $\hat{\theta}$ 使

$$L(x_1, x_2, \cdots, x_n; \hat{\theta}) = \max_{\theta \in \Theta} L(x_1, x_2, \cdots, x_n; \theta).$$

这样得到的 $\hat{\theta}$ 与 $x_1, x_2, \cdots, x_n$ 有关,记为 $\hat{\theta}(x_1, x_2, \cdots, x_n)$,称为参数 θ 的**极大似然估计值**,而相应的统计量 $\hat{\theta}(X_1, X_2, \cdots, X_n)$ 称为参数 θ 的**极大似然估计量**. 它们统

称为 θ 的**极大似然估计**(Maximum Likelihood Estimation,简记为 MLE).

若总体 X 为连续型随机变量,其密度函数 $f(x_i;\theta)$ 的形式为已知,θ 为待估参数,$\theta\in\Theta$,$X_1,X_2,\cdots,X_n$ 是总体 X 的一个样本,则 $X_1,X_2,\cdots,X_n$ 的联合密度函数为 $\prod_{i=1}^{n}f(x_i;\theta)$. 设 $x_1,x_2,\cdots,x_n$ 是相应于 $X_1,X_2,\cdots,X_n$ 的样本观察值. 易知随机点 $(X_1,X_2,\cdots,X_n)$ 落在点 $(x_1,x_2,\cdots,x_n)$ 的邻域内(边长分别为 $\mathrm{d}x_1,\mathrm{d}x_2,\cdots,\mathrm{d}x_n$ 的 n 维立方体)的概率近似为 $\prod_{i=1}^{n}f(x_i;\theta)\mathrm{d}x_i$.

与离散型的情形一样,取 θ 的估计值 $\hat{\theta}$ 使 $\prod_{i=1}^{n}f(x_i;\theta)\mathrm{d}x_i$ 取到最大值,但因子 $\prod_{i=1}^{n}\mathrm{d}x_i$ 不随 θ 变化,因此考虑函数

$$L(\theta)=L(x_1,x_2,\cdots,x_n;\theta)=\prod_{i=1}^{n}f(x_i;\theta)$$

的最大值. 这里 $L(\theta)$ 称为样本的**似然函数**. 若

$$L(x_1,x_2,\cdots,x_n;\hat{\theta})=\max_{\theta\in\Theta}L(x_1,x_2,\cdots,x_n;\theta).$$

称 $\hat{\theta}(x_1,x_2,\cdots,x_n)$ 为参数 θ 的**极大似然估计值**,而相应的统计量 $\hat{\theta}(X_1,X_2,\cdots,X_n)$ 称为参数 θ 的**极大似然估计量**.

这样,确定极大似然估计量的问题就归结为求极大值的问题了. 由于 $L(\theta)$ 与 $\ln L(\theta)$ 在同一个 θ 处取到极值,因此在很多情况下,θ 的极大似然估计 $\hat{\theta}$ 也可以从方程 $\dfrac{\mathrm{d}\ln L(\theta)}{\mathrm{d}\theta}=0$ 求得(但也有例外,见例 2.1.9),此方程称为**似然方程**.

例 2.1.7 设 $X_1,X_2,\cdots,X_n$ 是来自总体 X 的样本,X 服从参数为 θ 的指数分布,其密度函数为 $f(x)=\dfrac{1}{\theta}\mathrm{e}^{-\frac{x}{\theta}}$,$\theta>0$,$x>0$. 求参数 θ 的极大似然估计量.

解 设 $x_1,x_2,\cdots,x_n$ 是相应于 $X_1,X_2,\cdots,X_n$ 的样本观察值,则似然函数为

$$L(\theta)=\prod_{i=1}^{n}\left(\frac{1}{\theta}\mathrm{e}^{-\frac{x_i}{\theta}}\right)=\frac{1}{\theta^n}\mathrm{e}^{-\frac{1}{\theta}\sum_{i=1}^{n}x_i},$$

于是 $\ln L(\theta)=-n\ln\theta-\dfrac{1}{\theta}\sum_{i=1}^{n}x_i$,似然方程为

$$\frac{\mathrm{d}\ln L(\theta)}{\mathrm{d}\theta}=-\frac{n}{\theta}+\frac{1}{\theta^2}\sum_{i=1}^{n}x_i=0.$$

由此得参数 θ 的极大似然估计量为 $\hat{\theta}=\dfrac{1}{n}\sum_{i=1}^{n}X_i=\bar{X}$.

用 MATLAB 软件产生容量为 30 且均值为 $\theta=10$ 的指数分布 $E(\theta)$ 的随机样本,样本的似然函数 $L(\theta)$ 和对数似然函数 $\ln L(\theta)$,分别如图 2-1 和图 2-2 所示. 可以得到参数 θ 的极大似然估计值(其 MATLAB 代码见附录 B 的例 B.2.5),结果为 $\hat{\theta}=10.0176$.

由于样本的随机性,参数 θ 的极大似然估计值并不一定恰好是 10(而是 10 附近的 10.017 6).

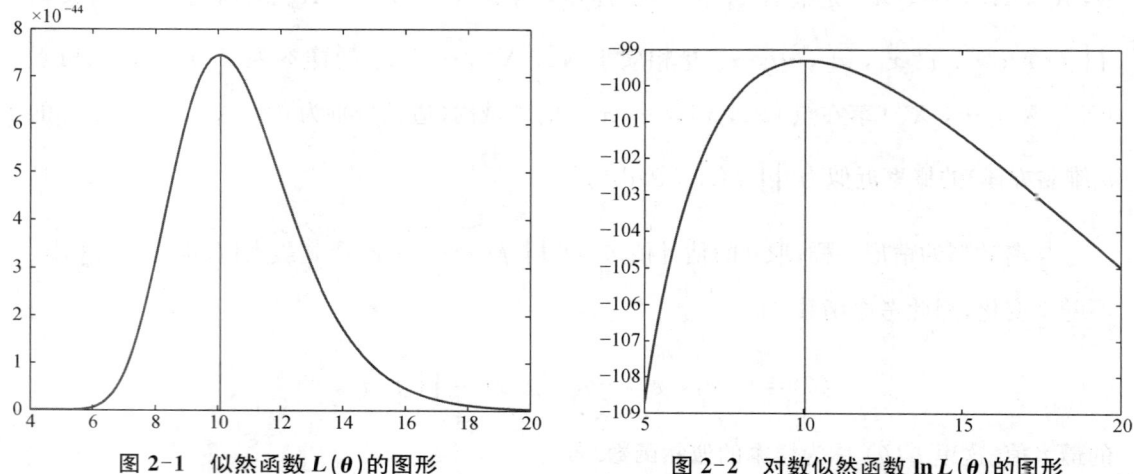

图 2-1　似然函数 $L(\theta)$ 的图形　　　　　图 2-2　对数似然函数 $\ln L(\theta)$ 的图形

从图 2-1 和图 2-2 可以看出,似然函数 $L(\theta)$ 和对数似然函数 $\ln L(\theta)$ 的极大值点都在 10 附近(10.017 6).

从例 2.1.7 和例 2.1.2 可以看出,对参数为 θ 的指数分布,其极大似然估计量与矩估计量是相同的.

极大似然估计法也适用于分布函数中含有多个未知参数 $\theta_1, \theta_2, \cdots, \theta_k$ 的情况.这时,似然函数是这些未知参数的函数.令

$$\frac{\partial}{\partial \theta_i} L = 0, \quad i = 1, 2, \cdots, k$$

或

$$\frac{\partial}{\partial \theta_i} \ln L = 0, \quad i = 1, 2, \cdots, k.$$

解上述方程组,一般可以得到未知参数 $\theta_1, \theta_2, \cdots, \theta_k$ 的极大似然估计 $\hat{\theta}_1$, $\hat{\theta}_2, \cdots, \hat{\theta}_k$.

例 2.1.8　设 $X \sim N(\mu, \sigma^2)$,μ 和 σ^2 未知,$x_1, x_2, \cdots, x_n$ 是相应于 $X_1, X_2, \cdots, X_n$ 的样本观察值,求 μ 和 σ^2 的极大似然估计量.

解　设 $X \sim N(\mu, \sigma^2)$,则 X 的密度函数为

$$f(x; \mu, \sigma^2) = \frac{1}{\sqrt{2\pi}\sigma} \exp\left\{-\frac{(x-\mu)^2}{2\sigma^2}\right\}, \quad -\infty < x < \infty.$$

似然函数为

$$L(\mu, \sigma^2) = \prod_{i=1}^{n} \frac{1}{\sqrt{2\pi}\sigma} \exp\left\{\frac{-(x_i-\mu)^2}{2\sigma^2}\right\} = (2\pi)^{-\frac{n}{2}} (\sigma^2)^{-\frac{n}{2}} \exp\left\{-\frac{1}{2\sigma^2} \sum_{i=1}^{n} (x_i-\mu)^2\right\}.$$

于是 $\ln L = -\dfrac{n}{2}\ln(2\pi) - \dfrac{n}{2}\ln\sigma^2 - \dfrac{\sum\limits_{i=1}^{n}(x_i-\mu)^2}{2\sigma^2}.$

令

$$\begin{cases} \dfrac{\partial}{\partial \mu}\ln L = \dfrac{1}{\sigma^2}\left(\sum\limits_{i=1}^{n}x_i - n\mu\right) = 0, \\ \dfrac{\partial}{\partial \sigma^2}\ln L = -\dfrac{n}{2\sigma^2} + \dfrac{1}{2(\sigma^2)^2}\sum\limits_{i=1}^{n}(x_i-\mu)^2 = 0. \end{cases}$$

解得 $\hat{\mu} = \dfrac{1}{n}\sum\limits_{i=1}^{n}x_i = \bar{x},\ \hat{\sigma}^2 = \dfrac{1}{n}\sum\limits_{i=1}^{n}(x_i-\bar{x})^2$,因此 μ 和 σ^2 的极大似然估计量为

$$\begin{cases} \hat{\mu} = \bar{X}, \\ \hat{\sigma}^2 = \dfrac{1}{n}\sum\limits_{i=1}^{n}(X_i-\bar{X})^2. \end{cases}$$

这个结果与 $N(\mu,\sigma^2)$ 中 μ 和 σ^2 的矩估计量(见例 2.1.4 后面的说明)有所不同.

例 2.1.9 设 $X_1,X_2,\cdots,X_n$ 是来自总体 X 的样本,X 在 $[0,\theta]$ 上服从均匀分布,θ 为未知参数. $x_1,x_2,\cdots,x_n$ 是相应于 $X_1,X_2,\cdots,X_n$ 的样本观察值.求 θ 的极大似然估计值和极大似然估计量.

解 根据题意,总体 X 的密度函数和样本的似然函数分别为

$$f(x;\theta) = \begin{cases} \dfrac{1}{\theta}, & 0 < x \leqslant \theta, \\ 0, & \text{其他}; \end{cases} \quad L(\theta) = \begin{cases} \dfrac{1}{\theta^n}, & 0 < x_1,x_2,\cdots,x_n \leqslant \theta, \\ 0, & \text{其他}. \end{cases}$$

记 $x_{(n)} = \max(x_1,x_2,\cdots,x_n)$,由于 $x_1,x_2,\cdots,x_n \leqslant \theta$,相当于 $x_{(n)} \leqslant \theta$,于是似然函数相当于

$$L(\theta) = \begin{cases} \dfrac{1}{\theta^n}, & \theta \geqslant x_{(n)}, \\ 0, & \theta < x_{(n)}. \end{cases}$$

当 $\theta \geqslant x_{(n)}$ 时,$\ln L(\theta) = -n\ln\theta$,则 $\dfrac{\mathrm{d}\ln L(\theta)}{\mathrm{d}\theta} = -\dfrac{n}{\theta} \neq 0$,所以不能用求解似然方程来直接得到 $L(\theta)$ 的最大值点.

当 $\theta \geqslant x_{(n)}$ 时,$L(\theta)$ 随 θ 的增加而减小,为了使 $L(\theta)$ 达到最大,θ 必须尽量小,但 θ 又不能小于 $x_{(n)}$.这个界限就在 $\hat{\theta} = x_{(n)}$ 处:当 $\theta \geqslant \hat{\theta}$ 时,$L(\theta) = \dfrac{1}{\theta^n} > 0$;当 $\theta < \hat{\theta}$ 时,$L(\theta) = 0$.因此唯一使 $L(\theta)$ 达到最大的 θ 值是 $\hat{\theta} = x_{(n)}$,所以 θ 的极大似然估计值为 $\hat{\theta} = x_{(n)} = \max(x_1,x_2,\cdots,x_n)$,$\theta$ 的极大似然估计量为 $\hat{\theta} = \max(X_1,X_2,\cdots,X_n)$.

注意,例 2.1.9 中 θ 的极大似然估计量与例 2.1.3 中 θ 的矩估计量是不同的.

极大似然估计有一个简单而非常有用的性质.

性质 2.1.1（极大似然估计的不变性） 设 $\hat{\theta}$ 为 $f(x;\theta)$ 中参数 θ 的极大似然估计,并且函数 $g=g(\theta)$ 具有单值反函数 $\theta=\theta(g)$,则 $\hat{g}=g(\hat{\theta})$ 是 $g(\theta)$ 的极大似然估计.

性质 2.1.1 称为**极大似然估计的不变性**. 当总体的分布中含有多个未知参数时,性质 2.1.1 也是成立的.

例如,在例 2.1.8 中 μ 和 σ^2 的极大似然估计量分别为 $\hat{\mu}=\bar{X}$ 和 $\hat{\sigma}^2=\dfrac{1}{n}\sum_{i=1}^{n}(X_i-\bar{X})^2$. 根据极大似然估计的不变性,有

(1) 标准差 σ 的极大似然估计量为 $\hat{\sigma}=\sqrt{\hat{\sigma}^2}=\sqrt{\dfrac{1}{n}\sum_{i=1}^{n}(X_i-\bar{X})^2}$.

(2) 根据正态分布 $N(\mu,\sigma^2)$ 的 p 分位数 x_p 与标准正态分布的 p 分位数 z_p 之间满足如下关系:

$$x_p=\mu+\sigma z_p,$$

则 x_p 的极大似然估计值为 $\bar{x}+s_* z_p$,其中 $s_*=\sqrt{\dfrac{1}{n}\sum_{i=1}^{n}(x_i-\bar{x})^2}$.

特别地,由于标准正态分布的中位数 $z_{0.5}=0$,则正态分布 $N(\mu,\sigma^2)$ 的中位数 $x_{0.5}$ 的极大似然估计值为 $\bar{x}$.

例 2.1.10（强度和应力结构可靠度） 设产品（或构件）的强度为 $X\sim N(\mu_1,\sigma_1^2)$,应力为 $Y\sim N(\mu_2,\sigma_2^2)$,且 X 和 Y 相互独立,则 $X-Y\sim N(\mu_1-\mu_2,\sigma_1^2+\sigma_2^2)$,该产品（或构件）的结构可靠度为

$$\begin{aligned}R&=P\{X-Y>0\}\\&=P\left\{\dfrac{(X-Y)-(\mu_1-\mu_2)}{\sqrt{\sigma_1^2+\sigma_2^2}}>-\dfrac{(\mu_1-\mu_2)}{\sqrt{\sigma_1^2+\sigma_2^2}}\right\}\\&=1-\Phi\left(-\dfrac{\mu_1-\mu_2}{\sqrt{\sigma_1^2+\sigma_2^2}}\right)\\&=\Phi(\beta).\end{aligned}$$

其中 $\beta=\dfrac{\mu_1-\mu_2}{\sqrt{\sigma_1^2+\sigma_2^2}}$ 称为可靠指标.

如果根据 X 和 Y 的样本观察值得到 $\mu_1,\mu_2,\sigma_1^2,\sigma_2^2$ 的极大似然估计值分别为 $\hat{\mu}_1=45\,000,\hat{\mu}_2=30\,000,\hat{\sigma}_1^2=4\,000^2,\hat{\sigma}_2^2=3\,000^2$,根据性质 2.1.1（极大似然估计的不变性）,则可靠指标 β 和结构可靠度 R 的极大似然估计值分别为

$$\hat{\beta}=\dfrac{\hat{\mu}_1-\hat{\mu}_2}{\sqrt{\hat{\sigma}_1^2+\hat{\sigma}_2^2}}=\dfrac{45\,000-30\,000}{\sqrt{4\,000^2+3\,000^2}}=3,\quad \hat{R}=\Phi(\hat{\beta})=0.998\,7.$$

可靠指标是产品可靠度的度量,其大小反映了产品可靠度的优劣. 在强度和应力均为正态分布的情况下,可靠指标还可以表示为

$$\beta=\dfrac{\mu_1-\mu_2}{\sqrt{\sigma_1^2+\sigma_2^2}}=\dfrac{K-1}{\sqrt{K^2C_X^2+C_Y^2}}.$$

其中，$K=\dfrac{E(X)}{E(Y)}$ 为产品的安全系数，$C_X=\dfrac{\sqrt{D(X)}}{E(X)}$ 为强度的变异系数．$C_Y=\dfrac{\sqrt{D(Y)}}{E(Y)}$ 为应力的变异系数．

安全系数与可靠指标的关系如下：

$$K=\frac{1+\beta\sqrt{C_X^2+C_Y^2-\beta^2 C_X^2 C_Y^2}}{1-\beta^2 C_X^2}.$$

关于可靠指标及其工程应用，详见：《公路工程结构可靠性设计统一标准》(中华人民共和国行业标准：JTG 2120—2020，2020)等．关于可靠性统计、可靠性理论及其工程应用，详见茆诗松，汤银才，王玲玲(2008)，张志华(2012)等．

习题 2.1

1. 设 $X_1,X_2,\cdots,X_n$ 是来自总体 X 的样本，且 X 的密度函数为 $f(x)=\dfrac{2}{\theta^2}(\theta-x)$，$0<x<\theta$，$\theta>0$，求参数 θ 的矩估计量．

2. 随机地取 8 只活塞环，测得它们的直径(单位：mm)为

    74.001　74.005　74.003　74.001　74.000　73.998　74.006　74.002

试求总体均值 μ 及方差 σ^2 的矩估计值．

3. 设总体 $X\sim B(1,p)$，$X_1,X_2,\cdots,X_n$ 是来自总体 X 的样本，求总体均值 μ 及方差 σ^2 的矩估计量和矩估计值．

4. 设 $X_1,X_2,\cdots,X_n$ 为总体的一个样本，$x_1,x_2,\cdots,x_n$ 为一相应的样本观察值，总体的密度函数为

$$f(x)=\begin{cases}\sqrt{\theta}x^{\sqrt{\theta}-1}, & 0\leqslant x\leqslant 1,\\ 0, & \text{其他}.\end{cases}$$

其中 $\theta>0$．求：(1) θ 的矩估计量和矩估计值；(2) θ 的极大似然估计值和估计量．

5. 设 $X_1,X_2,\cdots,X_n$ 为总体的一个样本，$x_1,x_2,\cdots,x_n$ 为一相应的样本观察值，总体的分布律 $P\{X=x\}=C_m^x p^x(1-p)^{m-x}$，$x=0,1,2,\cdots,m$，其中，$0<p<1$，$p$ 为未知参数．求：(1) p 的矩估计量和矩估计值；(2) p 的极大似然估计值和估计量．

6. 一地质学家为研究密歇根湖湖滩地区的岩石成份，随机地自该地区取 100 个样品，每个样品有 10 块石子，记录了每个样品中属石灰石的石子数．假设这 100 次观察相互独立，并且由过去经验知，它们都服从参数为 $n=10$ 和 p 的二项分布，p 是这地区一块石子是石灰石的概率，求 p 的极大似然估计值．该地质学家所得的数据如下：

样品中属石灰石的石子数 i	0	1	2	3	4	5	6	7	8	9	10
观察到 i 块石灰石样品个数	0	1	6	7	23	26	21	12	3	1	0

7. 若 $X\sim N(\mu,\sigma^2)$，试用容量为 n 的样本，分别就 (1) σ^2 已知；(2) μ,σ^2 均未知两种情况求出使 $P\{X>A\}=0.05$ 的 A 的极大似然估计量．

8. 设总体 X 的分布律为

X_i	0	1	2	3
p_k	θ^2	$2\theta(1-\theta)$	θ^2	$1-2\theta$

其中 $\theta\left(0<\theta<\dfrac{1}{2}\right)$ 是未知参数,利用总体 X 的如下样本观察值 3,1,3,0,3,1,2,3,求 θ 的矩估计值和极大似然估计值.

9. 设总体 X 的密度函数为

$$f(x)=\begin{cases}(\theta+1)x^{\theta}, & 0<x<1,\\ 0, & \text{其他,}\end{cases}$$

其中,$\theta>-1$ 是未知参数,$X_1,X_2,\cdots,X_n$ 是来自总体 X 的一个容量为 n 的简单随机样本,分别用矩估计法和极大似然估计法求 θ 的估计值和估计量.

10. 设 $X_1,X_2,\cdots,X_n$ 是来自总体 X 的一个样本,且 $X\sim P(\lambda)$,试求未知参数 λ 的极大似然估计量,并求 $P\{X=0\}$ 的极大似然估计值.

11. 某铁路局证实一名扳道员在五年内所引起的严重事故的次数服从泊松分布.求一名扳道员在五年内未引起严重事故的概率 p 的极大似然估计.使用下面 122 个观察值.下表中,r 表示一扳道员在五年中引起严重事故的次数,s 表示观察到的扳道员人数.

r	0	1	2	3	4	5
s	44	42	21	9	4	2

12. 中国改革开放 40 多年来的经济发展使人民的生活水平得到了很大的提高,下表是近期在一个经济比较发达的城市中学收集到的 17 岁男生的身高数据(单位:cm).

学生的身高

170.1	179.0	171.5	173.1	174.1	177.2	170.3	176.2	163.7	175.4
163.3	179.0	176.5	178.4	165.1	179.4	176.3	179.0	173.9	173.7
173.2	172.3	169.3	172.8	176.4	163.7	177.0	165.9	166.6	167.4
174.0	174.3	184.5	171.9	181.4	164.6	176.4	172.4	180.3	160.5
166.2	173.5	171.7	167.9	168.7	175.6	179.6	171.6	168.1	172.2

若上表中的数据来自正态分布,求学生身高的均值和标准差的极大似然估计.

13. 设 $X_1,X_2,\cdots,X_n$ 是来自级数分布

$$P(X=k)=-\frac{1}{\ln(1-p)}\cdot\frac{p^k}{k},\quad 0<p<1;k=1,2,\cdots$$

的一个样本,求参数 p 的矩估计量.

2.2 估计量的评选标准

对于总体 X 的同一个参数,由于采用不同的估计方法,可能会产生多个不同估计量.例

如,总体 X 在 $[0,\theta]$ 上服从均匀分布,对同一个参数 θ,在例 2.1.9 中 θ 极大似然估计量与例 2.1.3 中 θ 的矩估计量是不同的. 这就提出了一个问题,当总体 X 的同一个参数存在不同估计量时,究竟采用哪一个估计量更好呢？这就涉及用什么样的标准来评价估计量的问题. 以下给出几个常用的评选标准:无偏性、有效性、相合性、均方误差、一致最小方差无偏估计等.

2.2.1 无偏性

定义 2.2.1 设 $X_1, X_2, \cdots, X_n$ 是总体 X 的一个样本,$\theta \in \Theta$,若估计量 $\hat{\theta} = \hat{\theta}(X_1, X_2, \cdots, X_n)$ 的数学期望 $E(\hat{\theta})$ 存在,且对任意的 $\theta \in \Theta$,有

$$E(\hat{\theta}) = \theta,$$

则称 $\hat{\theta}$ 为 θ 的**无偏估计量**.

记 $a_n = E(\hat{\theta}) - \theta$,称 a_n 为估计量 $\hat{\theta}$ 的**偏差**.

若 $a_n \neq 0$,则称 $\hat{\theta}$ 为 θ 的**有偏估计量**.

如果 $\lim\limits_{n \to \infty} a_n = 0$,则称 $\hat{\theta}$ 为 θ 的**渐近无偏估计量**.

无偏估计的意义就是偏差为 0.

例如,设总体 X 的均值 μ 和方差 σ^2 均未知,根据例 1.3.1 知,$E(\bar{X}) = \mu$,$E(S^2) = \sigma^2$. 这就是说,不论总体服从什么分布,样本均值 $\bar{X}$ 是总体均值的无偏估计量；样本方差 $S^2 = \dfrac{1}{n-1} \sum\limits_{i=1}^{n} (X_i - \bar{X})^2$ 是总体方差 σ^2 的无偏估计量. 由于 $E(S_*^2) = \dfrac{n-1}{n} \sigma^2$,因此估计量 $S_*^2 = \dfrac{1}{n} \sum\limits_{i=1}^{n} (X_i - \bar{X})^2$ 不是总体方差 σ^2 的无偏估计量,但它是 σ^2 的渐近无偏估计量.

例 2.2.1 设 X 在 $[0, \theta]$ 上服从均匀分布,θ 为未知参数. 问 θ 的估计量 $\hat{\theta} = 2\bar{X}$ 是否为 θ 的无偏估计量.

解 由于 $X_1, X_2, \cdots, X_n$ 是总体 X 的样本,所以它们与总体 X 同分布,于是 $E(X_i) = \dfrac{\theta}{2}$ $(i = 1, 2, \cdots, n)$. 根据数学期望的性质,有

$$E(\hat{\theta}) = 2E(\bar{X}) = 2E\left(\frac{1}{n} \sum_{i=1}^{n} X_i\right) = \frac{2}{n} \sum_{i=1}^{n} E(X_i) = \frac{2}{n} \cdot n \cdot \frac{\theta}{2} = \theta.$$

因此估计量 $\hat{\theta} = 2\bar{X}$ 是 θ 的无偏估计量.

例 2.2.2 设总体 X 的 k 阶原点矩 $\mu_k = E(X^k)$ 存在 $(k \geqslant 1)$,又设 $X_1, X_2, \cdots, X_n$ 是 X 的一个样本. 证明：不论总体服从什么分布,样本的 k 阶原点矩 $A_k = \dfrac{1}{n} \sum\limits_{i=1}^{n} X_i^k$ 是总体 k 阶原点矩 μ_k 的无偏估计量.

证明 由于 $X_1, X_2, \cdots, X_n$ 与总体 X 同分布,所以 $E(X_i^k) = E(X^k) = \mu_k$,$i = 1, 2, \cdots, n$,即 $E(A_k) = \dfrac{1}{n} \sum\limits_{i=1}^{n} E(X_i^k) = \mu_k$,因此 A_k 是 μ_k 的无偏估计量.

例 2.2.3 设从均值 μ, 方差 $\sigma^2 > 0$ 的总体中, 分别抽取容量为 n_1 和 n_2 的两个独立样本, $\bar{X}_1$ 和 $\bar{X}_2$ 分别为两个样本均值. 试证明: 对于任意的常数 a, $b(a+b=1)$, $Y = a\bar{X}_1 + b\bar{X}_2$ 都是 μ 的无偏估计量, 并确定常数 a, b, 使 $D(Y)$ 最小.

解 (1) 由于 $E(Y) = aE(\bar{X}_1) + bE(\bar{X}_2) = (a+b)\mu = \mu$, 所以对于任意的常数 a, $b(a+b=1)$, $Y = a\bar{X}_1 + b\bar{X}_2$ 都是 μ 的无偏估计量.

(2) $D(Y) = a^2 D(\bar{X}_1) + b^2 D(\bar{X}_2) = \left(\dfrac{a^2}{n_1} + \dfrac{b^2}{n_2}\right)\sigma^2$, 以下在 $a+b=1$ 时, 求 a 和 b 使 $D(Y)$ 达到最小. 以下给出两种解法.

解法 1 由于 $a+b=1$, 所以 $b = 1-a$, 则 $D(Y) = \left[\dfrac{a^2}{n_1} + \dfrac{(1-a)^2}{n_2}\right]\sigma^2$.

令 $\dfrac{\mathrm{d}D(Y)}{\mathrm{d}a} = \left[\dfrac{2a}{n_1} - \dfrac{2(1-a)}{n_2}\right]\sigma^2 = 0$, 得 $a = \dfrac{n_1}{n_1+n_2}$, $b = 1-a = \dfrac{n_2}{n_1+n_2}$. 由于 $\dfrac{\mathrm{d}^2 D(Y)}{\mathrm{d}a^2} = \left(\dfrac{2}{n_1} + \dfrac{2}{n_2}\right)\sigma^2 > 0$, 所以当 $a = \dfrac{n_1}{n_1+n_2}$, $b = \dfrac{n_2}{n_1+n_2}$ 时, $D(Y)$ 最小.

解法 2 用拉格朗日法, 作辅助函数 $L(a,b) = \dfrac{a^2}{n_1}\sigma^2 + \dfrac{b^2}{n_2}\sigma^2 + \lambda(a+b-1)$.

令 $0 = \dfrac{\partial L(a,b)}{\partial a} = \dfrac{2a\sigma^2}{n_1} + \lambda$, $0 = \dfrac{\partial L(a,b)}{\partial b} = \dfrac{2b\sigma^2}{n_2} + \lambda$, 则 $2\sigma^2\left(\dfrac{a}{n_1} - \dfrac{b}{n_2}\right) = 0$, 由于 $\sigma^2 > 0$, 有 $2\sigma^2 n_1 n_2 \neq 0$, 所以 $n_2 a - n_1 b = 0$, 又 $a + b = 1$, 于是 $1 = a+b = \dfrac{n_1}{n_2}b + b = \dfrac{n_1+n_2}{n_2}b$, 因此 $b = \dfrac{n_2}{n_1+n_2}$, $a = \dfrac{n_1}{n_1+n_2}$.

2.2.2 有效性与相合性

现在来比较参数 θ 的两个无偏估计量 $\hat{\theta}_1$ 和 $\hat{\theta}_2$, 如果在样本容量相同的情况下, $\hat{\theta}_1$ 的观察值比 $\hat{\theta}_2$ 在真值 θ 的附近更密集, 我们就认为 $\hat{\theta}_1$ 比 $\hat{\theta}_2$ 理想. 由于方差是随机变量的取值与其数学期望的偏离程度的度量, 所以无偏估计量以方差小者为好, 这就引出了有效性这个概念.

定义 2.2.2 设 $\hat{\theta}_1 = \hat{\theta}_1(X_1, X_2, \cdots, X_n)$ 和 $\hat{\theta}_2 = \hat{\theta}_2(X_1, X_2, \cdots, X_n)$ 都是 θ 的无偏估计量, 若对于任意的 $\theta \in \Theta$, 有 $D(\hat{\theta}_1) < D(\hat{\theta}_2)$, 则称 $\hat{\theta}_1$ 比 $\hat{\theta}_2$ **有效**.

例 2.2.4 设 $X_1, X_2, \cdots, X_n$ 是总体 X 的样本, 且总体均值 $E(X) = \mu$ 和方差 $D(X) = \sigma^2$ 存在, 证明: 当 $n > 1$ 时, μ 的无偏估计量 $\bar{X}$ 比 μ 的无偏估计量 X_1 有效.

证明 由于 $D(X_1) = D(X) = \sigma^2$, $D(\bar{X}) = \sigma^2/n$, 所以当 $n > 1$ 时, $D(X_1) = \sigma^2 > D(\bar{X}) = \sigma^2/n$, 即 $\bar{X}$ 比 X_1 有效.

例 2.2.5 在例 2.1.9 中, 给出了均匀分布 $U(0,\theta)$ 中参数 θ 的极大似然估计量为 $\hat{\theta} = X_{(n)}$.

可以得到 $X_{(n)} = \max(X_1, X_2, \cdots, X_n)$ 的密度函数为

$$f_{\max}(x) = \begin{cases} \dfrac{nx^{n-1}}{\theta^n}, & 0 < x < \theta, \\ 0, & \text{其他}, \end{cases}$$

则 $\hat{\theta} = \max(X_1, X_2, \cdots, X_n)$ 的数学期望为

$$E(\hat{\theta}) = \int_0^\theta x f_{\max}(x) \mathrm{d}x = \dfrac{n}{n+1}\theta.$$

因此,θ 的极大似然估计量 $\hat{\theta} = \max(X_1, X_2, \cdots, X_n)$ 不是 θ 的无偏估计,但它是 θ 的渐近无偏估计.

经过修偏后可以得到是 θ 的一个无偏估计 $\hat{\theta}_1 = \dfrac{n+1}{n} X_{(n)}$.

且有

$$D(\hat{\theta}_1) = \left(\dfrac{n+1}{n}\right)^2 D(X_{(n)}) = \left(\dfrac{n+1}{n}\right)^2 \dfrac{n\theta^2}{(n+1)^2(n+2)} = \dfrac{\theta^2}{n(n+2)}.$$

另外,根据例 2.1.3,θ 的矩估计量为 $\hat{\theta}_2 = 2\bar{X}$. 由于 $E(\hat{\theta}_2) = 2E(\bar{X}) = \theta$,因此 $\hat{\theta}_2$ 是 θ 的另一个无偏估计,且有

$$D(\hat{\theta}_2) = 4D(\bar{X}) = \dfrac{4}{n} D(X) = \dfrac{4}{n} \cdot \dfrac{\theta^2}{12} = \dfrac{\theta^2}{3n}.$$

因此,当 $n > 1$ 时,有 $D(\hat{\theta}_1) = \dfrac{\theta^2}{n(n+2)} < \dfrac{\theta^2}{3n} = D(\hat{\theta}_2)$,于是 $\hat{\theta}_1$ 比 $\hat{\theta}_2$ 有效.

无偏性和有效性都是在样本容量 n 固定的前提下给出的. 我们自然希望随着样本容量的增大,一个估计量的值稳定于待估参数的真值. 这样,估计量又有下述相合性(或一致性)的要求.

定义 2.2.3 设 $\hat{\theta}(X_1, X_2, \cdots, X_n)$ 为参数 θ 的估计量,当 $n \to \infty$ 时,$\hat{\theta}(X_1, X_2, \cdots, X_n)$ 依概率收敛于 θ,则称 $\hat{\theta}$ 为 θ 的**相合估计量**(或**一致估计量**).

对于任意的 $\varepsilon > 0$,有

$$\lim_{n \to \infty} P\{|\hat{\theta} - \theta| < \varepsilon\} = 1,$$

则称 $\hat{\theta}$ 为 θ 的相合估计量.

例 2.2.6 设 $X_1, X_2, \cdots, X_n$ 是总体 X 的样本,若总体 X 和样本的 k 阶矩 $E(X^k) = \mu_k$ 和 $A_k(k = 1, 2, \cdots)$ 都存在,证明:(1) A_k 是 μ_k 的相合估计量;(2)若待估参数 $\theta = g(\mu_1, \mu_2, \cdots, \mu_n)$,其中 g 为连续函数,则 θ 的估计量 $\hat{\theta} = g(\hat{\mu}_1, \hat{\mu}_2, \cdots, \hat{\mu}_n) = g(A_1, A_2, \cdots, A_n)$ 是 θ 的相合估计量.

证明 (1) 根据 1.3 节知,当 $n \to \infty$ 时,$A_k \xrightarrow{P} \mu_k (k = 1, 2, \cdots)$,说明样本的 k 阶矩 A_k 是总体 X 的 k 阶矩的相合估计量.

(2) 若根据 1.3 节知,当 $n \to \infty$ 时,对待估参数 $\theta = g(\mu_1, \mu_2, \cdots, \mu_n)$($g$ 为连续函数)和 θ 的估计量 $\hat{\theta} = g(\hat{\mu}_1, \hat{\mu}_2, \cdots, \hat{\mu}_n) = g(A_1, A_2, \cdots, A_n)$ 有

$$g(A_1, A_2, \cdots, A_n) \xrightarrow{P} g(\mu_1, \mu_2, \cdots, \mu_n).$$

因此，θ 的估计量 $\hat{\theta} = g(\hat{\mu}_1, \hat{\mu}_2, \cdots, \hat{\mu}_n) = g(A_1, A_2, \cdots, A_n)$ 是待估参数 $\theta = g(\mu_1, \mu_2, \cdots, \mu_n)$ 的相合估计量.

2.2.3 均方误差

相合估计（或一致估计）是在大样本下评价估计量的标准，在样本量不是很多时，人们更加倾向于基于小样本的评价标准，此时，对无偏估计使用方差，对有偏估计使用均方误差.

一般地，在样本量一定时，评价一个点估计的好坏标准使用的指标总是点估计 $\hat{\theta}$ 与参数真值 θ 的距离的函数，最常用的函数是距离的平方. 由于估计量 $\hat{\theta}$ 具有随机性，可以对该函数求期望，这就是下式给出的**均方误差**（Mean Square Error，简记为 MSE）：

$$MSE(\hat{\theta}) = E(\hat{\theta} - \theta)^2.$$

均方误差是评价点估计的最一般的标准. 自然，我们希望估计的均方误差越小越好. 注意到

$$\begin{aligned}MSE(\hat{\theta}) &= E\{[\hat{\theta} - E(\hat{\theta})] + [E(\hat{\theta}) - \theta]\}^2 \\ &= E[\hat{\theta} - E(\hat{\theta})]^2 + [E(\hat{\theta}) - \theta]^2 + 2E\{[\hat{\theta} - E(\hat{\theta})][E(\hat{\theta}) - \theta]\} \\ &= D(\hat{\theta}) + [E(\hat{\theta}) - \theta]^2.\end{aligned}$$

上式说明，均方误差 $MSE(\hat{\theta})$ 由点估计的方差 $D(\hat{\theta})$ 与偏差 $|E(\hat{\theta}) - \theta|$ 的平方两部分组成.

如果 $\hat{\theta}$ 是 θ 的无偏估计，则 $MSE(\hat{\theta}) = D(\hat{\theta})$，此时用均方误差评价点估计与用方差是完全一致的，这也说明了用方差考察无偏估计是合理的.

当 $\hat{\theta}$ 不是 θ 的无偏估计时，就要看其均方误差 $MSE(\hat{\theta})$，即不仅看方差大小，还要看其偏差大小.

下面的例子说明在均方误差的含义下，有些有偏估计优于无偏估计.

例 2.2.7 在例 2.1.9 中，给出了均匀分布 $U(0, \theta)$ 中参数 θ 的极大似然估计量为 $\hat{\theta} = X_{(n)}$. 根据例 2.2.5，$\hat{\theta}$ 不是 θ 的无偏估计，经过修偏后可以得到 θ 的一个无偏估计 $\hat{\theta}_1 = \frac{n+1}{n} X_{(n)}$，且 $\hat{\theta}_1$ 的均方误差为

$$MSE(\hat{\theta}_1) = D(\hat{\theta}_1) = \frac{\theta^2}{n(n+2)}.$$

现在考虑 θ 的形如 $\hat{\theta}_a = aX_{(n)}$ 的估计，其均方误差为

$$\begin{aligned}MSE(\hat{\theta}_a) &= D(aX_{(n)}) + [E(aX_{(n)}) - \theta]^2 \\ &= a^2 D(X_{(n)}) + \left(a \frac{n}{n+1} \theta - \theta\right)^2 \\ &= a^2 \frac{n\theta^2}{(n+1)^2(n+2)} + \left(\frac{an}{n+1} - 1\right)^2 \theta^2.\end{aligned}$$

令 $\dfrac{\mathrm{d}[MSE(\hat{\theta}_a)]}{\mathrm{d}a} = 0$，得到当 $a = \dfrac{n+2}{n+1}$ 时，$MSE(\hat{\theta}_a)$ 达到最小，且有

$$MSE\left[\dfrac{n+2}{n+1}X_{(n)}\right] = \dfrac{\theta^2}{(n+1)^2}.$$

这表明，$\hat{\theta}_0 = \dfrac{n+2}{n+1}X_{(n)}$ 虽然是有偏估计，但当 $n \geqslant 2$ 时，其均方误差

$$MSE(\hat{\theta}_0) = \dfrac{\theta^2}{(n+1)^2} < \dfrac{\theta^2}{n(n+2)} = MSE(\hat{\theta}_1),$$

所以在在均方误差的意义下，有偏估计 $\hat{\theta}_0$ 优于无偏估计 $\hat{\theta}_1$.

定义 2.2.4 设有样本 $X_1, X_2, \cdots, X_n$，对待估参数 θ，设有一个估计类，称 $\hat{\theta}(X_1, X_2, \cdots, X_n)$ 是该类中 θ 的**一致最小均方误差估计**，如果对该类估计中另外任意一个 θ 的估计 $\tilde{\theta}$，在参数空间 Θ 上都有

$$MSE_\theta(\hat{\theta}) \leqslant MSE_\theta(\tilde{\theta}).$$

一致最小均方误差估计通常是在一个确定的估计类中进行的，例如，例 2.2.7 中我们把估计限制在 $X_{(n)}$ 的倍数中. 若不对估计加以限制（即考虑所有可能的估计），则一致最小均方误差估计是不存在的.

既然一致最小均方误差估计一般是不存在的，人们通常就对估计提出一些合理性要求，如前述的无偏性就是一个常见的合理性要求.

2.2.4　一致最小方差无偏估计

前面曾指出，均方误差 $MSE(\hat{\theta})$ 由点估计的方差 $D(\hat{\theta})$ 与偏差 $|E(\hat{\theta}) - \theta|$ 的平方两部分组成. 当 $\hat{\theta}$ 是 θ 的无偏估计时，均方误差就简化为方差，此时一致最小均方误差估计就是一致最小方差无偏估计.

定义 2.2.5 设 $\hat{\theta}$ 是 θ 的无偏估计，如果对于任意一个 θ 的无偏估计 $\tilde{\theta}$，在参数空间 Θ 上都有

$$D_\theta(\hat{\theta}) \leqslant D_\theta(\tilde{\theta}),$$

则称 $\hat{\theta}$ 是 θ 的**一致最小方差无偏估计**，简记为 UMVUE.

例 2.2.8 设 $X_1, X_2, \cdots, X_n$ 是来自总体 $X \sim P(\lambda)$，可以证明样本均值 $\overline{X}$ 是 λ 的一致最小方差无偏估计（其证明见：魏宗舒等，《概率论与数理统计教程》，1983).

习题 2.2

1. 从某种产品中抽取 10 件，获得直径（单位：mm）的样本观察值如下：

    12.13, 12.03, 12.06, 12.08, 12.07, 12.06, 12.01, 12.03, 12.16, 12.28,

求产品直径方差的无偏估计值.

2. 设总体 X 的数学期望为 μ，$X_1, X_2, \cdots, X_n$ 是来自 X 的样本，$a_1, a_2, \cdots, a_n$ 是任意常数，验证 $\dfrac{\sum\limits_{i=1}^{n} a_i X_i}{\sum\limits_{i=1}^{n} a_i}$（其中 $\sum\limits_{i=1}^{n} a_i \neq 0$）是 μ 的无偏估计量.

3. $X_1, X_2, \cdots, X_n$ 是来自总体 X 的一个样本,设总体 X 的数学期望 $E(X) = \mu$,方差 $D(X) = \sigma^2$, $\bar{X}, S^2$ 是样本均值和样本方差,试确定常数 c 使 $(\bar{X})^2 - cS^2$ 是 μ^2 的无偏估计.

4. 设 X_1, X_2 是取自 $N(\mu, 1)$ 的一个容量为 2 的样本,(1) 试证下列三个估计量均为 μ 的无偏估计:

$$\hat{\mu}_1 = \frac{2}{3}X_1 + \frac{1}{3}X_2, \quad \hat{\mu}_2 = \frac{1}{4}X_1 + \frac{3}{4}X_2, \quad \hat{\mu}_3 = \frac{1}{2}(X_1 + X_2);$$

(2) 指出上述估计量哪一个的方差最小.

5. 设 $\hat{\theta}_1, \hat{\theta}_2$ 是参数 θ 的两个相互独立的无偏估计量,且 $D(\hat{\theta}_1) = 2D(\hat{\theta}_2)$. 试求常数 k_1, k_2 满足什么条件使 $k_1\hat{\theta}_1 + k_2\hat{\theta}_2$ 是 θ 的无偏估计量,并且求常数 k_1, k_2 使它在所有这种形式的估计量中方差达到最小.

6. 若 $X_1, X_2, \cdots, X_n$ 是总体 X 的一个样本. 试证明:(1) $\sum_{i=1}^{n} a_i X_i \left(a_i > 0, i = 1, 2, \cdots, n, \sum_{i=1}^{n} a_i = 1 \right)$ 是 $E(X)$ 的无偏估计量;(2) 在 $E(X)$ 的所有形式 $\sum_{i=1}^{n} a_i X_i$ 的无偏估计量中,$\bar{X}$ 为最小方差无偏估计量.

7. 设 X_1, X_2, X_3, X_4 是来自均值为 θ 的指数分布总体的样本,其中 θ 未知. 设有估计量

$$T_1 = \frac{1}{6}(X_1 + X_2) + \frac{1}{3}(X_3 + X_4),$$

$$T_2 = \frac{X_1 + 2X_2 + 3X_3 + 4X_4}{5},$$

$$T_3 = \frac{X_1 + X_2 + X_3 + X_4}{4}.$$

(1) 指出 T_1, T_2, T_3 中哪几个是 θ 的无偏估计量;(2) 在上述 θ 的无偏估计中指出哪一个最有效.

8. 设 $\hat{\theta}$ 是参数 θ 的无偏估计,且有 $D(\hat{\theta}) > 0$,试证明:$\hat{\theta}^2 = (\hat{\theta})^2$ 不是 θ^2 的无偏估计.

9. 设总体 $X \sim N(\mu, \sigma^2)$,$X_1, X_2, \cdots, X_n$ 是该总体 X 的一个样本,请确定常数 c 使 $c\sum_{i=1}^{n-1}(X_{i+1} - X_i)^2$ 为 σ^2 的无偏估计.

2.3 区间估计

2.3.1 区间估计的概念

对于一个未知参数,人们只知道到它的点估计有时还不能满意,还希望给出未知参数的一个范围,并希望知道这个范围包含参数真值的可信程度. 为此,引进区间估计的有关概念.

定义 2.3.1 设 θ 是总体的一个参数,其参数空间为 Θ,$X_1, X_2, \cdots, X_n$ 是来自该总体的样本,对于给定的一个 α $(0 < \alpha < 1)$,假设有两个统计量 $\hat{\theta}_L = \hat{\theta}_L(X_1, X_2, \cdots X_n)$ 和 $\hat{\theta}_U = \hat{\theta}_U(X_1, X_2, \cdots, X_n)$,若对于任意的 $\theta \in \Theta$,有

$$P(\hat{\theta}_L < \theta < \hat{\theta}_U) \geq 1 - \alpha, \tag{2.3.1}$$

则称随机区间 $(\hat{\theta}_L, \hat{\theta}_U)$ 为 θ 的**置信水平为 $1-\alpha$ 的置信区间**，$\hat{\theta}_L$ 和 $\hat{\theta}_U$ 分别称为 θ 的**(双侧)置信下限**和**(双侧)置信上限**.

置信水平 $1-\alpha$ 有一个频率解释：在大量重复使用 θ 的置信区间 $(\hat{\theta}_L, \hat{\theta}_U)$ 时，每次得到的样本观测值是不同的，从而每次得到的区间也是不同的. 对一次具体的观测而言，θ 可能在区间 $(\hat{\theta}_L, \hat{\theta}_U)$ 内，也可能不在该区间内. 平均来说，至少有 $100(1-\alpha)\%$ 包含 θ. 后文的图 2-4 和图 2-5 及其解释直观地显示了这种频率的意义.

在定义 2.3.1 中使用不等式给出了置信区间的定义，主要是考虑到总体为离散分布的情形. 而当总体为连续分布的情况，为了用足置信水平，实际中常用的都是等式，这便给出如下定义.

定义 2.3.2 沿用定义 2.3.1 的记号，如对于给定的 α $(0<\alpha<1)$，对于任意的 $\theta \in \Theta$，有

$$P(\hat{\theta}_L < \theta < \hat{\theta}_U) = 1-\alpha, \tag{2.3.2}$$

则称 $(\hat{\theta}_L, \hat{\theta}_U)$ 为 θ 的置信水平为 $1-\alpha$ 的**等同置信区间**.

需要说明的是，除非特别说明，本书后面提到的"置信区间"都是指"等同置信区间".

例 2.3.1 设 $X \sim N(\mu, \sigma^2)$，σ^2 为已知，$X_1, X_2, \cdots, X_n$ 是来自 X 的样本，求 μ 的置信水平为 $1-\alpha$ 的置信区间.

解 由于 $\bar{X}$ 为 μ 的无偏估计量，且有

$$\frac{\bar{X}-\mu}{\sigma/\sqrt{n}} \sim N(0, 1).$$

按标准正态分布的上侧 α 分位数的定义，有(图 2-3)

$$P\left\{\left|\frac{\bar{X}-\mu}{\sigma/\sqrt{n}}\right| < z_{\frac{\alpha}{2}}\right\} = 1-\alpha,$$

$$P\left\{\bar{X}-\frac{\sigma}{\sqrt{n}}z_{\frac{\alpha}{2}} < \mu < \bar{X}+\frac{\sigma}{\sqrt{n}}z_{\frac{\alpha}{2}}\right\} = 1-\alpha.$$

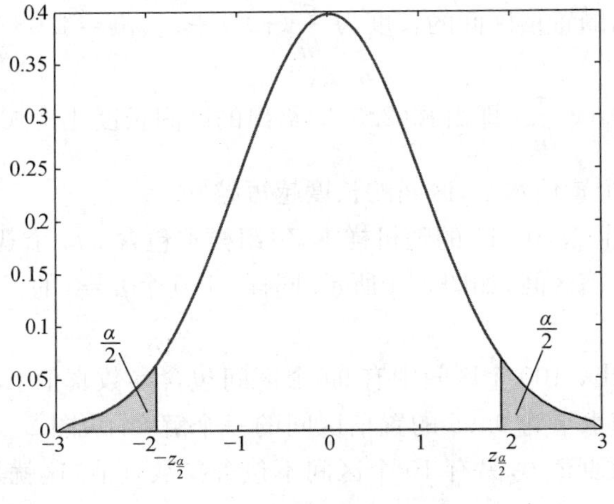

图 2-3 借助分位数给出 μ 的置信区间(σ^2 已知)

按定义 2.3.2,得到的 μ 的置信水平为 $1-\alpha$ 的置信区间为

$$\left(\bar{X}-\frac{\sigma}{\sqrt{n}}z_{\frac{\alpha}{2}},\ \bar{X}+\frac{\sigma}{\sqrt{n}}z_{\frac{\alpha}{2}}\right). \tag{2.3.3}$$

当 σ^2 已知时,μ 的置信水平为 $1-\alpha$ 的置信区间由式(2.3.3)给出,它是以 $\bar{X}$ 为中心,半径为 $\frac{\sigma}{\sqrt{n}}z_{\frac{\alpha}{2}}$ 的对称区间.

如果取 $\alpha=0.05$,即 $1-\alpha=0.95$,查表得 $z_{\frac{\alpha}{2}}=z_{0.025}=1.96$. 若 $\sigma=1$,$n=16$,于是得到一个 μ 的置信水平为 0.95 的置信区间为

$$\left(\bar{X}-\frac{1}{\sqrt{16}}\times 1.96,\ \bar{X}+\frac{1}{\sqrt{16}}\times 1.96\right).$$

如果 $\bar{x}=5.20$,代入上式就得到 μ 的一个区间估计 $(4.71, 5.69)$.

然而置信水平为 $1-\alpha$ 的置信区间并不是唯一的. 如对以上的例 2.3.1,若给定 $\alpha=0.05$,则

$$P\left\{-z_{0.04}<\frac{\bar{X}-\mu}{\sigma/\sqrt{n}}<z_{0.01}\right\}=0.95.$$

这样,我们又得到了 μ 的另一个置信水平为 $1-\alpha$ 的置信区间为

$$\left(\bar{X}-\frac{\sigma}{\sqrt{n}}z_{0.01},\ \bar{X}+\frac{\sigma}{\sqrt{n}}z_{0.04}\right). \tag{2.3.4}$$

在式(2.3.3)中,令 $\alpha=0.05$,再比较由式(2.3.4)给出的 μ 的置信水平为 0.95 的置信区间的长度:

由式(2.3.3)给出的置信区间的长度为 $2\frac{\sigma}{\sqrt{n}}z_{0.025}=3.92\frac{\sigma}{\sqrt{n}}$;

由式(2.3.4)给出的置信区间的长度为 $\frac{\sigma}{\sqrt{n}}(z_{0.04}+z_{0.01})=4.08\frac{\sigma}{\sqrt{n}}$.

显然 $3.92\frac{\sigma}{\sqrt{n}}<4.08\frac{\sigma}{\sqrt{n}}$,即由式(2.3.3)给出的区间长度比由式(2.3.4)给出的区间长度短. 当然,对于同一个置信水平,区间的长度越短越好.

用随机模拟法产生 $N(0,1)$ 的随机样本,每组样本包含 200 个观察值,100 个 $\mu=0$ 的置信水平为 0.95 的置信区间,如图 2-4 所示. 同样,100 个 $\mu=0$ 的置信水平为 0.90 的置信区间,如图 2-5 所示.

从图 2-4 可以看出,100 个区间中有 94 个区间包含参数真值 0,另有 6 个区间不包含参数真值. 这就是置信水平为 0.95 的置信区间的一个解释. 从图 2-5 可以看出,100 个区间中有 90 个包含参数真值 0,另有 10 个区间不包含参数真值. 这就是置信水平为 0.90 的置信区间的一个解释.

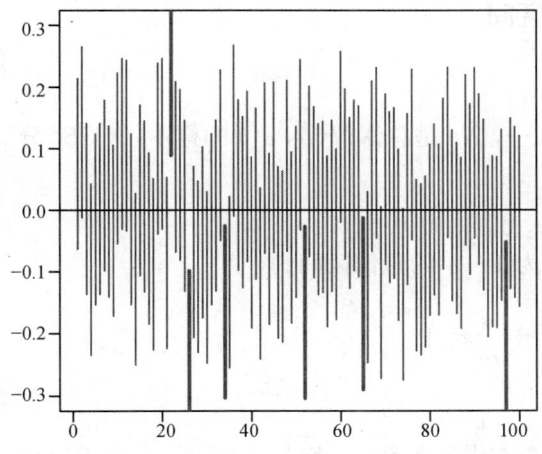

图 2-4 100 个置信水平为 0.95 的置信区间

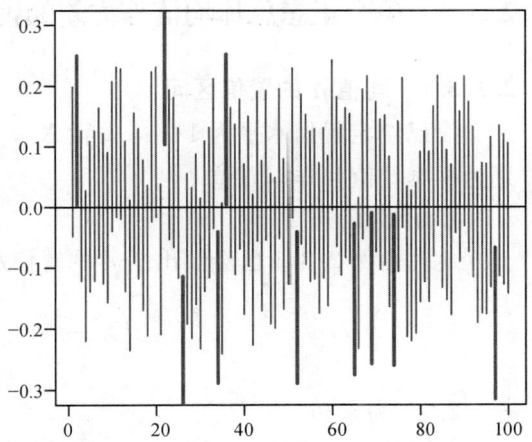

图 2-5 100 个置信水平为 0.90 的置信区间

2.3.2 枢轴量法

构造未知参数 θ 的置信区间最常用的方法是**枢轴量法**,其步骤如下:

(1) 设法构造一个样本和 θ 的函数 $G=G(x_1,x_2,\cdots,x_n,\theta)$,使得 G 的分布不依赖于未知参数.一般称具有这种性质的 G 为枢轴量.

(2) 适当地选择两个常数 c,d,使对给定的 $\alpha(0<\alpha<1)$,有

$$P(c<G<d)=1-\alpha.$$

在离散场合,上式等号改为大于等于($\geqslant$).

(3) 假如能将 $c<G<d$ 进行不等式等价变形为 $\hat{\theta}_L<\theta<\hat{\theta}_U$,则有

$$P(\hat{\theta}_L<\theta<\hat{\theta}_U)=1-\alpha,$$

这表明 $(\hat{\theta}_L,\hat{\theta}_U)$ 为 θ 的置信水平为 $1-\alpha$ 的等同置信区间.

上述构造置信区间的关键在于构造枢轴量 G,所以把这种方法称为**枢轴量法**.

在例 2.3.1 中,在 σ^2 已知时,根据定义 2.3.1 给出了 μ 的 $1-\alpha$ 置信区间为 $\left(\overline{X}-\dfrac{\sigma}{\sqrt{n}}z_{\frac{\alpha}{2}},\overline{X}+\dfrac{\sigma}{\sqrt{n}}z_{\frac{\alpha}{2}}\right)$.以下用枢轴量法给出例 2.3.1 中 σ^2 已知时 μ 的 $1-\alpha$ 置信区间.

由于 μ 的点估计为 $\overline{X}$,其分布为 $N(\mu,\sigma^2/n)$,因此枢轴量可选为 $G=\dfrac{\overline{X}-\mu}{\sigma/\sqrt{n}}\sim N(0,1)$,$c,d$ 应满足 $P(c<G<d)=\Phi(d)-\Phi(c)=1-\alpha$,经过不等式变形可得

$$P\left(\overline{X}-d\dfrac{\sigma}{\sqrt{n}}<\mu<\overline{X}+c\dfrac{\sigma}{\sqrt{n}}\right)=1-\alpha.$$

由于标准正态分布是单峰对称的,则借助分位数,可以看出在 $\Phi(d)-\Phi(c)=1-\alpha$ 的条件下,当 $d=-c=z_{\frac{\alpha}{2}}$ 时,$d-c$ 达到最小(等价于区间长度最小).由此给出了 μ 的置信水平为 $1-\alpha$ 的置信区间为 $\left(\overline{X}-\dfrac{\sigma}{\sqrt{n}}z_{\frac{\alpha}{2}},\overline{X}+\dfrac{\sigma}{\sqrt{n}}z_{\frac{\alpha}{2}}\right)$.

2.3.3 单个正态总体均值与方差的置信区间

2.3.3.1 均值 μ 的置信区间

设已给定置信水平为 $1-\alpha$，并设 $X_1, X_2, \cdots, X_n$ 是总体 $N(\mu, \sigma^2)$ 的样本，$\bar{X}$、S^2 分别为样本均值和样本方差.

1. σ^2 为已知

此时由例 2.3.1 已经给出了 μ 的置信水平为 $1-\alpha$ 的置信区间为

$$\left(\bar{X}-\frac{\sigma}{\sqrt{n}}z_{\frac{\alpha}{2}},\ \bar{X}+\frac{\sigma}{\sqrt{n}}z_{\frac{\alpha}{2}}\right).$$

2. σ^2 为未知

此时不能由式(2.3.3)给出区间估计，因其含有未知参数 σ. 考虑到 S^2 是 σ^2 的无偏估计，将 σ 换成 $S=\sqrt{S^2}$，根据定理 1.4.2 知

$$\frac{\bar{X}-\mu}{S/\sqrt{n}} \sim t(n-1), \tag{2.3.5}$$

且式(2.3.5)的右边不依赖任何未知参数，按 t 分布的上侧 α 分位数的定义，有（见图 2-6）

$$P\left\{\left|\frac{\bar{X}-\mu}{S/\sqrt{n}}\right|<t_{\frac{\alpha}{2}}(n-1)\right\}=1-\alpha,$$

$$P\left\{\bar{X}-\frac{S}{\sqrt{n}}t_{\frac{\alpha}{2}}(n-1)<\mu<\bar{X}+\frac{S}{\sqrt{n}}t_{\frac{\alpha}{2}}(n-1)\right\}=1-\alpha.$$

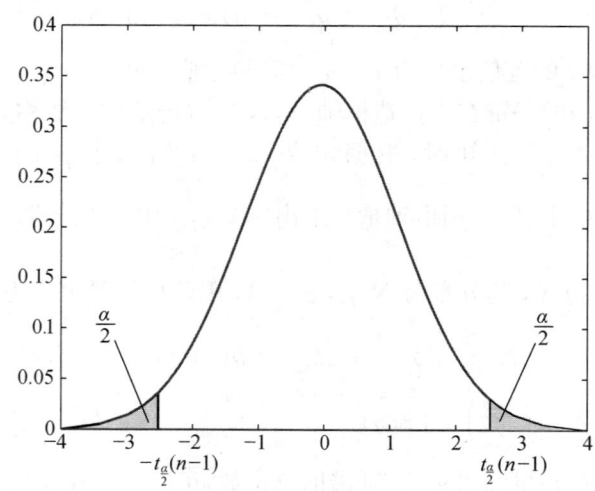

图 2-6 借助分位数给出 μ 的置信区间(σ^2 未知)

这样，就得到了 μ 的置信水平为 $1-\alpha$ 的置信区间为

$$\left(\overline{X}-\frac{S}{\sqrt{n}}t_{\frac{\alpha}{2}}(n-1),\ \overline{X}+\frac{S}{\sqrt{n}}t_{\frac{\alpha}{2}}(n-1)\right). \tag{2.3.6}$$

当 σ^2 未知时，μ 的置信水平为 $1-\alpha$ 的置信区间由式(2.3.6)给出，它是以 $\overline{X}$ 为中心，半径为 $\frac{S}{\sqrt{n}}t_{\frac{\alpha}{2}}(n-1)$ 的对称区间．

以上在 σ^2 为未知时给出了 μ 的置信水平为 $1-\alpha$ 的置信区间．当然我们用枢轴量法也可以给出 σ^2 未知时 μ 的 $1-\alpha$ 置信区间．

由于 $t=\dfrac{\overline{X}-\mu}{S/\sqrt{n}}\sim t(n-1)$，因此 t 可以用来作为枢轴量．与前面(σ 已知时 μ 的置信区间)完全类似，可以得到 μ 的 $1-\alpha$ 置信区间为 $\left(\overline{X}-\dfrac{S}{\sqrt{n}}t_{\frac{\alpha}{2}}(n-1),\ \overline{X}+\dfrac{S}{\sqrt{n}}t_{\frac{\alpha}{2}}(n-1)\right)$．这里 $S^2=\dfrac{1}{n-1}\sum_{i=1}^{n}(X_i-\overline{X})^2$ 是 σ^2 的无偏估计．

例 2.3.2 设有一大批产品，现从中随机抽取 16 个，称得重量(单位：g)如下：

506，508，499，503，504，510，497，512，514，505，493，496，506，502，509，496．

设该产品的重量服从正态分布，求总体均值 μ 的置信水平为 0.95 的置信区间．

解 这里 $1-\alpha=0.95$，$\dfrac{\alpha}{2}=0.025$，$n-1=15$，$t_{0.025}(15)=2.131\,5$，由所给数据算得 $\overline{x}=503.75$，$s=6.202\,2$．根据式(2.3.6)得 μ 的置信水平为 0.95 的置信区间为

$$\left(503.75-\frac{6.202\,2}{\sqrt{16}}\times 2.131\,5,\ 503.75+\frac{6.202\,2}{\sqrt{16}}\times 2.131\,5\right)=(500.445,\ 507.055).$$

2.3.3.2 方差 σ^2 的置信区间(μ 未知的情形)

由于 S^2 是 σ^2 的无偏估计，根据定理 1.4.1 知 $\dfrac{(n-1)S^2}{\sigma^2}\sim\chi^2(n-1)$．

上式的右边不依赖于任何未知参数，按 χ^2 分布的上侧 α 分位数的定义，有

$$P\left\{\chi^2_{1-\frac{\alpha}{2}}(n-1)<\frac{(n-1)S^2}{\sigma^2}<\chi^2_{\frac{\alpha}{2}}(n-1)\right\}=1-\alpha,$$

即

$$P\left\{\frac{(n-1)S^2}{\chi^2_{\frac{\alpha}{2}}(n-1)}<\sigma^2<\frac{(n-1)S^2}{\chi^2_{1-\frac{\alpha}{2}}(n-1)}\right\}=1-\alpha.$$

这样，就得到了 σ^2 的置信水平为 $1-\alpha$ 的置信区间为

$$\left(\frac{(n-1)S^2}{\chi^2_{\frac{\alpha}{2}}(n-1)},\ \frac{(n-1)S^2}{\chi^2_{1-\frac{\alpha}{2}}(n-1)}\right). \tag{2.3.7}$$

于是 σ 的置信水平为 $1-\alpha$ 的置信区间为

$$\left(\frac{\sqrt{(n-1)}S}{\sqrt{\chi^2_{\frac{\alpha}{2}}(n-1)}}, \frac{\sqrt{(n-1)}S}{\sqrt{\chi^2_{1-\frac{\alpha}{2}}(n-1)}}\right). \tag{2.3.8}$$

例 2.3.3 求例 2.3.2 中标准差 σ 的置信水平为 0.95 的置信区间.

解 根据例 2.3.2 知 $s=6.2022$，$1-\alpha=0.95$，$\frac{\alpha}{2}=0.025$，$n-1=15$，查表得 $\chi^2_{0.025}(15)=27.448$，$\chi^2_{0.975}(15)=6.262$. 根据式(2.3.8)得 σ 的置信水平为 0.95 的置信区间为 $(4.58, 9.60)$.

在例 2.3.2 和例 2.3.3 中，分别给出了正态分布中均值和标准差的置信水平为 0.95 的区间估计. 以下用 MATLAB 软件计算上述正态分布中均值和标准差的点估计(极大似然估计)和区间估计(置信水平为 0.95). 结果如下(其 MATLAB 代码，见附录 B 中的例 B2.6)：

(1) 均值和标准差的点估计(极大似然估计)分别为 503.7500，6.2022；

(2) 均值和标准差的区间估计(置信水平为 0.95)分别为 $(500.4451, 507.0549)$，$(4.5816, 9.5990)$.

关于一个正态总体均值和方差的置信区间，见表 2-1.

表 2-1 一个正态总体均值和方差的置信区间(置信水平为 $1-\alpha$)

参数	G 的分布	置信区间
μ (σ^2 已知)	$Z=\dfrac{\overline{X}-\mu}{\sigma/\sqrt{n}} \sim N(0,1)$	$\left(\overline{X} \mp \dfrac{\sigma}{\sqrt{n}} z_{\frac{\alpha}{2}}\right)$
μ (σ^2 未知)	$t=\dfrac{\overline{X}-\mu}{S/\sqrt{n}} \sim t(n-1)$	$\left(\overline{X} \mp \dfrac{S}{\sqrt{n}} t_{\frac{\alpha}{2}}(n-1)\right)$
σ^2 (μ 未知)	$\chi^2=\dfrac{(n-1)S^2}{\sigma^2} \sim \chi^2(n-1)$	$\left(\dfrac{(n-1)S^2}{\chi^2_{\frac{\alpha}{2}}(n-1)}, \dfrac{(n-1)S^2}{\chi^2_{1-\frac{\alpha}{2}}(n-1)}\right)$

2.3.4 两个正态总体均值之差与方差之比的置信区间

设已给定置信水平为 $1-\alpha$，并设 $X_1, X_2, \cdots, X_{n_1}$ 和 $Y_1, Y_2, \cdots, Y_{n_2}$ 分别是两个总体的样本，且这两个样本相互独立，$\overline{X}, \overline{Y}$ 分别为两个样本均值，S_1^2, S_2^2 分别为两个样本方差.

2.3.4.1 两个总体均值之差 $\mu_1-\mu_2$ 的置信区间

1. σ_1^2, σ_2^2 均为已知

由于 $\overline{X}, \overline{Y}$ 分别为 μ_1, μ_2 的无偏估计，所以 $\overline{X}-\overline{Y}$ 为 $\mu_1-\mu_2$ 的无偏估计. 由 $\overline{X}, \overline{Y}$ 的独立性以及 $\overline{X} \sim N\left(\mu_1, \dfrac{\sigma_1^2}{n_1}\right)$，$\overline{Y} \sim N\left(\mu_2, \dfrac{\sigma_2^2}{n_2}\right)$ 得

$$\overline{X}-\overline{Y} \sim N\left(\mu_1-\mu_2, \dfrac{\sigma_1^2}{n_1}+\dfrac{\sigma_2^2}{n_2}\right),$$

$$\frac{(\bar{X}-\bar{Y})-(\mu_1-\mu_2)}{\sqrt{\frac{\sigma_1^2}{n_1}+\frac{\sigma_2^2}{n_2}}} \sim N(0,1).$$

与一个总体均值的置信区间类似，得 $\mu_1-\mu_2$ 的置信水平为 $1-\alpha$ 的置信区间为

$$\left(\bar{X}-\bar{Y}-z_{\frac{\alpha}{2}}\sqrt{\frac{\sigma_1^2}{n_1}+\frac{\sigma_2^2}{n_2}},\ \bar{X}-\bar{Y}+z_{\frac{\alpha}{2}}\sqrt{\frac{\sigma_1^2}{n_1}+\frac{\sigma_2^2}{n_2}}\right). \tag{2.3.9}$$

2. $\sigma_1^2=\sigma_2^2=\sigma^2$，但 σ^2 为未知

此时根据根定理 1.4.3 知

$$\frac{(\bar{X}-\bar{Y})-(\mu_1-\mu_2)}{S_w\sqrt{\frac{1}{n_1}+\frac{1}{n_2}}} \sim t(n_1+n_2-2),$$

由此得 $\mu_1-\mu_2$ 的置信水平为 $1-\alpha$ 的置信区间为

$$\left(\bar{X}-\bar{Y}-t_{\frac{\alpha}{2}}(n_1+n_2-2)S_w\sqrt{\frac{1}{n_1}+\frac{1}{n_2}},\ \bar{X}-\bar{Y}+t_{\frac{\alpha}{2}}(n_1+n_2-2)S_w\sqrt{\frac{1}{n_1}+\frac{1}{n_2}}\right),$$
$$\tag{2.3.10}$$

其中，$S_w^2=\dfrac{(n_1-1)S_1^2+(n_2-1)S_2^2}{n_1+n_2-2}$，$S_w=\sqrt{S_w^2}$。

例 2.3.4 2003 年某地区分行业调查职工平均工资情况，已知体育、卫生、社会福利事业单位职工工资（单位：元）$X \sim N(\mu_1, 218^2)$；文教、艺术、广播事业单位职工工资（单位：元）$Y \sim N(\mu_2, 227^2)$。从总体 X 中调查 25 人，得到平均工资为 1286 元，从总体 Y 中调查 30 人，得到平均工资为 1272 元，求这两大行业职工平均工资之差的置信水平为 0.99 的置信区间。

解法 1 按实际情况，可以认为分别来自两个总体的样本是相互独立的。又两个总体的方差已知，根据式(2.3.9)可得总体均值之差 $\mu_1-\mu_2$ 的置信水平为 0.99 的置信区间。

已知 $1-\alpha=0.99$，$\dfrac{\alpha}{2}=0.005$，$z_{0.005}=2.576$，$n_1=25$，$n_2=30$，$\sigma_1^2=218^2$，$\sigma_2^2=227^2$，$\bar{x}=1286$，$\bar{y}=1272$，代入式(2.3.9)，得 $\mu_1-\mu_2$ 的置信水平为 0.99 的置信区间为

$$\left(\bar{x}-\bar{y}-z_{\frac{\alpha}{2}}\sqrt{\frac{\sigma_1^2}{n_1}+\frac{\sigma_2^2}{n_2}},\ \bar{x}-\bar{y}+z_{\frac{\alpha}{2}}\sqrt{\frac{\sigma_1^2}{n_1}+\frac{\sigma_2^2}{n_2}}\right)=(-140.95,\ 168.95).$$

由于这个置信区间包含 0，在实际中就可以认为这两大行业职工平均工资没有显著差异。

解法 2 以上的解法 1 是传统解法，以下用 MATLAB 给出另一种解法。
根据式(2.3.9)和已知数据，MATLAB 代码如下：

```
z=norminv(0.995);
```

```
d1=1286-1272-z*(sqrt((218^2)/25+(227^2)/30));
d2=1286-1272+z*(sqrt((218^2)/25+(227^2)/30));
d1
d2
```

运行结果为

d1=−140.9484，d2=168.9484

所以 $\mu_1-\mu_2$ 的置信水平为 0.99 的置信区间为 (−140.9484, 168.9484).

说明：以上解法 1 和解法 2 的计算结果的小数点后两位略有不同，请考虑产生这种差异的原因.

例 2.3.5 为比较 Ⅰ，Ⅱ 两种型号步枪子弹的枪口速度，随机地取 Ⅰ 型子弹 10 发，得到枪口速度的平均值 $\bar{x}_1=500\,(\mathrm{m/s})$，标准差 $s_1=1.10\,(\mathrm{m/s})$，随机地取 Ⅱ 型子弹 20 发，得到枪口速度的平均值 $\bar{x}_2=496\,(\mathrm{m/s})$，标准差 $s_2=1.20\,(\mathrm{m/s})$. 假设两总体都服从正态分布，且由生产过程可以认为方差相等. 求两总体均值之差 $\mu_1-\mu_2$ 的置信水平为 0.95 的置信区间.

解法 1 按实际情况，可以认为分别来自两个总体的样本是相互独立的. 又假设两个总体的方差相等，根据式 (2.3.10) 可得总体均值之差 $\mu_1-\mu_2$ 的置信水平为 0.95 的置信区间.

已知 $\bar{x}_1=500$，$\bar{x}_2=496$，$s_1=1.10$，$s_2=1.20$，$1-\alpha=0.95$，$\frac{\alpha}{2}=0.025$，$n_1=10$，$n_2=20$，$n_1+n_2-2=28$，$t_{0.025}(28)=2.0484$，$s_w=1.1688$，代入式 (2.3.10)，得 $\mu_1-\mu_2$ 的置信水平为 0.95 的置信区间为

$$\left(\bar{x}_1-\bar{x}_2-t_{\frac{\alpha}{2}}(n_1+n_2-2)s_w\sqrt{\frac{1}{n_1}+\frac{1}{n_2}},\ \bar{x}_1-\bar{x}_2+t_{\frac{\alpha}{2}}(n_1+n_2-2)s_w\sqrt{\frac{1}{n_1}+\frac{1}{n_2}}\right)$$
$$=(3.07,\ 4.93).$$

由于这个置信区间的下限大于 0，在实际中可以认为 μ_1 比 μ_2 大.

解法 2 以上的解法 1 是传统解法，以下用 MATLAB 给出另一种解法.

根据式 (2.3.10) 和已知数据，MATLAB 代码如下：

```
t=tinv(0.975, 28); s=sqrt((9*1.1^2+19*1.2^2)/28);
p1=500-496-t*s*sqrt(1/10+1/20); p2=500-496+t*s*sqrt(1/10+1/20);
p1
p2
```

运行结果为

p1=3.0727，p2=4.9273

所以 $\mu_1-\mu_2$ 的置信水平为 0.95 的置信区间为 (3.0727, 4.9273).

2.3.4.2 两个总体方差之比 σ_1^2/σ_2^2 的置信区间（μ_1，μ_2 未知的情形）

此时根据定理 1.4.3 知

$$\frac{S_1^2/S_2^2}{\sigma_1^2/\sigma_2^2} \sim F(n_1-1, n_2-1),$$

并且 $F(n_1-1, n_2-1)$ 不依赖于任何参数,由此得

$$P\left\{F_{1-\frac{\alpha}{2}}(n_1-1, n_2-1) < \frac{S_1^2/S_2^2}{\sigma_1^2/\sigma_2^2} < F_{\frac{\alpha}{2}}(n_1-1, n_2-1)\right\} = 1-\alpha,$$

$$P\left\{\frac{S_1^2}{S_2^2}\frac{1}{F_{\frac{\alpha}{2}}(n_1-1, n_2-1)} < \frac{\sigma_1^2}{\sigma_2^2} < \frac{S_1^2}{S_2^2}\frac{1}{F_{1-\frac{\alpha}{2}}(n_1-1, n_2-1)}\right\} = 1-\alpha,$$

于是得 σ_1^2/σ_2^2 置信水平为 $1-\alpha$ 的置信区间为

$$\left(\frac{S_1^2}{S_2^2}\frac{1}{F_{\frac{\alpha}{2}}(n_1-1, n_2-1)},\ \frac{S_1^2}{S_2^2}\frac{1}{F_{1-\frac{\alpha}{2}}(n_1-1, n_2-1)}\right). \tag{2.3.11}$$

例 2.3.6 研究机器 A 和机器 B 生产的钢管的内径,随机抽取机器 A 生产的管子 18 只,测得样本方差 $s_1^2 = 0.34\,(\text{mm}^2)$;抽取机器 B 生产的管子 13 只,测得样本方差 $s_2^2 = 0.29\,(\text{mm}^2)$. 设两个样本独立,且由机器 A 和机器 B 生产的钢管的内径分别服从正态分布 $N(\mu_1, \sigma_1^2)$, $N(\mu_2, \sigma_2^2)$ ($\mu_1, \mu_2, \sigma_1^2, \sigma_2^2$ 均未知). 试求方差之比 σ_1^2/σ_2^2 的置信水平为 0.9 的置信区间.

解法 1 已知 $n_1 = 18$, $n_2 = 13$, $s_1^2 = 0.34$, $s_2^2 = 0.29$, $\alpha = 0.10$, $F_{1-\frac{\alpha}{2}}(n_1-1, n_2-1) = F_{0.95}(17, 12) = \dfrac{1}{F_{0.05}(12, 17)} = \dfrac{1}{2.38}$, $F_{\frac{\alpha}{2}}(n_1-1, n_2-1) = F_{0.05}(17, 12) = 2.59$, 代入式(2.3.11),得 σ_1^2/σ_2^2 置信水平为 0.9 的置信区间为

$$\left(\frac{s_1^2}{s_2^2}\frac{1}{F_{\frac{\alpha}{2}}(n_1-1, n_2-1)},\ \frac{s_1^2}{s_2^2}\frac{1}{F_{1-\frac{\alpha}{2}}(n_1-1, n_2-1)}\right) = (0.45,\ 2.79).$$

由于 σ_1^2/σ_2^2 的置信区间包含 1,在实际问题中可以认为 σ_1^2 和 σ_2^2 没有显著差别.

解法 2 以上的解法 1 是传统解法,以下用 MATLAB 给出另一种解法.
根据式(2.3.11)和已知数据,MATLAB 代码如下:

```
s1=0.34; s2=0.29;
f1=finv(0.95, 17, 12); f2=finv(0.05, 17, 12);
g1=s1/s2*(1/f1); g2=s1/s2*(1/f2);
g1
g2
```

运行结果为

g1=0.4539, g2=2.7911

所以 σ_1^2/σ_2^2 置信水平为 0.9 的置信区间为 $(0.453\,9,\ 2.791\,1)$.
关于两个正态总体均值之差和方差之比的置信区间,见表 2-2.

表 2-2　两个正态总体均值之差和方差之比的置信区间(置信水平为 $1-\alpha$)

参数	G 的分布	置信区间
$\mu_1-\mu_2$ (σ_1^2, σ_2^2 已知)	$Z=\dfrac{(\overline{X}-\overline{Y})-(\mu_1-\mu_2)}{\sqrt{\dfrac{\sigma_1^2}{n_1}+\dfrac{\sigma_2^2}{n_2}}}$ $\sim N(0,1)$	$\left(\overline{X}-\overline{Y}\mp z_{\frac{\alpha}{2}}\sqrt{\dfrac{\sigma_1^2}{n_1}+\dfrac{\sigma_2^2}{n_2}}\right)$
$\mu_1-\mu_2$ ($\sigma_1^2=\sigma_2^2=\sigma^2$ 未知)	$t=\dfrac{(\overline{X}-\overline{Y})-(\mu_1-\mu_2)}{S_w\sqrt{\dfrac{1}{n_1}+\dfrac{1}{n_2}}}$ $\sim t(n_1+n_2-2)$	$\left(\overline{X}-\overline{Y}\mp t_{\frac{\alpha}{2}}(n_1+n_2-2)S'\right)$ 这里 $S'=S_w\sqrt{\dfrac{1}{n_1}+\dfrac{1}{n_2}}$
$\dfrac{\sigma_1^2}{\sigma_2^2}$ (μ_1, μ_2 未知)	$F=\dfrac{S_1^2/S_2^2}{\sigma_1^2/\sigma_2^2}$ $\sim F(n_1-1, n_2-1)$	$\left(\dfrac{S_1^2}{S_2^2}\dfrac{1}{F_{\frac{\alpha}{2}}(n_1-1,n_2-1)},\right.$ $\left.\dfrac{S_1^2}{S_2^2}\dfrac{1}{F_{1-\frac{\alpha}{2}}(n_1-1,n_2-1)}\right)$

2.3.5　单侧置信限

在某些实际问题中,例如,对于设备、元件的寿命来说,平均寿命越长越好,我们关心的是平均寿命的"下限";相反,在考虑化学药品中杂质的含量的均值时,我们常关心的是均值的"上限",这就引出了单侧置信限的概念.

2.3.5.1　单侧置信限的概念

定义 2.3.3　设 $\hat{\theta}_L=\hat{\theta}_L(X_1,X_2,\cdots,X_n)$ 是统计量,对于给定的 $\alpha(0<\alpha<1)$ 和任意的 $\theta\in\Theta$,有

$$P(\hat{\theta}_L<\theta)\geqslant 1-\alpha, \quad (2.3.12)$$

则称 $\hat{\theta}_L$ 为 θ 的置信水平为 $1-\alpha$ 的**单侧置信下限**.

在式(2.3.12)中,若等号成立,则称 $\hat{\theta}_L$ 为 θ 的置信水平为 $1-\alpha$ 的**单侧等同置信下限**.

定义 2.3.4　设 $\hat{\theta}_U=\hat{\theta}_U(X_1,X_2,\cdots,X_n)$ 是统计量,对于给定的 $\alpha(0<\alpha<1)$ 和任意的 $\theta\in\Theta$,有

$$P(\hat{\theta}_U>\theta)\geqslant 1-\alpha, \quad (2.3.13)$$

则称 $\hat{\theta}_U$ 为 θ 的置信水平为 $1-\alpha$ 的**单侧置信上限**.

在式(2.3.13)中,若等号成立,则称 $\hat{\theta}_U$ 为 θ 的置信水平为 $1-\alpha$ **单侧等同置信上限**. 需要说明的是,除非特别说明,本书后面提到的"单侧置信上(下)限"都是指'单侧等同置信上(下)限".

从以上几个定义可以看出,单侧置信下限、单侧置信上限都是置信区间的特殊情形. 因此寻找置信区间的方法可以用来寻找单侧置信限.

2.3.5.2　单个正态总体均值的单侧置信限

设 $X_1,X_2,\cdots,X_n$ 是总体 $N(\mu,\sigma^2)$ 的样本, $\overline{X}$, S^2 分别为样本均值和样本方差.

1. σ^2 为已知

由于
$$P\left\{\frac{\overline{X}-\mu}{\sigma/\sqrt{n}}<z_\alpha\right\}=1-\alpha,$$

由不等式变形,有
$$P\left\{\mu>\overline{X}-\frac{\sigma}{\sqrt{n}}z_\alpha\right\}=1-\alpha,$$

根据定义 2.3.3,则 μ 的置信水平为 $1-\alpha$ 的单侧置信下限为 $\widehat{\mu}_L=\overline{X}-\dfrac{\sigma}{\sqrt{n}}z_\alpha$.

同理,根据定义 2.3.4 可得 μ 的置信水平为 $1-\alpha$ 的单侧置信上限为 $\widehat{\mu}_U=\overline{X}+\dfrac{\sigma}{\sqrt{n}}z_\alpha$.

2. σ^2 为未知

由于
$$P\left\{\frac{\overline{X}-\mu}{S/\sqrt{n}}<t_\alpha(n-1)\right\}=1-\alpha,$$

由不等式变形,有
$$P\left\{\mu>\overline{X}-\frac{S}{\sqrt{n}}t_\alpha(n-1)\right\}=1-\alpha,$$

根据定义 2.3.3,则 μ 的置信水平为 $1-\alpha$ 的单侧置信下限为 $\widehat{\mu}_L=\overline{X}-\dfrac{S}{\sqrt{n}}t_\alpha(n-1)$.

同理,根据定义 2.3.4 可得 μ 的置信水平为 $1-\alpha$ 的单侧置信上限为 $\widehat{\mu}_U=\overline{X}+\dfrac{S}{\sqrt{n}}t_\alpha(n-1)$.

例 2.3.7(续例 2.3.2) 设有一大批产品,现从中随机抽取 16 个,称得质量(单位:g)如下:

506,508,499,503,504,510,497,512,514,505,493,496,506,502,509,496.

设该产品的质量服从正态分布,求总体均值 μ 的置信水平为 0.95 的单侧置信下限、单侧置信上限.

解 由于 $1-\alpha=0.95$,$\alpha=0.05$,$n=16$,由所给数据算得 $\overline{x}=503.75$,$s=6.2022$,$t_{0.05}(15)=1.7531$,代入得到 μ 的置信水平为 0.95 的单侧置信下限为

$$\widehat{\mu}_L=\overline{x}-\frac{s}{\sqrt{16}}t_{0.05}(15)=501.0317.$$

μ 的置信水平为 0.95 的单侧置信上限为

$$\hat{\mu}_U = \bar{x} + \frac{s}{\sqrt{16}} t_{0.05}(15) = 506.4683.$$

2.3.5.3 单个正态总体方差的单侧置信限

由于 S^2 是 σ^2 的无偏估计,根据定理 1.4.2 知 $\frac{(n-1)S^2}{\sigma^2} \sim \chi^2(n-1)$,则有

$$P\left\{\frac{(n-1)S^2}{\sigma^2} > \chi^2_{1-\alpha}(n-1)\right\} = 1-\alpha,$$

即

$$P\left\{\sigma^2 < \frac{(n-1)S^2}{\chi^2_{1-\alpha}(n-1)}\right\} = 1-\alpha.$$

这样,就得到了 σ^2 的置信水平为 $1-\alpha$ 的单侧置信上限为

$$\hat{\sigma}^2_U = \frac{(n-1)S^2}{\chi^2_{1-\alpha}(n-1)}.$$

同理,可以得到 σ^2 的置信水平为 $1-\alpha$ 的单侧置信下限为

$$\hat{\sigma}^2_L = \frac{(n-1)S^2}{\chi^2_{\alpha}(n-1)}.$$

例 2.3.8 求例 2.3.2 中方差 σ^2 的置信水平为 0.95 的单侧置信下限、单侧置信上限.

解 根据例 2.3.2 知 $s=6.2022$,$1-\alpha=0.95$,$\alpha=0.05$,$n-1=15$,查表得 $\chi^2_{0.05}(15)=24.996$,$\chi^2_{0.95}(15)=7.261$.

σ^2 的置信水平为 0.95 的单侧置信下限为

$$\hat{\sigma}^2_L = \frac{(n-1)s^2}{\chi^2_{\alpha}(n-1)} = 23.084.$$

σ^2 的置信水平为 0.95 的单侧置信上限为

$$\hat{\sigma}^2_U = \frac{(n-1)s^2}{\chi^2_{1-\alpha}(n-1)} = 79.467.$$

根据上面的结果,一个正态总体均值和方差的单侧置信限,见表 2-3.

表 2-3 一个正态总体均值和方差的单侧置信限(置信水平为 $1-\alpha$)

参数	单侧置信下限	单侧置信上限
μ(σ^2 已知)	$\bar{X} - \frac{\sigma}{\sqrt{n}} z_\alpha$	$\bar{X} + \frac{\sigma}{\sqrt{n}} z_\alpha$
μ(σ^2 未知)	$\bar{X} - \frac{S}{\sqrt{n}} t_\alpha(n-1)$	$\bar{X} + \frac{S}{\sqrt{n}} t_\alpha(n-1)$

参数	单侧置信下限	单侧置信上限
σ^2（μ 未知）	$\dfrac{(n-1)S^2}{\chi_\alpha^2(n-1)}$	$\dfrac{(n-1)S^2}{\chi_{1-\alpha}^2(n-1)}$

习题 2.3

1. 设某种清漆的 9 个样品其干燥时间(以 h 计)分别为

$$6.0,\ 5.7,\ 5.8,\ 6.5,\ 7.0,\ 6.3,\ 5.6,\ 6.1,\ 5.0.$$

设干燥时间总体服从正态分布 $N(\mu,\sigma^2)$，请在以下两种情况下求总体均值 μ 的置信水平为 0.95 的置信区间.(1)若由以往经验知总体标准差 $\sigma=0.6$；(2)若 σ 为未知.

2. 已知一批产品的某一数量指标 $X\sim N(\mu,0.25)$，试问至少应抽取容量为多少的样本才能使样本均值与总体均值的误差不大于 0.1(置信水平为 95%).

3. 随机地取某种炮弹 9 发做试验，测得炮口速度的样本标准差 $s=11(\text{m/s})$. 设炮口速度服从正态分布，求标准差 σ 的置信水平为 0.95 的置信区间.

4. 设有 60 个某种木材的样本，其含水率的资料经整理后得下表：

分组	8%~9%	9%~10%	10%~11%	11%~12%	12%~13%
组中值 x	8.5	9.5	10.5	11.5	12.5
频数 f	4	5	8	10	12
分组	13%~14%	14%~15%	15%~16%	16%~17%	—
组中值 x	13.5	14.5	15.5	16.5	—
频数 f	9	7	3	2	—

假定该种木材的含水率服从正态分布 $N(\mu,\sigma^2)$. 试以 0.95 的置信水平求该木材含水率的置信区间.

5. 某香烟厂向化验室送去两批烟草，化验室从两批烟草中各随机地抽取质量相同的 5 例进行化验，测得尼古丁的含量(单位：mg)为

$$A：24,\ 27,\ 26,\ 21,\ 24；$$
$$B：27,\ 28,\ 23,\ 31,\ 26.$$

假设烟草中尼古丁的含量服从正态分布 $N_A(\mu_1,5)$ 及 $N_B(\mu_2,8)$，且它们相互独立，取置信水平为 0.95，求两种烟草的尼古丁平均含量 $\mu_1-\mu_2$ 的置信区间.

6. 设两名化验员 A，B 独立地对某种聚合物含氯量用相同的方法各做 10 次测定，其测定值的样本方差依次为 $s_A^2=0.541\,89$，$s_B^2=0.606\,5$，设 σ_A^2，σ_B^2 分别为所测定的测定值总体的方差.设总体均为正态的，且两样本独立. 求方差比 σ_A^2/σ_B^2 的置信水平为 0.95 的置信区间.

7. 设有来自正态总体 $X\sim N(\mu,0.9^2)$ 容量为 9 的简单随机样本，测得样本均值 $\bar x=5$，求未知参数 μ 的置信水平为 0.95 的置信区间.

8. 若某枣树产量服从正态分布，产量方差为 400 kg^2. 现随机抽 9 株，产量(单位：kg)为

$$112,131,98,105,115,121,90,110,125,$$

求这批枣树每株平均产量的置信水平为 0.95 的置信区间.

9. 用天平称量某物体的质量 9 次,得到平均值为 $\bar{x} = 15.4\,\mathrm{g}$,已知天平称量结果为正态分布,其标准差为 $0.1\,\mathrm{g}$. 求该物体的质量的置信水平为 0.95 的置信区间.

10. 假设轮胎的寿命服从正态分布. 为估计某种轮胎的平均寿命,现在随机地抽 12 只轮胎进行试验,测得它们的寿命(单位:万 km)如下:

$$4.68, 4.85, 4.32, 4.85, 4.61, 5.02, 5.20, 4.60, 4.58, 4.72, 4.38, 4.70.$$

求平均寿命的置信水平为 0.95 的置信区间.

11. 某厂生产的零件的重量服从正态分布 $N(\mu, \sigma^2)$,现从该厂生产的零件中随机抽取 9 个,测得其质量(单位:g)为

$$45.3, 45.4, 45.1, 45.3, 45.5, 45.7, 45.4, 45.3, 45.6.$$

求总体方差 σ^2 的置信水平为 0.95 的置信区间.

12. 已知某种材料的抗压强度服从正态分布 $N(\mu, \sigma^2)$,现随机抽取 10 个试件进行抗压强度试验,测得其数据如下:

$$482, 493, 457, 471, 510, 446, 435, 418, 394, 469.$$

(1) 求平均抗压强度 μ 的置信水平为 0.95 的置信区间;(2) 若 $\sigma = 30$,求平均抗压强度 μ 的置信水平为 0.95 的置信区间;(3) 求 σ 的置信水平为 0.95 的置信区间.

13. 随机地从一批钢珠中抽出 16 颗,测量它们的直径(单位:mm),并求得其样本均值 $\bar{x} = 32.15$,样本方差 $s^2 = 0.52^2$. 假设钢珠直径服从正态分布 $N(\mu, \sigma^2)$,试求置信水平为 95% 时 μ 的置信区间,置信水平为 90% 时 μ 的单侧置信上限,置信水平为 90% 的 σ^2 的置信区间.

14. 在 2.1 节习题 11 中,在置信水平为 0.95 时,求学生身高的均值和标准差的区间估计.

15. 为了比较 A, B 两种灯泡的寿命,从 A 型号灯泡中随机抽取 80 只,测得平均寿命 $\bar{X} = 2\,000\,\mathrm{h}$,样本标准差 $S_1 = 80\,\mathrm{h}$;从 B 型号灯泡中随机抽取 100 只,测得平均寿命 $\bar{Y} = 1\,900\,\mathrm{h}$,样本标准差 $S_2 = 100\,\mathrm{h}$. 假设两种型号的灯泡寿命均服从正态分布,A 型号的灯泡寿命 $X \sim N(\mu_1, \sigma_1^2)$,B 型号的灯泡寿命 $Y \sim N(\mu_2, \sigma_2^2)$,且相互独立. 求置信水平为 0.90 时两个总体方差比 σ_1^2/σ_2^2 的置信区间.

2.4 贝叶斯估计

在数理统计中有两大学派——**经典学派**(或**频率学派**)和**贝叶斯学派**. 本书主要介绍经典学派的理论和方法,本章的最后一节简要介绍贝叶斯学派的思想、理论和方法. 更详细的介绍,见《贝叶斯统计——基于 R 和 BUGS 的应用》(韩明,2017).

2.4.1 统计推断的基础

在前面已经讲过,统计推断是根据样本信息对总体分布或总体的数字特征进行推断. 事实上,这是经典学派对统计推断的规定,这里的统计推断使用到**总体信息**和**样本信息**;而贝叶斯学派则认为,除了上述两种信息以外,统计推断还应使用**先验信息**. 以下简要说明这三种信息.

2.4.1.1 总体信息

总体信息就是总体分布或总体所属分布族提供的信息. 例如,若已知总体是正态分布,

则我们就知道一些如下信息:总体的各阶矩都存在,总体的密度函数关于均值对称,总体所有性质由其 1,2 阶矩决定,有许多比较成熟的统计推断方法可供我们选用等.

2.4.1.2 样本信息

样本信息就是抽取样本所得观察值提供的信息.例如,有了样本观察值以后,我们可以根据它大概知道总体的一些数字特征,如总体均值,总体方差等在一个什么范围内.这是最"新鲜"的信息,并且越多越好,希望通过样本对总体分布或总体的某些数字特征作出比较精确的统计推断.没有样本信息也就没有统计推断可言.

2.4.1.3 先验信息

如果我们把抽取样本看作是做一次试验,则样本信息就是试验中获得的信息.实际上,人们在进行试验前对要做的问题在经验上和资料上总是有所了解的,这些信息对统计推断是有益的.先验信息就是在抽样(试验)之前有关统计问题的一些信息.一般来说,先验信息来源于经验和历史资料.先验信息在日常生活中是很重要的.

基于上述三种信息进行统计推断的统计学称为**贝叶斯统计学**.它与经典统计学的差别就在于是否利用先验信息.贝叶斯统计在重视使用总体信息和样本信息的同时,还注重先验信息的收集、挖掘和加工,使它数量化,形成先验分布,参加到统计推断中来,以提高统计推断的质量.忽视先验信息的利用是一种浪费,有时还会导致出现不合理的结论.

贝叶斯学派的基本观点:任何一个未知量 θ 都可以看作随机变量,可用一个概率分布去描述,这个分布称为**先验分布**.在获得样本之后,总体分布、样本与先验分布通过贝叶斯公式(或贝叶斯定理)结合起来得到一个关于未知量 θ 的新分布——**后验分布**,任何关于 θ 的统计推断都应该基于 θ 的后验分布进行.

关于未知量是否可以看作随机变量,在经典学派和贝叶斯学派之间争论了很长时间.因为任何未知量都有不确定性,而在表述不确定性的程度时,概率与概率分布是最好的语言,因此把它看作随机变量是合理的.如今经典学派已不反对这一观点:著名的美国经典统计学家莱曼(Lehmann)在他的《点估计理论》一书中写道:"把统计问题中的参数看作随机变量的实现要比看作未知参数更合理一些."如今两个学派的争论焦点是如何利用各种先验信息合理地确定先验分布.这在有些情况下是容易解决的,但在很多情况下是相当困难的.

2.4.2 贝叶斯公式的密度函数形式

设 $X_1, X_2, \cdots, X_n$ 是来自总体 X 的样本,$x_1, x_2, \cdots, x_n$ 为其观察值,则 $X_1, X_2, \cdots, X_n$ 的联合密度函数为 $f(x,\theta)=f(x_1,x_2,\cdots,x_n,\theta)$,其中 $\theta \in \Theta$ 是总体 X 的未知参数(Θ 是参数空间),从总体中抽样得到的样本信息包含在联合密度函数 $f(x,\theta)$ 之中.

贝叶斯统计认为未知参数 θ 是随机变量,这样,样本 $X_1, X_2, \cdots, X_n$ 的联合密度函数就是在给定 θ 下的条件密度函数——**似然函数**,即

$$L(x \mid \theta)=f(x_1,x_2,\cdots,x_n,\theta). \tag{2.4.1}$$

由于参数 θ 是随机变量,因此它具有概率分布,设 $\pi(\theta)$ 是它的密度函数,一般 $\pi(\theta)$ 由

参数 θ 的先验信息来确定,称 $\pi(\theta)$ 为参数 θ 的**先验密度函数**(对应的分布称为**先验分布**).先验密度或先验分布有时简称为**先验**(prior).

由此可见,在上述统计问题中有两类信息:参数 θ 的先验信息(包含在参数 θ 的分布中)和样本信息(包含在联合密度函数).为了综合上述两类信息,可以求参数 θ 和样本 X_1,X_2,$\cdots$,X_n 的联合密度函数,即

$$h(x,\theta)=L(x\mid\theta)\pi(\theta). \tag{2.4.2}$$

为了对未知参数 θ 进行统计推断.人们通常采用如下策略:

(1) 当没有抽样信息时,人们可以根据先验分布对参数 θ 作出推断.这实际上就是所谓的经验型统计推断.

(2) 如果有抽样信息,这时我们就可以根据参数 θ 和样本 X_1,X_2,$\cdots$,X_n 的联合密度函 $h(x,\theta)$ 对参数 θ 进行推断.令

$$m(x)=\int_\Theta h(x,\theta)\mathrm{d}\theta=\int_\Theta L(x\mid\theta)\pi(\theta)\mathrm{d}\theta$$

为样本的边缘密度函数,则 $h(x,\theta)$ 可以分解为

$$h(x,\theta)=\pi(\theta\mid x)m(x),$$

其中 $\pi(\theta\mid x)$ 是在给定样本观察值情况下参数 θ 的条件密度函数.由于 $m(x)$ 与参数 θ 无关,即 $m(x)$ 中不含 θ 的任何信息,因此,在对参数 θ 进行统计推断时,人们仅需要关注 $\pi(\theta\mid x)$,即

$$\pi(\theta\mid x)=\frac{L(x\mid\theta)\pi(\theta)}{\int_\Theta L(x\mid\theta)\pi(\theta)\mathrm{d}\theta}. \tag{2.4.3}$$

称式(2.4.3)为密度函数形式的贝叶斯公式.称 $\pi(\theta\mid x)$ 为**后验密度函数**(对应的分布称为**后验分布**),它综合了总体、样本和先验中有关参数 θ 的一切信息.因此,基于后验分布对参数 θ 进行统计推断更加有效,也更加合理.

也可以把式(2.4.3)写成

$$\pi(\theta\mid x)\propto L(x\mid\theta)\pi(\theta), \tag{2.4.4}$$

其中 $\propto$ 表示"正比于"(两边只差一个常数因子).

式(2.4.4)的右边虽然不是正常的密度函数,但它是后验密度函数 $\pi(\theta\mid x)$ 的核(它与后验密度函数 $\pi(\theta\mid x)$ 只差一个常数因子).

式(2.4.4)的意义:后验密度函数 $\pi(\theta\mid x)$ "正比于"先验密度函数 $\pi(\theta)$ 与似然函数 $L(x\mid\theta)$ 的乘积.

关于密度函数的核,有时用起来是简洁、方便的.例如正态分布 $N(\mu,\sigma^2)$,其密度函数的核为 $e^{-\frac{(x-\mu)^2}{2\sigma^2}}$.

一般来说,先验分布(或先验密度函数 $\pi(\theta)$)反映了人们在抽样前对参数 θ 的认识;后验分布(或后验密度函数 $\pi(\theta\mid x)$)反映了人们在抽样后对参数 θ 的认识,它实际上是通过

抽样信息对参数 θ 的先验信息进行调整的.

例 2.4.1(市场分析问题) 某公司开发了一款新产品,它很不同于同类其他产品,以至于经理对于该新产品在市场上是否有竞争力没有把握. 为此该经理把这个不确定性量化为一个参数 θ, 它是 0 到 1 连续变化的数,当该产品在市场上极有吸引力时, θ 接近于 1; 当该产品在市场上没有多少吸引力时, θ 接近于 0. 显然假设 θ 是连续型随机变量是合理的.

进一步该经理要对 θ 的先验分布作一个评定: 认为 θ 低的可能性大于 θ 高的可能性,也就是认为这个新产品在市场上不是很有竞争力,于是该经理确定 θ 的先验分布用三角分布,其密度函数为

$$\pi(\theta)=\begin{cases}2(1-\theta), & 0\leqslant\theta\leqslant 1,\\ 0, & \text{其他}.\end{cases}$$

这个先验密度函数的图形,如图 2-7 所示.

下一步评定似然函数. 为了获得有关 θ 的更多信息,该经理调查了 5 名顾客,结果是其中 1 名购买了这个新产品,而另 4 名没有购买这个新产品. 参数 θ 就是这个新产品在市场中有竞争力的度量(简称市场"竞争力").

设在整个过程市场"竞争力"保持不变,而且是否购买这个新产品是独立的. 根据二项分布, 5 名顾客中有 1 名购买了这个新产品的似然函数为

$$L(x\mid\theta)=P(r=1\mid n=5,\theta)=C_5^1\theta^1(1-\theta)^4=5\theta(1-\theta)^4, \quad 0\leqslant\theta\leqslant 1.$$

这个似然函数的图形,如图 2-8 所示.

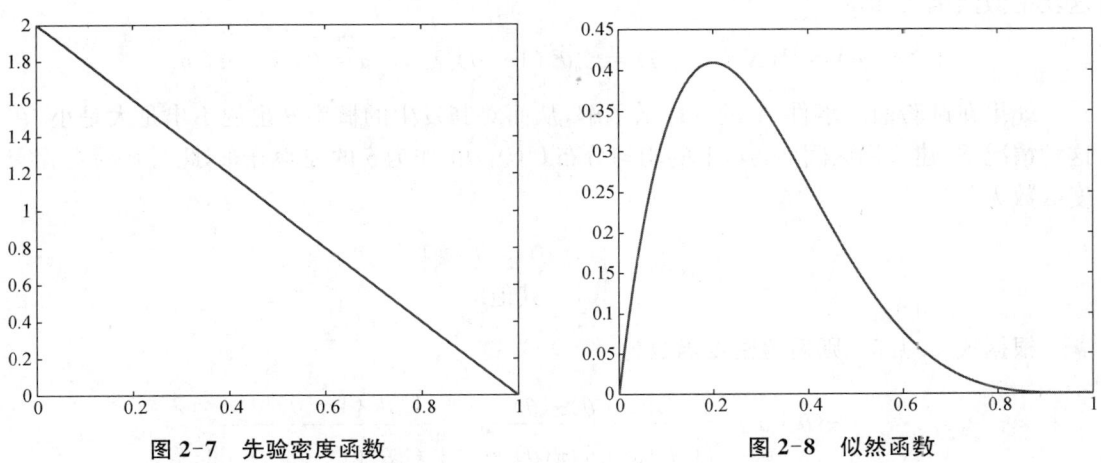

图 2-7　先验密度函数　　　　　图 2-8　似然函数

根据式(2.4.3),则后验密度函数为

$$\pi(\theta\mid x)=\frac{L(x\mid\theta)\pi(\theta)}{\int_\Theta L(x\mid\theta)\pi(\theta)\mathrm{d}\theta}=\frac{(1-\theta)[5\theta(1-\theta)^4]}{\int_0^1(1-\theta)[5\theta(1-\theta)^4]\mathrm{d}\theta}=42\theta(1-\theta)^5, \quad 0\leqslant\theta\leqslant 1.$$

这个后验密度函数的图形,如图 2-9 所示. 将先验密度函数、似然函数和后验密度函数

的图形放在同一个图中,如图 2-10 所示.

说明:在图 2-10 中,+表示"先验密度函数",。表示"似然函数",*表示"后验密度函数".

从图 2-10 可以看到:应用样本信息通过似然函数修正先验密度函数得到后验密度函数的过程.

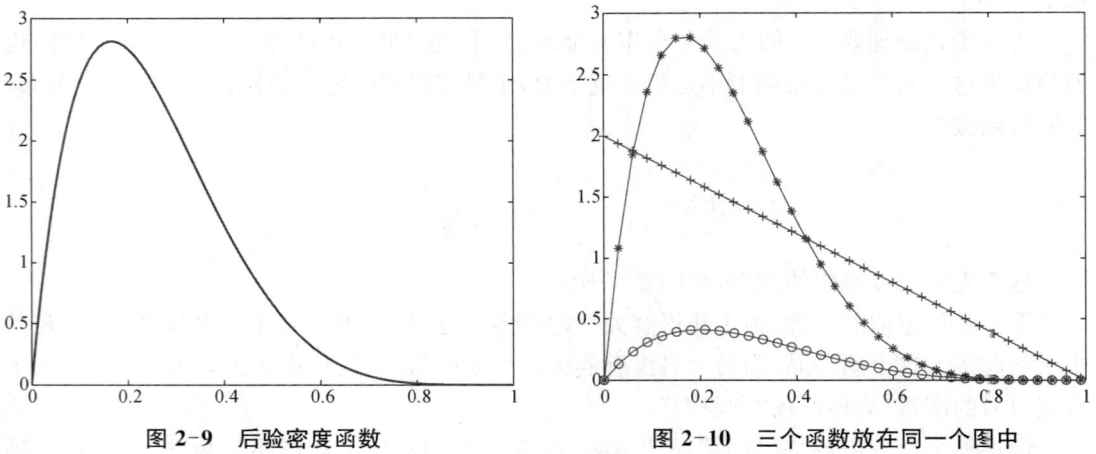

图 2-9　后验密度函数　　　　　　　　图 2-10　三个函数放在同一个图中

例 2.4.2　在伯努利试验中,设事件 A 的概率为 θ,即 $P(A)=\theta$,为了对参数 θ 进行推断而作 n 次独立观察,结果是事件 A 出现的次数为 X,则 X 服从二项分布 $B(n,\theta)$,即

$$P(X=x \mid \theta)=C_n^x \theta^x (1-\theta)^{n-x}, \quad x=0,1,\cdots,n.$$

这就是似然函数,即

$$L(x \mid \theta)=P(X=x \mid \theta)=C_n^x \theta^x (1-\theta)^{n-x}, \quad x=0,1,\cdots,n.$$

如果在试验前对事件 A 没有什么了解,从而对其发生的概率 θ 也说不出是大是小. 在这种情况下,建议用区间 $(0,1)$ 上的均匀分布 $U(0,1)$ 作为 θ 的先验分布,此时 θ 的先验密度函数为

$$\pi(\theta)=\begin{cases} 1, & 0<\theta<1, \\ 0, & \text{其他}. \end{cases}$$

根据式(2.4.3),则后验密度函数为

$$\pi(\theta \mid x)=\frac{L(x \mid \theta)\pi(\theta)}{\int_\Theta L(x \mid \theta)\pi(\theta)\mathrm{d}\theta}=\frac{C_n^x \theta^x (1-\theta)^{n-x}}{\int_0^1 C_n^x \theta^x (1-\theta)^{n-x}\mathrm{d}\theta}$$

$$=\frac{\theta^{(x+1)-1}(1-\theta)^{(n-x+1)-1}}{B(x+1,n-x+1)}, \quad 0<\theta<1.$$

它是参数为 $x+1$ 和 $n-x+1$ 的 Beta 分布,即 $Be(x+1,n-x+1)$.

拉普拉斯在 1786 年研究了巴黎的男婴诞生的比例,他希望检验男婴诞生的比例 θ 是否大于 0.5. 为此他收集了 1745 年到 1770 年在巴黎诞生的婴儿数据. 其中男婴 251 527 个,女婴 241 945 个. 他选用 $(0, 1)$ 上的均匀分布 $U(0, 1)$ 作为 θ 的先验分布, 于是得到后验分布 $Be(x+1, n-x+1)$, 其中, $n=251\,527+241\,945=493\,472$, $x=251\,527$. 利用这个后验分布, 拉普拉斯计算出 "$\theta \leqslant 0.5$" 的后验概率为

$$P(\theta \leqslant 0.5 \mid x) = \frac{1}{B(x+1, n-x+1)} \int_0^{0.5} \theta^x (1-\theta)^{n-x} d\theta.$$

当年拉普拉斯为计算上述积分(实际上它是不完全 Beta 函数), 把被积函数 $\theta^x(1-\theta)^{n-x}$ 在最大值 $\frac{x}{n}$ 处展开, 然后计算, 最后得到的结果为 $P(\theta \leqslant 0.5 \mid x) = 1.15 \times 10^{-42}$.

这个概率很小, 因此拉普拉斯断言: 男婴诞生的概率 θ 大于 0.5. 这个结果在当时是很有影响的.

近一步研究这个例子, 考察样本信息是如何对先验信息进行调整的. 试验前, θ 在区间 $(0, 1)$ 上服从均匀分布 $U(0, 1)$, 其密度函数如图 2-11 所示. 当抽样结果 $X=x$ 时, θ 的后验分布虽然仍然在区间 $(0, 1)$ 上取值, 但已不是均匀分布, 而是一个密度函数呈单峰的分布, 其单峰的位置是随着 x 的增加而向右移动的, 如图 2-12 所示.

不论是哪种情况, 其峰值总在 $\frac{x}{n}$ 处达到. 例如, 在 $x=0$ 时, 它表示在 n 次试验中事件 A 一次也没有发生, 这表明事件 A 发生的概率很小, θ 在 0 附近取值的可能性大, θ 在 1 附近取值的可能性小, 所得后验密度是严格减少函数. 类似地, 在 $x=n$ 时, 所得后验密度是严格增加函数, θ 在 1 附近取值的可能性大, θ 在 0 附近取值的可能性小, 如图 2-11 所示.

另外, 当 $x < \frac{n}{2}$ 时, 后验密度的峰值偏左; 当 $x > \frac{n}{2}$ 时, 后验密度的峰值偏右. 当 $x = \frac{n}{2}$ (n 为偶数)时, 后验密度对称, 其峰值在 $\frac{1}{2}$ 处, 如图 2-12 所示.

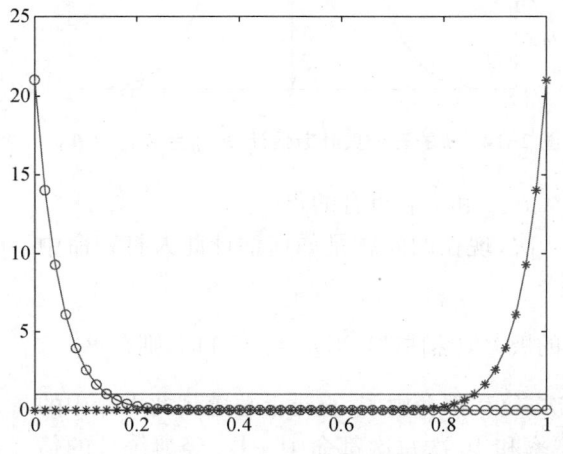

图 2-11 先验密度函数、部分后验密度函数

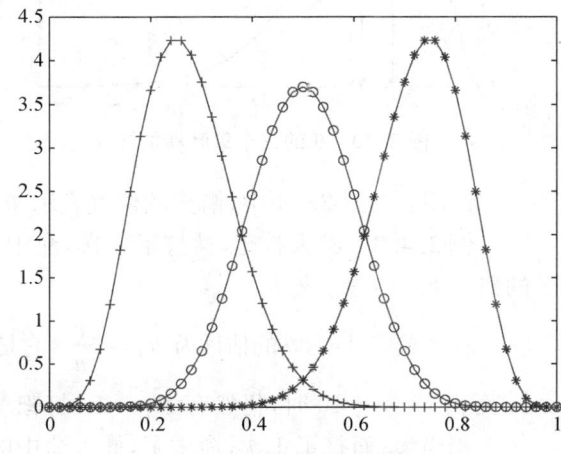

图 2-12 部分后验密度函数

说明: 在图 2-11 中, $n=20$, -表示 $U(0, 1)$ 的密度函数, 。表示在 $x=0$ 时的后验密度函数 $\pi(\theta \mid x) = (n+1)(1-\theta)^n$, * 表示在 $x=n$ 时的后验密度函数 $\pi(\theta \mid x) = (n+1)\theta^n$.

在图 2-12 中，$n=20$，x 分别取 5，10，15，+表示 $0<x<\frac{n}{2}$ 情形的后验密度函数，。表示 $x=\frac{n}{2}$ 情形的后验密度函数，*表示 $\frac{n}{2}<x<n$ 情形的后验密度函数.

从以上分析可见，从总体获得样本后，贝叶斯公式把人们对 θ 的认识从 $\pi(\theta)$ 调整到 $\pi(\theta\mid x)$.

2.4.3 贝叶斯估计

定义 2.4.1 使后验密度函数 $\pi(\theta\mid x)$ 达到最大的值 $\hat{\theta}_{MD}$ 称为参数 θ 的**最大后验估计**；后验分布的中位数 $\hat{\theta}_{Me}$ 称为参数 θ 的**后验中位数估计**；后验分布的期望 $\hat{\theta}_E$ 称为参数 θ 的**后验期望估计**. 这三个估计都称为参数 θ 的**贝叶斯估计**.

说明：今后说到贝叶斯估计时，除非特别声明，一般均指后验期望估计.

在一般情况下，这三个估计是不同的，如图 2-13 所示.

说明：在图 2-13 中，从左向右数，第一、二、三个箭头（的位置）分别表示 $\hat{\theta}_{MD}$，$\hat{\theta}_{Me}$ 和 $\hat{\theta}_E$.

当后验密度函数 $\pi(\theta\mid x)$ 是对称时，这三个贝叶斯估计是相同的. 例如，如果参数 θ 的后验分布为正态分布，则 $\hat{\theta}_{MD}=\hat{\theta}_{Me}=\hat{\theta}_E$，如图 2-14 所示.

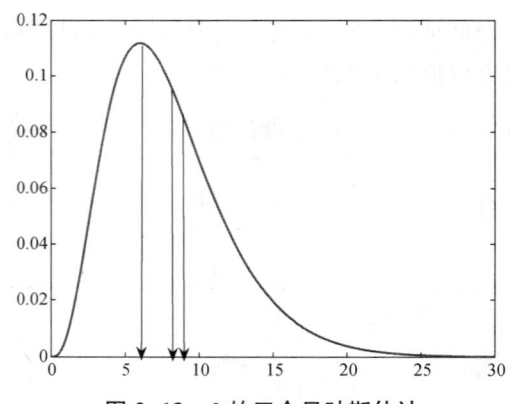

图 2-13 θ 的三个贝叶斯估计

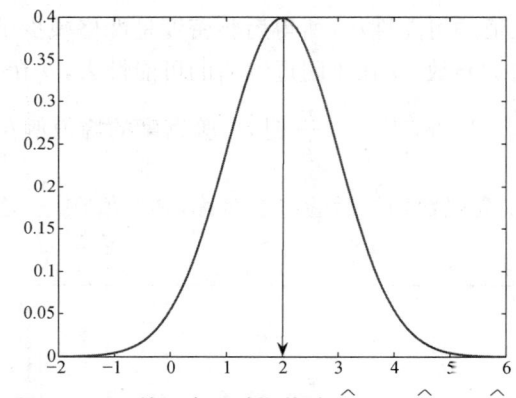

图 2-14 θ 的三个贝叶斯估计 $\hat{\theta}_{MD}=\hat{\theta}_{Me}=\hat{\theta}_E$

说明：在图 2-14 中，箭头的位置表示 $\hat{\theta}_{MD}$，$\hat{\theta}_{Me}$ 和 $\hat{\theta}_E$ 重合的点.

例 2.4.3 某人打靶，共打了 n 次，命中了 r 次，现在的问题是如何估计此人打靶命中的概率 θ.

在经典统计中，θ 的估计为 $\hat{\theta}_C=\frac{r}{n}$（它是 θ 的极大似然估计）. 当 $n=r=1$ 时，则有 $\hat{\theta}_C=1$；而当 $n=r=10$ 时，仍然有 $\hat{\theta}_C=1$. 打靶 10 次，每次都命中了，直觉上总感到此人命中的概率相当大；而打了 1 次，命中了，此人命中的概率和 10 次每次都命中一样. 经典统计的估计结果都是 1，这与人们心目中的估计结果是不同的. 对于 $n=10$，$r=0$ 时，则有 $\hat{\theta}_C=0$；而当 $n=1$，$r=0$ 时，仍然有 $\hat{\theta}_C=0$. 这个结果也是不太合理的.

如果二项分布 $B(n,\theta)$ 中的参数 θ 的先验分布取均匀分布 $U(0,1)$，即 $Be(1,1)$，则 θ

的后验分布是 Beta 分布 $Be(1+r, 1+n-r)$,于是参数 θ 的贝叶斯估计(后验期望估计)为
$$\hat{\theta}_E = \frac{r+1}{n+2}.$$

当 $n=r=1$ 时,$\hat{\theta}_E = \frac{2}{3}$;当 $n=r=10$ 时,$\hat{\theta}_E = \frac{11}{12}$;当 $n=10, r=0$ 时,$\hat{\theta}_E = \frac{1}{12}$.

通过以上比较,我们看到:参数 θ 的贝叶斯估计 $\hat{\theta}_E = \frac{r+1}{n+2}$ 比参数 θ 的经典估计 $\hat{\theta}_C = \frac{r}{n}$ 更合理.

2.4.4 贝叶斯估计的误差

当提出一种估计方法时,一般必须给出估计的精度. 通常贝叶斯估计的精度(在一维)是用它的后验均方误差来度量的.

设 $\hat{\theta}$ 是 θ 的贝叶斯估计,在样本给定后,$\hat{\theta}$ 是一个数,在综合各种信息后,θ 是根据它的后验分布 $\pi(\theta|x)$ 来取值的,所以评定一个贝叶斯估计的误差的最好而又简单的方式是用 θ 对 $\hat{\theta}$ 的后验均方误差来度量.

定义 2.4.2 设参数 θ 的后验分布为 $\pi(\theta|x)$,$\hat{\theta}$ 是 θ 的贝叶斯估计,则 $(\theta-\hat{\theta})^2$ 的后验期望
$$MSE(\hat{\theta}|x) = E_{\theta|x}(\theta-\hat{\theta})^2$$

称为 $\hat{\theta}$ 的**后验均方误差**,其中 $E_{\theta|x}$ 表示用条件分布 $\pi(\theta|x)$ 求数学期望,当 $\hat{\theta}$ 是 θ 的后验期望估计 $\hat{\theta}_E = E(\theta|x)$ 时,则
$$MSE(\hat{\theta}|x) = E_{\theta|x}(\theta-\hat{\theta}_E)^2 = D(\theta|x)$$

称为**后验方差**.

后验均方误差与后验方差的关系如下:
$$MSE(\hat{\theta}|x) = E_{\theta|x}(\theta-\hat{\theta})^2 = E_{\theta|x}[(\theta-\hat{\theta}_E)+(\hat{\theta}_E-\hat{\theta})]^2$$
$$= D(\theta|x) + (\hat{\theta}_E - \hat{\theta})^2.$$

这说明,当 $\hat{\theta}$ 为 $\hat{\theta}_E = E(\theta|x)$ 时,可使后验均方误差 $MSE(\hat{\theta}|x)$ 达到最小,所以在应用中常取后验均值 $\hat{\theta}_E$ 作为 θ 的贝叶斯估计.

例 2.4.4(续例 2.4.3) 在例 2.4.3 中,给出了打靶命中的概率 θ 的估计:θ 的经典估计(极大似然估计)为 $\hat{\theta}_C = \frac{r}{n}$,$\theta$ 的贝叶斯估计(后验期望估计)为 $\hat{\theta}_E = \frac{r+1}{n+2}$.

若 θ 的先验分布取均匀分布 $U(0,1)$,即 $Be(1,1)$,则 θ 的后验分布是 Beta 分布 $Be(1+r, 1+n-r)$. 于是 θ 的后验方差为
$$D(\theta|x) = \frac{(1+r)(1+n-r)}{(n+2)^2(n+3)}.$$

根据定义 2.4.2，当 $\hat{\theta}$ 是 θ 的贝叶斯估计 $\hat{\theta}_E = E(\theta \mid x)$ 时，则 $\hat{\theta}_E$ 的后验均方误差为

$$MSE(\hat{\theta}_E \mid x) = D(\hat{\theta} \mid x).$$

根据 2.2 节中式(2.2.3)的均方误差，当 $\hat{\theta}$ 是 θ 的经典估计 $\hat{\theta}_C = \dfrac{r}{n}$ 时，则 $\hat{\theta}_C$ 的均方误差为

$$MSE(\hat{\theta}_C) = \frac{(1+r)(1+n-r)}{(n+2)^2(n+3)} + \left(\frac{r+1}{n+2} - \frac{r}{n}\right)^2.$$

一些具体计算结果见表 2-4.

表 2-4　$MSE(\hat{\theta}_E \mid x)$ 和 $MSE(\hat{\theta}_C)$ 的计算结果

n	r	$\hat{\theta}_E = \dfrac{r+1}{n+2}$	$MSE(\hat{\theta}_E \mid x)$	$\hat{\theta}_C = \dfrac{r}{n}$	$MSE(\hat{\theta}_C)$
5	0	1/7	0.015 306	0	0.035 714
10	0	1/12	0.005 876	0	0.012 820
10	9	10/12	0.010 684	9/10	0.015 128
20	19	20/22	0.003 593	19/20	0.005 267

从上表可以看出，随着样本量的增加，$MSE(\hat{\theta}_E \mid x)$ 和 $MSE(\hat{\theta}_C)$ 都在减小，但无论如何，都有 $MSE(\hat{\theta}_E \mid x) < MSE(\hat{\theta}_C)$.

习题 2.4

1. 设均值为 θ 的指数分布中参数 $1/\theta$ 的先验分布为 Gamma 服从 $Ga(a,b)$，现从先验信息得知：先验均值为 0.000 2，先验标准差为 0.01，请确定先验分布.

2. 设总体为均匀分布 $U(\theta, \theta+1)$，θ 的先验分布为 $U(10, 16)$. 现有三个样本观察值：11.7，12.1，12.0，求 θ 的后验分布.

3. 设一页书上的错别字个数服从泊松分布 $P(\lambda)$，λ 有两个可能取值：1.5 和 1.8，且先验分布为 $P(\lambda = 1.5) = 0.45$，$P(\lambda = 1.8) = 0.55$，现检验了一页，发现有 3 个错别字，求 λ 的后验分布.

4. 设 $x_1, x_2, \cdots, x_n$ 为来自几何分布的样本观查值，总体的分布律为

$$P(X = k \mid \theta) = \theta(1-\theta)^k, \quad k = 0, 1, 2, \cdots,$$

若 θ 的先验分布为 $U(0,1)$，求：(1) θ 的后验分布；(2) 若样本的观察值为 4，3，1，7，求 θ 的贝叶斯估计.

5. 设 $x_1, x_2, \cdots, x_n$ 为来自如下总体的样本观察值，总体的密度函数为

$$f(x \mid \theta) = \frac{2x}{\theta^2}, \quad 0 < x < \theta.$$

(1) 若 θ 的先验分布为 $U(0,1)$，求 θ 的后验分布；(2) 若 θ 的先验密度函数为 $\pi(\theta) = 3\theta^2$，$0 < \theta < 1$，求 θ 的后验分布.

6. 设 $x_1, x_2, \cdots, x_n$ 为来自如下总体的样本观查值，总体的密度函数为 $f(x \mid \theta) = \theta x^{\theta-1}$，$0 < x < 1$.

若 θ 的先验分布为服从 $Ga(a,b)$，求 θ 的贝叶斯估计.

2.5 MATLAB 在参数估计中的应用

应用 MATLAB 计算点估计和区间估计等都非常方便. 例如，2.1 节例 2.1.7 的后面，用 MATLAB 软件产生容量为 30 且均值为 $\theta=10$ 的指数分布 $E(\theta)$ 的随机样本，并得到了参数 θ 的极大似然估计值；2.3 节例 2.3.3(在一个正态总体情形)的后面，给出了正态总体的均值和标准差的点估计和区间估计；例 2.3.4，例 2.3.5，例 2.3.6 中(两个正态总体情形，除给出了传统解法外)，都给出了用 MATLAB 在两个正态总体情形区间估计的解法.

MATLAB 统计工具箱中提供了一组参数估计函数，可以计算常用分布的点估计和区间估计.

2.5.1 矩估计和极大似然估计

表 2-5 提供了计算矩估计法和极大似然估计法的函数.

表 2-5 矩估计和极大似然估计的函数

函数	名称	调用格式	功能
moment	矩估计法	m=moment(x, k)	返回 x 的 k 阶中心矩
mle	极大似然估计法	M=mle('dist', x)	返回指定分布 dist 的极大似然估计

例 2.5.1(续例 1.5.1) 在例 1.5.1 中给出了学生的身高和体重的数据. 从例 1.5.1 中给出的学生身高和体重的直方图，可以看出它们都(近似)服从正态分布. 现在用 MATLAB 求学生"体重"的均值和标准差的矩估计、极大似然估计.

解 （1）学生体重均值和标准差的矩估计值

如果在例 1.5.1 中已经输入了学生体重的数据 y，MATLAB 代码如下：

mean(y)

运行结果为

61.3400

sqrt(moment(y, 2))

运行结果为

5.4281

所以生体重均值和标准差的矩估计值分别为 61.340 0 和 5.428 1.

（2）学生体重均值和标准差的极大似然估计值

MATLAB 代码如下：

mle('norm', y)

运行结果为

61.3400   5.4281

所以学生体重均值和标准差的极大似然估计值分别为 61.340 0 和 5.428 1.

以上结果说明：矩估计和极大似然估计的结果相同.

2.5.2 点估计和区间估计

表 2-6 提供了参数估计函数，可以计算常用分布的点估计(极大似然估计)和区间估计(置信水平为 $1-\alpha$).

表 2-6 常用分布参数的点估计和区间估计函数

函数	常用分布名称	调用格式
normfit	正态分布	[mu, sigma]=normfit(x) [mu, sigma, muci, sigmaci]=normfit(x, alpha)
expfit	指数分布	lambdah=expfit(x) [lambdah, lambdahci]=expfit(x, alpha)
uniffit	均匀分布	[a, b]=uniffit(x) [a, b, aci, bci]=uniffit(x, alpha)
binofit	二项分布	p=binofit(x) [p, pci]=binofit(x, alpha)
poissfit	泊松分布	lambdah=poissfit(x) [lambdah, lambdahci]=poissfit(x, alpha)

说明：上表的最后一列是"调用格式"，对于每种分布它都有两行，其中第一行是点估计(极大似然估计)，第二行是点估计(极大似然估计)和区间估计(置信水平为 $1-\alpha$).

例 2.5.2(续例 1.5.1) 在例 1.5.1 中给出了学生的身高和体重的数据. 从例 1.5.1 中给出的学生身高和体重的直方图，可以看出它们都(近似)服从正态分布. 现在用 MATLAB 求学生"身高"的均值和标准差的点估计(极大似然估计)和区间估计(置信水平为 0.95).

解 如果在例 1.5.1 中已经输入了学生身高的数据 x，MATLAB 代码如下：

[mu, sigma, muci, sigmaci]=normfit(x)

运行结果为

mu=170.1500

sigma=5.3303

muci=169.0924   171.2076

sigmaci=4.6800   6.1920

以上结果，学生身高的均值和标准差的点估计(极大似然估计)分别为 170.150 0 和 5.330 3，区间估计(置信水平为 0.95)分别为(169.092 4，171.207 6)和(4.680 0，6.192 0).

例 2.5.3 用 MATLAB 产生 10 000 个 $N(5.25,1)$ 的随机样本，并分别求均值和标准

差的点估计(极大似然估计)和区间估计(置信水平为 0.95).

解 用 MATLAB 产生 10 000 个 $N(5.25,1)$ 的随机样本,并分别求均值和标准差的点估计(极大似然估计)和区间估计(置信水平为 0.95),其 MATLAB 代码如下:

data=normrnd(5.25,1,10000,1);
[mu,sigma,muci,sigmaci]=normfit(data,0.05)

运行结果为

mu =

  5.2544

sigma =

  0.9988

muci =

  5.2349

  5.2740

sigmaci =

  0.9852

  1.0129

说明:由于样本的随机性,每次运行的结果会有差异.

以上结果说明:均值和标准差的点估计(极大似然估计)分别为 5.2544 和 0.9988;均值和标准差的区间估计(置信水平为 0.95)分别为 (5.2349,5.2740) 和 (0.9852,1.0129).

第 3 章

假 设 检 验

统计推断的另一类重要问题是假设检验(hypothesis test). 在总体分布类型未知或虽然知道其分布类型但含有未知参数时,为推断总体的某些特征,提出某些关于总体的假设. 我们需要根据样本所提供的信息并应用适当的统计量,对提出的假设作出是接受还是拒绝的决策. 假设检验包括:参数假设检验和非参数假设检验. 参数假设检验是对总体分布函数中的未知参数而提出的假设进行检验,非参数假设检验是对总体分布函数形式或类型的假设进行检验.

本章主要讨论:假设检验的基本思想与步骤,单个正态总体均值与方差的检验,两个正态总体均值与方差的检验,分布拟合检验及 MATLAB 的应用.

3.1 假设检验的基本思想与步骤

3.1.1 假设检验的基本思想

以下结合几个例子,来说明假设检验的基本思想.

例 3.1.1(女士品茶试验) 一种奶茶由牛奶与茶按一定的比例混合而成,可以先倒茶后倒牛奶(记为 TM),也可以反过来(记为 MT). 某女士声称她可以鉴别是 TM 还是 MT,周围品茶的人对此产生了疑惑,"这怎么可能呢?""她在胡言乱语.""不可想象."在场的费歇尔也在思索这个问题,他提议做一项试验来检验如下假设(命题)是否可以接受.

假设 H:该女士无此鉴别能力.

他准备了 10 杯调制好的奶茶,TM 和 MT 都有. 服务员一杯一杯地奉上,让该女士品尝,说出是 TM 还是 MT,结果该女士竟然能正确地分辨出 10 杯奶茶中的每一杯. 这时应该如何对此作出判断呢?

费歇尔的想法是:如果假设 H 是正确的,即该女士无此鉴别能力,她只能猜,每次猜对的概率为 1/2,10 次都猜对的概率为 $2^{-10} < 0.001$,这是一个很小的概率,在一次试验中几乎不会发生的事件,如今该事件竟然发生了,这只能说明假设 H 不当,应该予以拒绝,而认为该女士确有此鉴别奶茶中 TM 和 MT 的能力.

这是费歇尔用试验结果对假设 H 的对错进行判断的思维方法.

例 3.1.2 某厂生产的合金强度服从正态分布 $N(\theta, 16)$,其中 θ 的设计值为不低于 110(Pa). 为保证质量,该厂每天都要对生产情况做例行检查,以判断生产是否正常进行,即该合金的平均强度不低于 110（Pa）. 某天从生产的产品中随机抽取 25 块合金，测得其强度值为 $x_1, x_2, \cdots, x_{25}$，其均值为 $\bar{x} = 108.2$（Pa），问当日生产是否正常？

对这个问题可作如下分析：

(1) 这不是一个参数估计问题.

(2) 这是在给定总体与样本下，要求对命题"合金平均强度不低于 110（Pa）"作出回答："是"还是"否". 这类问题称为统计假设检验问题，简称为假设检验问题.

(3) 命题"合金平均强度不低于 110（Pa）"仅涉及参数 θ 的范围，因此该命题是否正确将涉及如下两个参数集合：

$$\Theta_0 = \{\theta : \theta \geqslant 110\}, \quad \Theta_1 = \{\theta : \theta < 110\}.$$

命题成立对应"$\theta \in \Theta_0$"，命题不成立对应"$\theta \in \Theta_1$". 这两个非空且不相交参数集合都称作**统计假设**，简称**假设**.

(4) 应用所给总体 $N(\theta, 16)$ 和样本均值 $\bar{x} = 108.2$（Pa）去判断假设（命题）"$\theta \in \Theta_0$"是否成立. 通过样本对一个假设作出"对"或"不对"的具体判断规则就称为该假设的一个**检验**或**检验法则**. 检查的结果若是肯定该命题，则称接受这个假设，否则就称拒绝该假设.

应该注意的是，这里的"接受"或"拒绝"，只是在给样本之下对该命题所采取的一种行为，而不是从逻辑"证明"该命题的正确与否. 由于所采用的样本是随机的，因此我们所作的判断也有可能是错误的.

(5) 若假设可用一个参数的集合表示，该假设检验问题称为**参数假设检验问题**；否则称为**非参数假设检验问题**.

例 3.1.2 就是一个参数假设检验问题. 而对假设"总体为正态分布"作出检验的问题就是一个非参数假设检验问题.

例 3.1.3 根据以往经验知道，某自动包装机在正常的情况下包装的袋装某食品的重量 X 服从正态分布，其均值为 0.5 kg，标准差为 0.015. 某天开工后为检查此包装机是否正常，随机地抽取它所包装的 9 袋食品，测得其净重量（单位：kg）为

0.497, 0.506, 0.518, 0.524, 0.498, 0.511, 0.520, 0.515, 0.512.

问是否可以认为此包装机正常？

以 μ, σ 分别表示总体 X 的均值和标准差，由于长期实践表明标准差比较稳定，就设 $\sigma = 0.015$. 于是 $X \sim N(\mu, 0.015^2)$，这里 μ 未知. 问题是根据样本观察值来判断 $\mu = 0.5$ 还是 $\mu \neq 0.5$. 为此，提出两个相互对立的假设

$$H_0 : \mu = \mu_0 (= 0.5), \quad H_1 : \mu \neq \mu_0.$$

然后，给出一个合理的法则，根据这个法则，利用已知样本作出决策——是接受假设 H_0（即拒绝 H_1），还是拒绝 H_0（即接受 H_1）. 如果作出接受 H_0，则认为 $\mu = 0.5$，即认为包装机工作正常，否则，认为包装机工作不正常.

由于要检验的假设涉及总体均值 μ，所以首先想到能否借助样本均值 $\bar{X}$ 这个统计量来进行判断. 由于 $\bar{X}$ 是 μ 的无偏估计，$\bar{X}$ 的观察值在一定程度上反映了 μ 的大小. 因此，如果假设 H_0 为真，则 $\bar{x}$ 与 μ_0 的偏差 $|\bar{x} - \mu_0|$ 一般不应太大. 如果 $|\bar{x} - \mu_0|$ 过分大，我们就要

怀疑 H_0 的正确性,而拒绝 H_0,考虑到当 H_0 为真时,$Z = \dfrac{\bar{X} - \mu_0}{\sigma/\sqrt{n}} \sim N(0, 1)$. 而衡量 $|\bar{x} - \mu_0|$ 的小大归结为衡量 $\dfrac{|\bar{X} - \mu_0|}{\sigma/\sqrt{n}}$ 的大小(σ 为已知).

基于上面的想法,可以适当地选取一个正数 k,使当观察值 $\bar{x}$ 满足 $\dfrac{|\bar{x} - \mu_0|}{\sigma/\sqrt{n}} \geqslant k$ 时,就拒绝 H_0;反之,若 $\dfrac{|\bar{x} - \mu_0|}{\sigma/\sqrt{n}} < k$ 时,就不能拒绝 H_0.

然而,由于作出决策的依据是样本,当实际上 H_0 为真时,仍然可以作出拒绝 H_0 的决策(这种可能性是无法消除的),这是一种错误,犯这种错误的概率记为 $P\{$拒绝 $H_0 \mid H_0$ 为真$\}$.

由于无法消除犯这种错误的可能性,自然希望能够将犯这种错误的概率控制在一定的限度之内,即给出一个较小的数 $\alpha(0 < \alpha < 1)$,使犯这种错误的概率不超过 α,即

$$P\{\text{拒绝 } H_0 \mid H_0 \text{ 为真}\} \leqslant \alpha. \qquad (3.1.1)$$

为了确定常数 k,我们考虑统计量 $\dfrac{\bar{X} - \mu_0}{\sigma/\sqrt{n}}$. 由于只考虑犯错误的概率最大为 α,令式 (3.1.1) 的右边取等号,即令 $P\{$拒绝 $H_0 \mid H_0$ 为真$\} = P\left\{\dfrac{|\bar{X} - \mu_0|}{\sigma/\sqrt{n}} \geqslant k\right\} = \alpha$.

由于当 H_0 为真时,$\dfrac{\bar{X} - \mu_0}{\sigma/\sqrt{n}} \sim N(0, 1)$,根据标准正态分布的分位数的定义知(图 3-1) $k = z_{\frac{\alpha}{2}}$. 因此,当 $\dfrac{|\bar{x} - \mu_0|}{\sigma/\sqrt{n}} \geqslant k = z_{\frac{\alpha}{2}}$ 时,就拒绝 H_0;反之,若 $\dfrac{|\bar{x} - \mu_0|}{\sigma/\sqrt{n}} < k = z_{\frac{\alpha}{2}}$ 时,就不能拒绝 H_0.

例如,在例 3.1.3 中,取 $\alpha = 0.05$ 时,有 $k = z_{\frac{\alpha}{2}} = 1.96$. 又已知 $n = 9$,$\sigma = 0.015$,再由样本算得 $\bar{x} = 0.511$,则有 $\dfrac{|\bar{x} - \mu_0|}{\sigma/\sqrt{n}} = 2.2 > 1.96$ 时,于是就拒绝 H_0,认为包装机工作不正常.

通常取 $\alpha = 0.01, 0.05$ 等,因此,当 H_0 为真时(即 $\mu = \mu_0$ 时),$\left\{\dfrac{|\bar{X} - \mu_0|}{\sigma/\sqrt{n}} \geqslant z_{\frac{\alpha}{2}}\right\}$ 是小概率事件,根据**小概率事件原理**(或**实际推断原理**)就可以认为,如果 H_0 为真,则由一次试验得到的观察值 $\bar{x}$,满足不等式 $\dfrac{|\bar{x} - \mu_0|}{\sigma/\sqrt{n}} \geqslant z_{\frac{\alpha}{2}}$ 几乎是不可能的. 现在在一次试验中竟然出现了满足 $\dfrac{|\bar{x} - \mu_0|}{\sigma/\sqrt{n}} \geqslant z_{\frac{\alpha}{2}}$ 的 $\bar{x}$,则我们有理由来怀疑原来的假设 H_0 的正确性,因此拒绝 H_0.

若出现 $\dfrac{|\bar{x} - \mu_0|}{\sigma/\sqrt{n}} < z_{\frac{\alpha}{2}}$,此时没有理由拒绝 H_0,因此只能"接受" H_0.

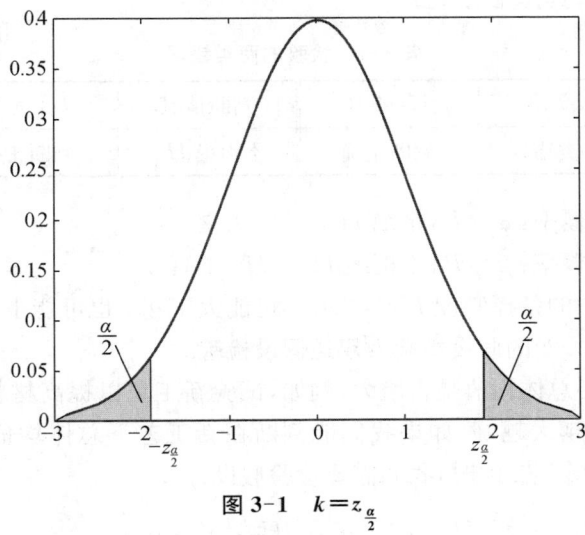

图 3-1　$k=z_{\frac{\alpha}{2}}$

应该注意的是,这里的"接受" H_0 并非真正意义下的接受 H_0,而是在没有理由拒绝 H_0 时,只能说"拒绝 H_0"的证据不足,或者说冒一定的风险接受 H_0. 今后若无特别说明,本书中的"接受" H_0 均是以上这种意义.

在例 3.1.3 的做法中,称 α 为**显著性水平**,统计量 $Z=\dfrac{\overline{X}-\mu_0}{\sigma/\sqrt{n}}$ 称为**检验统计量**.

前面的假设检验问题通常可以叙述成:在显著性水平 α 下,检验假设

$$H_0: \mu=\mu_0, \quad H_1: \mu \neq \mu_0. \tag{3.1.2}$$

H_0 称为 **原假设** 或 **零假设**(null hypothesis), H_1 称为 **备择假设**(alternative hypothesis),即在原假设被拒绝后可供选择的假设.

使原假设 H_0 被拒绝的样本观察值所在区域 W 称为**拒绝域**(它的余集 $\overline{W}$ 称为"接受域"),拒绝域的边界称为**临界点**. 如在例 3.1.3 中,拒绝域为 $|z| \geqslant z_{\frac{\alpha}{2}}$,而 $z=-z_{\frac{\alpha}{2}}$ 和 $z=z_{\frac{\alpha}{2}}$ 为临界点.

上述利用 Z 检验统计量得到的检验法,称为 **Z 检验法**.

假设检验是运用"证明某个事物的正确性不如否定其对立面容易"的逻辑思想,它通过数据和模型的矛盾来否定假设.

3.1.2　两类错误与假设检验的步骤

由于样本是随机的,因此我们应用某种检验法作判断时,可能作出正确的判断,也可能作出错误的判断. 我们可能犯如下两类错误:

在假设 H_0 实际上为真时,样本由于随机性却落入了拒绝域 W,于是我们采取了拒绝 H_0 的错误决策,称这类"弃真"的错误为**第一类错误**.

当 H_0 实际上不真时,样本却落入了接受域 $\overline{W}$,于是我们采取了接受 H_0 的错误决策,称这类"取伪"的错误为**第二类错误**.

检验的两类错误,具体见表 3-1.

表 3-1 检验的两类错误

判断情况	H_0 为真	H_0 不真	判断情况	H_0 为真	H_0 不真
拒绝 H_0	第一类错误	判断正确	不拒绝 H_0	判断正确	第二类错误

犯第一类错误的概率:$\alpha = P\{拒绝\ H_0 \mid H_0\ 为真\}$.

犯第二类错误的概率:$\beta = P\{不拒绝\ H_0 \mid H_0\ 不真\}$.

形如式(3.1.2)中的备择假设 H_1,表示 μ 可能大于 μ_0,也可能小于 μ_0,称为**双边备择假设**,而称形如式(3.1.2)的假设检验为**双边假设检验**.

有时,我们只关心总体均值是否增大,例如,试验新工艺以提高材料的强度. 这时,所考虑的总体的均值应该越大越好. 如果我们能判断在新工艺下总体均值较以往正常生产的大,则可以考虑采用新工艺. 此时,我们需要检验假设:

$$H_0: \mu \leqslant \mu_0, \quad H_1: \mu > \mu_0. \tag{3.1.3}$$

形如式(3.1.3)的假设检验,称为**右边检验**.

$$H_0: \mu \geqslant \mu_0, \quad H_1: \mu < \mu_0. \tag{3.1.4}$$

形如式(3.1.4)的假设检验,称为**左边检验**.

以下来讨论单边检验(右边检验和左边检验)的拒绝域.

设总体 $X \sim N(\mu, \sigma^2)$,σ 为已知,$X_1, X_2, \cdots, X_n$ 是来自 X 的样本. 给定显著性水平 α,求检验问题 $H_0: \mu \leqslant \mu_0, H_1: \mu > \mu_0$ 的拒绝域.

由于 H_0 中的全部 μ 都比 H_1 中的 μ 要小,当 H_1 为真时,观察值 $\bar{x}$ 往往偏大,因此拒绝域的形式为 $\bar{x} \geqslant k$(k 为某个正的常数).

下面来确定常数 k,其做法与例 3.1.3 类似.

$$P\{拒绝\ H_0 \mid H_0\ 为真\}$$

$$= P_{\mu \in H_0}\{\bar{X} \geqslant k\}$$

$$= P_{\mu \leqslant \mu_0}\left\{\frac{\bar{X} - \mu_0}{\sigma/\sqrt{n}} \geqslant \frac{k - \mu_0}{\sigma/\sqrt{n}}\right\} \leqslant P_{\mu \leqslant \mu_0}\left\{\frac{\bar{X} - \mu}{\sigma/\sqrt{n}} \geqslant \frac{k - \mu_0}{\sigma/\sqrt{n}}\right\}.$$

上式不等号成立是由于 $\mu \leqslant \mu_0$,$\frac{\bar{X} - \mu}{\sigma/\sqrt{n}} \geqslant \frac{\bar{X} - \mu_0}{\sigma/\sqrt{n}}$,事件 $\left\{\frac{\bar{X} - \mu_0}{\sigma/\sqrt{n}} \geqslant \frac{k - \mu_0}{\sigma/\sqrt{n}}\right\} \subset \left\{\frac{\bar{X} - \mu}{\sigma/\sqrt{n}} \geqslant \frac{k - \mu_0}{\sigma/\sqrt{n}}\right\}$. 要控制 $P\{拒绝\ H_0 \mid H_0\ 为真\} \leqslant \alpha$,只需令 $P_{\mu \leqslant \mu_0}\left\{\frac{\bar{X} - \mu}{\sigma/\sqrt{n}} \geqslant \frac{k - \mu_0}{\sigma/\sqrt{n}}\right\} = \alpha$.

由于 $\frac{\bar{X} - \mu}{\sigma/\sqrt{n}} \sim N(0, 1)$,知 $\frac{k - \mu_0}{\sigma/\sqrt{n}} = z_\alpha$,于是 $k = \mu_0 + \frac{\sigma}{\sqrt{n}} z_\alpha$,因此检验问题(3.1.3)的拒绝域可以设定为 $\bar{x} \geqslant \mu_0 + \frac{\sigma}{\sqrt{n}} z_\alpha$,即 $z = \frac{\bar{x} - \mu_0}{\sigma/\sqrt{n}} \geqslant z_\alpha$. 因此,右边检验问题(3.1.3)的拒绝

域为 $W = \{z \geqslant z_\alpha\}$,如图 3-2 所示.

类似地,左边检验问题 $H_0: \mu \geqslant \mu_0$,$H_1: \mu < \mu_0$ 的拒绝域为 $z = \dfrac{\bar{x} - \mu_0}{\sigma/\sqrt{n}} \leqslant -z_\alpha$,即左边检验问题(3.1.4)的拒绝域为 $W = \{z \leqslant -z_\alpha\}$,如图 3-3 所示.

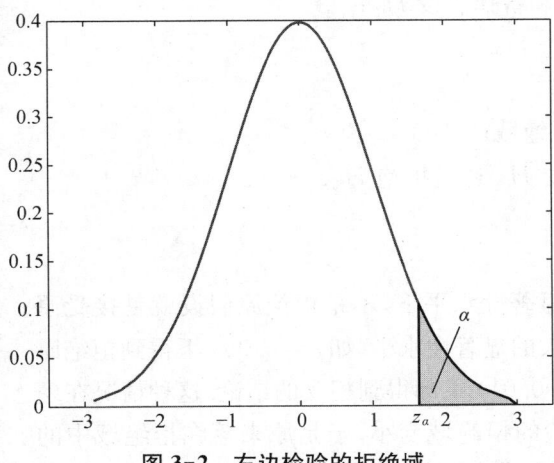

图 3-2　右边检验的拒绝域　　　　　图 3-3　左边检验的拒绝域

例 3.1.4　微波炉在炉门关闭时的辐射量是一个重要的质量指标. 某厂该质量指标服从正态分布 $N(\mu, \sigma^2)$,长期以来 $\sigma^2 = 0.1^2$,且均值都符合不超过 0.12 的要求. 为了检查近期产品的质量,相关部门抽查了 25 台,测得样本均值为 $\bar{x} = 0.1203$,问在显著性水平 $\alpha = 0.05$ 时,炉门关闭时的辐射量是否升高?

解　按题意需检验假设
$$H_0: \mu \leqslant 0.12, \quad H_1: \mu > 0.12.$$

这是右边检验问题,其拒绝域为 $\dfrac{\bar{x} - 0.12}{\sigma/\sqrt{n}} \geqslant z_{0.05} = 1.645$.

而现在 $z = \dfrac{\bar{x} - 0.12}{\sigma/\sqrt{n}} = \dfrac{0.1203 - 0.12}{0.1/\sqrt{25}} = 0.015 < 1.645 = z_{0.05}$,即 z(根据样本算出的结果)没有落在拒绝域中,所以在显著性水平 $\alpha = 0.05$ 下,不能拒绝 H_0,即可以认为当前生产的微波炉在炉门关闭时的辐射量无明显升高.

例 3.1.5　某厂产品需要玻璃纸作包装,按规定供应商提供的玻璃纸的横向延伸率(是一个质量指标)不应低于 65(单位). 已知该指标服从正态分布 $N(\mu, \sigma^2)$,且长期以来稳定地有 $\sigma = 5.5$. 从近期来货中抽查了 100 个样品,测得样本均值为 $\bar{x} = 55.06$,问在显著性水平 $\alpha = 0.05$ 时能否接受这批玻璃纸?

解　若不接受这批玻璃纸,需要退货,这要慎重. 因此按题意需检验假设
$$H_0: \mu \geqslant 65, \quad H_1: \mu < 65.$$

这是左边检验问题,其拒绝域为 $\dfrac{\bar{x} - 65}{\sigma/\sqrt{n}} \leqslant -z_{0.05} = -1.645$.

而现在 $z = \dfrac{\bar{x} - 65}{\sigma/\sqrt{n}} = \dfrac{55.06 - 65}{5.5/\sqrt{100}} = -18.073 < -1.645 = -z_{0.05}$，即 z（根据样本算出的结果）落在拒绝域中，因此在显著性水平 $\alpha = 0.05$ 下，拒绝 H_0，即不能接受这批玻璃纸.

综上所述，可得处理参数的假设检验问题的步骤如下：

(1) 根据实际问题的要求，提出原假设 H_0 和备择假设 H_1；

(2) 给定显著性水平 α 和样本容量 n；

(3) 确定检验统计量和拒绝域的形式；

(4) 按 $P\{拒绝\ H_0 \mid H_0\ 为真\} \leqslant \alpha$ 求出拒绝域；

(5) 取样，根据样本观察值作出决策，是接受 H_0 还是拒绝 H_0.

3.1.3 检验的 p 值

假设检验的结论通常是简单的. 在给定的显著性水平下，不是拒绝原假设就是接受原假设. 然而有时也会出现这样的情况：在一个较大的显著性水平（如 $\alpha = 0.05$）下得到拒绝原假设的结论，而在一个较小的显著性水平（如 $\alpha = 0.01$）下却得到相反的结论. 这种情况在理论上很容易解释：因为显著性水平变小导致检验的拒绝域变小，于是原来落在拒绝域中的观测值就可能落在接受域，这种情况会给一些应用带来不便. 比如，一个人主张选择显著性水平 $\alpha = 0.05$，而另一个人主张选择显著性水平 $\alpha = 0.01$，则第一个人的结论是拒绝原假设，而另一个人的结论是接受原假设，我们该如何处理这个问题呢？下面先看一个例子.

例 3.1.6 一支香烟中的尼古丁的含量服从正态分布 $N(\mu, 1)$，质量标准规定 μ 不能超过 $1.5\ \text{mg}$. 现从某厂生产的香烟中随机抽取 20 支，测得其中平均每支香烟中的尼古丁含量为 $\bar{x} = 1.97\ \text{mg}$，问该厂生产的香烟尼古丁含量是否符合质量标准的规定？

解 我们需要检验假设：

$$H_0: \mu \leqslant 1.5, \quad H_1: \mu > 1.5.$$

由于标准差已知，故采用 Z 检验法，根据已知数据，得

$$z = \dfrac{\bar{x} - \mu_0}{\sigma/\sqrt{n}} = \dfrac{1.97 - 1.5}{1/\sqrt{20}} = 2.10.$$

这是右边检验问题，对一些显著性水平，相应的拒绝域和检验结论见表 3-2.

表 3-2 不同的显著性水平对应的拒绝域和检验结论

显著性水平	拒绝域	$z = 2.10$ 对应的结论
$\alpha = 0.05$	$z = z_\alpha \geqslant 1.645$	拒绝 H_0
$\alpha = 0.025$	$z = z_\alpha \geqslant 1.96$	拒绝 H_0
$\alpha = 0.01$	$z = z_\alpha \geqslant 2.33$	接受 H_0
$\alpha = 0.005$	$z = z_\alpha \geqslant 2.58$	接受 H_0

从表 3-1 看到，对于不同的显著性水平 α 有不同的结论.

现在换一个角度来看,当 $\mu=1.5$ 时, $Z=\dfrac{\overline{X}-\mu}{\sigma/\sqrt{n}} \sim N(0,1)$. 由此可得

$$P\{Z \geqslant 2.10\} = 1 - P\{Z < 2.10\} = 1 - \Phi(2.10) = 0.0179.$$

若以 0.017 9 为基准来看上述检验问题,可得:

(1) 当 $\alpha < 0.0179$ 时, $z_\alpha > 2.10$, 于是 2.10 就不落在 $\{z \geqslant z_\alpha\}$, 此时应接受 H_0;

(2) 当 $\alpha \geqslant 0.0179$ 时, $z_\alpha \leqslant 2.10$, 于是 2.10 就落在 $\{z \geqslant z_\alpha\}$, 此时应拒绝 H_0.

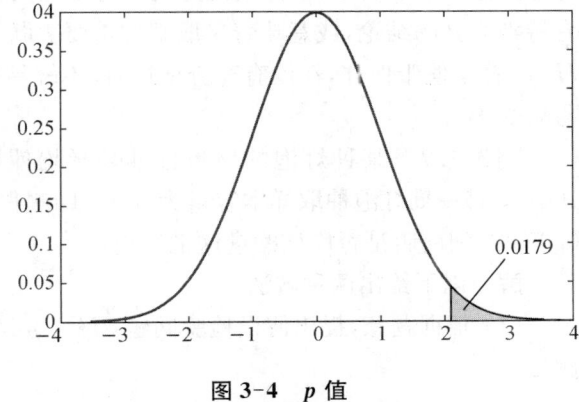

图 3-4　p 值

由此可以看出, 0.017 9 就是能用观察值作出"拒绝 H_0"的最小的显著性水平,这就是 p 值,如图 3-4 所示.

定义 3.1.1　在一个假设检验问题中,用观察值能够做出拒绝原假设的最小的显著性水平,称为**检验的 p 值**(p-value).

引进检验的 p 值的概念有如下明显的作用:

(1) 它比较客观,避免了事先确定显著性水平;

(2) 根据检验的 p 值与人们心目中的显著性水平 α 进行比较,可以很容易地得出检验的结论:

当 $\alpha \geqslant p$ 时,则在显著性水平 α 下拒绝 H_0; 当 $\alpha < p$ 时,则在显著性水平 α 下接受 H_0.

应该说明,目前流行的主要统计软件,在检验结论中只给出 p 值,而不会提供拒绝域或临界点.

3.1.4　确定原假设 H_0 和备择假设 H_1 的方法

在前述"假设检验的步骤"中,第一步就是"根据实际问题的要求,提出原假设 H_0 和备择假设 H_1",那么,如何确定原假设 H_0 和备择假 H_1 呢?

由于原假设是作为检验的前提而提出来的,因此,原假设通常应该是受到保护的,没有充足的证据是不能被拒绝的. 对于原假设不轻易推翻,会使人们在作决策时更谨慎. 由于备择假设是在原假设被拒绝后可供选择的假设,这就决定了原假设 H_0 和备择假 H_1 不是处于平等的地位.

前面我们曾指出:假设检验是运用"证明某个事物的正确性不如否定其对立面容易"的逻辑思想,它通过数据和模型的矛盾来否定假设. 由于假设检验的这种"逻辑思想"是概率意义下的反正法,所以拒绝原假设 H_0 是有说服力的,而"接受" H_0 就没那么具有说服力了. 正如前述指出的那样:这里"接受" H_0 并非真正意义下的接受 H_0, 而是在没有理由拒绝 H_0 时,只能说"拒绝 H_0"的证据不足,或者说冒一定的风险接受 H_0. 因此应把希望否定的假设放在"原假设";另外,有的结果已经历了长时间的考验不应轻易否定的也可以放在

"原假设".

在实际问题中,若要决定新提出的方法(新工艺、新配方等)是否比原方法好,则在为此而进行的假设检验中,往往将原方法不比新方法差取为原假设 H_0,而新方法优于原方法取为备择假 H_1,或者说备择假设是我们真正感兴趣的. 接受备择假 H_1 可能意味着得到某种有特别意义的结论,或意味着采取某种重要决断,因此对统计假设作判断前,在处理原假设 H_0 时总是偏于保守,在没有充分证据时,不轻易拒绝 H_0,或者说在没有充分证据时不能轻易接受 H_1.

例 3.1.7 某种灯泡的质量标准是平均使用寿命 X 不低于 1 000 h,若 $X \sim N(\mu, 100^2)$,对一批灯泡抽取样本容量为 $n=81$,测得样本均值为 $\bar{x}=990$,当显著性水平 $\alpha=0.05$ 时,问商店是否应该购进这批灯泡?

解 以下给出两种解法.

(1) 根据题意,提出假设检验问题:$H_0: \mu \geqslant 1\,000$,$H_1: \mu < 1\,000$(这是左边检验问题).

由于 $z=\dfrac{990-1\,000}{100/\sqrt{81}}=-0.9 > -z_{0.05}=-1.645$,因此不能拒绝 H_0,即在显著性水平 $\alpha=0.05$ 时,可以认为这批灯泡达到了质量标准,所以商店可以购进这批灯泡.

(2) 如果把上面的 H_0 和 H_1 对调一下,现在假设检验问题变为

$$H_0': \mu < 1\,000, \quad H_1': \mu \geqslant 1\,000 \text{(这是右边检验问题)}.$$

由于 $z=\dfrac{990-1\,000}{100/\sqrt{81}}=-0.9 < z_{0.05}=1.645$,因此不能拒绝 H_0',即在显著性水平 $\alpha=0.05$ 时,可以认为这批灯泡没有达到质量标准,所以商店不能购进这批灯泡.

以上(1)和(2)两种解法的不同之处在于"原假设"和"备择假设"正好相反,得到的结论也是截然相反的,这似乎是一个矛盾!

应该说明的是,对同一个问题,由于"背景"不同,因而采取了不同的态度,具体通过选择原假设和备择假设来体现. 这也不难理解前面(1)和(2)的矛盾:产品的质量一贯很好时,稍差的样品尚未构成整批产品"质量未达标"的有力证据;产品的质量一贯不好时,测试合格的样品尚未构成整批产品"质量达标"的有力证据. 这两个结论的出发点不同,并无矛盾可言.

例如,某人是犯罪嫌疑人,有些不利于他的证据,但并非是起决定性作用的. 若我们要求"只有决定性的不利于他的证据才能判他有罪",则他将被判为无罪. 反之,若我们要求"只有决定性的有利于他的证据才能判他无罪",则他将被判为有罪. 这样的事情在日常生活中比比皆是,不足为奇.

在单边(右边或左边)假设检验中,如何选择原假设 H_0 和备择假 H_1 是一个需要注意的问题. 在"工科《概率统计》教学中的几个问题Ⅱ"中(韩明:高等数学研究,2009)提出了一个选择的办法:使根据样本观察值计算的统计量的值(如 z,t 等)与临界点(如 z_α,$-z_\alpha$,$t_\alpha(n-1)$,$-t_\alpha(n-1)$ 等)位于同侧(即,同大于 0 或同小于 0),这样得出的结论容易解释,也就容易被人们接受.

习题 3.1

1. 在假设检验中，H_0 表示原假设，H_1 为备假设，则称为犯第二类错误是( ).
   (A) H_1 不真，接受 H_1 (B) H_1 不真，接受 H_0
   (C) H_0 不真，接受 H_1 (D) H_0 不真，接受 H_0

2. 假设检验中分别用 α，β 表示犯第一类错误和第二类错误的概率，则当样本容量 n 一定时，下列说法中正确的是( ).
   (A) α 减小时 β 也减小   (B) α 增大时 β 也增大   (C) (A)和(B)同时成立
   (D) α，β 不能同时减小，减小其中一个时，另一个就会增大

3. 对显著性检验来说犯第一类错误的概率为( ).
   (A) $1-\alpha$ (B) 大于 α (C) 小于或等于 α (D) 无法判断

4. 设 $X_1, X_2, \cdots, X_{36}$ 是来自正态总体 $N(\mu, 0.04)$ 的一个简单随机样本，其中 μ 为未知参数，记 $\bar{X} = \frac{1}{36}\sum_{i=1}^{36} X_i$，检验问题 $H_0: \mu = 0.5$，$H_1: \mu = \mu_1 > 0.5$，并取检验拒绝域 $W = \{(X_1, X_2, \cdots, X_{36}): \bar{X} > C\}$，检验显著性水平 $\alpha = 0.05$. 试计算：(1) C；(2) 若 $\alpha = 0.05$，$\mu_1 = 0.65$ 时，犯第二类错误的概率.

5. 对二项分布 $B(n, p)$ 作统计假设 $H_0: p = 0.6$，$H_1: p \neq 0.6$，检验 H_0 的拒绝域取为 $W = \{X \leqslant 1\} \cap \{X \geqslant 9\}$，其中 X 为 10 次实验中成功的次数，求显著性水平 α 和对立假设 $p = 0.3$ 时犯第二类错误的概率 β.

6. 设 X 是连续随机变量，x 是对 X 的(一次)观测值. 关于 X 的密度函数 $f(x)$ 有如下两个假设：

$$H_0: f(x) = \begin{cases} \frac{1}{2}, & 0 \leqslant x \leqslant 2, \\ 0, & 其他; \end{cases} \quad H_1: f(x) = \begin{cases} \frac{x}{2}, & 0 \leqslant x \leqslant 2, \\ 0, & 其他. \end{cases}$$

检验的判断规则是：若 $x \geqslant 2/3$，则拒绝 H_0，试求犯两类错误的概率.

7. 设 $X_1, X_2, \cdots, X_{16}$ 是正态总体 $N(\mu, 4)$ 的样本，考虑检验问题 $H_0: \mu = 6$，$H_1: \mu \neq 6$，拒绝域 $W = \{|\bar{X} - 6| \geqslant c\}$，试求 c 使得检验的显著性水平为 0.05，并求该检验在 $\mu = 6.5$ 处犯第二类错误的概率.

3.2 单个正态总体均值与方差的检验

3.2.1 单个总体均值的检验

3.2.1.1 σ^2 已知，关于 μ 的检验

此种情形在上一节中已经讨论过了.

3.2.1.2 σ^2 未知，关于 μ 的检验

设总体 $X \sim N(\mu, \sigma^2)$，其中 μ 和 σ^2 为未知，$X_1, X_2, \cdots, X_n$ 是来自 X 的样本，给定显著性水平 α，求检验问题

$$H_0: \mu = \mu_0, \quad H_1: \mu \neq \mu_0$$

的拒绝域.

由于 σ^2 未知,因此现在不能用 $\dfrac{\bar{X}-\mu_0}{\sigma/\sqrt{n}}$ 来确定拒绝域. 我们知道样本方差 S^2 是 σ^2 的无偏估计,自然想到用 S 代替 σ,采用 $t=\dfrac{\bar{X}-\mu_0}{S/\sqrt{n}}$ 作为检验统计量.

当观察值 $|t|=\left|\dfrac{\bar{x}-\mu_0}{s/\sqrt{n}}\right|$ 过分大时,就拒绝 H_0,拒绝域的形式为 $|t|=\left|\dfrac{\bar{x}-\mu_0}{s/\sqrt{n}}\right|\geqslant k$.

根据定理 1.4.2,当 H_0 为真时,$\dfrac{\bar{X}-\mu_0}{S/\sqrt{n}}\sim t(n-1)$.

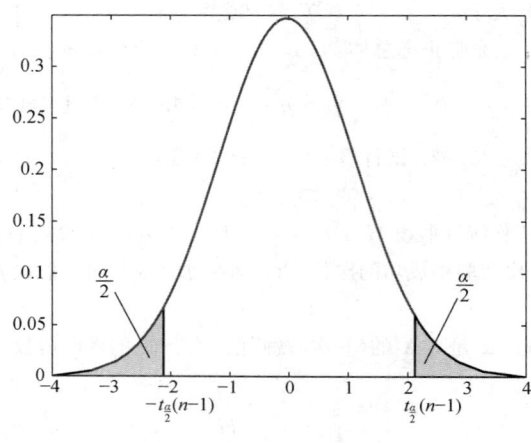

图 3-5　$k=t_{\frac{\alpha}{2}}(n-1)$

根据 $P\{拒绝\ H_0\mid H_0\ 为真\}=P_{\mu_0}\left\{\left|\dfrac{\bar{X}-\mu_0}{S/\sqrt{n}}\right|\geqslant k\right\}=\alpha$,得(图 3-5)$k=t_{\frac{\alpha}{2}}(n-1)$,即拒绝域为

$$|t|=\left|\dfrac{\bar{x}-\mu_0}{s/\sqrt{n}}\right|\geqslant t_{\frac{\alpha}{2}}(n-1).$$

上述利用 t 统计量得出的检验法,称为 **t 检验法**.

关于正态总体 $N(\mu,\sigma^2)$ 均值 μ 检验的拒绝域,见表 3-3,图 3-6 和图 3-7.

表 3-3　一个正态总体均值的检验(显著性水平为 α)

	原假设 H_0	备择假设 H_1	检验统计量	拒绝域
σ^2 已知	$\mu\leqslant\mu_0$ $\mu\geqslant\mu_0$ $\mu=\mu_0$	$\mu>\mu_0$ $\mu<\mu_0$ $\mu\neq\mu_0$	$Z=\dfrac{\bar{X}-\mu_0}{\sigma/\sqrt{n}}$	$z\geqslant z_\alpha$ $z\leqslant -z_\alpha$ $\mid z\mid\geqslant z_{\frac{\alpha}{2}}$
σ^2 未知	$\mu\leqslant\mu_0$ $\mu\geqslant\mu_0$ $\mu=\mu_0$	$\mu>\mu_0$ $\mu<\mu_0$ $\mu\neq\mu_0$	$t=\dfrac{\bar{X}-\mu_0}{S/\sqrt{n}}$	$t\geqslant t_\alpha(n-1)$ $t\leqslant -t_\alpha(n-1)$ $\mid t\mid\geqslant t_{\frac{\alpha}{2}}(n-1)$

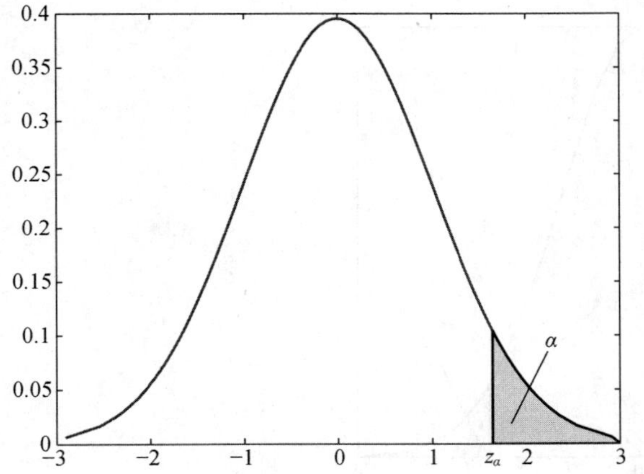

(a) $H_1: \mu > \mu_0$

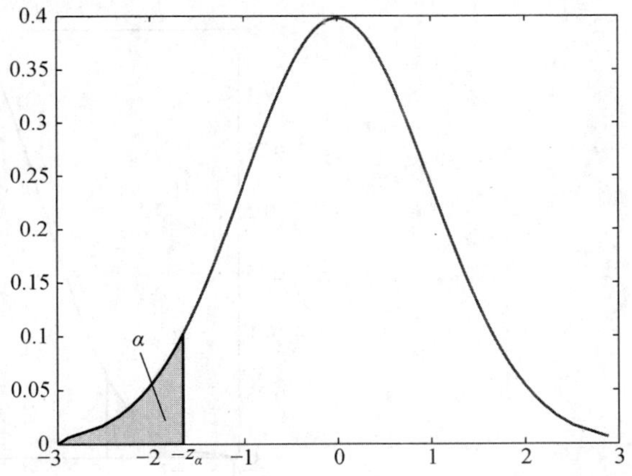

(b) $H_1: \mu < \mu_0$

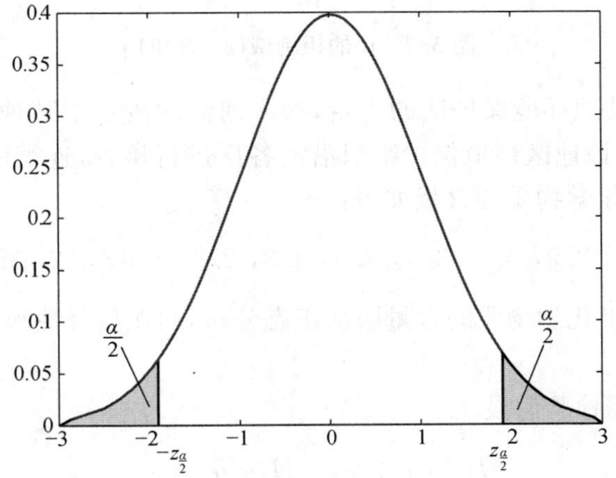

(c) $H_1: \mu \neq \mu_0$

图 3-6 μ 的拒绝域(σ^2 已知)

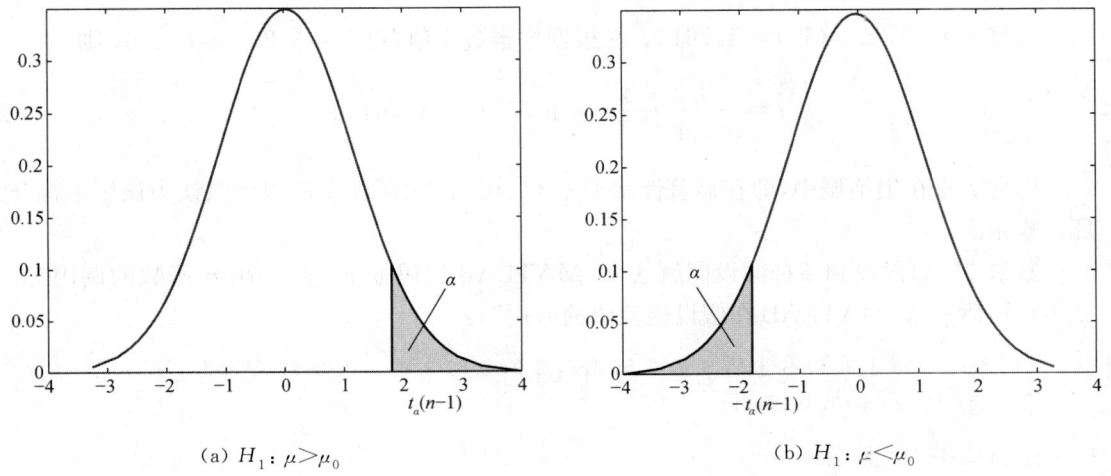

(a) $H_1: \mu > \mu_0$

(b) $H_1: \mu < \mu_0$

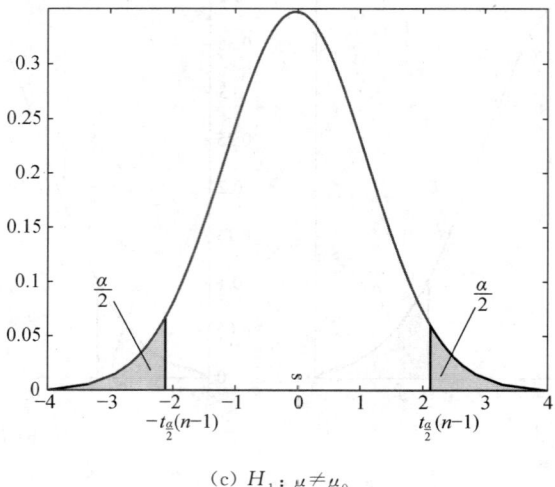

(c) $H_1: \mu \neq \mu_0$

图 3-7 μ 的拒绝域(σ^2 未知)

例 3.2.1 根据某地环境保护法的规定,倾入河流的废水中某种有毒化学物质的平均含量不得超过 3 ppm. 该地区环境保护组织沿河各厂进行检查,连续测得某厂 15 天倾入河流的废水中某种有毒化学物质的含量如下:

3.1, 3.2, 3.3, 2.9, 3.5, 3.4, 2.5, 4.3, 2.9, 3.6, 3.2, 3.0, 2.7, 3.5, 2.9.

若废水中该种有毒化学物质的含量服从正态分布,问在显著性水平 $\alpha=0.05$ 下,该厂是否符合环保规定?

解法 1 按题意需检验假设

$$H_0: \mu \leqslant 3, \quad H_1: \mu > 3.$$

根据表 3-2 知,此检验问题的拒绝域为

$$t = \frac{\bar{x}-3}{s/\sqrt{n}} \geqslant t_\alpha(n-1).$$

已知 $n=15$, $t_{0.05}(14)=1.7613$. 又根据样本观察值,得 $\bar{x}=3.2$, $s=0.436$,则

$$t = \frac{3.2-3}{0.436/\sqrt{15}} = 1.7766 > 1.7613.$$

因此 t 落在拒绝域中,即在显著性水平 $\alpha=0.05$ 下拒绝 H_0,所以可以认为该厂不符合环保规定.

解法 2 原假设和备择假设同解法 1,MATLAB 代码如下(关于 ttest 函数的调用等,见本章最后一节"MATLAB 在假设检验中的应用"):

```
x=[3.1, 3.2, 3.3, 2.9, 3.5, 3.4, 2.5, 4.3, 2.9, 3.6, 3.2, 3.0, 2.7, 3.5, 2.9];
[h, sig]=ttest(x, 3, 0.05, 1)
```

运行结果为

h=1，sig=0.0486

结果表明：h=1，sig=0.0486＜0.05，所以在显著性水平 $\alpha=0.05$ 下拒绝 H_0，因此可以认为该厂不符合环保规定.

3.2.2 置信区间、单侧置信限与假设检验的关系

对同一个参数，通过第2章中的区间估计和本章中的双边假设检验的学习，我们似乎感觉到它们之间有某种联系，那么这种联系究竟如何呢？以下首先考察置信区间与双边检验之间的关系.

设 $X_1, X_2, \cdots, X_n$ 是来自总体 X 的样本，$x_1, x_2, \cdots, x_n$ 是相应的样本观察值，Θ 是参数 θ 的可能取值范围.

设 $(\underline{\theta}, \bar{\theta})$ 是参数 θ 的置信水平为 $1-\alpha$ 的置信区间，则有

$$P\{\underline{\theta} < \theta < \bar{\theta}\} = 1-\alpha. \tag{3.2.1}$$

考虑显著性水平 α 的双边检验

$$H_0: \theta = \theta_0, \quad H_1: \theta \neq \theta_0. \tag{3.2.2}$$

由式(3.2.1)，即有

$$P_{\theta_0}\{(\theta_0 \leqslant \underline{\theta}(X_1, X_2, \cdots, X_n)) \cup \theta_0 \geqslant (\bar{\theta}(X_1, X_2, \cdots, X_n))\} = \alpha.$$

考虑显著性水平 α 的假设检验的拒绝域的定义，检验式(3.2.2)的拒绝域为 $\theta_0 \leqslant \underline{\theta}(x_1, x_2, \cdots, x_n)$ 或 $\theta_0 \geqslant \bar{\theta}(x_1, x_2, \cdots, x_n)$.

这就是说，当要检验式(3.2.2)时，先求出 θ 的置信水平 $1-\alpha$ 的置信区间 $(\underline{\theta}, \bar{\theta})$，然后考察 θ_0 是否落在区间 $(\underline{\theta}, \bar{\theta})$. 若 $\theta_0 \in (\underline{\theta}, \bar{\theta})$，则接受 H_0；若 $\theta_0 \notin (\underline{\theta}, \bar{\theta})$，则拒绝 H_0.

反之，考虑显著性水平 α 的检验问题

$$H_0: \theta = \theta_0, \quad H_1: \theta \neq \theta_0.$$

假设它的接受域为 $\underline{\theta}(x_1, x_2, \cdots, x_n) < \theta_0 < \bar{\theta}(x_1, x_2, \cdots, x_n)$，即有

$$P\{\underline{\theta}(X_1, X_2, \cdots, X_n) < \theta < \bar{\theta}(X_1, X_2, \cdots, X_n)\} = 1-\alpha.$$

因此 $(\underline{\theta}(X_1, X_2, \cdots, X_n), \bar{\theta}(X_1, X_2, \cdots, X_n))$ 是参数 θ 的置信水平 $1-\alpha$ 的置信区间.

类似地，可以得到：

(1) 参数 θ 的置信水平 $1-\alpha$ 的单侧置信上限 $\hat{\theta}_U$ 与显著性水平为 α 左边检验问题：

$$H_0: \theta \geqslant \theta_0, \quad H_1: \theta < \theta_0$$

有类似的对应关系.

(2) 参数 θ 的置信水平 $1-\alpha$ 的单侧置信下限 $\hat{\theta}_L$ 与显著性水平为 α 右边检验问题：

$$H_0: \theta \leqslant \theta_0, \quad H_1: \theta > \theta_0$$

有类似的对应关系.

例 3.2.3 设 $X \sim N(\mu, 1)$，μ 未知，$\alpha = 0.05$，$n = 16$，且由样本算得 $\bar{x} = 5.20$. 于是得到参数 μ 的一个置信水平为 0.95 的置信区间 $(\bar{x} - \frac{1}{\sqrt{16}} z_{0.025}, \bar{x} + \frac{1}{\sqrt{16}} z_{0.025}) = (4.71, 5.69)$.

现在考虑检验问题

$$H_0: \mu = 5.5, \quad H_1: \mu \neq 5.5.$$

由于 $5.5 \in (4.71, 5.69)$，所以在显著水平 $\alpha = 0.05$ 时接受 H_0.

例 3.2.4（续例 3.2.3） 在例 3.2.3 中，求右边检验问题

$$H_0: \mu \leq \mu_0, \quad H_1: \mu > \mu_0$$

的接受域，并求 μ 的一个置信水平为 0.95 的单侧置信下限.

解 右边检验问题

$$H_0: \mu \leq \mu_0, \quad H_1: \mu > \mu_0$$

的拒绝域为 $z = \dfrac{\bar{x} - \mu_0}{1/\sqrt{16}} \geq z_{0.05}$，即 $\mu_0 \leq 4.79$. 于是上述右边检验问题的接受域为 $\mu_0 > 4.79$，因此 μ 的一个置信水平为 0.95 的单侧置信下限为 $\hat{\mu}_L > 4.79$.

3.2.3 单个总体方差的检验

设 $X_1, X_2, \cdots, X_n$ 是来自正态总体 $N(\mu, \sigma^2)$ 的样本，要求检验假设（显著性水平为 α）

$$H_0: \sigma^2 = \sigma_0^2, \quad H_1: \sigma^2 \neq \sigma_0^2,$$

其中 σ_0^2 为常数.

由于 S^2 为 σ^2 的无偏估计量，当 H_0 为真时，S^2 的观察值 s^2 与 σ_0^2 的比值 $\dfrac{s^2}{\sigma_0^2}$ 一般在 1 附近摆动，而不应过分大于 1 或过分小于 1. 根据定理 1.4.1 知，当 H_0 为真时，有 $\dfrac{(n-1)S^2}{\sigma_0^2} \sim \chi^2(n-1)$. 取

$$\chi^2 = \dfrac{(n-1)S^2}{\sigma_0^2}$$

作为检验统计量，如上所述检验问题的拒绝域为 $\dfrac{(n-1)s^2}{\sigma_0^2} \leq k_1$ 或 $\dfrac{(n-1)s^2}{\sigma_0^2} \geq k_2$. 这里 k_1, k_2 的值由

$$P\{\text{当 } H_0 \text{ 为真时拒绝 } H_0\} = P_{\sigma_0^2}\left\{\left(\dfrac{(n-1)S^2}{\sigma_0^2} \leq k_1\right) \cup \left(\dfrac{(n-1)S^2}{\sigma_0^2} \geq k_2\right)\right\} = \alpha$$

确定.

为计算方便起见，习惯上取

$$P_{\sigma_0^2}\left\{\left(\dfrac{(n-1)S^2}{\sigma_0^2} \leq k_1\right)\right\} = \dfrac{\alpha}{2}, \quad P_{\sigma_0^2}\left\{\left(\dfrac{(n-1)S^2}{\sigma_0^2} \geq k_2\right)\right\} = \dfrac{\alpha}{2}.$$

于是 $k_1 = \chi^2_{1-\frac{\alpha}{2}}(n-1)$, $k_2 = \chi^2_{\frac{\alpha}{2}}(n-1)$. 因此得拒绝域为

$$\frac{(n-1)s^2}{\sigma_0^2} \leqslant \chi^2_{1-\frac{\alpha}{2}}(n-1) \quad \text{或} \quad \frac{(n-1)s^2}{\sigma_0^2} \geqslant \chi^2_{\frac{\alpha}{2}}(n-1).$$

以下求单边检验问题（显著性水平为 α）

$$H_0: \sigma^2 \leqslant \sigma_0^2, \quad H_1: \sigma^2 > \sigma_0^2$$

的拒绝域.

由于 H_0 中的全部 σ^2 都要比 H_1 中的 σ^2 要小，当 H_1 为真时，S^2 的观察值 s^2 往往偏大，因此拒绝域的形式为 $s^2 \geqslant k$. 以下确定常数 k.

$$P\{当 H_0 为真时拒绝 H_0\} = P_{\sigma^2 \leqslant \sigma_0^2}\{S^2 \geqslant k\} = P_{\sigma^2 \leqslant \sigma_0^2}\left\{\frac{(n-1)S^2}{\sigma_0^2} \geqslant \frac{(n-1)k}{\sigma_0^2}\right\}$$

$$\leqslant P_{\sigma^2 \leqslant \sigma_0^2}\left\{\frac{(n-1)S^2}{\sigma^2} \geqslant \frac{(n-1)k}{\sigma_0^2}\right\}.$$

要控制 $P\{当 H_0 为真时拒绝 H_0\} \leqslant \alpha$，只需令

$$P_{\sigma^2 \leqslant \sigma_0^2}\left\{\frac{(n-1)S^2}{\sigma^2} \geqslant \frac{(n-1)k}{\sigma_0^2}\right\} = \alpha.$$

由于 $\frac{(n-1)S^2}{\sigma^2} \sim \chi^2(n-1)$，根据上式，得 $\frac{(n-1)k}{\sigma_0^2} = \chi^2_\alpha(n-1)$. 因此 $k = \frac{\sigma_0^2}{n-1}\chi^2_\alpha(n-1)$，于是此检验问题的拒绝域为 $s^2 \geqslant \frac{\sigma_0^2}{n-1}\chi^2_\alpha(n-1)$，即 $\chi^2 = \frac{(n-1)s^2}{\sigma_0^2} \geqslant \chi^2_\alpha(n-1)$.

类似地，得左边检验问题

$$H_0: \sigma^2 \geqslant \sigma_0^2, \quad H_1: \sigma^2 < \sigma_0^2$$

的拒绝域为 $\chi^2 = \frac{(n-1)s^2}{\sigma_0^2} \leqslant \chi^2_{1-\alpha}(n-1)$.

以上的检验法称为 **χ^2 检验法**.

一个正态总体方差检验的拒绝域，见表 3-4.

表 3-4 一个正态总体方差的检验（显著性水平为 α）

原假设 H_0	备择假设 H_1	检验统计量	拒绝域
$\sigma^2 \leqslant \sigma_0^2$	$\sigma^2 > \sigma_0^2$		$\chi^2 \geqslant \chi^2_\alpha(n-1)$
$\sigma^2 \geqslant \sigma_0^2$	$\sigma^2 < \sigma_0^2$	$\chi^2 = \frac{(n-1)S^2}{\sigma_0^2}$	$\chi^2 \leqslant \chi^2_{1-\alpha}(n-1)$
$\sigma^2 = \sigma_0^2$ (μ 未知)	$\sigma^2 \neq \sigma_0^2$		$\chi^2 \geqslant \chi^2_{\frac{\alpha}{2}}(n-1)$ 或 $\chi^2 \leqslant \chi^2_{1-\frac{\alpha}{2}}(n-1)$

例 3.2.5 某工厂生产的某型号的电池,其寿命(以 h 计)长期以来服从方差为 $\sigma^2 = 5\,000$ 的正态分布,现有一批这种电池,从它的生产情况来看,寿命的波动性有所改变. 现随机取 26 个电池,测出其寿命的样本方差为 $s^2 = 9\,200$. 问根据这一数据能否推断这批电池的寿命的波动比以往的有显著性的变化?($\alpha = 0.02$)

解法 1 本题要求在水平 $\alpha = 0.02$ 下检验假设 $H_0: \sigma^2 = 5\,000$,$H_1: \sigma^2 \neq 5\,000$.

已知 $n = 26$,$\chi^2_{\frac{\alpha}{2}}(n-1) = \chi^2_{0.01}(25) = 44.314$,$\chi^2_{1-\frac{\alpha}{2}}(25) = \chi^2_{0.99}(25) = 11.524$,$\sigma_0^2 = 5\,000$,则检验问题的拒绝域为 $\dfrac{(n-1)s^2}{\sigma_0^2} \geq 44.314$ 或 $\dfrac{(n-1)s^2}{\sigma_0^2} \leq 11.524$.

由观察值 $s^2 = 9\,200$,得 $\dfrac{(n-1)s^2}{\sigma_0^2} = 46 > 44.314$,所以在显著水平 $\alpha = 0.02$ 时拒绝 H_0,即可以认为这批电池寿命的波动比以往的有显著的变化.

解法 2 原假设和备择假设同解法 1. 这是在均值未知时,对方差的双边检验,检验统计量为 $\dfrac{(n-1)s^2}{\sigma_0^2} \sim \chi^2(n-1)$.

由于 MATLAB 统计工具箱没有提供方差假设检验的函数,但可以编程实现,其 MATLAB 代码如下:

```
alpha=0.02; n=26; s2=9200; sigma= sqrt(5000); chi=(n−1)*s2/( sigma^2);
right=chi2inv(1− alpha/2, n−1); left= chi2inv(alpha/2, n−1);
sig=2*(1−chi2cdf(chi, n−1));
if (chi< right)&(chi>left)
        h=0;
        disp('h=0'); sig
    else
        h=1;
        disp('h=1'); sig
else
```

运行结果为

h=1, sig=0.0128

结果表明:h=1,sig=0.0128<0.02,因此在显著水平 $\alpha = 0.02$ 时拒绝 H_0,即可以认为这批电池寿命的波动比以往的有显著的变化.

习题 3.2

1. 某轮胎制造厂生产一种轮胎,其使用寿命服从正态分布,均值为 30 000 km,标准差为 4 000 km,现采用一种新的工艺生产这种轮胎,从试制产品中随机抽取 100 只轮胎进行试验以测定新的工艺是否优于原有方法.根据检验标准差没有变化.规定显著性水平.(1)问此检验为双边检验还是单边检验;(2)写出原假设和备择假设;(3)对显性著水平 $\alpha = 0.02$,写出检验的拒绝域.

2. 某车间用一台机器包装茶叶,由经验可知该机器称得茶叶的重量(单位:kg)服从正态分布 $N(0.5, 0.015^2)$,现从某天所包装的茶叶袋中随机抽取 9 袋,其平均重量为 0.509 kg,在显著性水平 $\alpha = 0.05$ 下,试问该机器工作是否正常?

3. 要求一种元件平均使用寿命不得低于 1 000 h, 生产者从一批这种元件中随机抽取 25 件, 测得其寿命的平均值为 950 h. 已知该种元件寿命服从标准差为 $\sigma = 100$ h 的正态分布. 试问在显著性水平 $\alpha = 0.05$ 下判断这批元件是否合格? 设总体均值 μ 为未知, 即需检验假设 $H_0: \mu \geqslant 1\,000$, $H_1: \mu < 1\,000$.

4. 某批矿砂的 5 个样品中的镍含量, 经测定为 3.25%, 3.27%, 3.24%, 3.23%, 3.24%. 设测定值总体服从正态分布, 但参数均未知, 问在显著性水平 $\alpha = 0.01$ 下能否接受假设: 这批矿砂的镍含量的均值为 3.25%.

5. 环境保护条例规定, 在排放的工业废水中, 某种有害物质的含量不得超过 0.5%. 设该种物质的含量 $X \sim N(\mu, \sigma^2)$, 现抽取 5 份水样, 测得这种有害物质的含量分别为 0.530%, 0.542%, 0.510%, 0.495%, 0.515%, 在显著性水平 $\alpha = 0.05$ 下, 问抽样结果是否表明有害物质的含量超过了规定的界限?

6. 对金属锰的熔化点做了 4 次试验, 结果分别为 1 269℃, 1 271℃, 1 263℃, 1 265℃. 设数据 $X \sim N(\mu, \sigma^2)$, 在显著性水平 $\alpha = 0.05$ 下, 检验测定值的均方差小于等于 2℃.

7. 某厂生产的某种型号的电池, 其使用寿命(单位:h) $X \sim N(\mu, 5\,000)$. 今有一批这种型号的电池, 从生产情况看, 使用寿命波动性较大. 为了判断这种看法是否符合实际, 从中随机抽取了 26 只电池, 测出使用寿命, 得到样本方差 $s^2 = 7\,200$, 在显著性水平 $\alpha = 0.02$ 下, 问根据这个数据能否推断这批电池使用寿命的波动性比以往有显著变化?

8. 某食品厂用自动装罐机装罐头食品, 规定其标准质量为 250 g, 标准差不超过 3 g 时判定该机器工作正常, 每天定时检验机器工作情况. 现抽取 16 罐, 测得平均质量 $\bar{x} = 252$ g, 样本标准差 $s = 4$ g. 假定罐头质量服从正态分布, 在显著性水平 $\alpha = 0.05$ 下, 试问该机器目前的工作是否正常?

9. 电池在货架上滞留的时间不能太长下面给出某商店随机选取的 8 只电池的货架滞留时间(以天计):

$$108, 124, 124, 106, 138, 163, 159, 134.$$

设数据来自正态总体 $N(\mu, \sigma^2)$, μ, σ^2 未知; 在显著性水平 $\alpha = 0.05$ 下, 试检验假设 $H_0: \mu \leqslant 125$, $H_1: \mu > 125$.

10. 如果一个矩形的宽度 w 与长度 l 的比 $\dfrac{w}{l} = \dfrac{1}{2}(\sqrt{5}-1) \approx 0.618$, 这样的矩形称为黄金矩形. 这种尺寸的矩形使人们看上去有良好的感觉. 现代的建筑构件(如窗架)、工艺品(如图片镜框), 甚至司机的执照、商业的信用卡等常常都是采用黄金矩形. 下面列出某工艺品工厂随机取的 20 个矩形的宽度与长度的比值.

$$H_0: \mu = 0.618, \quad H_1: \mu \neq 0.618.$$

0.693, 0.749, 0.654, 0.670, 0.662, 0.672, 0.615, 0.606, 0.690, 0.628,
0.668, 0.611, 0.606, 0.609, 0.601, 0.553, 0.570, 0.844, 0.576, 0.933.

设这一工厂生产的矩形的宽度与长度的比值总体服从正态分布, 其均值为 μ, 方差为 σ^2, μ, σ^2 均未知. 试检验假设.(显著性水平 $\alpha = 0.05$)

11. 某厂生产的某种钢索的断裂强度 X 服从正态分布 $X \sim N(\mu_0, \sigma^2)$, 其中 $\sigma = 40$ kg/cm². 现从一批这种钢索抽的容量为 9 的一个样本, 测得断裂强度的平均值 $\bar{X}$, 与以往正常生产时的平均值相比, $\bar{X}$ 较 μ_0 大 18 kg/cm². 若设总体方差不变, 问在显著性水平 $\alpha = 0.01$ 下, 能否认为这批钢索质量有显著提高?

12. 用过去的铸造方法, 零件强度的标准差是 1.6 kg²/mm², 为了降低成本, 改变了铸造方法, 测得用新方法铸造出的零件强度如下:

51.9, 53.0, 52.7, 54.1, 53.2, 52.3, 52.5, 51.1, 54.7.

设零件强度服从正态分布,取显著性水平 $\alpha = 0.05$,问改变方法后,零件强度的方差是否发生了改变?

13. 某市质监局接到投诉后,对某金店进行调查。现从其出售的标志 18K 的项链中抽取 9 件进行检测,检测标准为:标准值 18K 且标准差不得超过 0.3K,检测结果如下:

$$17.3, 16.6, 17.9, 18.2, 17.4, 16.3, 18.5, 17.2, 18.1.$$

假设项链的含金量服从正态分布,在显著性水平 $\alpha = 0.01$ 下,试问检测结果能否认定金店出售的产品存在质量问题?

14. 为了检验 A,B 两种测定铁矿石含铁量的方法是否有明显差异,用这两种方法测定了取自 12 个不同铁矿的矿石标本的含铁量结果如下:

标本号	1	2	3	4	5	6	7	8	9	10	11	12
方法 A (x_i)	38.25%	31.68%	26.24%	41.29%	44.81%	46.37%	35.42%	38.41%	42.68%	46.71%	29.20%	30.76%
方法 B (y_i)	38.27%	31.71%	26.22%	41.33%	44.80%	46.39%	35.46%	38.39%	42.72%	46.76%	29.18%	30.79%

设各对数据的差 $Z_i = X_i - Y_i (i = 1, 2, \cdots, 12)$ 是来自正态总体 $N(\mu, \sigma^2)$ 的样本,μ, σ^2 均未知。在显著性水平 $\alpha = 0.05$ 下,问这两种测定方法是否有显著差异?

15. 假设考生的某考试成绩服从正态分布,在某地一次数学统考中,随机抽取 36 名考生的成绩,算得平均成绩为 66.5 分,标准差为 15 分,问在显著性水平为 0.05 下,是否可以认为这次考试全体考生的平均成绩为 70 分?

16. 在 2.1 节习题 11 中,在显著性水平为 0.05 时,检验学生的平均身高是否为 168 cm。

17. 已知维尼纶纤维在正常情况下服从正态分布,且标准差为 0.048。从某天产品中抽取 5 根纤维,测得其纤度分别为 1.32, 1.55, 1.36, 1.40, 1.44。在显著性水平 0.05 下,问这一批纤维的总体标准差是否正常?

3.3 两个正态总体均值与方差的检验

3.3.1 两个正态总体均值之差的检验

设 $X_1, X_2, \cdots, X_{n_1}$ 是来自正态总体 $N(\mu_1, \sigma^2)$ 的样本,$Y_1, Y_2, \cdots, Y_{n_2}$ 是来自正态总体 $N(\mu_2, \sigma^2)$ 的样本,且两个样本相互独立。设 $\overline{X} = \frac{1}{n_1}\sum_{i=1}^{n_1} X_i$ 和 $\overline{Y} = \frac{1}{n_2}\sum_{i=1}^{n_2} Y_i$ 分别是这两个样本均值,$S_1^2 = \frac{1}{n_1-1}\sum_{i=1}^{n_1}(X_i - \overline{X})^2$ 和 $S_2^2 = \frac{1}{n_2-1}\sum_{i=1}^{n_2}(Y_i - \overline{Y})^2$ 分别是这两个样本方差,设 μ_1, μ_2, σ^2 均为未知。现在来求检验问题 $H_0: \mu_1 - \mu_2 = \delta, H_1: \mu_1 - \mu_2 \neq \delta$ 的拒绝域(δ 为常数),取显著性水平为 α。

引用下述 t 统计量作为检验统计量

$$t = \frac{(\overline{X} - \overline{Y}) - \delta}{S_w \sqrt{\frac{1}{n_1} + \frac{1}{n_2}}},$$

其中 $S_w^2 = \dfrac{(n_1-1)S_1^2 + (n_2-1)S_2^2}{n_1+n_2-2}$.

当 H_0 为真时,根据定理 1.4.3 知 $t \sim t(n_1+n_2-2)$. 与单个总体的 t 检验法类似,其拒绝域的形式为

$$\left| \frac{(\bar{x}-\bar{y})-\delta}{S_w\sqrt{\dfrac{1}{n_1}+\dfrac{1}{n_2}}} \right| \geqslant k.$$

由 $P\{\text{当 } H_0 \text{ 为真时拒绝 } H_0\} = P_{\mu_1-\mu_2=\delta}\left\{\left|\dfrac{(\bar{X}-\bar{Y})-\delta}{S_w\sqrt{\dfrac{1}{n_1}+\dfrac{1}{n_2}}}\right| \geqslant k\right\} = \alpha$,可得(图 3-8) $k = t_{\frac{\alpha}{2}}(n_1+n_2-2)$. 于是得拒绝域为

$$t = \left| \frac{(\bar{x}-\bar{y})-\delta}{\{S_w\sqrt{\dfrac{1}{n_1}+\dfrac{1}{n_2}}} \right| \geqslant t_{\frac{\alpha}{2}}(n_1+n_2-2).$$

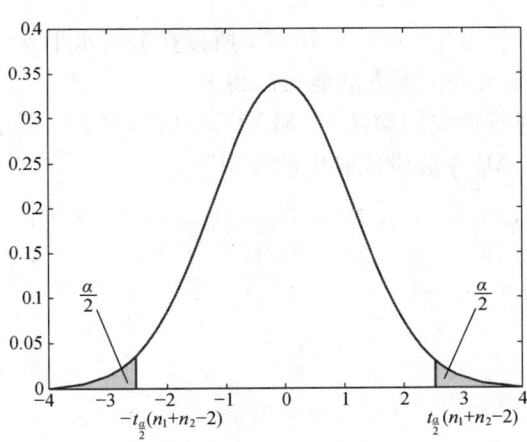

图 3-8 $k = t_{\frac{\alpha}{2}}(n_1+n_2-2)$

关于两个正态总体均值之差的检验拒绝域,见表 3-5(常用的是 $\delta=0$ 的情况).

表 3-5 两个正态总体均值之差的检验(显著性水平为 α)

	原假设 H_0	备择假设 H_1	检验统计量	拒绝域
σ_1^2, σ_2^2 已知	$\mu_1-\mu_2 \leqslant \delta$ $\mu_1-\mu_2 \geqslant \delta$ $\mu_1-\mu_2 = \delta$	$\mu_1-\mu_2 > \delta$ $\mu_1-\mu_2 < \delta$ $\mu_1-\mu_2 \neq \delta$	$Z = \dfrac{\bar{X}-\bar{Y}-\delta}{\sqrt{\dfrac{\sigma_1^2}{n_1}+\dfrac{\sigma_2^2}{n_2}}}$	$z \geqslant z_\alpha$ $z \leqslant -z_\alpha$ $\|z\| \geqslant z_{\frac{\alpha}{2}}$
$\sigma_1^2 = \sigma_2^2$ 未知	$\mu_1-\mu_2 \leqslant \delta$ $\mu_1-\mu_2 \geqslant \delta$ $\mu_1-\mu_2 = \delta$	$\mu_1-\mu_2 > \delta$ $\mu_1-\mu_2 < \delta$ $\mu_1-\mu_2 \neq \delta$	$t = \dfrac{\bar{X}-\bar{Y}-\delta}{S_w\sqrt{\dfrac{1}{n_1}+\dfrac{1}{n_2}}}$ $S_w^2 = \dfrac{(n_1-1)S_1^2+(n_2-1)S_2^2}{n_1+n_2-2}$	$t \geqslant t_\alpha(n)$ $t \leqslant -t_\alpha(n)$ $\|t\| \geqslant t_{\frac{\alpha}{2}}(n)$ $(n=n_1+n_2-2)$

例 3.3.1 在平炉上进行一项试验以确定改变操作方法的建议是否会增加钢的得率,试验是在同一个平炉上进行的.每炼一炉钢时除操作方法外,其他条件都尽可能做到相同.先用标准方法炼一炉,然后再用建议的新方法炼一炉,以后交替进行,各炼 10 炉,其得率分别为

(1) 标准方法:78.1,72.4,76.2,74.3,77.4,78.4,76.0,75.5,76.7,77.3.
(2) 新方法:79.1,81.0,77.3,79.1,80.0,79.1,79.1,77.3,80.2,82.1.

设这两个样本相互独立,且分别来自正态总体 $N(\mu_1,\sigma^2)$ 和 $N(\mu_2,\sigma^2)$,μ_1,μ_2 σ^2 均为未知.问建议的新操作方法能否提高得率?($\alpha=0.05$)

解法 1 需要检验假设 $H_0:\mu_1-\mu_2\geq 0$,$H_1:\mu_1-\mu_2<0$.

根据样本观察值,经计算得 $n_1=10$,$\bar{x}=76.23$,$s_1^2=3.325$,$n_2=10$,$\bar{y}=79.43$,$s_2^2=2.225$. $s_w^2=\dfrac{(n_1-1)S_1^2+(n_2-1)S_2^2}{n_1+n_2-2}=2.775$,$t_{0.05}(18)=1.7341$.

由表 3-4 知拒绝域为 $t=\dfrac{\bar{x}-\bar{y}}{s_w\sqrt{\dfrac{1}{10}+\dfrac{1}{10}}}\leq -t_{0.05}(18)=-1.7341$.

由于样本观察值 $t=-4.295<-1.7341$,所以在显著水平 $\alpha=0.05$ 时拒绝 H_0,即可以认为建议的新方法比原来的标准方法能提高得率.

解法 2 原假设和备择假设同解法 1,MATLAB 代码如下(关于 ttest2 函数的调用等,见本章最后一节"MATLAB 在假设检验中的应用"):

x=[78.1,72.4,76.2,74.3,77.4,78.4,76.0,75.5,76.7,77.3];
y=[79.1,81.0,77.3,79.1,80.0,79.1,79.1,77.3,80.2,82.1];
[h,sigt]=ttest2(x,y,0.05,−1)

运行结果为

h=1,sigt=2.1759e−04

结果表明:h=1,而且 sig=2.1759e−04<0.05,因此在显著水平 $\alpha=0.05$ 时拒绝 H_0,即可以认为建议的新方法比原来的标准方法能提高得率.

3.3.2 两个正态总体方差之比的检验

X_1,X_2,$\cdots$,X_{n_1} 是来自正态总体 $N(\mu_1,\sigma_1^2)$ 的样本,Y_1,Y_2,$\cdots$,Y_{n_2} 是来自正态总体 $N(\mu_2,\sigma_2^2)$ 的样本,且两个样本相互独立.S_1^2 和 S_2^2 分别是两个样本方差,设 μ_1,μ_2,σ_1^2,σ_2^2 均为未知.现在需要检验假设(取显著性水平为 α):

$$H_0:\sigma_1^2\leq\sigma_2^2,\quad H_1:\sigma_1^2>\sigma_2^2.$$

当 H_0 为真时,$E(S_1^2)=\sigma_1^2\leq\sigma_2^2=E(S_2^2)$;当 H_1 为真时,$E(S_1^2)=\sigma_1^2>\sigma_2^2=E(S_2^2)$.

当 H_1 为真时,观察值 $\dfrac{s_1^2}{s_2^2}$ 有偏大的趋势,因此拒绝域的形式为 $\dfrac{s_1^2}{s_2^2}\geq k$,常数 k 如下确定:

当 H_0 为真时,$\sigma_1^2/\sigma_2^2 \leqslant 1$,所以 $P\{$当 H_0 为真时拒绝 $H_0\} = P_{\sigma_1^2 \leqslant \sigma_2^2}\left\{\dfrac{S_1^2}{S_2^2} \geqslant k\right\} \leqslant P_{\sigma_1^2 \leqslant \sigma_2^2}\left\{\dfrac{S_1^2/S_2^2}{\sigma_1^2/\sigma_2^2} \geqslant k\right\}.$

要控制 $P\{$当 H_0 为真时拒绝 $H_0\} \leqslant \alpha$,只需令

$$P_{\sigma_1^2 \leqslant \sigma_2^2}\left\{\dfrac{S_1^2/S_2^2}{\sigma_1^2/\sigma_2^2} \geqslant k\right\} = \alpha.$$

根据定理 1.4.3,知

$$\dfrac{S_1^2/S_2^2}{\sigma_1^2/\sigma_2^2} \sim F(n_1-1, n_2-1),$$

得(图 3-9)$k = F_\alpha(n_1-1, n_2-1)$,于是此检验问题的拒绝域为

$$F = \dfrac{s_1^2}{s_2^2} \geqslant F_\alpha(n_1-1, n_2-1).$$

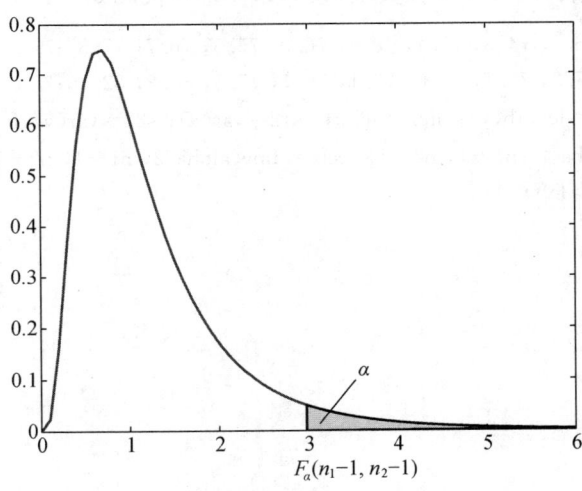

图 3-9 $k = F_\alpha(n_1-1, n_2-1)$

以上的检验法称为 **F 检验法**.

关于两个正态总体方差之比的检验拒绝域,见表 3-6.

表 3-6 两个正态总体方差之比的检验(显著性水平为 α)

原假设 H_0	备择假设 H_1	检验统计量	拒绝域
$\sigma_1^2 \leqslant \sigma_2^2$ $\sigma_1^2 \geqslant \sigma_2^2$ $\sigma_1^2 = \sigma_2^2$ (μ_1, μ_2 未知)	$\sigma_1^2 > \sigma_2^2$ $\sigma_1^2 < \sigma_2^2$ $\sigma_1^2 \neq \sigma_2^2$	$F = \dfrac{S_1^2}{S_2^2}$	$F \geqslant F_\alpha(n_1-1, n_2-1)$ $F \leqslant F_{1-\alpha}(n_1-1, n_2-1)$ $F \geqslant F_{\frac{\alpha}{2}}(n_1-1, n_2-1)$ 或 $F \leqslant F_{1-\frac{\alpha}{2}}(n_1-1, n_2-1)$

例 3.3.2(续例 3.3.1) 试对例 3.3.1 中的数据检验假设 ($\alpha = 0.01$)
$$H_0: \sigma_1^2 = \sigma_2^2, \quad H_1: \sigma_1^2 \neq \sigma_2^2.$$

解法 1 根据例 3.3.1，$n_1 = n_2 = 10$，$\alpha = 0.01$，根据表 3-5 知拒绝域为

$$\frac{s_1^2}{s_2^2} \geqslant F_{0.005}(10-1, 10-1) = 6.54$$

或

$$\frac{s_1^2}{s_2^2} \leqslant F_{1-0.005}(10-1, 10-1) = \frac{1}{F_{0.005}(10-1, 10-1)} = \frac{1}{6.54} = 0.153.$$

已知 $s_1^2 = 3.325$，$s_2^2 = 2.225$，$\frac{s_1^2}{s_2^2} = 1.49$，而 $0.153 < 1.49 < 6.54$，因此当显著水平 $\alpha = 0.01$ 时接受 H_0，即可以认为两个总体的方差相等(这也说明在例 3.3.1 中假设两个总体的方差相等是合理的).

解法 2 原假设和备择假设同解法 1. 由于 MATLAB 统计工具箱没有提供两个正态总体方差假设检验的函数，但可以编程实现，其 MATLAB 代码如下：

```
x=[78.1, 72.4, 76.2, 74.3, 77.4, 78.4, 76.0, 75.5, 76.7, 77.3];
y=[79.1, 81.0, 77.3, 79.1, 80.0, 79.1, 79.1, 77.3, 80.2, 82.1];
n1=length(x); n2=length(y); alpha=0.01; s12=var(x); s22=var(y);F=s12/s22;
right=finv(1- alpha/2, n1-1, n2-1); left= finv(alpha/2, n1-1, n2-1);
if (F< right)&(F>left)
        h=0
    else
        h=1
end
```

运行结果为

h=0

结果表明：h=0，不能拒绝原假设，因此在显著水平 $\alpha = 0.01$ 时接受 H_0，即可以认为两个总体的方差相等.

习题 3.3

1. 在两种工艺条件下各纺得细纱，其强力分别为 X，Y. 设 $X \sim N(\mu_1, 28^2)$，$Y \sim (\mu_2, 28.5^2)$，并且 X，Y 相互独立. 现各抽取容量为 100 的样本，得到样本均值 $\bar{x} = 280$，$\bar{y} = 286$，在显著性水平 $\alpha = 0.05$ 下，问这两种工艺条件下细纱的平均强力有无显著差异？

2. 在同一只平炉上进行一项试验以确定改变操作方法的建议是否会增加钢的得率. 每炼一炉钢时，除操作方法外，其他条件都尽可能做到相同，交替地用原方法和新方法各炼一炉钢，共炼 20 炉，记录各炉钢的得率分别为

原方法：78.1, 72.4, 76.2, 74.3, 77.4, 78.4, 76.0, 75.5, 76.7, 77.3；

新方法：79.1, 81.0, 77.3, 79.1, 80.0, 79.1, 79.1, 77.3, 80.2, 82.1.

设这两个样本分别来自总体 $X \sim N(\mu_1, 3.325)$，$Y \sim N(\mu_2, 2.225)$，并且 X, Y 相互独立. 在显著性水平 $\alpha = 0.05$ 下，问新方法是否提高了钢的得率？

3. 随机选取 8 人，分别测量他们在早晨起床时和晚上就寝时的身高（单位：cm），得到以下数据.

序号	1	2	3	4	5	6	7	8
早上 x_i	172	168	180	181	160	163	165	177
晚上 y_i	172	167	177	179	159	161	166	175

设各对数据的差 $D_i = X_i - Y_i (i = 1, 2, \cdots, 8)$ 是来自正态总体 $N(\mu_D, \sigma_D^2)$ 的样本，μ_D, σ_D^2 均未知. 在显著性水平 $\alpha = 0.05$ 下，问是否可以认为早晨的身高比晚上的身高要高？

4. 下表分别给出两个文学家马克·吐温(Mark Twain)的 8 篇小品文以及斯诺特格拉斯(Snodgrass)的 10 篇小品文中由 3 个字母组成的单字的比例.

马克·吐温	0.225	0.262	0.217	0.240	0.230	0.229	0.235	0.217		
斯诺特格拉斯	0.209	0.205	0.196	0.210	0.202	0.207	0.224	0.223	0.220	0.201

设两组数据分别来自正态总体，且两总体方差相等，但参数均未知. 两样本相互独立. 在显著性水平 $\alpha = 0.05$ 下，问两个作家所写的小品文中包含由 3 个字母组成的单字的比例是否有显著的差异？

5. 在第 4 题中分别记两个总体的方差为 σ_1^2 和 σ_2^2. 在显著性水平 $\alpha = 0.05$ 下，试检验假设

$$H_0: \sigma_1^2 = \sigma_2^2, \quad H_1: \sigma_1^2 \neq \sigma_2^2,$$

以说明在第 4 题中假设 $\sigma_1^2 = \sigma_2^2$ 是合理的.

6. 有两台机器生产金属部件. 分别在两台机器所生产的部件中各取一容量 $n_1 = 60, n_2 = 40$ 的样本，测得部件重量（以 kg 计）的样本方差分别为 $s_1^2 = 15.46, s_2^2 = 9.66$. 设两样本相互独立. 两总体分别服从 $N(\mu_1, \sigma_1^2), N(\mu_2, \sigma_2^2)$ 分布. $\mu_i, \sigma_i^2 (i = 1, 2)$ 均未知. 试在水平 $\alpha = 0.05$ 下检验假设

$$H_0: \sigma_1^2 \leqslant \sigma_2^2, \quad H_1: \sigma_1^2 > \sigma_2^2.$$

7. 为比较两种燃料 A 与 B 的辛烷值，各取 12 个样品进行测试，分别测得其辛烷值的样本均值和样本方差为

$$\bar{x}_A = 85.83, \quad s_A^2 = 5.61, \quad \bar{x}_B = 78.67, \quad s_B^2 = 6.06.$$

辛烷值越高，燃料质量越好. 设两种燃料的辛烷值分别服从正态分布 $N(\mu_A, \sigma_A^2), N(\mu_B, \sigma^2 B)$，且两个样本相互独立.

(1) 在显著性水平 $\alpha = 0.01$ 下，检验假设 $H_0: \sigma_A^2 = \sigma_B^2; H_1: \sigma_A^2 \neq \sigma_B^2$；

(2) 在显著性水平 $\alpha = 0.05$ 下，检验假设 $H_0': \mu_A - \mu_B = 5; H_1': \mu_A - \mu_B > 5$.

3.4 分布拟合检验

在前三节的讨论中，我们都是假设了总体服从正态分布，然后对其均值或方差提出假设，并进行检验，这些均属于参数假设检验问题. 在实际问题中，怎样才能知道一个总体是否服从正态分布呢？更一般地说，怎样才能知道一个随机变量 X 的分布函数是某个给定的

函数 $F(x)$ 呢?

本节将根据样本 $X_1,X_2,\cdots,X_n$(或其观察值 $x_1,x_2,\cdots,x_n$),考虑假设检验问题: H_0: X 的分布函数是 $F(x)$. 这里 $F(x)$ 是已知的分布函数.

通常要用样本观察值来估计(或代替) $F(x)$ 的未知参数,例如,对于正态总体 $N(\mu,\sigma^2)$,取 $\hat{\mu}=\bar{X}$,$\hat{\sigma}^2=S^2$ 等. 处理这类总体分布的假设检验问题的方法很多,这里我们只介绍最常用的一种方法——χ^2 检验法.

在实数轴上取 k 个分点 $t_1,t_2,\cdots,t_k$,这 k 个点将 $(-\infty,\infty)$ 分成 $k+1$ 个互不相交的区间 $(-\infty,t_1)$,$[t_1,t_2)$,$\cdots$,$[t_{i-1},t_i)$,$\cdots$,$[t_k,\infty)$.

设样本观察值 $x_1,x_2,\cdots,x_n$ 中落入第 i 个区间的个数为 $v_i(1\leqslant i\leqslant k+1)$,其频率为 v_i/n.

如果 H_0 成立,由给定的分布函数 $F(x)$,可以计算得到 X 落在每个区间的概率为
$$p_i=P\{t_{i-1}\leqslant X<t_i\}=F(t_i)-F(t_{i-1}),$$
其中 $1\leqslant i\leqslant k+1$,记 $t_0=-\infty$,$t_{k+1}=\infty$. 考虑统计量

$$\chi^2=\sum_{i=1}^{k+1}\left(\frac{v_i}{n}-p_i\right)^2\frac{n}{p_i}=\sum_{i=1}^{k+1}\frac{(v_i-np_i)^2}{np_i}=\sum_{i=1}^{k+1}\frac{v_i^2}{np_i}-n. \tag{3.4.1}$$

注 式(3.4.1)中给出了统计量 χ^2 的三种等价形式,在后面的应用中采用任何一种都可以.

式(3.4.1)中的 χ^2 依赖于 v_i 和 p_i,因此它与 $F(x)$ 建立了关系,可以作为检验 H_0 的检验统计量. 皮尔逊在1900年证明了如下定理.

定理3.4.1 设 $F(x)$ 是随机变量 X 的分布函数,当 H_0 成立时,由式(3.4.1)给出的统计量 χ^2 以 $\chi^2(k)$ 为极限分布(当 $n\to\infty$),其中 $F(x)$ 中不含有未知参数,v_i 称为实际频数,np_i 称为理论频数.

根据定理3.4.1,当 n 比较大时,检验统计量 χ^2 近似服从 $\chi^2(k)$. 这样,给定显著性水平 α 后,查 χ^2 分布表,得临界值 $\chi_\alpha^2(k)$,使 $P\{\chi^2>\chi_\alpha^2(k)\}=\alpha$.

由样本观察值 $x_1,x_2,\cdots,x_n$ 计算 $v_1,v_2,\cdots,v_{k+1}$,由给定的分布函数 $F(x)$ 计算 $p_1,p_2,\cdots,p_{k+1}$,从而计算出 χ^2 的值. 若 $\chi^2>\chi_\alpha^2(k)$,则拒绝 H_0,即认为总体 X 的分布函数与 $F(x)$ 有显著性差异;若 $\chi^2\leqslant\chi_\alpha^2(k)$,则不能拒绝 H_0,即不能认为总体 X 的分布函数与 $F(x)$ 有显著性差异.

需要指出的是,当 $F(x)$ 中含有 r 个未知参数 $\theta_1,\theta_2,\cdots,\theta_r$ 时($r<k$),则需要用估计值 $\hat{\theta}_1,\hat{\theta}_2,\cdots,\hat{\theta}_r$ 来分别代替 $\theta_1,\theta_2,\cdots,\theta_r$,此时 χ^2 以 $\chi^2(k-r)$ 为极限分布(当 $n\to\infty$). 费歇尔证明了如下定理.

定理3.4.2 设 $F(x)$ 是随机变量 X 的分布函数,且 $F(x)$ 中含有 r 个未知参数,当 H_0 成立时,由式(3.4.1)给出的统计量 χ^2 以 $\chi^2(k-r)$ 为极限分布(当 $n\to\infty$).

在定理3.4.2中,当 $r=0$(即 $F(x)$ 中不含有未知参数)时,其结果与定理3.4.1相同. 因此定理3.4.1可以看作是定理3.4.2的一种特殊情况.

以下给出 χ^2 检验法的一般步骤:

第1步，在假定 $H_0: F(x) = F(x; \theta_1, \cdots, \theta_r)$ 成立的前提下，求出参数 $\theta_1, \theta_2, \cdots, \theta_r$ 的极大似然估计值 $\hat{\theta}_1, \hat{\theta}_2, \cdots, \hat{\theta}_r$.

第2步，把实数轴划分成 $k+1$ 个互不相交的区间 $(-\infty, t_1), [t_1, t_2), \cdots, [t_{i-1}, t_i), \cdots, [t_k, \infty)$.

第3步，在 H_0 成立的前提下，计算 p_i 和 np_i，其中 p_i 为总体 X 的取值落入第 i 个区间的概率，即 $p_i = P\{t_{i-1} \leqslant X < t_i\} = F(t_i; \hat{\theta}_1, \hat{\theta}_2, \cdots, \hat{\theta}) - F(t_{i-1}; \hat{\theta}_1, \hat{\theta}_2, \cdots, \hat{\theta})$.

第4步，按照样本观察值 $x_1, x_2, \cdots, x_n$ 落入第 i 个区间内的个数（即频数）$v_i (i=1, 2, \cdots, k+1)$ 和第3步中计算得到的 np_i，计算由式（8.4.1）给出的统计量 χ^2 的值（第3步，第4步中的计算可列表进行）.

第5步，按照所给定的显著性水平 α，查自由度为 $k-r$ 的 χ^2 分布表，得临界值 $\chi_\alpha^2(k-r)$，使 $P\{\chi^2 > \chi_\alpha^2(k-r)\} = \alpha$，这里 r 为 $F(x) = F(x; \theta_1, \cdots, \theta_r)$ 中未知参数的个数.

第6步，若 $\chi^2 > \chi_\alpha^2(k-r)$，则否定 H_0，即认为总体 X 的分布函数与 $F(x)$ 有显著性差异；若 $\chi^2 \leqslant \chi_\alpha^2(k-r)$，则不能否定 H_0，即不能认为总体 X 的分布函数与 $F(x)$ 有显著性差异.

由于 χ^2 检验法是在 $n \to \infty$ 时推导出来的，所以在应用时必须注意，当 n 比较大时，np_i 不能太小. 在实际应用中，一般要求 n 不能小于50且 np_i 不小于5.

χ^2 检验法对总体 X 是离散型和连续型分布均适用，下面举例说明.

例3.4.1 在一批灯泡中抽取300只做寿命试验，获得的数据见表3-7.

表3-7 灯泡寿命试验数据

寿命 t /h	[0, 100]	(100, 200]	(200, 300]	(300, $+\infty$)
灯泡数	121	78	43	58

对于给定的显著性水平 $\alpha = 0.05$，问这批灯泡的寿命是否服从指数分布

$$f(t) = \begin{cases} 0.005 e^{-0.005t}, & t \geqslant 0, \\ 0, & t < 0. \end{cases}$$

解 本题是在显著性水平 $\alpha = 0.05$ 时检验 H_0，这批灯泡的寿命服从指数分布

$$f(t) = \begin{cases} 0.005 e^{-0.005t}, & t \geqslant 0, \\ 0, & t < 0. \end{cases}$$

总体 X 的可能取值范围是 $[0, \infty)$，把该范围分成4个互不相交的区间，见表3-7的第1行（或表3-8的第2列）.

在 H_0 成立时，总体 X 的分布函数为

$$F(t) = \begin{cases} 1 - e^{-0.005t}, & t \geqslant 0, \\ 0, & t < 0, \end{cases}$$

可以计算得到 X 落在每个区间的概率为 $p_i = P\{t_{i-1} \leqslant X < t_i\} = F(t_i) - F(t_{i-1})$（其中 $i = 1, 2, 3, 4$），np_i 和 $\dfrac{v_i^2}{np_i}$ 的计算结果见表3-8.

表 3-8 有关计算

i	第 i 个区间	v_i	p_i	np_i	$\dfrac{v_i^2}{np_i}$
1	[0, 100]	121	0.393 5	118.05	124.023 7
2	(100, 200]	78	0.238 7	71.61	84.960 2
3	(200, 300]	43	0.144 7	43.41	42.593 9
4	(300, +∞)	58	0.223 1	66.93	50.261 5
—					$\sum_{i=1}^{4} \dfrac{v_i^2}{np_i} = 301.839\ 3$

根据表 3-7,得 $\chi^2 = 301.839\ 3 - 300 = 1.839\ 3 < 7.815 = \chi^2_{0.05}(3)$,根据定理 3.4.1,在给定的显著性水平 $\alpha = 0.05$ 时不能否定 H_0,即可以认为这批灯泡的寿命服从指数分布

$$f(t) = \begin{cases} 0.005 e^{-0.005t}, & t \geq 0, \\ 0, & t < 0. \end{cases}$$

例 3.4.2 某电话站在一个小时内接到电话用户的呼叫次数按每分钟记录见表 3-9.

表 3-9 某电话站接到呼叫次数按每分钟记录表

呼叫次数	0	1	2	3	4	5	6	≥7
频数	8	16	17	10	6	2	1	0

问在显著性水平 $\alpha = 0.05$ 时,这个分布能否看作为泊松分布?

解 H_0:总体 X 是参数为 λ 的泊松分布. 由于 λ 的极大似然估计值为 $\hat{\lambda} = \bar{x}$,利用表 3-8 中的数据,经计算得 $\bar{x} = 2$.

对于给定的显著性水平 $\alpha = 0.05$,根据表 3-8 知 $n = 60, k = 7$,查表得临界值为 $\chi^2_6(0.05) = 12.592$. 有关计算见表 3-10.

表 3-10 有关计算

i	1	2	3	4	5	6	7	8
x_i	0	1	2	3	4	5	6	≥7
v_i	8	16	17	10	6	2	1	0
p_i	0.135	0.271	0.271	0.180	0.090	0.036	0.012	0.005
np_i	8.118	16.236	16.236	10.824	5.412	2.166	0.720	0.270

利用表 3-10 中的数据,得 $\sum_{i=1}^{8} \dfrac{v_i^2}{np_i} = 60.577\ 3$,于是 $\chi^2 = \sum_{i=1}^{8} \dfrac{v_i^2}{np_i} - 60 = 0.577\ 3 < 12.592 = \chi^2_6(0.05)$.

根据定理 3.4.2,对于给定的显著性水平 $\alpha=0.05$,不能否定 H_0,即可认为总体 X 服从参数 $\lambda=2$ 的泊松分布.

习题 3.4

1. 抛掷一颗骰子 60 次,其结果见下表:

点数	1	2	3	4	5	6
次数	7	8	12	11	9	13

在显著性水平 $\alpha=0.05$ 下检验这颗骰子是否均匀.

2. 为检验一颗骰子是否均匀,将它投掷 60 次,观察到出现点数 1,2,3,4,5,6 的次数分别为 7,6,12,14,5,16. 在显著性水平 $\alpha=0.05$ 下,问这颗骰子是否均匀?

3. 检查了一本书的 100 页,记录各页中印刷错误的个数,结果见下表:

错误个数 f_i	0	1	2	3	4	5	6
含 f_i 个错误的页数	14	27	26	20	7	3	3

在显著性水平 $\alpha=0.05$ 下,问能否认为一页的印刷错误个数服从泊松分布?

4. 随机抽取 200 只某种电子元件进行寿命试验,测得元件的寿命(单位:h)的频数分布为

元件寿命	≤ 200	$(200, 300]$	$(300, 400]$	$(400, 500]$	$(500, +\infty)$
频数	94	25	22	17	42

根据计算,平均寿命为 325 h,在显著性水平 $\alpha=0.05$ 下,试检验元件的寿命是否服从指数分布.

5. 下面给出了随机选取的某大学一年级学生(200 个)一次数学考试的成绩,分组列表如下:

分数	$20\leq x\leq 30$	$30<x\leq 40$	$40<x\leq 50$	$50<x\leq 60$
学生数	5	15	30	51
组限	$60<x\leq 70$	$70<x\leq 80$	$80<x\leq 90$	$90<x\leq 100$
频数	60	23	10	6

在显著性水平 $\alpha=0.01$ 下,检验数据来自正态总体 $N(60, 15^2)$.

6. 将一正四面体的四面分别涂为红、绿、蓝、白四种不同的颜色,任意抛掷该四面体,直至白色的一面朝下为止,记录抛掷的次数,重复做如此试验 200 次,其结果见下表:

抛掷次数	1	2	3	4	≥ 5
频数	56	48	32	28	36

在显著性水平 $\alpha=0.02$ 下,问该四面体是否均匀?

7. 对某汽车零件制造厂所生产的汽缸螺栓口径(单位:mm)进行抽样检验,测得 100 个数据,分组列表如下:

组限	10.93~10.95	10.95~10.97	10.97~10.99	10.99~11.01
频数	5	8	20	34
组限	11.01~11.03	11.03~11.05	11.05~11.07	11.07~11.09
频数	17	6	6	4

在显著性水平 $\alpha = 0.05$ 下,问螺栓口径是否服从正态分布?

8. 某调查机构连续三年对某城市的居民进行社会热点问题调查,对下列四个问题:①收入;②物价;③住房;④交通,要求被调查者选择其中一个作为最关心的问题. 调查结果见下表:

问题	收入	物价	住房	交通	合计
2007年	155	232	87	50	524
2008年	134	201	100	75	510
2009年	176	114	165	61	516
合计	465	547	352	186	1 550

在显著性水平 $\alpha = 0.05$ 下,是否可以认为该城市居民对社会热点问题的看法保持不变?

3.5 MATLAB 在假设检验中的应用

在 3.2 节例 3.2.1(单个正态总体均值的检验)中,用 MATLAB 给出了另一种解法;在例 3.2.5(单个正态总体方差的检验)中,用 MATLAB 给出了另一种解法.

在 3.3 节例 3.3.1(两个正态总体均值之差的检验)中,用 MATLAB 给出了另一种解法;在例 3.3.2(两个正态总体方差之比的检验)中,用 MATLAB 给出了另一种解法.

3.5.1 单个正态总体的检验

对正态总体 $N(\mu, \sigma^2)$,以下分 σ^2 已知和 σ^2 未知两种情况,分别介绍均值 μ 的假设检验问题.

3.5.1.1 σ^2 已知

用 Z 检验法,其命令格式为

[h, sig, ci, z]=ztest(x, mu, sigma, alpha, tiil)

检验数据 x 的关于均值的某一个假设是否成立,其中 mu 为均值 μ,sigma 为已知标准差 σ,alpha 为显著性水平 α,究竟检验什么备择 H_1 取决于 tiil 的取值:

当 $H_1: \mu \neq \mu_0$ 时,用 tiil=0;

当 $H_1: \mu > \mu_0$ 时,用 tiil=1;

当 $H_1: \mu < \mu_0$ 时,用 tiil=-1.

tiil 的默认值为 0,alpha 的默认值为 0.05.

h 为一个布尔值，h＝0 表示在显著性水平为 α 下不能拒绝（可以接受）原假设，h＝1 表示在显著性水平为 α 下可以拒绝原假设；z 为根据统计量 Z 计算的，$z=\dfrac{\bar{x}-\mu}{\sigma/\sqrt{n}}$（$n$ 为样本数据的个数），sig 是 Z 统计量在原假设成立时的概率，ci 是均值的置信水平为 $1-\alpha$ 的置信区间.

3.5.1.2 σ^2 未知

用 t 检验法，其命令格式为

[h,sig,ci]＝ttest(x,mu,alpha,tiil)

检验数据 x 的关于均值的某一个假设是否成立，其中 ttest 函数中参数的取值和意义等同 ztest 函数，只是函数的统计量为 t 统计量，t 为根据统计量 t 计算的，$t=\dfrac{\bar{x}-\mu}{s/\sqrt{n}}$.

例 3.5.1(续例 3.1.3) 在例 3.1.3 中，需要检验假设：$H_0:\mu=0.5$，$H_1:\mu\neq 0.5$，给出了解决该问题的传统解法. 以下用 MATLAB 给出另一种解法，原假设和备择假设同上，其代码如下：

x＝[0.497, 0.506, 0.518, 0.524, 0.498, 0.511, 0.52, 0.515, 0.512];
[h,sig,ci]＝ztest(x, 0.5, 0.015, 0.05, 0)

运行结果为

h＝1, sig＝0.0248, ci＝0.5014 0.5210

以上结果表明：h＝1，sig＝ 0.024 8＜0.05，均值的置信水平为 0.95 的置信区间为 (0.501 4, 0.521 0)，即均值 0.5 在此置信区间之外.

所以在显著性水平 $\alpha=0.05$ 下拒绝 H_0，即可以认为包装机工作不正常.

例 3.5.2 某种元件的寿命（单位：h）服从正态分布，现在随机抽取 16 只元件，测得其寿命如下：

159, 280, 101, 212, 224, 379, 179, 264, 222, 362, 168, 250, 149, 260, 485, 170.

问是否有理由认为元件的平均寿命大于 225 h？（$\alpha=0.05$）

解法 1 按题意需检验假设

$$H_0:\mu\leqslant 225, H_1:\mu>225.$$

根据表 3-2 知，此检验问题的拒绝域为

$$t=\frac{\bar{x}-225}{s/\sqrt{n}}\geqslant t_\alpha(n-1).$$

已知 $n=16$，$t_{0.05}(15)=1.753\,1$. 又根据样本观察值，得（代码附后，见说明 1）$\bar{x}=241.5$，$s=98.725\,9$，则有（代码附后，见说明 2）：

$$t=\frac{241.5-225}{98.725\,9/\sqrt{16}}=0.668\,5<1.753\,1.$$

因此 t 没有落在拒绝域内,即在显著性水平 $\alpha=0.05$ 下不能拒绝 H_0,所以可以认为元件的平均寿命不大于 225 h。

说明1：分别调用函数 mean( ),std( )计算 $\bar{x}$,s,其代码如下：

x=[0.497, 0.506, 0.518, 0.524, 0.498, 0.511, 0.52, 0.515, 0.512];
mean(x)
std(x)

运行结果为

241.5000,98.7259.

说明2：计算解法1中 t 的值,其代码如下：

(241.5000−225)/(98.725 9/sqrt(16))

运行结果为

0.6685

解法2 以下用 MATLAB 给出另一种解法,原假设和备择假设同上,其代码如下：

x=[159, 280, 101, 212, 224, 379, 179, 264, 222, 362, 168, 250, 149, 260, 485, 170];
[h, sig]=ttest(x, 225, 0.05, 1)

运行结果为

h=0,sig=0.2570

结果表明：h=0,sig=0.257 0＞0.05,所以在显著性水平 $\alpha=0.05$ 下不能拒绝 H_0,所以可以认为元件的平均寿命不大于 225 h。

需要说明的是,解法1是传统方法,但借助 MATLAB 进行了一些计算;解法2与解法1是不同的。

3.5.2 两个正态总体的检验

两个正态总体 $N(\mu_1,\sigma^2)$ 和 $N(\mu_2,\sigma^2)$ 的均值 μ_1 和 μ_2 比较时的 t 检验,其命令格式如下：

[h, sig, ci]=ttest2(x, y, alpha, tiil)

检验数据 x 和 y 的关于均值的某一个假设是否成立,其中参数的取值和意义等同 ztest 函数,只是函数的统计量为 t 统计量,$t=\dfrac{\bar{x}-\bar{y}}{s\sqrt{\dfrac{1}{n}+\dfrac{1}{m}}}$,其中 n 和 m 分别为 x 和 y 中数据的个数,$s^2=\dfrac{(n-1)s_1^2+(m-1)s_2^2}{n+m-2}$。

例 3.5.3 分别用 $N(5,1)$ 和 $N(5.15,0.8^2)$ 两个分布生成 100 个随机数样本,检验两个总体均值 $\mu_1=\mu_2(\alpha=0.05)$。

解 检验假设 $H_0:\mu_1=\mu_2$。

MATLAB 代码如下：

x=normrnd(5,1,100,1);
y=normrnd(5.15,0.8,100,1);
[h,sigt]=ttest2(x,y,0.05,0)

运行结果为

h=0，sigt=0.7646

结果说明：h=0，sigt=0.7646＞0.05，可见，虽然产生的两个总体的均值不同（$\mu_1=5$，$\mu_2=5.15$），但在 $\alpha=0.05$ 时仍然接受了 $\mu_1=\mu_2$ 假设.

3.5.3 分布拟合检验

以下首先介绍总体分布的正态性检验，然后介绍总体分布的 χ^2 检验法.

MATLAB 统计工具箱提供了对总体分布的正态性检验的命令：normplot(x).

此命令显示数据矩阵 x 的正态概率图. 若数据来自正态分布，则图形显示出直线形态，否则图形显示出曲线形态.

例 3.5.4（续例 1.5.1） 在例 1.5.1 中给出了学生的身高和体重的数据. 现在用 MATLAB 检验学生"体重"数据是否来自正态分布.

解 如果在例 1.5.1 中已经输入了学生体重的数据 y，MATLAB 代码如下：

normplot(y)

运行结果如图 3-10 所示.

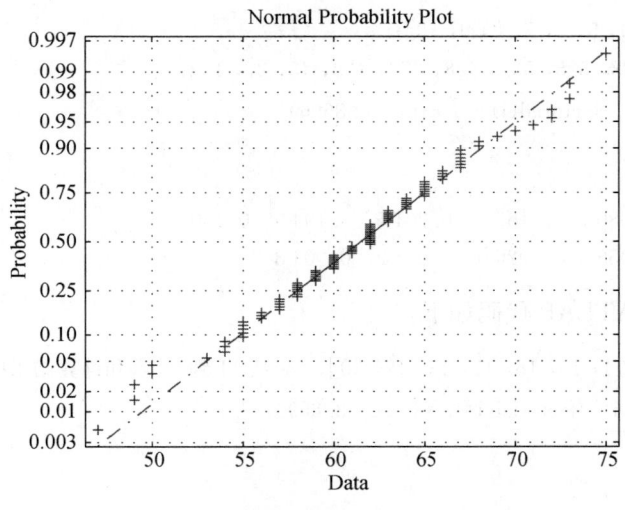

图 3-10 学生体重正态概率图

由于正态概率图都显示出直线形态，因此数据 y 都可以认为服从正态分布.

例 3.5.5 卢瑟福在 2 608 个等时间间隔内观测一枚放射性物质放射出的粒子数 X，下表是观测结果的汇总，其中 n_i 表示 2 608 次观测中放射粒子数为 i 的次数.

i	0	1	2	3	4	5	6	7	8	9	10	11
n_i	57	203	383	525	532	408	273	139	45	27	10	6

请用该组数据检验该放射性物质在单位时间内放射出的粒子数是否服从泊松分布？（取显著性水平 $\alpha = 0.05$）

解 大家知道，服从泊松分布的随机变量的可能取值是非负整数，虽然如此，它取大数值的概率非常小，可以忽略不计. 以下计算中只考虑观测到 $0, 1, 2, \cdots, 11$ 共 12 个不同取值，这相当于把总体分成 12 类，每类出现的概率为

$$p_i = \frac{\lambda^i}{i!} e^{-\lambda}, \quad i = 0, 1, \cdots, 10; \quad p_{11} = \sum_{i=11}^{+\infty} \frac{\lambda^i}{i!} e^{-\lambda}.$$

（1）以下采用极大似然估计法，求未知参数 λ 的估计值，其 MATLAB 代码如下：

```
i=[0, 1, 2, 3, 4, 5, 6, 7, 8, 9, 10, 11];
ni=[57, 203, 383, 525, 532, 408, 273, 139, 45, 27, 10, 6];
sum(i.*ni)./2608
```

运行结果为

3.8696

所以 λ 的极大似然估计值 $\hat{\lambda} = 3.8696$.

（2）现在先求 $\hat{p}_i (i=0, 1, \cdots, 10)$，然后再求 $\hat{p}_{11}$.

求 $\hat{p}_i (i=0, 1, \cdots, 10)$，其 MATLAB 代码如下：

```
i=[0, 1, 2, 3, 4, 5, 6, 7, 8, 9, 10];
ni=[57, 203, 383, 525, 532, 408, 273, 139, 45, 27, 10];
pi=((3.8696.^i)./factorial(i)).*exp(-3.8696)
```

运行结果为

pi= 0.0209　0.0807　0.1562　0.2015　0.1949　0.1509
　　0.0973　0.0538　0.0260　0.0112　0.0043

求 $\hat{p}_{11}$，其 MATLAB 代码如下：

```
i=[11, 12, 13, 14, 15, 16, 17, 18, 19, 20]; % 从 11 到 20 求和计算结果的精确程度已经很好了
sum(((3.8696.^i)./factorial(i)).*exp(-3.8696))
```

运行结果为

0.0022

（3）计算 $\sum_{i=0}^{11} \frac{(v_i - np_i)^2}{np_i}$ 的值，其 MATLAB 代码如下：

```
ni=[57, 203, 383, 525, 532, 408, 273, 139, 45, 27, 10, 6];
pi=[0.0209, 0.0807, 0.1562, 0.2015, 0.1949, 0.1509, 0.0973, 0.0538, 0.0260, 0.0112,
```

0.0043, 0.0022];
n=2608;
sum(((ni-n*pi).^,2)./(n*pi))

运行结果为

12.9267

(4) 当 $k=11$，$r=1$ 时，计算概率 $p=P\{\chi^2(k-r)=\chi^2(10)>12.9267\}$，其 MATLAB 代码如下：

syms x;
ff=@(x)(chi2pdf(x,10));
p=quadl(ff,12.9267,100)   % 积分上限取 100 时的计算结果的精确程度已经很好了

运行结果为

p=0.2278

由于 $p=0.2278>0.05=\alpha$，所以当显著性水平 $\alpha=0.05$ 时，可以认为"放射性物质在单位时间内放射出的粒子数服从泊松分布".

第 4 章

方差分析

在实际问题中,影响一个事物的因素有很多,人们总是希望通过各种试验来观察各种因素对试验结果的影响.例如,不同的生产厂家、不同的原材料、不同的操作规程以及不同的技术指标对产品的质量、性能都会有影响.然而,不同因素的影响大小不等.

方差分析(analysis of variance,ANOVA)是研究一种或多种因素的变化对试验结果的观测值是否有影响,从而找出较优的试验条件或生产条件的一种常用的统计方法.

人们在试验中所考察到的数量指标,如产量、性能等,称为观测值.影响观测值的条件称为因素.因素的不同状态称为水平.在一个试验中,可以得出一系列不同的观测值.引起观测值不同的原因是多方面的,有的是处理方式或条件不同引起的,称为因素效应(或处理效应、条件变异);有的是试验过程中偶然性因素的干扰或观测误差所导致的,称为试验误差.

方差分析的主要工作是将测量数据的总变异按照变异原因的不同分解为因素效应和试验误差,并对其作出数量分析,比较各种原因在总变异中所占的重要程度,作为统计推断的依据,由此确定进一步的工作方向.

一般,在实际应用问题中,方差分析的计算量会比较大,本章将应用有关软件(MATLAB)进行有关计算、绘图等.

本章主要讨论:单因素方差分析,双因素方差分析,MATLAB 在方差分析中的应用.

4.1 单因素方差分析

以下将通过一个例子说明单因素方差分析的基本思想.

例 4.1.1 用 4 种不同的材料 A_1,A_2,A_3,A_4 生产出来的元件,测得其使用寿命(以 h 计)见表 4-1,那么 4 种不同材料元件的使用寿命是否有显著差异呢?

表 4-1 元件寿命

A_1	1 600	1 610	1 650	1 680	1 700	1 700	1 780	—
A_2	1 500	1 640	1 400	1 700	1 750	—	—	—
A_3	1 640	1 550	1 600	1 620	1 640	1 600	1 740	1 800
A_4	1 510	1 520	1 530	1 570	1 640	1 600	—	—

在表 4-1 中,材料的配方是影响元件使用寿命的因素,4 种不同材料表明因素处于 4 种状态,为 4 种水平,这样的试验称为单因素 4 水平试验. 根据表 4-1 中的数据可知,不仅不同材料生产出来的元件使用寿命不同,而且同一材料元件的使用寿命也不一样. 分析数据波动的原因主要来自以下两个方面:

(1) 在同样的材料下做若干次寿命试验,试验条件大体相同,因此数据的波动是由于其他随机因素的干扰所引起的. 设想在同一材料下的元件的使用寿命应该有一个理论上的均值,而实测寿命数据与均值的偏离即为随机误差,此误差服从正态分布.

(2) 在不同材料,使用寿命有不同的均值,它导致不同组的元件间寿命数据的不同.

对于一般情况,设试验只有一个因素 A 在变化,其他因素都不变. A 有 r 个水平 A_1, A_2, $\cdots$, A_r, 在水平 A_i 下进行 n_i 次独立观测,设 x_{ij} 表示在因素 A 的第 i 个水平下的第 j 次试验的结果,得到试验指标列在表 4-2 中.

表 4-2 单因素方差分析数据

A_1	x_{11}	x_{12}	$\cdots$	x_{1n_1}	总体 $N(\mu_1, \sigma^2)$
A_2	x_{21}	x_{22}	$\cdots$	x_{2n_2}	总体 $N(\mu_2, \sigma^2)$
$\vdots$	$\vdots$	$\vdots$	$\cdots$	$\vdots$	$\vdots$
A_r	x_{r1}	x_{r2}	$\cdots$	x_{rn_r}	总体 $N(\mu_r, \sigma^2)$

4.1.1 数学模型

把水平 A_i 下的试验结果 x_{i1}, x_{i2}, $\cdots$, x_{in_i} 看成来自第 i 个正态总体 $X_i \sim N(\mu_i, \sigma^2)$ 的样本的观察值,其中 μ_i, σ^2 均未知,并且每个总体 X_i 都相互独立. 考虑线性模型

$$x_{ij} = \mu_i + \varepsilon_{ij}, \quad i = 1, 2, \cdots, r; j = 1, 2, \cdots, n_i, \tag{4.1.1}$$

其中, $\varepsilon_{ij} \sim N(0, \sigma^2)$ 相互独立, μ_i 为第 i 个总体的均值, ε_{ij} 为相应的试验误差.

比较因素 A 的 r 个水平的差异归结为比较这 r 个总体均值,即检验假设

$$H_0: \mu_1 = \mu_2 = \cdots = \mu_r, \quad H_1: \mu_1, \mu_2, \cdots, \mu_r \text{ 不全相等}. \tag{4.1.2}$$

记 $\mu = \frac{1}{n} \sum_{i=1}^{r} n_i \mu_i$, $n = \sum_{i=1}^{r} n_i$, $\alpha_i = \mu_i - \mu$, 其中 μ 表示总和的均值, α_i 为水平 A_i 对指标的效应,不难验证 $\sum_{i=1}^{r} n_i \alpha_i = 0$.

模型 (4.1.1) 可以等价地写成

$$\begin{cases} x_{ij} = \mu_i + \varepsilon_{ij}, \quad i = 1, 2, \cdots, r; j = 1, 2, \cdots, n_i, \\ \varepsilon_{ij} \sim N(0, \sigma^2) \text{ 且相互独立}, \\ \sum_{i=1}^{r} n_i \alpha_i = 0. \end{cases} \tag{4.1.3}$$

称模型(4.1.3)为单因素方差分析数学模型,它是一个线性模型.

4.1.2 方差分析

式(4.1.2)等价于

$$H_0: \alpha_1 = \alpha_2 = \cdots = \alpha_r = 0, \quad H_1: \alpha_1, \alpha_2, \cdots, \alpha_r \text{ 不全为零}. \tag{4.1.4}$$

如果 H_0 被拒绝,则说明因素 A 各水平的效应之间有显著的差异;否则,差异不明显.

以下导出 H_0 的检验统计量. 方差分析法是建立在平方和分解和自由度分解的基础上的,考虑统计量

$$S_T = \sum_{i=1}^{r} \sum_{j=1}^{n_i} (x_{ij} - \bar{x})^2, \quad \bar{x} = \frac{1}{n} \sum_{i=1}^{r} \sum_{j=1}^{n_i} x_{ij}.$$

称 S_T 为总离差平方和(或称总变差),它是所有数据 x_{ij} 与总平均值 $\bar{x}$ 的差的平方和,它描绘了所有数据的离散程度. 可以证明如下平方和分解公式:

$$S_T = S_E + S_A, \tag{4.1.5}$$

其中

$$S_E = \sum_{i=1}^{r} \sum_{j=1}^{n_i} (x_{ij} - \bar{x}_{i\cdot})^2, \quad \bar{x}_{i\cdot} = \frac{1}{n_i} \sum_{j=1}^{n_i} x_{ij},$$

$$S_A = \sum_{i=1}^{r} \sum_{j=1}^{n_i} (\bar{x}_{i\cdot} - \bar{x})^2 = \sum_{i=1}^{r} n_i (\bar{x}_{i\cdot} - \bar{x})^2.$$

S_E 表示随机误差的影响. 这是因为对于固定的 i 来讲,观测值 $x_{i1}, x_{i2}, \cdots, x_{in_i}$ 是来自同一个正态总体 $N(\mu_i, \sigma^2)$ 的样本. 因此,它们之间的差异是由随机误差所导致的. 而 $\sum_{j=1}^{n_i} (x_{ij} - \bar{x}_{i\cdot})^2$ 是这 n_i 个数据的变动平方和,正是它们的差异大小的度量. 将 r 组这样的变动平方和相加,就得到了 S_E,通常称 S_E 为误差平方和或组内平方和.

S_A 表示在水平 A_i 下样本均值与总均值之间的差异之和,它反映了 r 个总体均值之间的差异. 因为 $\bar{x}_{i\cdot}$ 是第 i 个总体的样本均值,它是 μ_i 的估计,因此 r 个总体均值 $\mu_1, \mu_2, \cdots, \mu_r$ 之间的差异越大,这些样本均值 $\bar{x}_1, \bar{x}_2, \cdots, \bar{x}_r$ 之间的差异越大. 平方和 $\sum_{i=1}^{r} \sum_{j=1}^{n_i} (\bar{x}_{i\cdot} - \bar{x})^2$ 正是这种差异大小的度量,这里 n_i 反映了第 i 个总体的样本大小在平方和 S_A 中的作用. 称 S_A 为因素 A 的效应平方和或组间平方和.

式(4.1.5)表明,总平方和 S_T 可按其来源分解成两个部分,一部分是误差平方和 S_E,它是由随机误差引起的;另一部分是因素 A 的效应平方和 S_A,它是由因素 A 各水平的差异引起的.

由模型假设(4.1.1),经过统计分析得到 $E(S_E) = (n-r)\sigma^2$,即 $\dfrac{S_E}{n-r}$ 是 σ^2 的一个无偏

估计,且 $\frac{S_E}{\sigma^2} \sim \chi^2(n-r)$.

如果假设 H_0 成立,则有 $E(S_A) = (r-1)\sigma^2$,即 $\frac{S_A}{r-1}$ 也是 σ^2 的一个无偏估计,且 $\frac{S_A}{\sigma^2} \sim \chi^2(r-1)$,并且 S_E 和 S_A 独立. 因此,当假设 H_0 成立时,有

$$F = \frac{\frac{S_A}{(r-1)}}{\frac{S_E}{(n-r)}} \sim F(r-1, n-r). \tag{4.1.6}$$

于是 F 可以作为 H_0 的检验统计量. 对于给定的显著性水平 α,用 $F_\alpha(r-1, n-r)$ 表示 F 分布的上侧 α 分位数. 若 $F > F_\alpha(r-1, n-r)$,则拒绝原假设,认为因素 A 的 r 个水平有显著差异. 可以通过计算 p 值的方法来决定是接受还是拒绝 H_0. 其中 p 值为 $P\{F(r-1, n-r) > F\}$,它表示的是服从自由度为 $(r-1, n-r)$ 的 F 分布的随机变量取值大于 F 的概率. 显然,p 值小于 α 等价于 $F > F_\alpha(r-1, n-r)$,表示在显著性水平 α 下的小概率事件发生了,这意味着应该拒绝原假设 H_0. 当 p 值大于 α,则不能拒绝原假设,所以应接受原假设 H_0.

通常将计算结果列成表 4-3 的形式,称为方差分析表.

表 4-3　单因素方差分析表

方差来源	自由度	平方和	均值	F 比	p 值
因素 A	$r-1$	S_A	$MS_A = \frac{S_A}{r-1}$	$F = \frac{MS_A}{MS_E}$	p
误差	$n-r$	S_E	$MS_E = \frac{S_E}{n-r}$	—	—
总和	$n-1$	S_T	—	—	—

例 4.1.2(续例 4.1.1)　对例 4.1.1 进行方差分析.

解　设用 4 种不同的材料生产出来的元件,测得其使用寿命看作来自四个正态总体 $N(\mu_i, \sigma^2)(i=1, 2, 3, 4)$ 的样本观测值. 问题归结为检验:$H_0: \mu_1 = \mu_2 = \mu_3 = \mu_4$,$H_1$:$\mu_1, \mu_2, \mu_3, \mu_4$ 不全相等.

调用 anova1 函数进行单因素方差分(anova1 函数的调用等,见本章最后一节"MATLAB 在方差分析中的应用"),其 MATLAB 代码如下:

```
x=[1600 1610 1650 1680 1700 1700 1780 ...
   1500 1640 1400 1700 1750 ...
   1640 1550 1600 1620 1640 1600 1740 1800 ...
   1510 1520 1530 1570 1640 1600];
g=[1 1 1 1 1 1 1 2 2 2 2 2 3 3 3 3 3 3 3 4 4 4 4 4 4];
p=anova1(x,g)
```

说明：以上代码中，x是样本数据，g是索引向量（1，2，3，4分别为表4-1中的A_1，A_2，A_3，A_4，即1，2，3，4的数量分别是表4-1中A_1，A_2，A_3，A_4的数据量．如果每个水平下的试验数据量相同，则省略g）；anova1是单因素方差分析函数，其调用等见本章最后一节"MATLAB在方差分析中的应用"．

运行结果如图4-1和图4-2所示．

```
                              ANOVA Table
Source      SS         df     MS         F       Prob>F
---------------------------------------------------------
Groups      49212.4     3     16404.1    2.17    0.1208
Error      166622.3    22      7573.7
Total      215834.6    25
```

图 4-1　方差分析表

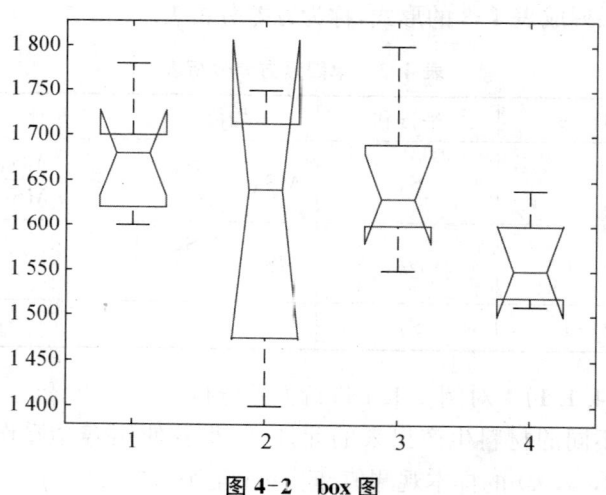

图 4-2　box图

图4-1与方差分析表对应，其中ss表示平方和，df表示自由度，MS表示均方，F表示F值，prob>F表示p值．

从上述计算结果得到p值0.1208>0.05，可以看出不能拒绝H_0，也就是说，在显著性水平为0.05时接受H_0．这说明4种材料生产出的元件的平均寿命无显著差异．

从图4-2也可以看出，4种材料生产出来的元件的平均寿命是（有差异，但）无显著差异的．

例 4.1.3　小白鼠在接种了三种不同的菌型的伤寒杆菌后的存活天数见表4-4．判断小白鼠被注射三种菌型后的平均存活天数有无显著差异．

表 4-4　白鼠试验数据

菌型	存活天数										
1	2	4	3	2	4	7	7	2	2	5	4
2	5	6	8	5	10	7	12	12	6	6	
3	7	11	6	6	7	9	5	5	10	6	3	10

解　设小白鼠被注射的伤寒杆菌为因素,三种不同的菌型的三个水平,接种后存活的天数看作来自三个正态总体 $N(\mu_i, \sigma^2)$ ($i=1,2,3$) 的样本观测值. 问题归结为检验: H_0: $\mu_1 = \mu_2 = \mu_3$, H_1: μ_1, μ_2, μ_3 不全相等.

调用 anova1 函数进行单因素方差分,其 MATLAB 代码如下:

```
x=[2 4 3 2 4 7 7 2 2 5 4 ...
   5 6 8 5 10 7 12 12 6 6 ...
   7 11 6 6 7 9 5 5 10 6 3 10];
g=[1 1 1 1 1 1 1 1 1 1 1 2 2 2 2 2 2 2 2 2 2 3 3 3 3 3 3 3 3 3 3 3 3];
p=anova1(x,g)
```

运行结果如图 4-3 和图 4-4 所示.

```
                          ANOVA Table
Source        SS      df     MS       F      Prob>F
-----------------------------------------------------
Groups      94.256    2    47.128    8.48    0.0012
Error      166.653   30     5.5551
Total      260.909   32
```

图 4-3　方差分析表

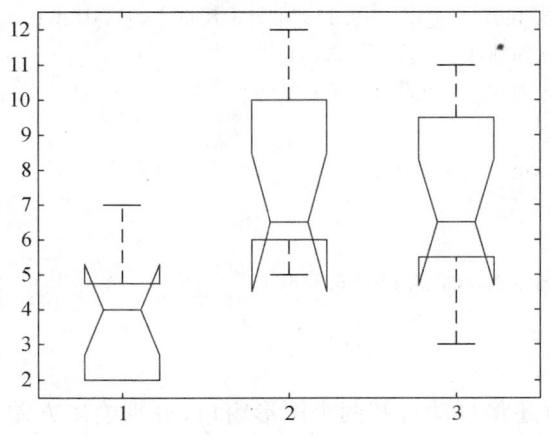

图 4-4　box 图

从上述计算结果得到 p 值(0.0012<0.05),因此,应该拒绝原假设,即认为小白鼠被注射三种菌型后的存活天数有显著的差异.

从图 4-4 也可以看出,小白鼠被注射三种菌型后的存活天数有显著的差异.

例 4.1.4 设有 5 种治疗某种疾病的药物,要比较它们的疗效,对 30 名患该种疾病的患者随机地分成 5 组,每组 6 人,每组患者使用同一种药物,并记录患者使用药物开始到痊愈的时间(单位:天),其数据见表 4-5,试评价治疗有无显著差异.

表 4-5 药物对患者治愈天数的数据

患者序号	药物1	药物2	药物3	药物4	药物5	患者序号	药物1	药物2	药物3	药物4	药物5
1	5	4	6	7	9	2	8	6	4	4	3
3	7	6	4	6	5	4	7	3	5	6	7
5	10	5	4	3	7	6	8	6	3	5	6

解 输入数据并求均值

A=[5,4,6,7,9;8,6,4,4,3;7,6,4,6,5;7,3,5,6,7;10,5,4,3,7;8,6,3,5,6];
mean(A)

运行结果为

ans =

   7.5000   5.0000   4.3333   5.1667   6.1667

以下用函数 anova1 进行方差分析

[p,table,stats]=anova1(A)

运行结果为

p =

   0.0136

table =

   'Source'   'SS'   'df'   'MS'   'F'   'Prob>F'
   'Columns'   [36.4667]   [4]   [9.1167]   [3.8960]   [0.0136]
   'Error'   [58.5000]   [25]   [2.3400]   []   []
   'Total'   [94.9667]   [29]   []   []   []

stats =

     gnames: [5x1 char]
          n: [6 6 6 6 6]
     source: 'anova1'
      means: [7.5000 5 4.3333 5.1667 6.1667]
         df: 25
          s: 1.5297

同时,anova1 函数还将自动打开两个图形窗口,分别绘出方差分析表图和 box 图,如图 4-5 和图 4-6 所示.

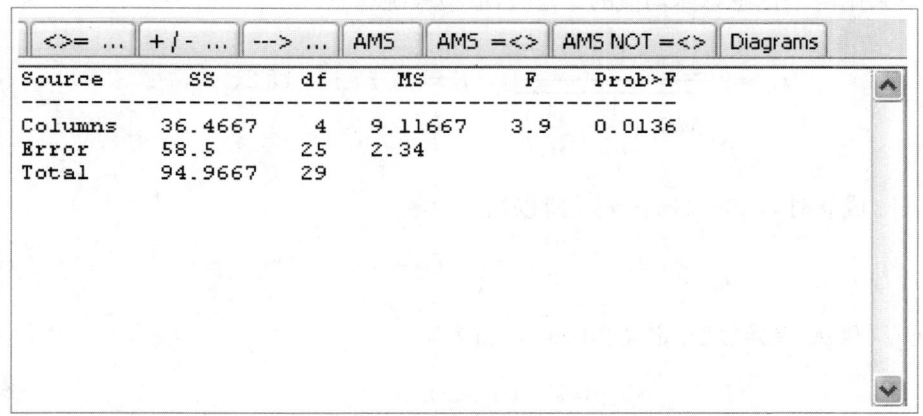

图 4-5　方差分析表图

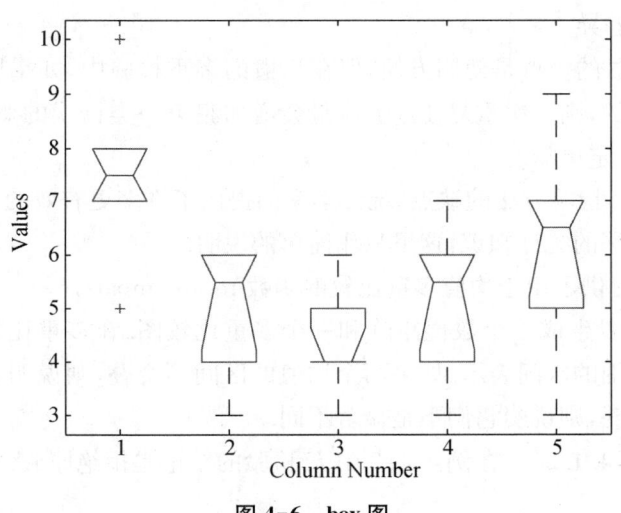

图 4-6　box 图

从图 4-5 中看出，$p=0.0136<\alpha$，其中 $\alpha=0.02$ 或 0.05，因此应该拒绝原假设，可以认为这些药物确实对治愈时间有显著影响. 另外，从 box 图(图 4-6)可以看出，第三种药物的治愈时间显然低于第一种药物.

4.1.3　均值的多重比较

如果 F 检验的结论是拒绝 H_0，则说明因素 A 的 r 个水平有显著差异，也就是说，r 个均值之间有显著差异. 但这并不意味着所有均值之间都有显著差异，这时还需要对每一对 μ_i 和 μ_j 作一一比较.

通常采用多重 t 检验方法进行多重比较. 这种方法本质上就是针对每组数据进行 t 检验，只不过估计方差时利用的是全部数据，因而自由度变大. 具体地说，要比较第 i 组和第 j 组平均数，即检验

$$H_0: \mu_i = \mu_j, \quad i \neq j; i, j = 1, 2, \cdots, r.$$

以下采用两个正态总体均值的 t 检验,取检验统计量

$$t_{ij} = \frac{\bar{x}_{i\cdot} - \bar{x}_{j\cdot}}{\sqrt{MS_E\left(\frac{1}{n_i} + \frac{1}{n_j}\right)}}, \quad i \neq j; \ i, j = 1, 2, \cdots, r. \tag{4.1.7}$$

当 H_0 成立时,$t_{ij} \sim t(n-r)$,所以当

$$|t_{ij}| > t_{\frac{\alpha}{2}}(n-r) \tag{4.1.8}$$

时,说明 μ_i 和 μ_j 差异显著. 定义相应的 p 值为

$$p_{ij} = P\{t(n-r) > |t_{ij}|\}, \tag{4.1.9}$$

即服从自由度为 $n-r$ 的 t 分布的随机变量大于 $|t_{ij}|$ 的概率. 若 p 值小于指定的 α 值,则认为 μ_i 和 μ_j 有显著差异.

多重 t 检验方法的优点是使用方便,但在均值的多重检验中,如果因素的水平较多,而检验又是同时进行的,则多次重复使用 t 检验会增加犯第一类错误的概率,所得到的"有显著差异"的结论不一定可靠.

为了克服多重 t 检验方法的缺点,统计学家们提出了许多更有效的方法来调整 p 值. 由于这些方法涉及较深的统计知识,这里只作简单的说明.

MATLAB 中提供了用于均值多重比较的函数 multcompare.

该函数返回可以生成一个数值矩阵和一个多重比较图. 在多重比较图中,每组均值用一个符号和符号周围的区间表示. 如果两个均值的区间不交叠,则说明它们显著不同;如果两个均值的区间交叠,则说明它们不是显著不同.

例 4.1.5(续例 4.1.3) 在例 4.1.3 中 F 检验的结论是拒绝原假设,应进一步检验

$$H_0: \mu_i = \mu_j, \quad i \neq j; \ i, j = 1, 2, 3.$$

解 用函数 multcompare( )作均值的多重比较,其 MATLAB 代码如下(如果前面已经做过除"均值的多重比较"外的其他部分,则只需以下代码中的最后一行):

```
x=[2 4 3 2 4 7 7 2 2 5 4 ...
   5 6 8 5 10 7 12 12 6 6 ...
   7 11 6 6 7 9 5 5 10 6 3 10];
g=[1 1 1 1 1 1 1 1 1 1 1 2 2 2 2 2 2 2 2 2 2 3 3 3 3 3 3 3 3 3 3];
[p, table, stats]= anova1(x,g)
multcompare(stats)
```

运行的结果如图 4-7 所示.

从图 4-7 可以看出,μ_1 和 μ_2,μ_1 和 μ_3 均有显著差异,而 μ_2 和 μ_3 没有显著差异,即在小白鼠所接种的三种菌型伤寒杆菌中,第一种与后两种使得小白鼠的平均存活天数有显著差异,而后两种差异不显著.

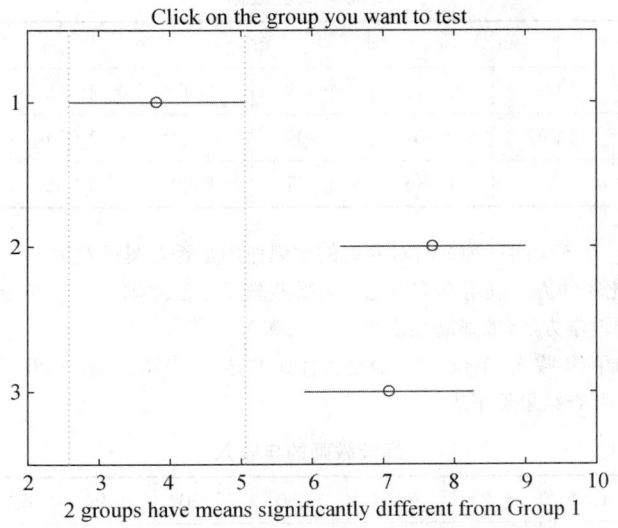

图 4-7 方差分析表图

习题 4.1

1. 请简要叙述单因素方差分析的基本思想.

2. 在单因素方差分析中,因子 A 有三个水平,每个水平各做 4 次重复试验,请完成下列方差分析表,并在显著性水平 $\alpha = 0.05$ 下对因子 A 是否显著作出检验.

方差分析表

方差来源	自由度	平方和	均值	F 比
因素 A		4.2		
误差		2.5		
总和		6.7		

3. 一名英语教师想检查 3 种不同的教学方法的效果,为此随机选取 24 名学生,并把他们分成 3 组,相应地用 3 种方法教学,记为 A_1, A_2, A_3. 一段时间后,这名教师对这 24 名学生进行统考,统考成绩见下表. 请问在显著性水平 $\alpha = 0.05$ 下,这 3 种教学方法有无显著性差异?

3 种方法教学英语成绩表

A_1	73	66	89	82	43	80	63	
A_2	88	78	91	76	85	84	80	96
A_3	68	79	71	71	87	68	59	76	80

4. 在饲料养鸡增肥的研究中,某研究所提出三种饲料配方:A_1 是以鱼粉为主的饲料,A_2 是以槐米粉为主的饲料,A_3 是以苜蓿粉为主的饲料. 为比较三种饲料的效果,特选 24 只相似的雏鸡随机均分为三组,每组各喂一种饲料,60 天后观察它们的重量(单位:g). 试验结果见下表.

鸡饲料试验数据

饲料	重量							
A_1	1 073	1 009	1 060	1 001	1 002	1 012	1 009	1 028
A_2	1 107	1 092	990	1 109	1 090	1 074	1 122	1 001
A_3	1 093	1 029	1 080	1 021	1 022	1 032	1 029	1 048

取显著性水平 $\alpha = 0.05$，问三种饲料对养鸡的增肥作用是否有明显差别.

5. 用均值的多重比较的方法确定本节习题 3 中哪些教学方法之间的差异是显著的，同时确定使学生的平均英语成绩最高的教学方法(取显著性水平 $\alpha = 0.05$).

6. 为调查高校教师的年收入(单位：万元)是否存在差异，从华北、中南、西北、华东等 4 地区各随机选取 10 名教师组成样本，调查结果见下表.

高校教师的年收入

华北	6.09	4.59	6.21	6.66	6.80	6.50	4.94	6.23	6.26	6.72
中南	5.08	3.96	4.42	4.00	5.39	5.45	6.11	4.23	3.84	3.83
西北	4.95	4.23	3.55	4.91	5.67	4.14	5.13	4.94	4.21	5.57
华东	6.59	5.86	4.93	5.29	4.85	5.29	5.24	4.81	4.65	4.59

取显著性水平 $\alpha = 0.05$，4 地区高校教师的年收入是否有显著差异.

7. 一名经济学家对生产电子计算机设备的企业收集了一年内生产力提高指数(用 0 到 100 内的数来表示)，并按过去三年间在科研和开发上的平均花费分为三类：A_1：花费少，A_2：花费中等，A_3：花费多. 生产力提高指数见下表.

生产力提高指数

A_1	7.6	8.2	6.8	5.8	6.9	6.6	7.7	6.0		
A_2	6.7	8.1	9.1	8.6	7.8	7.7	8.9	7.9	8.3	8.7	7.1	8.4
A_3	8.5	9.7	10.1	7.8	9.6	9.5				

请列出方差分析表，并进行多重比较.

4.2 双因素方差分析

在许多实际问题中，需要考虑影响试验数据的因素多于一个的情形. 例如，在化学实验中，几种原料的用量、反应时间、温度的控制等都可能影响试验结果，这就构成了多因素试验问题.

例 4.2.1 某厂对生产的高速钢铣刀进行淬火工艺试验，考察等温温度(因素 A)、淬火温度(因素 B)两个因素对硬度的影响，现对考察等温温度(因素 A)、淬火温度(因素 B)各取三个水平：

等温温度(因素 A)：$A_1 = 280℃$，$A_2 = 300℃$，$A_3 = 320℃$；

淬火温度（因素 B）：$B_1=1\,210℃$，$B_2=1\,235℃$，$B_3=1\,250℃$.

试验测得平均硬度（HRC）的数据见表 4-6，表中数据是原始数据减去 65 后的值.

表 4-6 平均硬度数据

A\B	B_1	B_2	B_3
A_1	-2	0	2
A_2	0	2	1
A_3	-1	1	2

要求分析等温温度和淬火温度的不同是否对平均硬度有显著影响.

这是一个双因素试验，因素 A（等温温度）有 3 个水平，因素 B（淬火温度）有 3 个水平. 通过下面的双因素方差分析来回答以上问题.

设有 A，B 两个因素，因素 A 有 r 个水平 $A_1, A_2, \cdots, A_r$，因素 B 有 s 个水平 $B_1, B_2, \cdots, B_s$.

4.2.1 不考虑交互作用

因素 A，B 的每一个水平组合 (A_i, B_j) 下进行一次独立试验，得到观测值 $x_{ij}(i=1, 2, \cdots, r; j=1, 2, \cdots, s)$.

把观测数据列表，见表 4-7.

表 4-7 无重复试验的双因素方差分析

A\B	B_1	B_2	$\cdots$	B_s
A_1	x_{11}	x_{12}	$\cdots$	x_{1s}
A_2	x_{21}	x_{22}	$\cdots$	x_{2s}
$\vdots$	$\vdots$	$\vdots$	$\cdots$	$\vdots$
A_r	x_{r1}	x_{r2}	$\cdots$	x_{rs}

假定 $x_{ij} \sim N(\mu_{ij}, \sigma^2)(i=1, 2, \cdots, r; j=1, 2, \cdots, s)$，且各 x_{ij} 相互独立. 不考虑两因素的交互作用，因此模型可以归结为

$$\begin{cases} x_{ij}=\mu+\alpha_i+\beta_j+\varepsilon_{ij}, & i=1, 2, \cdots, r; j=1, 2, \cdots, s, \\ \varepsilon_{ij} \sim N(0, \sigma^2) \text{ 且各 } \varepsilon_{ij} \text{ 相互独立,} \\ \sum_{i=1}^{r}\alpha_i=0, \sum_{j=1}^{s}\beta_j=0. \end{cases} \quad (4.2.1)$$

其中，$\mu=\dfrac{1}{rs}\sum_{i=1}^{r}\sum_{j=1}^{s}\mu_{ij}$ 为总平均，α_i 为因素 A 第 i 个水平的效应，β_j 为因素 B 第 j 个水平的效应.

在线性模型(4.2.1)下,方差分析的主要任务是:系统分析因素 A 和因素 B 对试验指标影响的大小. 因此,在给定显著性水平 α 下,提出以下统计假设:

对于因素 A,"因素 A 对试验指标影响不显著"等价于
$$H_{01}: \alpha_1 = \alpha_2 = \cdots = \alpha_r = 0.$$

对于因素 B,"因素 B 对试验指标影响不显著"等价于
$$H_{02}: \beta_1 = \beta_2 = \cdots = \beta_s = 0.$$

双因素方差分析与单因素方差分析的统计原理基本相同,也是基于平方和分解公式
$$S_T = S_E + S_A + S_B,$$
其中
$$S_T = \sum_{i=1}^{r} \sum_{j=1}^{s} (x_{ij} - \bar{x})^2, \quad \bar{x} = \frac{1}{rs} \sum_{i=1}^{r} \sum_{j=1}^{s} x_{ij},$$

$$S_A = s \sum_{i=1}^{r} (\bar{x}_{i\cdot} - \bar{x})^2, \quad \bar{x}_{i\cdot} = \frac{1}{s} \sum_{j=1}^{s} x_{ij}, \quad i = 1, 2, \cdots, r,$$

$$S_B = r \sum_{j=1}^{s} (\bar{x}_{\cdot j} - \bar{x})^2, \quad \bar{x}_{\cdot j} = \frac{1}{r} \sum_{i=1}^{r} x_{ij}, \quad j = 1, 2, \cdots, s,$$

$$S_E = \sum_{i=1}^{r} \sum_{j=1}^{s} (x_{ij} - \bar{x}_{i\cdot} - \bar{x}_{\cdot j} + \bar{x})^2,$$

S_T 为总离差平方和,S_E 为误差平方和,S_A 为由因素 A 的不同水平所引起的离差平方和(称为因素 A 的平方和). 类似地,S_B 称为因素 B 的平方和. 可以证明,当 H_{01} 成立时,有
$$\frac{S_A}{\sigma^2} \sim \chi^2(r-1),$$
且与 S_E 相互独立,而
$$\frac{S_E}{\sigma^2} \sim \chi^2((r-1)(s-1)).$$

于是当 H_{01} 成立时,
$$F_A = \frac{\dfrac{S_A}{s-1}}{\dfrac{S_E}{(r-1)(s-1)}} \sim F(r-1, (r-1)(s-1)).$$

类似地,当 H_{02} 成立时,
$$F_B = \frac{\dfrac{S_B}{r-1}}{\dfrac{S_E}{(r-1)(s-1)}} \sim F(s-1, (r-1)(s-1)).$$

分别以 F_A 和 F_B 作为 H_{01} 和 H_{02} 的检验统计量,把计算结果列成方差分析表,见表 4-8.

表 4-8 双因素方差分析表

方差来源	自由度	平方和	均方	F 比	p 值
因素 A	$r-1$	S_A	$MS_A = \dfrac{S_A}{r-1}$	$F = \dfrac{MS_A}{MS_E}$	p_A
因素 B	$s-1$	S_B	$MS_B = \dfrac{S_B}{s-1}$	$F = \dfrac{MS_B}{MS_E}$	p_B
误差	$(r-1)(s-1)$	S_E	$MS_E = \dfrac{S_E}{(r-1)(s-1)}$	—	—
总和	$rs-1$	S_T	—	—	—

例 4.2.2(续例 4.2.1) 对例 4.2.1 的数据作双因素方差分析,
要求分析等温温度和淬火温度的不同是否对平均硬度有显著影响(显著性水平 $\alpha = 0.05$).

解 根据表 4-6 输入数据,用函数 anova2 进行双因素方差分析(函数 anova2 的调用等,见本章最后一节"MATLAB 在方差分析中的应用"),其 MATLAB 代码如下:

```
x=[-2,0,2;0,2,1;-1,1,2];
p=anova2(x,1)
```

运行结果为

p=0.0450, 0.4444.

方差分析表图如图 4-8 所示.

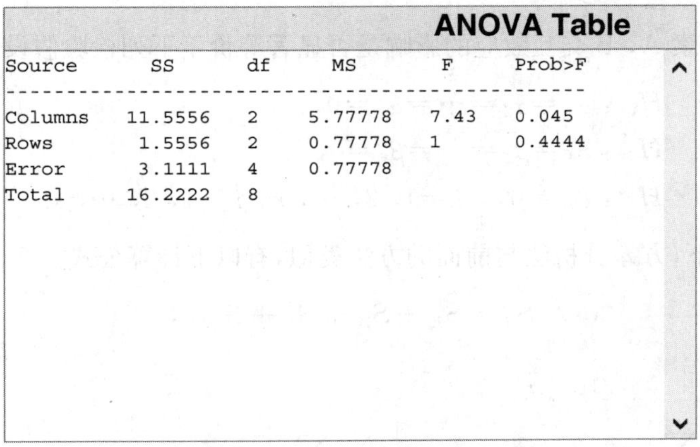

```
                          ANOVA Table
Source      SS       df     MS       F       Prob>F
-----------------------------------------------------
Columns    11.5556   2    5.77778   7.43    0.045
Rows        1.5556   2    0.77778   1       0.4444
Error       3.1111   4    0.77778
Total      16.2222   8
```

图 4-8 方差分析表图

说明:图 4-8 中,Columns 表示列因素,Rows 表示行因素.

根据以上结果,不同等温温度(因素 A)对应的 p 值 $0.444\ 4>0.05$,所以对平均硬度没有显著影响;淬火温度(因素 B)对应的 p 值 $0.045\ 0<0.05$,所以对平均硬度有显著影响.

4.2.2 考虑交互作用

设有 A,B 两个因素,因素 A 有 r 个水平 A_1, A_2, $\cdots$, A_r,因素 B 有 s 个水平 B_1, B_2, $\cdots$, B_s. 每一个水平组合 (A_i, B_j) 下重复试验 t 次. 记录第 k 次的观测值为 x_{ijk},把观测数据列表,见表 4-9.

表 4-9 双因素重复试验数据

A\B	B_1				B_2				$\cdots$	B_s			
A_1	x_{111}	x_{112}	$\cdots$	x_{11t}	x_{121}	x_{122}	$\cdots$	x_{12t}	$\cdots$	x_{1s1}	x_{1s2}	$\cdots$	x_{1st}
A_2	x_{211}	x_{212}	$\cdots$	x_{21t}	x_{221}	x_{222}	$\cdots$	x_{22t}	$\cdots$	x_{2s1}	x_{2s2}	$\cdots$	x_{2st}
$\vdots$	$\vdots$	$\vdots$		$\vdots$	$\vdots$	$\vdots$		$\vdots$		$\vdots$	$\vdots$		$\vdots$
A_r	x_{r11}	x_{r12}	$\cdots$	x_{r2t}	x_{r21}	x_{r22}	$\cdots$	x_{r2t}	$\cdots$	x_{rs1}	x_{rs2}	$\cdots$	x_{rst}

假定 $x_{ijk} \sim N(\mu_{ij}, \sigma^2)$ ($i=1, 2, \cdots, r$; $j=1, 2, \cdots, s$; $k=1, 2, \cdots, t$),且各 x_{ijk} 相互独立,因此模型可以归结为

$$\begin{cases} x_{ijk} = \mu + \alpha_i + \beta_j + \delta_{ij} + \varepsilon_{ijk}, \\ \varepsilon_{ijk} \sim N(0, \sigma^2) \text{ 且各 } \varepsilon_{ijk} \text{ 相互独立}, \\ i=1, 2, \cdots, r; j=1, 2, \cdots, s; k=1, 2, \cdots, t. \end{cases}$$

其中,α_i 为因素 A 第 i 个水平的效应,β_j 为因素 B 第 j 个水平的效应,δ_{ij} 为 A_i 和 B_j 的交互效应. 因此有 $\mu = \dfrac{1}{rs} \sum_{i=1}^{r} \sum_{j=1}^{s} \mu_{ij}$, $\sum_{i=1}^{r} \alpha_i = 0$, $\sum_{j=1}^{s} \beta_j = 0$, $\sum_{i=1}^{r} \delta_{ij} = \sum_{j=1}^{s} \delta_{ij} = 0$.

此时,判断因素 A,B 交互效应的影响是否显著等价于下列检验假设:

$H_{01}: \alpha_1 = \alpha_2 = \cdots = \alpha_r = 0,$

$H_{02}: \beta_1 = \beta_2 = \cdots = \beta_s = 0,$

$H_{03}: \delta_{ij} = 0, \quad i=1, 2, \cdots, r; j=1, 2, \cdots, s.$

在这种情况下,方差分析法与前面的方法类似,有以下计算公式:

$$S_T = S_E + S_A + S_B + S_{A \times B},$$

其中

$$S_T = \sum_{i=1}^{r} \sum_{j=1}^{s} \sum_{k=1}^{t} (x_{ijk} - \bar{x})^2, \quad \bar{x} = \frac{1}{rst} \sum_{i=1}^{r} \sum_{j=1}^{s} \sum_{k=1}^{t} x_{ijk},$$

$$S_E = \sum_{i=1}^{r} \sum_{j=1}^{s} \sum_{k=1}^{t} (x_{ijk} - \bar{x}_{ij\cdot})^2, \quad \bar{x}_{ij\cdot} = \frac{1}{t} \sum_{k=1}^{t} x_{ijk}, \quad i=1, 2, \cdots, r; j=1, 2, \cdots, s,$$

$$S_A = st\sum_{i=1}^{r}(\bar{x}_{i..}-\bar{x})^2, \quad \bar{x}_{i..}=\frac{1}{st}\sum_{j=1}^{s}\sum_{k=1}^{t}x_{ijk}, \quad i=1,2,\cdots,r,$$

$$S_B = rt\sum_{j=1}^{s}(\bar{x}_{.j.}-\bar{x})^2, \quad \bar{x}_{.j.}=\frac{1}{rt}\sum_{i=1}^{r}\sum_{k=1}^{t}x_{ijk}, \quad j=1,2,\cdots,s,$$

$$S_{A\times B} = t\sum_{i=1}^{r}\sum_{j=1}^{s}(\bar{x}_{ij.}-\bar{x}_{i..}-\bar{x}_{.j.}+\bar{x})^2,$$

S_T 为总离差平方和，S_E 为误差平方和，S_A 为因素 A 的平方和，S_B 为因素 B 的平方和，$S_{A\times B}$ 为交互平方和. 可以证明，当 H_{01} 成立时，有

$$F_A = \frac{\dfrac{S_A}{r-1}}{\dfrac{S_E}{rs(t-1)}} \sim F(r-1, rs(t-1)).$$

当 H_{02} 成立时，有

$$F_B = \frac{\dfrac{S_B}{s-1}}{\dfrac{S_E}{rs(t-1)}} \sim F(s-1, rs(t-1)).$$

当 H_{03} 成立时，有

$$F_{A\times B} = \frac{\dfrac{S_{A\times B}}{(r-1)(s-1)}}{\dfrac{S_E}{rs(t-1)}} \sim F((r-1)(s-1), rs(t-1)).$$

分别以 F_A，F_B，$F_{A\times B}$ 作为 H_{01}，H_{02}，H_{03} 的检验统计量，把检验结果列成方差分析表，见表 4-10.

表 4-10 有交互效应的双因素方差分析表

方差来源	自由度	平方和	均方	F 比	p 值
因素 A	$r-1$	S_A	$MS_A = \dfrac{S_A}{r-1}$	$F = \dfrac{MS_A}{MS_E}$	p_A
因素 B	$s-1$	S_B	$MS_B = \dfrac{S_B}{s-1}$	$F = \dfrac{MS_B}{MS_E}$	p_B
交互效应 $A\times B$	$(r-1)(s-1)$	$S_{A\times B}$	$MS_{A\times B} = \dfrac{S_{A\times B}}{(r-1)(s-1)}$	$F = \dfrac{MS_{A\times B}}{MS_E}$	$p_{A\times B}$

(续表)

方差来源	自由度	平方和	均方	F 比	p 值
误差	$rs(t-1)$	S_E	$MS_E = \dfrac{S_E}{rs(t-1)}$	—	—
总和	$rst-1$	S_T	—	—	—

例 4.2.3 研究树种与地理位置对松树生长的影响,对 4 个地区 3 种同龄松树的直径进行测量得到数据(单位:cm)见表 4-11,A_1,A_2,A_3 表示 3 个不同树种,B_1,B_2,B_3,B_4 表示 4 个不同地区. 对每一种水平组合,进行了 5 次测量,对此试验结果进行方差分析.

表 4-11 三种同龄松树的直径测量数据

A\B	B_1					B_2					B_3					B_4				
A_1	23	25	21	14	15	20	17	11	26	21	16	19	13	16	24	20	21	18	27	24
A_2	28	30	19	17	22	26	24	21	25	26	19	18	19	20	25	26	26	28	29	23
A_3	18	15	23	18	10	21	25	12	12	22	19	23	22	14	13	22	13	12	22	19

解 树种和地区各表示一个因素,对树的直径都可能产生影响,并且二者之间还有可能产生交互作用. 地区因素有 4 个水平,树种因素有 3 个水平,在每个组平下分别抽取了 5 个样品.

以下先用 MATLAB 提供的函数 anova2 来作双因素方差分析,再用函数 anova1 确定单因素方差分析的其他问题.

输入数据:

A=[23, 25, 21, 14, 15, 20, 17, 11, 26, 21, 16, 19, 13, 16, 24, 20, 21, 18, 27, 24];
B=[28, 30, 19, 17, 22, 26, 24, 21, 25, 26, 19, 18, 19, 20, 25, 26, 26, 28, 29, 23];
C=[18, 15, 23, 18, 10, 21, 25, 12, 12, 22, 19, 23, 22, 14, 13, 22, 13, 12, 22, 19];
X=[A',B',C'];

(1) 双因素方差分析

reps=5;
[p,table]=anova2(X, reps, 'off')

运行结果为

p =

    0.0005   0.2311   0.7229

table =

'Source'	'SS'	'df'	'MS'	'F'	'Prob>F'
'Columns'	[352.5333]	[2]	[176.2667]	[8.9589]	[4.9399e−004]
'Rows'	[87.5167]	[3]	[29.1722]	[1.4827]	[0.2311]
'Interaction'	[71.7333]	[6]	[11.9556]	[0.6077]	[0.7229]
'Error'	[944.4000]	[48]	[19.6750]	[]	[]
'Total'	[1.4562e+003]	[59]	[]	[]	[]

以上结果表明:返回向量 p 有三个因素,分别表示输入矩阵 X 的列、行以及其交互作用均值相等的最小显著性概率. 由于 X 的列表示树种方面的因素,行表示地区方面的因素,所以根据这 3 个概率值可知:树种方面差异显著,地区之间的差异和交互作用的影响不显著.

(2) 单因素方差分析

[p,table,stats]=anova1(X,[],'on')

运行结果为

p =
3.7071e−004
table =

'Source'	'SS'	'df'	'MS'	'F'	'Prob>F'
'Columns'	[352.5333]	[2]	[176.2667]	[9.1036]	[3.7071e−004]
'Error'	[1.1037e+003]	[57]	[19.3623]	[]	[]
'Total'	[1.4562e+003]	[59]	[]	[]	[]

stats =
  gnames: [3x1 char]
    n: [20 20 20]
  source: 'anova1'
  means: [19.5500 23.5500 17.7500]
    df: 57
    s: 4.4003

方差分析表图和 box 图,如图 4-9 和图 4-10 所示.

```
                        ANOVA Table
Source      SS        df      MS        F      Prob>F

Columns    352.53      2    176.267    9.1    0.0004
Error     1103.65     57     19.362
Total     1456.18     59
```

图 4-9　方差分析表图

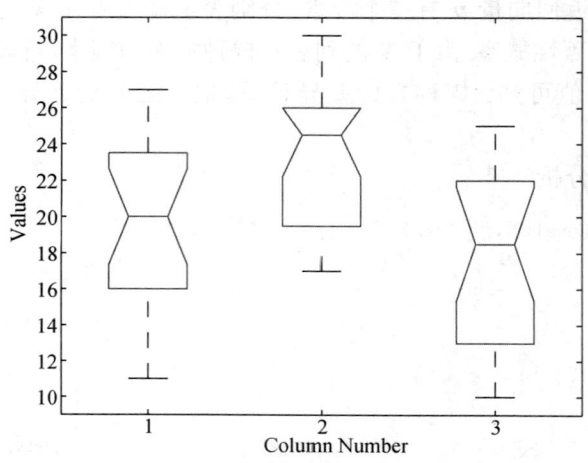

图 4-10　3 种松树直径的 box 图

以上结果说明：树种 A_2 的平均直径最大，故认为树种 A_2 最好．

（3）用函数函数 multcompare 作多重比较，其 MATLAB 代码如下：

multcompare(stats)

运行结果如图 4-11 所示．

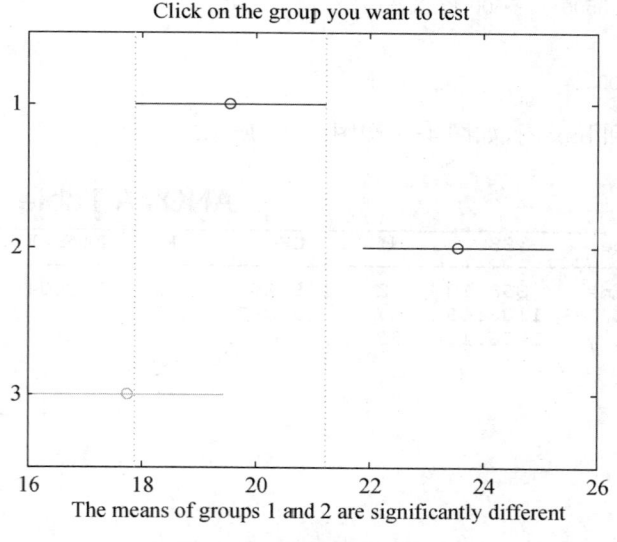

图 4-11　均值多重比较图

从图 4-11 可以看出，μ_1 和 μ_3 没有显著差异，即树种 1 和树种 3 没有显著差异；μ_1 和 μ_2 有显著差异，即树种 1 和树种 2 有显著差异；μ_2 和 μ_3 有显著差异，即树种 2 和树种 3 有显著差异．

实际上，作均值多重比较得出的结论更细腻、丰富一些．

习题 4.2

1. 为了考察 4 种不同燃料(记为 A_1, A_2, A_3, A_4)、3 种不同推进器(记为 B_1, B_2, B_3)对火箭射程的影响,进行了 12 次试验,测得数据见下表.

4 种燃料、3 种推进器进行射程实验的数据

A \ B	B_1	B_2	B_3
A_1	58.2, 52.6	56.2, 41.2	65.3, 60.8
A_2	49.1, 42.8	54.1, 50.5	51.6, 48.4
A_3	60.1, 58.3	70.9, 73.2	39.2, 40.7
A_4	75.8, 71.5	58.2, 51.0	48.7, 41.4

在显著性水平 $\alpha = 0.05$ 下,要求分析燃料和推进器的不同是否对火箭的射程有显著影响? 燃料和推进器的交互作用是否显著?

2. 为考查固化时间和固化温度对胶粘剂粘接材料强度的影响,进行了 12 次试验,结果见下表.

不同固化时间、固化温度下的粘接强度

时间/s \ 温度/℃	25	50	90
10	52.3	136.8	230.5
10	58.9	132.1	224.8
30	83.6	157.3	260.4
30	83.3	153.4	264.8
60	115.6	187.9	323.8
60	112.9	185.2	329.9

在显著性水平 $\alpha = 0.05$ 下,要求分析固化时间和固化温度的不同是否对粘接强度有显著影响.

3. 4 名工人分别操作 3 台机器各 2 天,日产量见下表.

4 个工人、3 台机器日产量

工人 \ 机器	B_1	B_2	B_3	工人 \ 机器	B_1	B_2	B_3
A_1	42,45	43,49	43,48	A_3	48,53	44,49	41,44
A_2	46,51	46,52	52,56	A_4	42,45	53,56	45,47

设产品的产量均服从正态分布,在显著性水平 $\alpha = 0.05$ 下,工人、机器以及交互作用对产品的产量是否有显著影响.

4. 为了研究蒸馏水的 pH 值和硫酸铜溶液浓度对化验血清中的蛋白与球蛋白的影响,对蒸馏水的 pH 值 (A) 取了 4 个不同水平,对硫酸铜溶液的浓度 (B) 取了 3 个不同水平,在不同水平组合 (A_i, B_j) 下,各测一次蛋白与球蛋白之比,其结果见下表.

不同水平组合(A_i, B_j)下蛋白与球蛋白之比值

A\B	B_1	B_2	B_3	A\B	B_1	B_2	B_3
A_1	3.5	2.3	2.0	A_3	2.0	1.5	1.2
A_2	2.6	2.0	1.9	A_4	1.4	0.8	0.3

请在显著性水平 $\alpha = 0.05$ 下,检验两个因素对化验结果有无显著差异.

4.3 MATLAB 在方差分析中的应用

在 4.1 节例 4.1.2,例 4.1.3,例 4.1.4 和例 4.1.5 中,用 MATLAB 进行了单因素方差分析;在 4.2 节例 4.2.2 和例 4.2.3 中,用 MATLAB 进行了双因素方差分析(其中例 4.2.3 中还包括了单因素方差分析).

4.3.1 单因素方差分析

在因素 A 各水平的方差相同的条件下,比较它的各水平的差异归结为比较各总体均值,即检验假设(若因素 A 有 r 个水平):H_0:$\mu_1 = \mu_2 = \cdots = \mu_r$,$H_1$:$\mu_1$,$\mu_2$,$\cdots$,$\mu_r$ 不全相等.

对于单因素方差分析问题,MATLAB 提供了函数 anova1,其调用格式如下:

- p=anova1(x)
- p=anova1(x, granp)
- p=anova1(X, granp, 'displayopt')
- [p,table]=anova1( )
- [p,table, stass]=anova1( )

说明:anova1 自动产生两个图:方差分析表图和 box 图.

p=anova1(x)对样本矩阵 x 中的各列数据比较的单因素方差分析,以比较各列数据均衡(相同)的均值.函数返回原假设 H_0(即样本矩阵 x 中的各列的均值相同)成立的概率.

p=anova1(x, granp)对样本向量 x 中由向量 granp 索引的两组或多组数据进行单因素方差分析.输入参数向量 granp 标明向量 x 中相应元素的组别.granp 中元素的值为整数,最大值为需要比较的不同组的数量,最小值为1.每组中至少由1个元素,但并不要求各组元素相同,因此适用于各组数据不均衡(不相同)的情况.此时函数同样返回原假设 H_0 成立的概率.

参数 displayopt 有两个状态 on 和 off,分别表示显示和隐藏方差分析表图和 box 图;table 和 stats 分别返回方差分析表和一个附加的统计数据结构,可以使用默认值.

若 p 接近 0(一般小于 0.05),则认为列均值存在显著差异(否则差异不显著).

输出参数 p 为 x 的各列均值相等的最小概率(p 值)越小(一般小于 0.05),则越怀疑原

假设,表示这个因素对随机影响是显著的.

另外,可以用函数 multcompare() 进行均值的多重比较.关于该函数的调用格式,在各水平下的试验数据不同时,见前面的例 4.1.5;在各水平下的试验数据相同时,见前面的例 4.2.3.

例 4.3.1 设有 3 台机器,用来生产规格相同的铝合金薄板,测量薄板的厚度(单位:cm)精确至千分之一,得到的数据见表 4-12.试问各台机器生产的薄板厚度是否有明显差异?

表 4-12 薄板厚度

机器 1	机器 2	机器 3	机器 1	机器 2	机器 3
0.236	0.257	0.258	0.245	0.254	0.267
0.238	0.253	0.264	0.243	0.261	0.262
0.248	0.255	0.258	—	—	—

解 需要检验假设 $H_0: \mu_1 = \mu_2 = \mu_3$,$H_1: \mu_1, \mu_2, \mu_3$ 不全相等.调用 MATLAB 提供的函数 anova1(),代码如下:

```
x=[0.236, 0.257, 0.258;
   0.238, 0.253, 0.264;
   0.248, 0.255, 0.258;
   0.245, 0.254, 0.267;
   0.243, 0.261, 0.262];
p=anova1(x)
```

运行以上程序,分别得到方差分析表图和 box 图,如图 4-12 和图 4-13 所示.

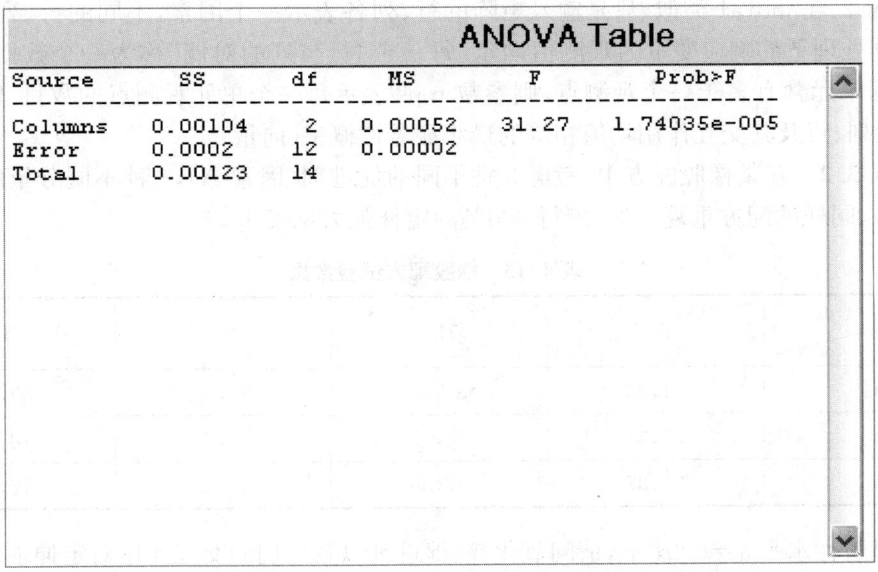

```
                    ANOVA Table
Source      SS        df      MS        F       Prob>F
Columns    0.00104    2     0.00052    31.27   1.74035e-005
Error      0.0002    12     0.00002
Total      0.00123   14
```

图 4-12 方差分析表图

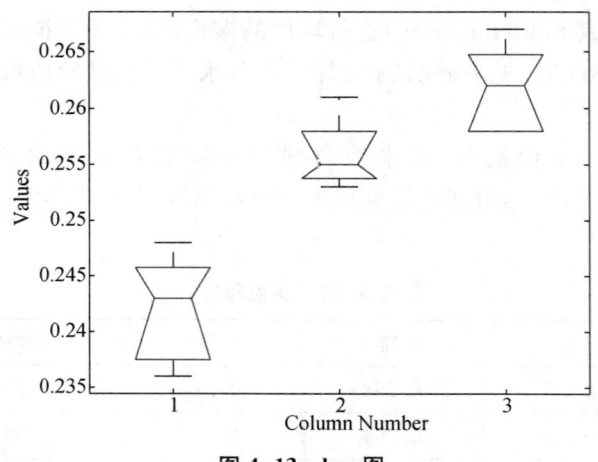

图 4-13 box 图

从图 4-12 可以看出，$p=1.74035e-005<\alpha$，其中 $\alpha=0.01$ 或 0.05，因此应该拒绝原假设，可以认为各台机器生产的薄板厚度是有明显差异. 另外，从图 4-13 可以看出，3 台机器生产的薄板厚度是不同的.

4.3.2 双因素方差分析

对于双因素方差分析问题，MATLAB 提供了函数 anova2( )，其调用格式为

- p＝anova2(X, reps)
- p＝anova2(X, reps, 'displayopt')
- [p, table]＝anova2( )
- [p, table, stass]＝anova2( )

anova2 与 anova1 类似，只是输入矩阵的行、列各表示一个因素，不同的行(列)表示该因素不同处理下的响应变量的观测值向量. 每一个"行与列的对偶"称为一个数据单元，如果各数据单元含有多于一个观测点，则参数 reps 表示每一个单元观测点的数目. 输出参数 p 是检验列、行及其交互作用均值相等的最小显著性概率(向量).

例 4.3.2 在某橡胶配方中，考虑 3 种不同的促进剂(因素 A)，4 种不同分量的氧化锌(因素 B)，同样的配方重复一次，测得 300% 的定伸强力见表 4-13.

表 4-13 橡胶配方试验数据

A \ B	B_1	B_2	B_3	B_4
A_1	31,33	34,36	35,36	39,38
A_2	33,34	26,37	37,39	38,41
A_3	35,37	37,38	39,40	42,44

在显著性水平 $\alpha=0.01$ 下，请问氧化锌、促进剂以及它们的交互作用对定伸强力有无显著性影响？

解 用 MATLAB 中的 anova2 函数进行双因素方差分析，其代码如下：

```
x=[31,33,33,34,35,37;
   34,36,36,37,37,38;
   35,36,37,39,39,40;
   39,38,38,41,42,44]';
p=anova2(x,2)
```

运行结果为

p=0.0000　0.0002　0.7665

方差分析表如图 4-14 所示.

以上结果是返回三个 p 值到 p 向量中，由于氧化锌（因素 B）、促进剂（因素 A）及它们的交互作用对应的 p 值分别为 $0.0002<0.01$，$0.0000<0.01$ 和 $0.7665>0.01$，所以在显著性水平 $\alpha=0.01$ 下，促进剂种类影响、氧化锌总量的影响都是显著的，而它们之间的交互作用则是不显著的.

```
                    ANOVA Table
Source          SS         df    MS        F       Prob>F
Columns        132.125     3    44.0417    30.2    0
Rows            56.583     2    28.2917    19.4    0.0002
Interaction      4.75      6     0.7917     0.54   0.7665
Error           17.5      12     1.4583
Total          210.958    23
```

图 4-14　方差分析表

说明：在图 4-14 中，Columns 表示列因素，Rows 表示行因素，Interaction 表示交互作用.

第 5 章

回 归 分 析

在许多实际问题中,变量之间存在着相互依存的关系. 一般,变量之间的关系可以大体上分为两类,一类是确定性关系,即存在确定的函数关系. 另一类是非确定性关系,即它们之间有密切关系,但又不能用函数关系式来精确表示,如人的身高与体重的关系,炼钢时钢的含碳量与冶炼时间的关系等. 有时即使两个变量之间存在数学上的函数关系,但由于实际问题中的随机因素的影响,变量之间的关系也经常有某种不确定性. 为了研究这类变量之间的关系,就需要通过试验或观测来获取数据,用统计方法去寻找它们之间的关系,这种关系反映了变量之间的统计规律. 研究这类统计规律的方法之一就是回归分析.

回归分析(regression analysis)方法是在众多相关的变量中,根据问题的需要考察其中的一个或几个变量与其余变量的依赖关系. 如果只要考察某一个变量(通常称为因变量、响应变量或指标)与其余多变量(通常称为自变量、解释变量或因素)的相互赖关系,称为**多元回归问题**.

在回归分析中,把变量分成两类. 一类是因变量或响应变量(dependent variable, response variable),它们通常是实际问题中所关心的指标,通常用 y 来表示;而影响因变量取值的另一类变量称为自变量或解释变量(independent variable/explanatory variable),通常用 $x_1, x_2, \cdots, x_p$ 表示.

在回归分析中,主要研究以下问题:

(1) 确定 y 与 $x_1, x_2, \cdots, x_p$ 之间的定量关系表达式,这种表达式称为回归方程;

(2) 对所得到的回归方程的可信程度进行检验;

(3) 判断自变量 $x_i (i = 1, 2, \cdots, p)$ 对因变量 y 有无显著影响;

(4) 利用所求得的(并通过检验的)回归方程进行预测或控制.

在一些应用问题中,有时回归分析问题的计算量会比较大,本章将应用 MATLAB 进行有关计算、绘图等.

本章主要讨论:一元线性回归,可以线性化的一元非线性回归,多元线性回归,逐步回归,多项式回归,同时在一些例题中给出有关计算和绘图的代码.

5.1 一元线性回归

回归分析的基本思想和方法以及"回归"名词的由来,要归功于英国统计学家高尔顿(Galton). 高尔顿和他的学生、现代统计学的奠基者之一皮尔逊在研究父母身高与其子女身高的遗传关系时,观察了 1 078 对夫妇,以每对夫妇的平均身高作为 x,而取他们的一个成年儿子的身高作为 y,将这些数据画成散点图,发现趋势近似一条直线 $\hat{y}=33.73+0.516x$ (单位:in,1 in=2.54 cm). 这表明:

(1) 父母平均身高 x 每增加 1 个单位时,其成年儿子的身高 y 也平均增加 0.516 个单位.

(2) 一群高个子父辈的儿子们的平均身高要低于他们父辈的平均身高. 比如,$x=80$,那么 $\hat{y}=75.01$.

(3) 低个子父辈的儿子们虽然仍为低个子,但是平均身高却比他们的父辈增加一些. 比如,$x=60$,那么 $\hat{y}=64.69$.

正是因为子代的身高有回归到父辈平均身高的这种趋势,才使人类的身高在一定时期内相对稳定. 这个例子生动地说明了生物学中"种"的稳定性. 正是为了描述这种有趣的现象,高尔顿引进了"回归"这个名词来描述父辈身高 x 与子代身高 y 的关系. 尽管"回归"这个名称有特定的含义,人们在研究大量的问题中的变量 x 与 y 之间的关系并不具有这种"回归"的含义,但借用这个名词把研究变量 x 与 y 之间的关系的方法称为回归分析,也算是对高尔顿这个伟大的统计学家的一个纪念.

5.1.1 一个例子

例 5.1.1 根据专业知识可知,合金的强度 y 与合金中的含碳量 x 有关. 为了获得它们之间的关系,从生产中收集了一批数据 (x_i, y_i),$i=1,2,\cdots,12$,见表 5-1.

表 5-1 合金的强度与合金中的含碳量

序号	1	2	3	4	5	6	7	8	9	10	11	12
含碳量 x	0.10%	0.11%	0.12%	0.13%	0.14%	0.15%	0.16%	0.17%	0.18%	0.20%	0.21%	0.23%
强度 y	42.0	43.5	45.0	45.5	45.0	47.5	49.0	53.0	50.0	55.0	55.0	60.0

合金的强度 y 与合金中的含碳量 x 的关系,如图 5-1 所示.

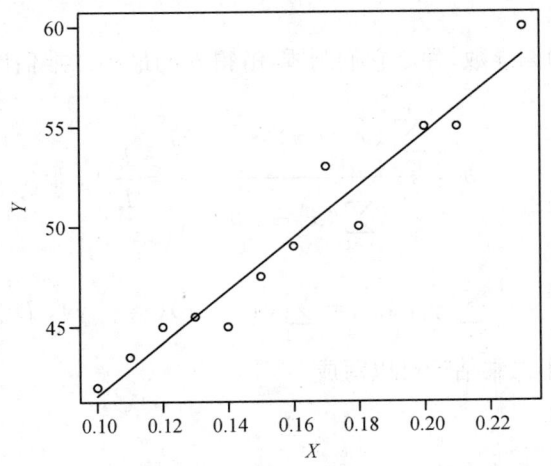

图 5-1 合金的强度 y 与合金中的含碳量 x 的散点图

从图 5-1 可以看出，12 个点基本上在一条直线附近，从而可以认为合金的强度 y 与合金中的含碳量 x 之间的关系基本上是线性的.

5.1.2 数学模型

假设
$$y = a + bx + \varepsilon, \tag{5.1.1}$$

其中，x 是可控变量（一般变量），y 是随机变量，$a+bx$ 表示 y 随 x 的变化而线性变化的部分，ε 是随机误差，是其他一切微小的、不确定因素影响的总和，其值不可观测，通常假设 $\varepsilon \sim N(0, \sigma^2)$. 函数 $f(x) = E(y \mid x) = a + bx$ 称为一元线性回归函数，其中，a 为回归常数，b 称为回归系数，统称为回归参数. 称 x 为回归自变量（或回归因子），y 为回归因变量（或响应变量）.

若 $(x_1, y_1), (x_2, y_2), \cdots, (x_n, y_n)$ 是 (x, y) 的一组独立观测值，则一元线性回归模型可以表示为
$$y_i = a + bx_i + \varepsilon_i, \quad \varepsilon_i \sim N(0, \sigma^2), \quad i = 1, 2, \cdots, n. \tag{5.1.2}$$

其中各 ε_i 相互独立.

5.1.3 回归参数的估计

以下给出回归参数 a, b 的估计. 若 $(x_1, y_1), (x_2, y_2), \cdots, (x_n, y_n)$ 是 (x, y) 的一组独立观测值，根据式(5.1.2)，$y_i = a + bx_i + \varepsilon_i$，$\varepsilon_i \sim N(0, \sigma^2)$，各 ε_i 相互独立.

根据最小二乘原理，估计回归参数 a, b 应使误差平方和 $\sum_{i=1}^{n} \varepsilon_i^2 = \sum_{i=1}^{n} (y_i - a - bx_i)^2$ 最小，即
$$Q(a, b) = \sum_{i=1}^{n} (y_i - a - bx_i)^2$$

取最小值.

求 Q 关于 a, b 的偏导数，并令它们为零，解得 b 的最小二乘估计为
$$b = \frac{\sum_{i=1}^{n} (x_i - \bar{x})(y_i - \bar{y})}{\sum_{i=1}^{n} (x_i - \bar{x})^2} = \frac{L_{xy}}{L_{xx}},$$

其中，$\bar{x} = \frac{1}{n} \sum_{i=1}^{n} x_i$，$\bar{y} = \frac{1}{n} \sum_{i=1}^{n} y_i$，$L_{xy} = \sum_{i=1}^{n} (x_i - \bar{x})(y_i - \bar{y})$，$L_{xx} = \sum_{i=1}^{n} (x_i - \bar{x})^2$.

这样 b 和 a 的最小二乘估计可以写成
$$\begin{cases} \hat{b} = \dfrac{L_{xy}}{L_{xx}}, \\ \hat{a} = \bar{y} - \hat{b} \bar{x}. \end{cases}$$

在得到 a 和 b 的最小二乘估计 $\hat{a}$, $\hat{b}$ 后,称方程
$$\hat{y} = \hat{a} + \hat{b}x$$
为一元回归方程(或经验回归方程).

通常取
$$\hat{\sigma}^2 = \frac{1}{n-2}\sum_{i=1}^{n}(y_i - \hat{a} - \hat{b}x_i)^2$$

作为参数 σ^2 的估计(又称 σ^2 的最小二乘估计). 可以证明 $\hat{\sigma}^2$ 是 σ^2 的无偏估计.

5.1.4 回归方程的显著性检验

前面用最小二乘法给出了回归参数的最小二乘估计,并由此给出了回归方程. 但回归方程并没有事先假定 y 与 x 一定存在线性关系,如果 y 与 x 不存在线性关系,那么得到的回归方程就毫无意义. 因此,需要对回归方程进行检验.

所谓对一元回归方程进行检验,就等价于检验
$$H_0: b=0, \quad H_1: b \neq 0.$$

关于以上检验问题的方法,常用的有 F 检验法,t 检验法和相关系数检验法,以下分别简要介绍.

5.1.4.1 F 检验法

为了寻找检验 H_0 的方法,将 x 对 y 的线性影响与随机波动引起的变差分开. 记 $S_A^2 = \sum_{i=1}^{n}(y_i - \bar{y})^2$,称它为观察值 $y_1, y_2, \cdots, y_n$ 的**离差平方和**.

S_A^2 反映了观察值 $y_i (i=1, 2, \cdots, n)$ 总的分散程度,对 S_A^2 进行分解,得到
$$S_A^2 = \sum_{i=1}^{n}[(\hat{y}_i - \bar{y}) + (y_i - \hat{y}_i)]^2$$
$$= \sum_{i=1}^{n}(\hat{y}_i - \bar{y})^2 + \sum_{i=1}^{n}(y_i - \hat{y}_i)^2 + 2\sum_{i=1}^{n}(\hat{y}_i - \bar{y})(y_i - \hat{y}_i).$$

其中 $\hat{y}_i = \hat{a} + \hat{b}x_i$. 可以证明,上式最后一项等于零,由此得
$$S_A^2 = \sum_{i=1}^{n}(\hat{y}_i - \bar{y})^2 + \sum_{i=1}^{n}(y_i - \hat{y}_i)^2 = S_{A_1}^2 + S_{A_2}^2,$$

其中,$S_{A_1}^2 = \sum_{i=1}^{n}(\hat{y}_i - \bar{y})^2$,$S_{A_2}^2 = \sum_{i=1}^{n}(y_i - \hat{y}_i)^2$.

$S_{A_1}^2$ 称为**回归平方和**,由于 $\frac{1}{n}\sum_{i=1}^{n}\hat{y}_i = \frac{1}{n}\sum_{i=1}^{n}(\hat{a} + \hat{b}x_i) = \hat{a} + \hat{b}\bar{x} = \bar{y}$,所以 $S_{A_1}^2$ 是回归值 $\hat{y}_i$ 的离差平方和,它反映了 $y_i(i=1, 2, \cdots, n)$ 的分散程度,这种分散程度是由于 y 与 x 之间线性关系引起的. $S_{A_2}^2$ 称为**残差平方和**,它反映了 y_i 与回归值 $\hat{y}_i$ 的偏离程度,它是 x 对 y 的线性影响之外其余因素产生的误差.

回归平方和 $S_{A_1}^2$ 占离差平方和 S_A^2 的比例称为**判定系数**(coefficient of determination)，又称**决定系数**，记作 R^2，其计算公式为

$$R^2 = \frac{S_{A_1}^2}{S_A^2} = \frac{\sum_{i=1}^{n}(\hat{y}_i - \bar{y})^2}{\sum_{i=1}^{n}(y_i - \bar{y})^2}.$$

判定系数(或决定系数) R^2 可以用于检验回归直线对数据的拟合程度. 如果所有观测点都落在回归直线上，则残差平方和 $S_{A_2}^2 = 0$，此时 $S_{A_1}^2 = S_A^2$，于是 $R^2 = 1$，拟合是完全的；如果 $\hat{y}_i = \bar{y}$，则 $R^2 = 0$. 可见 $R^2 \in [0, 1]$. R^2 越接近1，回归直线的拟合程度越好；R^2 越接近0，回归直线的拟合程度越差.

可以证明，在 H_0 成立时，有统计量

$$F = \frac{S_{A_1}^2}{\dfrac{S_{A_2}^2}{n-2}} \sim F(1, n-2).$$

如果 y 与 x 之间线性关系显著，则 $S_{A_1}^2$ 的值较大，因而 F 的值也较大；反之，如果 y 与 x 之间线性关系不显著，则 $S_{A_1}^2$ 的值较小，因而 F 的值也较小. 所以，可以根据 F 值的大小来检验 H_0 是否成立.

对于给定的显著性水平 α，拒绝域为 $W = \{F > F_\alpha(1, n-2)\}$. 如果 $F > F_\alpha(1, n-2)$，则拒绝 H_0，即可以认为 y 与 x 之间线性关系显著；反之，则不能拒绝 H_0，即可以认为 y 与 x 之间不存在线性关系，或线性回归方程无意义.

在计算 F 的值时，常用到公式 $S_{A_1}^2 = \hat{b} L_{xy} = \dfrac{L_{xy}^2}{L_{xx}}$，$S_{A_2}^2 = L_{yy} - \dfrac{L_{xy}^2}{L_{xx}}$.

例 5.1.2 在硝酸钠的溶解实验中，测得在不同温度 x 下，溶解于100份水中的硝酸钠的份数 y 的数据见表5-2.(1)求 y 关于 x 的线性回归方程；(2)在显著性水平 $\alpha = 0.05$ 下，检验(1)中回归方程的显著性.

表 5-2 试验数据

温度 x_i	0	4	10	15	21	29	36	51	68
y_i	66.7	71.0	76.3	80.6	85.7	92.9	99.4	113.6	125.1

解 (1)已知 $n = 9$，为了求线性回归方程，所需计算列在表5-3中.

表 5-3 有关计算

x_i	y_i	x_i^2	y_i^2	$x_i y_i$
0	66.7	0	4 448.89	0
4	71.0	16	5 041.00	284.0
10	76.3	100	5 821.69	763.0

(续表)

x_i	y_i	x_i^2	y_i^2	$x_i y_i$
15	80.6	225	6 496.36	1 209.0
21	85.6	441	7 344.36	1 799.7
29	92.9	841	8 630.41	2 694.1
36	99.4	1 296	9 880.36	2 578.4
51	113.6	2 601	12 904.96	5 793.6
68	125.1	4 624	15 650.01	8 506.8
$\sum$	234	811.2	10 144	76 201	24 627

根据表 5-3,得 $L_{xx} = 4\,060$, $L_{xy} = 3\,535.3$, $\hat{b} = \dfrac{L_{xy}}{L_{xx}} = 0.870\,8$, $\hat{a} = \bar{y} - \hat{b}\bar{x} = 67.493$. 于是得到回归直线方程 $\hat{y} = \hat{a} + \hat{b}x = 67.493 + 0.870\,8x$.

(2) 对于给定的显著性水平 $\alpha = 0.05$, 提出假设 $H_0: b = 0$.

由于 $S_A^2 = \sum\limits_{i=1}^{n}(y_i - \bar{y})^2 = L_{yy} = 3\,084.9$, $S_{A_1}^2 = \hat{b}L_{xy} = \dfrac{L_{xy}^2}{L_{xx}} = 3\,078.4$, $S_{A_2}^2 = L_{yy} - \dfrac{L_{xy}^2}{L_{xx}} = 6.469\,6$, 所以 $F = \dfrac{S_{A_1}^2}{S_{A_2}^2/(n-2)} = 3\,330.8$.

对于给定的显著性水平 $\alpha = 0.05$, 查 F 分布表, 得 $F_\alpha(1, n-2) = F_{0.05}(1, 7) = 5.59$, 所以 $F = 3\,330.8 > 5.59 = F_\alpha(1, n-2)$, 则拒绝 H_0, 即在显著性水平 $\alpha = 0.05$ 下, 可以认为线性回归方程有显著意义.

以下调用 regress 函数进行回归分析(调用 regress 函数等, 见本章最后一节"MATLAB 在回归分析中的应用"), 并画带回归方程的散点图.

(1) 调用 regress 函数进行回归分析, 其 MATLAB 代码如下:

```
x=[0, 4, 10, 15, 21, 29, 36, 51, 68];
y=[66.7, 71.0, 76.3, 80.6, 85.7, 92.9, 99.4, 113.6, 125.1];
X=[ones(9, 1), x'];
[b, bint, r, rint, stats]= regress(y', X, 0.05)
```

运行结果为

b= 67.5078
  0.8706
bint = 66.3125 68.7031
   0.8350 0.9062
stats =
  1.0e+03 *
  0.0010 3.3438 0.0000 0.0009

说明：在上述运行结果中略去了 r, rint(残差及其置信区间).

由以上计算结果可知，$\hat{b}_1 = 67.5078$，$\hat{b}_2 = 0.8706$，b_1 的置信水平为 0.95 的置信区间为 (66.3125, 68.7031)，b_2 的置信水平为 0.95 的置信区间为 (0.8350, 0.9062)，$R^2 = 1.0e+03 * 0.0010 = 1$，$F = 3.3438e+03$，$p = 0.0000 < 0.05$，$s^2 = 1.0e+03 * 0.0009$.

因此回归方程为 $\hat{y} = 67.5078 + 0.8706 x$.

(2) 以下绘出带回归方程的散点图，其 MATLAB 代码如下：

```
z= 67.5078+0.8706*x; plot(x,y,x,z,'r*')
```

运行结果如图 5-2 所示.

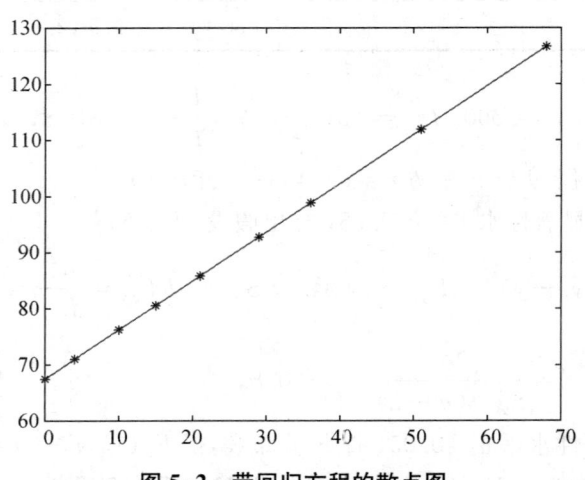

图 5-2 带回归方程的散点图

5.1.4.2　t 检验法

可以证明：

(1) $\dfrac{\hat{b} - b}{\sigma/\sqrt{L_{xx}}} \sim N(0, 1)$；

(2) $\dfrac{S_{A_2}^2}{\sigma^2} \sim \chi^2(n-2)$，且 $\hat{b}$ 与 $S_{A_2}^2$ 独立.

根据(1)和(2)有

$$\frac{\dfrac{\hat{b}-b}{\sigma/\sqrt{L_{xx}}}}{\sqrt{\dfrac{S_{A_2}^2/\sigma^2}{n-2}}} = \frac{(\hat{b}-b)\sqrt{L_{xx}}}{\sqrt{\dfrac{S_{A_2}^2}{n-2}}} \sim t(n-2).$$

用 $\hat{\sigma}^2 = \dfrac{S_{A_2}^2}{n-2}$ 代入上式，得 $t = \dfrac{\hat{b}-b}{\hat{\sigma}}\sqrt{L_{xx}} \sim t(n-2)$.

在 $H_0: b = 0$ 成立时,有 $t = \dfrac{\hat{b}}{\hat{\sigma}}\sqrt{L_{xx}} \sim t(n-2)$.

对于给定的显著性水平 α,拒绝域为 $W = \{|t| > t_{\frac{\alpha}{2}}(n-2)\}$. 如果 $|t| > t_{\frac{\alpha}{2}}(n-2)$,则拒绝 H_0,可以认为 y 与 x 之间线性关系显著;反之,则不能拒绝 H_0. 可以认为 y 与 x 之间不存在线性关系,或线性回归方程无意义.

根据例 1.4.5,若 $t \sim t(n)$,则 $t^2 \sim F(1,n)$,所以 F 检验法和 t 检验法本质上是相同的.

例 5.1.3 某职工医院用光电比色计检验尿汞时,得尿汞含量 x(单位:mg/L)与消化系统读数 y 的结果见表 5-4.

表 5-4 尿汞数据

尿汞含量 x_i	2	4	6	8	10
消化系统 y_i	64	138	205	285	360

假定 y 与 x 服从一元线性回归模型.(1)建立 y 对 x 的回归方程,并计算 σ^2 的估计值;(2)在显著性水平 $\alpha = 0.05$ 下,检验 y 与 x 是否存在显著线性关系.

解 根据表 5-4,所需计算见表 5-5.

表 5-5 有关计算

x_i	y_i	x_i^2	$x_i y_i$
2	64	4	128
4	138	16	552
6	205	36	1 230
8	285	64	2 280
10	360	100	3 600
$\sum$ 30	1 052	220	7 790

(1) 根据表 5-5,得 $\bar{x} = 6$,$\bar{y} = 210.4$,$L_{xx} = 220 - 5 \times 36 = 40$,$L_{xy} = 7790 - 5 \times 6 \times 210.4 = 1478$,$L_{yy} = \sum\limits_{i=1}^{5} y_i^2 - 5\bar{y}^2 = 275990 - 5 \times 210.4^2 = 54649.2$;$\hat{b} = \dfrac{L_{xy}}{L_{xx}} = 36.95$,$\hat{a} = \bar{y} - \hat{b}\bar{x} = -11.3$. 故所求回归方程为 $\hat{y} = -11.3 + 36.95x$.

σ^2 的估计为 $\hat{\sigma}^2 = \dfrac{S_{A_2}^2}{n-2} = \dfrac{L_{yy} - \dfrac{L_{xy}^2}{L_{xx}}}{n-2} = 12.37$.

(2) 假设 $H_0: b = 0$,$H_1: b \neq 0$,$|t| = \dfrac{|\hat{b}|}{\hat{\sigma}}\sqrt{L_{xx}} = \dfrac{36.95}{\sqrt{12.37}} \times \sqrt{40} = 66.45 > t_{0.025}(3) = 3.1824$,故在显著性水平 $\alpha = 0.05$ 下拒绝 H_0,可以认为 y 与 x 是线性相关显著的.

以下调用 regress 函数进行回归分析(调用 regress 函数等,见本章最后一节"MATLAB 在回归分析中的应用"),其 MATLAB 代码如下:

x=[2, 4, 6, 8, 10];
y=[64, 138, 205, 285, 360];
X=[ones(5, 1), x'];
[b, bint, r, rint, stats]= regress(y', X, 0.05)

运行结果为

b =
　　−11.3000
　　36.9500
bint =
　　−23.0377　0.4377
　　35.1805　38.7195
stats =
　　1.0e+03 *
　　0.0010　4.4161　0.0000　0.0124

所以回归方程为 $\hat{y} = -11.3 + 36.95x$.

5.1.4.3　相关系数检验法

相关系数的大小可以表示两个随机变量线性关系的密切程度. 对于线性回归中的变量 x 与 y,其样本的相关系数为

$$r = \frac{\sum_{i=1}^{n}(x_i - \bar{x})(y_i - \bar{y})}{\sqrt{\sum_{i=1}^{n}(x_i - \bar{x})^2}\sqrt{\sum_{i=1}^{n}(y_i - \bar{y})^2}} = \frac{L_{xy}}{\sqrt{L_{xx}}\sqrt{L_{yy}}}.$$

给定显著性水平 α,查相关系数表(见书末的附表 5),得 $r_\alpha(n-2)$,根据试验数据 $(x_i, y_i)(i=1, 2, \cdots, n)$ 计算 r 的值,当 $|r| > r_\alpha(n-2)$ 时,则拒绝 H_0,即可以认为 y 与 x 之间线性关系显著;反之,当 $|r| \leqslant r_\alpha(n-2)$ 时,则不能拒绝 H_0,即可以认为 y 与 x 之间不存在线性关系,或线性回归方程无意义.

可以证明 F 检验法和相关系数检验法本质上是相同的(证明从略),因此 F 检验法, t 检验法和相关系数检验法本质上都是相同的.

例 5.1.4　在例 5.1.2 中,由于 $L_{xx} = 4060$, $L_{xy} = 3534.8$, $L_{yy} = 3537.4$,则 $r = \frac{L_{xy}}{\sqrt{L_{xx}}\sqrt{L_{yy}}} = \frac{3534.8}{\sqrt{4060}\sqrt{3537.4}} = 0.932738$. 查相关系数表,得 $r_\alpha(n-2) = r_{0.05}(7) = 0.6664$ < 0.932738 = $|r|$,因此在显著性水平 $\alpha = 0.05$ 时,拒绝 H_0,即可以认为 y 与 x 是线性相关显著的(这个结果与例 5.1.2 相同).

在例 5.1.3 中,由于 $L_{xx} = 40$, $L_{xy} = 1478$, $L_{yy} = 54649.2$,则 $r = \frac{L_{xy}}{\sqrt{L_{xx}}\sqrt{L_{yy}}} = $

$$\frac{1\,478}{\sqrt{40}\sqrt{54\,649.2}}=0.999\,66.$$ 查相关系数表,得 $r_\alpha(n-2)=r_{0.05}(3)=0.878\,3<0.999\,66=|r|$,因此在显著性水平 $\alpha=0.05$ 时,拒绝 H_0,即可以认为 y 与 x 是线性相关显著的(这个结果与例 5.1.3 相同).

例 5.1.5 求例 5.1.1 中的回归方程,并对相应的回归方程进行检验.

解 调用 regress 函数进行回归分析,其 MATLAB 代码如下:

```
clc;
x=[0.10,0.11,0.12,0.13,0.14,0.15,0.16,0.17,0.18,0.20,0.21,0.23];
y=[42.0,43.5,45.0,45.5,45.0,47.5,49.0,53.0,50.0,55.0,55.0,60.0];
X=[ones(12,1),x'];
[b,bint,r,rint,stats]= regress(y',X,0.05)
```

运行结果为

```
b =
     28.4928
    130.8348
bint =
     24.9728    32.0128
    109.2589   152.4107
stats =
      0.9481   182.5546   0.0000   1.7410
```

说明:在上述运行结果中略去了 r,rint(残差及其置信区间).

由以上计算结果可知,$\hat{b}_1=28.492\,8$,$\hat{b}_2=130.834\,8$,b_1 的置信水平为 0.95 的置信区间为 $(24.972\,8,32.012\,8)$,b_2 的置信水平为 0.95 的置信区间为 $(109.258\,9,152.410\,7)$,$R^2=0.948\,1$,$F=182.554\,6$,$p=0.000\,0<0.05$,$s^2=1.741\,0$.

因此回归方程为 $\hat{y}=28.492\,8+130.834\,8x$.

例 5.1.6 为了解血压随年龄的增长而升高的关系,调查了 30 名成年人的血压(收缩压(mmHg))见表 5-6. 我们希望用这组数据确定血压与年龄的关系.

表 5-6 血压和年龄

序号	血压	年龄	序号	血压	年龄	序号	血压	年龄
1	144	39	8	124	42	15	128	42
2	215	47	9	158	67	16	130	48
3	138	45	10	154	56	17	135	45
4	145	47	11	162	64	18	114	18
5	162	65	12	150	56	19	116	20
6	142	46	13	140	59	20	124	19
7	170	67	14	110	34	21	136	36

（续表）

序号	血压	年龄	序号	血压	年龄	序号	血压	年龄
22	142	50	25	160	44	28	130	29
23	120	39	26	158	53	29	125	25
24	120	21	27	144	63	30	175	69

解 应用 MATLAB 统计工具箱中的函数 regress 进行回归分析.

(1) 记血压 y，年龄 x，将 y 与 x 作散点图.

x=[39,47,45,47,65,46,67,42,67,56,64,56,59,34,42,48,45,18,20,19,36,50,39,21,44,53,63, 29,25,69];

X=[ones(30,1),x1'];

y=[144,215,138,145,162,142,170,124,158,154,162,150,140,110,128,130,135,114,116,124, 136,142,120,120,160,158,144,130,125,175];

plot(x1,y,'r+')

运行结果如图 5-3 所示.

从图 5-3 可以看出大致呈线性关系.

(2) 绘制残差图.

rcoplot(r, rint)

运行结果如图 5-4 所示.

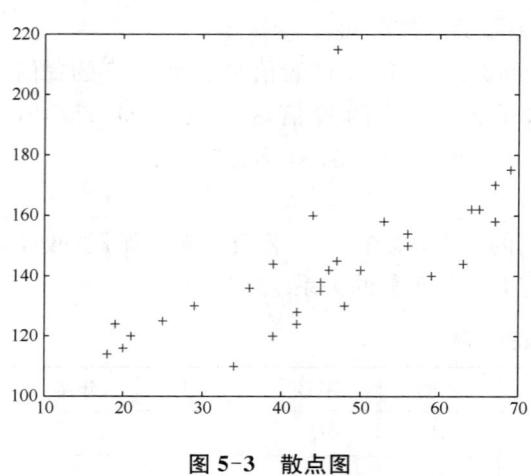

图 5-3 散点图

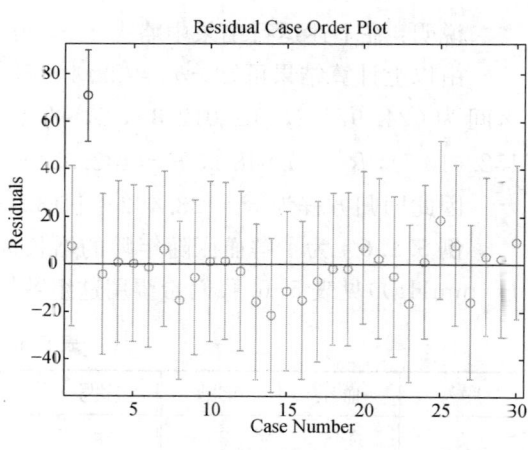

图 5-4 残差图

从图 5-4 可以看出，除第 2 个点外，其余数据的残差离零点都比较近，残差的置信区间都包含零点，而第 2 个数据点为异常点.

(3) 回归参数的点估计、区间估计的计算.

其 MATLAB 代码如下：

[b, bint, r, rint, stats]=regress(y', X, 0.05)

运行结果为

b = 98.4084   0.9732
bint =
   78.7484   118.06832
    0.5601   1.3864
stats = 0.4540   23.2834   0.0000   273.7137

把以上计算结果列在表 5-7 中.

表 5-7　回归参数的计算结果

回归参数	回归参数的点估计	回归参数的区间估计
b_1	98.408 4	(78.748 4, 118.068 32)
b_2	0.973 2	(0.560 1, 1.386 4)

$R^2 = 0.454\,0$, $F = 23.283\,4$, $p = 0.000\,0 < 0.05$, $s^2 = 273.713\,7$.

由于 $R^2 = 0.454\,0$ 较小,说明模型的精度不高.

把原始数据中的第 2 个剔除后,重新计算,其结果见表 5-8.

表 5-8　回归参数的计算结果

回归参数	回归参数的点估计	回归参数的区间估计
b_1	96.866 5	(85.477 1, 108.255 9)
b_2	0.953 3	(0.714 0, 1.192 5)

$R^2 = 0.712\,3$, $F = 66.835\,8$, $p = 0.000\,0 < 0.05$, $s^2 = 91.430\,5$.

从上面两种情况可以看出,R^2 和 F 变大,s^2 变小,说明模型的精度提高了.

(4) 把各数据点及回归方程绘制在同一个图中.

其 MATLAB 代码如下:

```
z = 96.8665 + 0.9533 * x1;
plot(x, y, '*', x, z, 'r')
```

运行结果如图 5-5 所示.

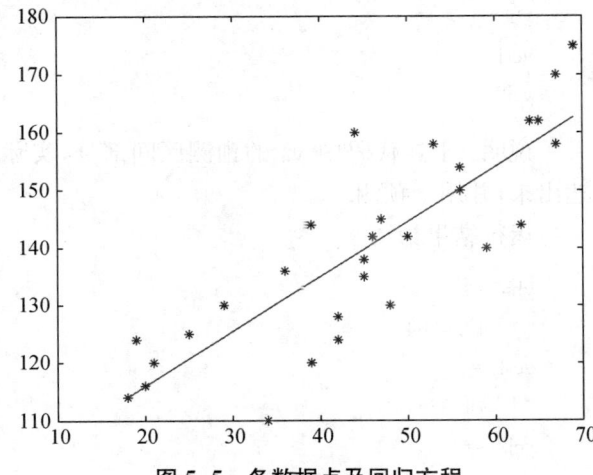

图 5-5　各数据点及回归方程

5.1.5 预测

经过检验后,如果回归效果显著,就可以利用回归方程进行预测. 所谓预测,就是对给定的回归自变量的值,预测对应的回归因变量的所有可能取值范围. 因此,这是一个区间估计问题.

对给定的回归自变量 x 的值 $x=x_0$,记回归值为 $\hat{y}_0 = \hat{a} + \hat{b}x_0$,则 $\hat{y}_0$ 为因变量 y 在 $x=x_0$ 处的观测值,即 $y_0 = a + bx_0 + \varepsilon_0$ 的估计.

可以证明,在置信水平 $1-\alpha$ 下 y_0 的预测区间为

$$\left(\hat{y}_0 - t_{\frac{\alpha}{2}}(n-2) \cdot \hat{\sigma} \sqrt{1 + \frac{1}{n} + \frac{(x_0 - \bar{x})^2}{L_{xx}}},\ \hat{y}_0 + t_{\frac{\alpha}{2}}(n-2) \cdot \hat{\sigma} \sqrt{1 + \frac{1}{n} + \frac{(x_0 - \bar{x})^2}{L_{xx}}} \right). \tag{5.1.3}$$

例 5.1.7(续例 5.1.5,续例 5.1.1) 在例 5.1.1 中,设 $x_0=0.16$,求 y_0 的估计 $\hat{y}_0$,y_0 的预测区间(取置信水平 $\alpha=0.95$).

解 在例 5.1.5 中对例 5.1.1 中的数据,调用 regress 函数进行回归分析,以下在此基础上,设 $x_0=0.16$,求 y_0 的估计 $\hat{y}_0$,y_0 的预测区间(取置信水平为 0.95),其 MATLAB 代码如下:

```
n=length(y);
t0=tinv(0.975,n-2);
sigmahat=sqrt((n-1)*var(r)/(n-2));
a=(n-1)*var(r);
px=0.16;
lx=sqrt(1+1/n+(px-mean(x)).^2./a)*sigmahat*t0;
yhat=b(1)+b(2).*px;
yci1= yhat-lx;
yci2= yhat+lx;
yhat
yci1
yci2
```

说明:上述代码中 y_0 的预测区间部分,实际上就是用 MATLAB 语言把式(5.1.3)表达出来,并用于预测.

运行结果为

yhat =
    49.4264
yci1 =
    46.3664
yci2 =
    52.4864

所以 $\hat{y}_0 = 49.4264$，y_0 的预测区间（取置信水平 $\alpha = 0.95$）为 $(46.3664, 52.4864)$.

习题 5.1

1. 为考察某种维尼纶纤维的耐水性能，安排了一组试验，测得其甲醇浓度 x 及相应的"缩醇化度" y 的数据见下表：

x	18	20	22	24	26	28	30
y	28.86	28.35	28.75	28.87	29.75	30.00	30.36

(1)作散点图；(2)求样本相关系数；(3)建立一元线性回归方程；(4)对所建立一元线性回归方程作显著性检验（显著性水平 $\alpha = 0.01$）.

2. 下表数据是退火温度 x（单位：℃）对黄铜延性 y 效应的试验结果，y 是以延长度计算的.

x/℃	300	400	500	600	700	800
y	40%	50%	55%	60%	37%	70%

绘制散点图并求 y 对于 x 的线性回归方程.

3. 由专业知识知道，合金的强度 y（单位：10^7 Pa）与合金中碳的含量 x 有关，合金的强度 y 与碳含量 x 的数据见下表.

合金的强度 y 与碳含量 x

序号	x	y	序号	x	y	序号	x	y
1	0.10%	42.0	5	0.14%	45.0	9	0.18%	50.0
2	0.11%	43.0	6	0.15%	47.5	10	0.20%	55.0
3	0.12%	45.0	7	0.16%	49.0	11	0.21%	55.0
4	0.13%	45.0	8	0.17%	53.0	12	0.23%	60.0

如果 y 与 x 有线性关系，(1)求 y 关于 x 的性回归方程；(2)显著性水平 $\alpha = 0.01$ 时，对所建回归方程进行检验.

4. 在例 5.1.3 中，在显著性水平 $\alpha = 0.05$ 下，x 对 y 显著线性相关，求观察值在 $x_0 = 14$ 处 y 的置信水平 $\alpha = 0.95$ 的预测区间.

5. 下表列出了 6 个工业发达国家在 1979 年的失业率 y 与国民经济增长率 x 的数据.

国家	国民经济增长率 x	失业率 y	国家	国民经济增长率 x	失业率 y
美国	3.2%	5.8%	西德	4.5%	3.0%
日本	5.6%	2.1%	意大利	4.9%	3.9%
法国	3.5%	6.1%	英国	1.4%	5.7%

(1) 请研究 y 与 x 之间的关系；
(2) 建立 y 关于 x 的一元线性回归方程；
(3) 在显著性水平 $\alpha = 0.05$ 下，对所求回归方程进行显著性检验；

(4) 若一个工业发达国家的国民经济增长率 $x = 3\%$,求其失业率的预测值.

6. 在钢线碳含量对于电阻的效应的研究中,得到以下的数据:

碳含量 x	0.10%	0.30%	0.40%	0.55%	0.70%	0.80%	0.95%
电阻 y(20℃时,$\mu\Omega$)	15	18	19	21	22.6	23.8	26

(1) 根据上表中的数据绘制散点图;
(2) 求线性回归方程 $\hat{y} = \hat{a} + \hat{b}x$;
(3) 求 ε 的方差 σ^2 的无偏估计;
(4) 检验假设 $H_0: b = 0, H_1: b \neq 0$;
(5) 若回归效果显著,求 $x = 0.50$ 处观察值 y 的置信水平 α 为 0.95 的预测区间.

7. 在硝酸钠的溶解度实验中,测得在不同温度下,溶解于 100 份水中的硝酸钠份数的数据见下表:

温度 x/℃	0	4	10	15	21	29	36	51	63
份数 y	66.7	71.0	76.3	80.6	85.7	92.9	99.4	113.6	125.1

(1) 根据上表中的数据绘制散点图;
(2) 求回归方程 $\hat{y} = \hat{a} + \hat{b}x$;
(3) 检验假设 $H_0: b = 0, H_1: b \neq 0$,显著性水平为 $\alpha = 0.05$;
(4) 在温度 $x = 75$℃ 时,求 y 的预测值.

8. 某地区车祸次数 y(单位:千次)与汽车拥有量 x(单位:万辆)的 11 年统计数据见下表.

年度	汽车拥有量 x	车祸次数 y	年度	汽车拥有量 x	车祸次数 y
1	352	166	7	529	227
2	373	153	8	577	238
3	411	177	9	641	268
4	441	201	10	692	268
5	462	216	11	743	274
6	490	208			

假设 y 对 x 的回归是线性的,
(1) 试求回归系数与误差方差 σ^2 的估计;
(2) 在显著性水平为 $\alpha = 0.05$ 下,检验回归方程的显著性;
(3) 假设拥有 800 万辆汽车,求车祸次数置信水平为 95% 的预测区间.

5.2 可线性化的一元非线性回归

曲线回归分析的基本任务是通过两个变量 x 和 y 的实际观测数据建立曲线回归方程,以揭示 x 和 y 间的曲线关系的形式.常用的一种方法:通过变量替换,把一元非线性回归问题转化为一元线性回归问题.

在许多实际问题中,变量之间的相关关系不一定都是线性关系,当它们之间是非线性关系时,我们就不能用线性回归方程来描述它们之间的关系.但有些变量之间的关系,只要进行变量替换,就可以化为线性回归问题,仍然可以利用线性回归的方法来确定它们之间的关系.对于这种类型的问题,我们首先要设法确定两个变量之间的曲线相关的类型,选择一条适当的曲线来拟合两个变量之间的相关关系,然后根据其特点进行变量替换,从而转化为线性回归问题.将非线性回归问题转化为线性回归问题,求出有关参数的估计值,就能得到所需的回归曲线.

下面列举一些常用的曲线方程,并给出相应的化为一元线性回归方程的变量替换公式.

(1) $y = a + \dfrac{b}{x}$.

令 $t = \dfrac{1}{x}$,可化为 $y = a + bt$.

(2) $y = ax^b (a > 0)$.

令 $u = \ln y, v = \ln x$,可化为 $u = a' + bv$. 其中 $a' = \ln a$.

(3) $y = a e^{bx} (a > 0)$.

令 $t = \ln y$,可化为 $t = a' + bx$. 其中 $a' = \ln a$.

(4) $y = a e^{\frac{b}{x}} (a > 0)$.

令 $t = \ln y, u = \dfrac{1}{x}$,可化为 $t = a' + bu$. 其中 $a' = \ln a$.

(5) $y = a + b \ln x$.

令 $t = \ln x$,可化为 $y = a + bt$.

一元非线性回归问题,首要的工作是确定因变量 y 与自变量 x 之间曲线关系的类型. 通常通过两个途径来确定:

(1) 利用有关专业知识,根据已知的理论规律和实践经验.

(2) 如果没有已知的理论规律和实践经验可以利用,可在直角坐标系作散点图,观察数据点的分布趋势与哪一类已知函数曲线最接近,然后再选用该函数关系来拟合数据.

另外,如果找不到与已知函数曲线较接近数据的分布趋势,这时可以利用多项式回归,通过逐渐增加多项式的次数来拟合,直到满意为止.

例 5.2.1 炼钢过程中需要钢包来盛钢水,由于受到钢水的浸蚀作用,钢包的容积会不断扩大. 表 5-9 给出使用次数 x 和增大容积 y 的数据. 请用函数 $y = a e^{\frac{b}{x}}$ 来拟合钢包使用次数 x 和增大容积 y 之间的关系 $(\alpha = 0.05)$.

表 5-9 钢包使用次数和增大容积

使用次数 x	2	3	4	5	7	8	10
增大容积 y	106.42	108.20	109.58	109.50	110.00	109.93	110.49
使用次数 x	11	14	15	16	18	19	—
增大容积 y	110.59	110.60	110.90	110.76	111.00	111.20	—

解 首先,在 $y = a\mathrm{e}^{\frac{b}{x}}$ 两边取对数,令 $y_1 = \ln y$, $x_1 = \dfrac{1}{x}$,则可以把 $y = a\mathrm{e}^{\frac{b}{x}}$ 化为线性方程 $y_1 = \ln a + bx_1$.

MATLAB 代码如下:

```
x=[2, 3, 4, 5, 7, 8, 10, 11, 14, 15, 16, 18, 19];
y=[106.42,108.20,109.58,109.50,110.00,109.93,110.49,110.59,110.60,110.90,110.76,111.00,111.20];
X=[ones(13, 1), x'];
[b, bint, r, rint, stats]=regress(log(y)', 1./X, 0.05)
```

运行结果为

b = 4.7141 −0.0903

bint =

    4.7121   4.7161

−0.1001   −0.0805

stats = 0.9739 410.1674 0.0000 0.0000

因此 $\hat{a} = \exp(4.7141) = 111.5084$, $\hat{b} = -0.0903$; $R^2 = 0.9739$, $F = 410.1674$, $p = 0.0000 < 0.05$, $s^2 = 0.0000$,说明回归方程的显著性非常好.

于是所求的回归曲线方程为 $y = \hat{a}\mathrm{e}^{\frac{\hat{b}}{x}} = 111.5084\mathrm{e}^{-\frac{0.0903}{x}}$.

绘出此回归曲线图. 其 MATLAB 代码如下:

```
z=111.5084*exp(-0.0903./x);
plot(x, y, '*', x, z, 'r')
```

运行结果如图 5-6 所示.

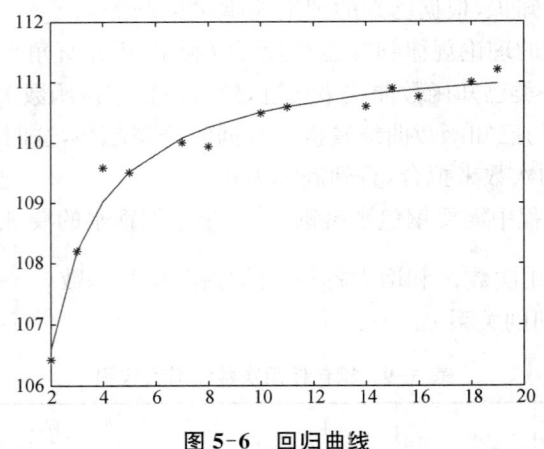

图 5-6 回归曲线

在例 5.2.1 中,直接用函数 $y = a\mathrm{e}^{\frac{b}{x}}$ 来拟合钢包使用次数 x 和增大容积 y 之间的关系. 其实这里涉及优化模型的选择问题.

习题 5.2

1. 设曲线函数形式为 $y=a+b\ln x$,请给出一个变换将之化为一元线性回归的形式.

2. 同一生产面积上某作物单位生产产品的成本与产量间近似满足双曲线型关系 $y=a+\dfrac{b}{x}$,试利用下表求出 y 对 x 的回归曲线方程.

x	5.67	4.45	3.84	3.84	3.73	2.18
y	17.7	18.5	18.9	18.8	18.3	19.1

3. 在彩色显影中,形成染料光学密度与析出银的光学密度之间有密切关系,测试的 11 组数据见下表.

x	0.05	0.06	0.07	0.10	0.14	0.20	0.25	0.31	0.38	0.43	0.47
y	0.10	0.14	0.23	0.37	0.59	0.79	1.00	1.12	1.19	1.25	1.29

试求 $\hat{y}=a\mathrm{e}^{\frac{b}{x}}$ 型的回归方程.

4. 现对具体统计关系的两个变量的取值情况进行 13 次试验,所得数据见下表.

x	2	3	4	5	7	8	10
y	0.939 7	0.924 2	0.912 6	0.913 2	0.909 1	0.909 7	0.905 1
x	11	14	15	16	18	19	
y	0.904 2	0.904 2	0.901 7	0.902 9	0.900 9	0.899 3	

求回归曲线方程 $\dfrac{1}{\hat{y}}=\hat{a}+\dfrac{\hat{b}}{x}$.

5. 为检验 X 射线的杀菌作用,用 220 kV 的 X 射线来照射细菌,每次照射 6 min,共照射 15 次. 用 t 表示照射次数,各次照射后所剩的细菌数 y 见下表.

t	1	2	3	4	5	6	7	8	9	10	11	12	13	14	15
y	355	211	197	160	142	106	104	60	56	38	36	32	21	19	15

(1) 根据经验知,可以建立 y 关于 t 的曲线回归方程为 $\hat{y}=a\mathrm{e}^{bt}$,试用适当的变换,把上述曲线回归方程化为一元线性回归方程,并求出参数估计值;

(2) 若采用曲线回归方程为 $\hat{y}=at^{b}$,试比较两个回归方程哪个对数据拟合较好?

5.3 多元线性回归

在实际问题中,如果与因变量 y 有关联性的自变量不止一个,假设有 p 个. 此时无法借助图形来确定模型,这里仅讨论一种简单又普遍的模型——多元线性回归模型.

5.3.1 多元线性回归模型

设变量 y 与变量 $x_1, x_2, \cdots, x_p$ 之间有线性关系

$$y = b_0 + b_1 x_1 + \cdots + b_p x_p + \varepsilon, \quad \varepsilon \sim N(0, \sigma^2), \tag{5.3.1}$$

其中 $b_0, b_1, \cdots, b_p (p \geq 2)$ 和 σ^2 为未知参数.

若 $(x_{i1}, x_{i2}, \cdots, x_{ip}, y_i)\ (i = 1, 2, \cdots, n)$ 是 $(x_1, x_2, \cdots, x_p, y)$ 的一组 $n(n > p+1)$ 次独立观测值,则多元线性回归模型可以表示为

$$y_i = b_0 + b_1 x_{i1} + \cdots + b_p x_{ip} + \varepsilon_i, \quad \varepsilon_i \sim N(0, \sigma^2), \quad i = 1, 2, \cdots, n. \tag{5.3.2}$$

其中各 ε_i 相互独立.

以下用矩阵的形式来描述多元线性回归模型.

记

$$\boldsymbol{X} = \begin{pmatrix} 1 & x_{11} & \cdots & x_{1p} \\ 1 & x_{21} & \cdots & x_{2p} \\ \vdots & \vdots & & \vdots \\ 1 & x_{n1} & \cdots & x_{np} \end{pmatrix}, \quad \boldsymbol{Y} = \begin{pmatrix} y_1 \\ y_2 \\ \vdots \\ y_n \end{pmatrix}, \quad \boldsymbol{b} = \begin{pmatrix} b_0 \\ b_1 \\ \vdots \\ b_p \end{pmatrix}, \quad \boldsymbol{\varepsilon} = \begin{pmatrix} \varepsilon_1 \\ \varepsilon_2 \\ \vdots \\ \varepsilon_n \end{pmatrix}.$$

式(5.3.2)可以表示为

$$\boldsymbol{Y} = \boldsymbol{X}\boldsymbol{b} + \boldsymbol{\varepsilon},$$

其中,$\boldsymbol{Y}$ 为由因变量(响应变量)构成的 n 维向量,$\boldsymbol{X}$ 为 $n \times (p+1)$ 矩阵,$\boldsymbol{b}$ 为 $p+1$ 维向量,$\boldsymbol{\varepsilon}$ 为 n 维误差向量,且 $\boldsymbol{\varepsilon} \sim N(0, \sigma^2 \boldsymbol{I}_n)$,$\boldsymbol{I}_n$ 是 n 阶单位矩阵.

5.3.2 回归参数的估计

与一元线性回归模型类似,求参数 $\boldsymbol{b}$ 的估计 $\hat{\boldsymbol{b}}$ 就是最小二乘问题

$$Q(\boldsymbol{b}) = \sum_{i=1}^{n} \boldsymbol{\varepsilon}^2 = (\boldsymbol{Y} - \boldsymbol{X}\boldsymbol{b})^{\mathrm{T}}(\boldsymbol{Y} - \boldsymbol{X}\boldsymbol{b})$$

的最小值点 $\hat{\boldsymbol{b}}$.

可以证明 $\boldsymbol{b}$ 的最小二乘估计为

$$\hat{\boldsymbol{b}} = (\boldsymbol{X}^{\mathrm{T}} \boldsymbol{X})^{-1} \boldsymbol{X}^{\mathrm{T}} \boldsymbol{Y}. \tag{5.3.3}$$

从而得经验回归方程为

$$\hat{\boldsymbol{Y}} = \boldsymbol{X} \hat{\boldsymbol{b}} = \hat{b}_0 + \hat{b}_1 x_1 + \cdots + \hat{b}_p x_p.$$

称 $\hat{\boldsymbol{\varepsilon}} = \boldsymbol{Y} - \boldsymbol{X}\hat{\boldsymbol{b}}$ 为残差向量. 取

$$\hat{\sigma}^2 = \frac{\hat{\boldsymbol{\varepsilon}}^{\mathrm{T}} \hat{\boldsymbol{\varepsilon}}}{n - p - 1}$$

为 σ^2 的估计,又称 σ^2 的最小二乘估计. 可以证明:

(1) $\hat{\sigma}^2$ 是 σ^2 的无偏估计.

(2) 协方差矩阵为 $\mathrm{Cov}(\boldsymbol{b}) = \sigma^2 (\boldsymbol{X}^{\mathrm{T}}\boldsymbol{X})^{-1}$.

$\boldsymbol{b}$ 的各分量的标准差为 $\sqrt{D(b_i)} = \hat{\sigma}\sqrt{c_{ii}}$, $i = 1, 2, \cdots, p$. 其中 c_{ii} 为 $\boldsymbol{C} = (\boldsymbol{X}^{\mathrm{T}}\boldsymbol{X})^{-1}$ 对角线上的第 i 个元素.

5.3.3 回归方程的显著性检验

由于多元线性回归中无法借助图形帮助判断,所以 $E(y)$ 是否随 $x_1, x_2, \cdots, x_p$ 作线性变化,因此显著性检验就显得尤为重要. 检验有两种,一种是回归系数的显著性检验,主要是检验某个变量 x_i 的系数是否为 0; 另一种是检验回归方程的显著性检验,简单地说,就是检验该组数据是否可以用于线性方程作回归分析.

5.3.3.1 回归系数的显著性检验

$$H_{i0}: b_i = 0, \quad H_{i1}: b_i \neq 0, \quad i = 1, 2, \cdots, p.$$

当 H_{i0} 成立时,可以证明统计量

$$T_i = \frac{b_i}{\hat{\sigma}\sqrt{c_{ii}}} \sim t(n-p-1), \quad i = 1, 2, \cdots, p.$$

给定显著性水平 α,检验的拒绝域为 $W = \{|T_i| \geq t_{\frac{\alpha}{2}}(n-p-1)\}$.

5.3.3.2 回归方程的显著性检验

$$H_0: b_1 = b_2 = \cdots = b_p = 0, \quad H_1: b_1, b_2, \cdots, b_p \text{ 不全为 } 0.$$

可以证明,当 H_0 成立时,统计量

$$F = \frac{\dfrac{SS_R}{p}}{\dfrac{SS_E}{n-p-1}} \sim F(p, n-p-1),$$

其中, $SS_R = \sum_{i=1}^{n}(\hat{y}_i - \bar{y})^2$, $SS_E = \sum_{i=1}^{n}(y_i - \hat{y}_i)^2$, $\bar{y} = \dfrac{1}{n}\sum_{i=1}^{n}y_i$, $\hat{y}_i = \hat{b}_0 + \hat{b}_1 x_{i1} + \cdots + \hat{b}_p x_{ip}$.

一般地, SS_R 称为回归平方和, SS_E 称为残差平方和.

给定显著性水平 α,检验的拒绝域为 $W = \{F > F_{\frac{\alpha}{2}}(p, n-p-1)\}$.

与一元回归模型类似,在软件中,通常用 p 值来判别是否拒绝原假设.

$R^2 = \dfrac{SS_R}{SS_T}$,用它来衡量 y 与 $x_1, x_2, \cdots, x_p$ 之间相关的密切程度,其中 $SS_T = SS_R + SS_E = \sum_{i=1}^{n}(y_i - \bar{y})^2$ 称为总体离差平方和.

例 5.3.1 根据经验,在人的身高相同的情况下,血压的收缩压 y 与体重 x_1 (kg),年龄

x_2(岁)有关. 现收集了 13 名男子的数据, 见表 5-10. 请建立 y 与 x_1, x_2 的线性回归方程.

表 5-10 收缩压、体重和年龄的数据

序号	1	2	3	4	5	6	7	8	9	10	11	12	13
x_1	76.0	91.5	85.5	82.5	79.0	80.5	74.5	79.5	85.0	76.5	82.0	95.0	92.5
x_2	50	20	20	30	30	50	60	50	40	55	40	40	20
y	120	141	124	126	117	125	123	125	132	123	132	155	147

解 调用 regress 函数进行回归分析, 其 MATLAB 代码如下:

```
clc;
x1=[76.0,91.5,85.5,82.5,79.0,80.5,74.5,79.5,85.0,76.5,82.0,95.0,92.5];
x2=[50,20,20,30,30,50,60,50,40,55,40,40,20];
y=[120,141,124,126,117,125,123,125,132,123,132,155,147];
n=13;
m=2;
X=[ones(n,1),x1',x2',];
[b,bint,r,rint,stats]=regress(y',X);
b,bint,stats,
```

运行结果为

```
b =
   -62.6538
     2.1346
     0.3944
bint =
  -101.1582   -24.1494
     1.7372     2.5319
     0.2065     0.5823
stats =
     0.9443   84.7797    0.0000    8.4206
```

由以上计算结果可知, $\hat{b}_1=-62.6538$, $\hat{b}_2=2.1346$, $\hat{b}_3=0.3944$, b_1 的置信水平 $\alpha=0.95$ 的置信区间为 $(-101.1582,-24.1494)$, b_2 的置信水平 $\alpha=0.95$ 的置信区间为 $(1.7372,2.5319)$, b_3 的置信水平为 $\alpha=0.95$ 的置信区间为 $(0.2065,0.5823)$, $R^2=0.9443$, $F=84.7797$, $p=0.0000<0.05$, $s^2=8.4206$.

因此回归方程为 $\hat{y}=-62.6538+2.1346x_1+0.3944x_2$.

例 5.3.2 世界卫生组织推荐的"体质指数"BMI(Body Mass Index)的定义为 $BMI=\dfrac{W(\text{kg})}{[H(\text{m})]^2}$, 其中, W 表示体重(单位: kg), H 表示身高(单位: m). 显然它比体重本身更能反映人的胖瘦. 测量 30 个人的血压和体质指数, 见表 5-11. 请建立血压与年龄以及体质指数之间的模型, 并作回归分析. 如果还有他(她)们的吸烟习惯的记录, 见表 5-11(其中, 0 表示不吸烟,1 表示吸烟),怎样在模型中考虑这个因素,吸烟会使血压升高吗？请对 50 岁且体质指数为 25 的吸烟者的血压作预测.

表 5-11　血压,年龄,体质指数和吸烟习惯的数据

序号	血压	年龄	体质指数	吸烟习惯	序号	血压	年龄	体质指数	吸烟习惯
1	144	39	24.2	0	16	130	48	22.2	1
2	215	47	31.1	1	17	135	45	27.4	0
3	138	45	22.6	0	18	114	18	18.8	0
4	145	47	24.0	1	19	116	20	22.6	0
5	162	65	25.9	0	20	124	19	21.5	0
6	142	46	25.1	0	21	136	36	25.0	0
7	170	67	29.5	1	22	142	50	26.2	1
8	124	42	19.7	0	23	120	39	23.5	0
9	158	67	27.2	1	24	120	21	20.3	0
10	154	56	19.3	0	25	160	44	27.1	1
11	162	64	28.0	1	26	158	53	28.6	1
12	150	56	25.8	0	27	144	63	28.3	0
13	140	59	27.3	0	28	130	29	22.0	1
14	110	34	20.1	0	29	125	25	25.3	0
15	128	42	21.7	0	30	175	69	27.4	1

解　记血压 y,年龄 x_1,体质指数 x_2,吸烟习惯 x_3.

其 MATLAB 写代码如下：

y=[144,215,138,145,162,142,170,124,158,154,162,150,140,110,128,130,135,114,116,124,
　　136,142,120,120,160,158,144,130,125,175];
x1=[39,47,45,47,65,46,67,42,67,56,64,56,59,34,42,48,45,18,20,19,36,50,39,21,44,53,63,
　　29,25,69];
x2=[24.2,31.1,22.6,24,25.9,25.1,29.5,19.7,27.2,19.3,28,25.8,27.3,20.1,21.7,22.2,27.4,
　　18.8,22.6,21.5,25,26.2,23.5,20.3,27.1,28.6,28.3,22,25.3,27.4];
x3=[0,1,0,1,1,0,1,0,1,0,1,0,0,0,0,1,0,0,0,0,0,1,0,0,1,1,0,1,0,1];
n=30;
m=3;
X=[ones(n, 1),x1',x2',x3'];
[b,bint,r,rint,s]=regress(y',X);
b,bint,s,

运行结果为

b =
　　45.3636
　　0.3604
　　3.0906
　　11.8246

```
bint =
    3.5537    87.1736
   -0.0758     0.7965
    1.0530     5.1281
   -0.1482    23.7973
s =
    0.6855   18.8906   0.0000   169.7917
```

计算结果见表 5-12.

表 5-12 回归参数的的计算结果

回归参数	回归参数的点估计	回归参数的区间估计	回归参数	回归参数的点估计	回归参数的区间估计
b_0	45.3636	(3.5537, 87.1736)	b_2	3.0906	(1.0530, 5.1281)
b_1	0.3604	(-0.0758, 0.7965)	b_3	11.8246	(-0.1482, 23.7973)

$R^2 = 0.6855$, $F = 18.8906$, $p = 0.0000 < 0.05$, $s^2 = 169.7917$.

从残差及其置信区间发现,第 2 个和第 10 个点为异常点,剔除它们后重新计算,运行结果为

```
b =
   58.5101
    0.4303
    2.3449
   10.3065
bint =
   29.9064   87.1138
    0.1273    0.7332
    0.8509    3.8389
    3.3878   17.2253
s =
    0.8462   44.0087   0.0000   53.6604
```

计算结果见表 5-13.

表 5-13 回归参数的的计算结果

回归参数	回归参数的点估计	回归参数的区间估计	回归参数	回归参数的点估计	回归参数的区间估计
b_0	58.5101	(29.9064, 87.1138)	b_2	2.3449	(0.8509, 3.8389)
b_1	0.4303	(0.1273, 0.7332)	b_3	10.3065	(3.3878, 17.2253)

$R^2 = 0.8462$, $F = 44.0087$, $p = 0.0000 < 0.05$, $s^2 = 53.6604$.

预测模型为 $\hat{y} = 58.5101 + 0.4303x_1 + 2.3449x_2 + 10.3065x_3$.

根据这个结果可知,年龄和体质指数相同的人,吸烟者比不吸烟者的血压平均高 10.3065. 另外,$\hat{b}_1 = 0.4303$ 说明,在其他指标不变的情况下,年龄增加1岁,血压平均升高 0.4303.

对 50 岁且体质指数为 25 的吸烟者的血压作预测:把 $x_1 = 50, x_2 = 25, x_3 = 1$ 代入上面的预测模型,得 $\hat{y} = 148.9525$,即 50 岁且体质指数为 25 的吸烟者的血压预测值为 148.9525.

习题 5.3

1. 社会学家认为犯罪与收入低、失业及人口规模有关,对 20 个城市的犯罪率 y(每 10 万人中犯罪的人数)与年收入低于 5 000 元家庭的百分比 x_1、失业率 x_2 和人口总数 x_3(千人)进行调查,结果见下表.

y 与 x_1、x_2、x_3 的数据

序号	y	x_1	x_2	x_3	序号	y	x_1	x_2	x_3
1	11.2	16.5	6.2	587	11	14.5	18.1	6.0	7 895
2	13.4	20.5	6.4	643	12	26.9	23.1	7.4	762
3	40.7	26.3	9.3	635	13	15.7	19.1	5.8	2 793
4	5.3	16.5	5.3	692	14	36.2	24.7	8.6	741
5	24.8	19.2	7.3	643	15	18.1	18.6	6.5	625
6	12.7	16.5	5.9	643	16	28.9	24.9	8.6	854
7	20.9	20.2	6.4	1 964	17	14.9	17.9	6.7	716
8	35.7	21.3	7.6	1 531	18	25.8	22.4	8.6	921
9	8.7	17.2	4.9	713	19	21.7	20.2	8.4	595
10	9.6	14.3	6.4	749	20	25.7	16.9	6.7	3 353

(1) 若在 x_1、x_2 和 x_3 中至多只允许选择 2 个变量,最好的模型是什么?

(2) 对最终模型观察残差,有无异常点?若有,剔除后如何?

2. 汽车销售商认为汽车的销售与汽油价格、贷款利率有关,两种类型汽车(普通型和豪华型)18 个月的调查数据见下表,其中 y_1 是普通型汽车的销售量(单位:千辆),y_2 是豪华型汽车的销售量(单位:千辆),x_1 是汽油价格(单位:元/gai),x_2 是贷款利率.

y_1、y_2 与 x_1、x_2 的数据

序号	y_1	y_2	x_1	x_2	序号	y_1	y_2	x_1	x_2
1	22.1	7.2	1.89	6.1%	6	7.5	1.7	1.78	10.3%
2	15.4	5.4	1.94	6.2%	7	13.0	4.3	1.76	10.5%
3	11.7	7.6	1.95	6.3%	8	12.8	3.7	1.76	8.7%
4	10.3	2.5	1.82	8.2%	9	14.6	3.9	1.75	7.4%
5	11.4	2.4	1.85	9.8%	10	18.9	7.0	1.74	6.9%

(续表)

序号	y_1	y_2	x_1	x_2	序号	y_1	y_2	x_1	x_2
11	19.3	6.8	1.70	5.2%	15	37.5	14.1	1.61	3.6%
12	30.1	10.1	1.70	4.9%	16	36.1	14.5	1.64	3.1%
13	28.2	9.4	1.68	4.3%	17	39.8	14.9	1.67	1.8%
14	25.6	7.9	1.60	3.7%	18	44.3	15.6	1.68	2.3%

对普通型和豪华型汽车分别建立 y_1 与 x_1、x_2，y_2 与 x_1、x_2 的线性模型，并给出回归系数的估计、计算相关检验统计量的值.

5.4 逐步回归

在回归分析中，一方面，为获得较全面的信息，总希望模型中包含尽可能多的自变量；另一方面，考虑到获取如此多自变量的观测值的实际困难和费用等，则希望回归方程中包含尽可能少的自变量. 加之理论上已证明预报值的方差随着自变量个数的增加而增大，且包含较多自变量的模型拟合的计算量大，又不便于利用拟合的模型对实际问题作解释. 因此，在实际应用中，希望拟合这样一个模型，它既能较好地反映问题的本质，又包含尽可能少的自变量. 这两个方面的一个适当折衷就是回归方程的选择问题，其基本思想是在一定的准则下选取对因变量影响较为显著的自变量，建立一个既合理又简单实用的回归模型. 逐步回归法就是解决这类问题的一个方法.

在一些实际问题作多元线性回归时常有这样的情况，变量 $x_1, x_2, \cdots, x_p$ 之间常常是线性相关的，则在式(5.3.3)回归系数的估计中，矩阵 $\boldsymbol{X}^T\boldsymbol{X}$ 的秩小于 p，$(\boldsymbol{X}^T\boldsymbol{X})^{-1}$ 就无解. 当变量 $x_1, x_2, \cdots, x_p$ 中有任意两个存在较大的相关性时，矩阵 $\boldsymbol{X}^T\boldsymbol{X}$ 处于病态，会给模型带来很大误差. 因此在作回归时，应选择变量 $x_1, x_2, \cdots, x_p$ 中的一部分作回归，剔除一些变量.

5.4.1 变量的选择

在实际问题中，影响因变量 y 的因素有很多，我们只能挑选若干个变量建立回归方程，这就涉及变量的选择问题.

一般来说，如果在一个回归方程中忽略了对因变量 y 有显著影响的自变量，那么所建立的回归方程必与实际有较大的偏离，但变量选得过多，使用就不方便.

在前面讨论一般多元线性回归方程的求法中，细心的读者也许会注意到，在那里不管自变量 x_i 对因变量 y 的影响是否显著，均可进入回归方程. 特别地，当回归方程中含有对因变量 y 影响不大的变量时，可能因为 SS_E 的自由度变小，而使误差的方差增大，就会导致估计的精度变低. 另外，在许多实际问题中，往往自变量 $x_1, x_2, \cdots, x_p$ 之间并不是完全独立的，而是有一定的相关性存在的. 如果回归模型中有某两个自变量 x_i 和 x_j 的相关系数比较大，就可使正规方程组的系数矩阵出现病态，也就是所谓的多重共线性的问题，将导致回归系数的估计值的精度不高.因此,适当地选择变量以建立一个"最优"的回归方程是十分重要的.

那么什么是"最优"回归方程呢？对这个问题有许多不同的准则,在不同准则下"最优"回归方程也可能不同. 这里的"最优"是指从可供选择的所有变量中选出对因变量 y 有显著影响的自变量建立方程,并且在方程中不含对 y 无显著影响的自变量.

在上述意义下,可以有多种方法来获得"最优"回归方程,如前进法,后退法,逐步回归法等. 其中逐步回归法使用较为普遍.

5.4.2 逐步回归的计算

以下通过一个例子来看逐步回归问题.

例 5.4.1(Hald 水泥问题) 某种水泥在凝固时放出的热量 y（单位：K/g）与水泥中的 4 种化学成分 x_1（3CaO·Al$_2$O$_3$ 含量的百分比），x_2（3CaO·SiO$_2$ 含量的百分比），x_3（4CaO·Al$_2$O$_3$·Ee$_2$O$_3$ 含量的百分比），x_4（2CaO·SiO$_2$ 含量的百分比）有关. 现测得 13 组数据,见表 5-14. 希望从中选出主要变量,建立 y 与它们的线性回归方程.

表 5-14 Hald 水泥问题的数据

序号	1	2	3	4	5	6	7	8	9	10	11	12	13
x_1	7	1	11	11	7	11	3	1	2	21	1	11	10
x_2	26	29	56	31	52	55	71	31	54	47	40	66	68
x_3	6	15	8	8	6	9	17	22	18	4	23	9	8
x_4	60	52	20	47	33	22	6	44	22	26	34	12	12
y	78.5	74.3	104.3	87.6	95.9	109.2	102.7	72.5	93.1	115.9	83.8	113.3	109.4

解 MATLAB 给出了逐步回归的命令 stepwise,它提供人机交互画面,其用法如下：

stepwise(x, y, inmodel, alpha), x 是自变量数据,排成 $n \times m$ 矩阵（m 为自变量个数，n 为每个变量的数据量），y 是因变量数据,排成 n 维向量,inmodel 是自变量初始集合指标（即矩阵 x 中哪些列入初始集合），缺省时设定为全部自变量, alpha 为显著性水平,缺省时为 0.05.

stepwise 命令产生三个图形窗口：在 stepwise table 窗口列出一个统计表,包括回归系数及其置信区间的数值,模型的统计量：剩余残差(RMSE),决定系数(R-square),F 值和 p 值；stepwise plot 用虚线或实线显示回归系数及其置信区间,并有 Export 按钮向工作区(workspace)输出参数；stepwise history 显示并记录选择过的每个模型的 RMSE 值及其置信区间.

MATLAB 代码如下：

```
X1=[7, 1, 11, 11, 7, 11, 3, 1, 2, 21, 1, 11, 10]';
X2=[26, 29, 56, 31, 52, 55, 71, 31, 54, 47, 40, 66, 68]';
X3=[6, 15, 8, 8, 6, 9, 17, 22, 18, 4, 23, 9, 8]';
X4=[60, 52, 20, 47, 33, 22, 6, 44, 22, 26, 34, 12, 12]';
```

Y=[78.5,74.3,104.3,87.6,95.9,109.2,102.7,72.5,93.1,115.9,83.8,113.3,109.4]';
X=[X1,X2,X3,X4];
stepwise(X,Y)

运行结果如图 5-7 所示.

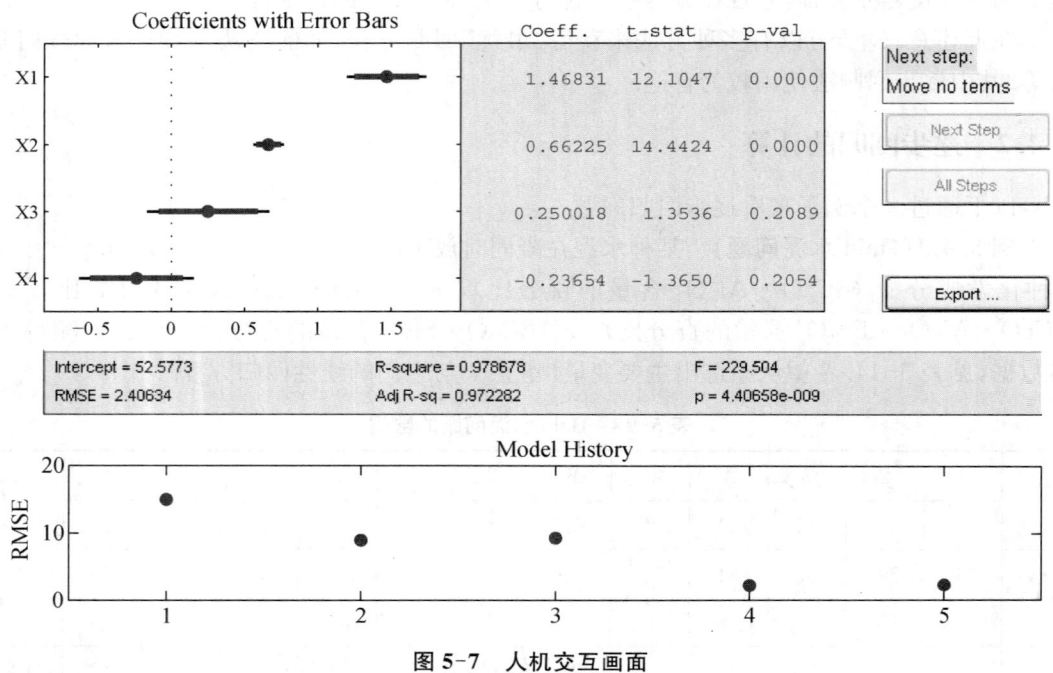

图 5-7 人机交互画面

在图 5-7 中 stepwise table 窗口, coeff 列显示 X1 的系数最大, 在左侧 Coeftients with Errow Bars 窗口点击对应 X1 的红点(表示让 X1 进入模型), 出现新的对话框, 其中看出(除 X1 外)对应 X2 的回归系数最大, 点击对应 X2 的红点, 此时又出现一个新的对话框, 其中对应 X1, X2 的点与线都是蓝色的, 且都与垂直的零线不交(说明对应的回归系数不为零), 而对应 X3, X4 的点与线都是红色的, 且都与垂直的零线相交(说明对应的回归系数不排除为零), X3, X4 不应进入回归方程.

此时左侧和下侧的窗口中显示:

X1, X2, X3, X4 的回归系数为 Coefs: 1.468 31   0.662 25   0.250 018   −0.236 5
回归方程的截距为 Intercept: 52.577 3
决定系数为 R-square: 0.978 678
剩余残差为 RMSE: 2.406 34
由此得到回归方程: $\hat{y}=52.5773+1.46831x_1+0.66225x_2$.

习题 5.4

1. 研究货运总量 y (单位: 万 t)与工业总产值 x_1 (单位: 亿元)、农业总产值 x_2 (单位: 亿元)、居民非商品支出 x_3 (单位: 亿元)的关系. 有关数据见下表.

y 与 x_1、x_2、x_3 的数据

序号	y	x_1	x_2	x_3	序号	y	x_1	x_2	x_3
1	160	70	35	1	6	220	68	45	1.5
2	260	75	40	2.4	7	275	78	42	4
3	210	65	40	2	8	160	66	36	2
4	265	74	42	3	9	275	70	44	3.2
5	240	72	38	1.2	10	250	65	42	3

(1) 计算 y，x_1，x_2，x_3 的相关系数矩阵.
(2) 求 y 关于 x_1，x_2，x_3 的多元回归方程.
(3) 对回归系数进行检验，如果没有通过检验将其剔除，重新建立回归方程.再作回归系数和回归方程的检验.
(4) 应用逐步回归方法建立一个适合的回归方程.

2. stackloss 数据集，其数据见下表. 其中因变量为 y (Stack. loss，氨气损失百分比)，自变量为 x_1 (Air. Flow，空气流量)、x_2 (Water. Temp，水温)、x_3 (Acid. Conc.，硝酸浓度).

stackloss 数据集

i	Air. Flow	Water. Temp	Acid. Conc.	Stack. loss	i	Air. Flow	Water. Temp	Acid. Conc.	Stack. loss
1	80	27	89	42	12	58	17	88	13
2	80	27	88	37	13	58	18	82	11
3	75	25	90	37	14	58	19	93	12
4	62	24	87	28	15	50	18	89	8
5	62	22	87	18	16	50	18	86	7
6	62	23	87	18	17	50	19	72	8
7	62	24	93	19	18	50	19	79	8
8	62	24	93	20	19	50	20	80	9
9	58	23	87	15	20	56	20	82	15
10	58	18	80	14	21	70	20	91	15
11	58	18	89	14					

请建立 y 与 x_1，x_2，x_3 的回归方程，并用逐步回归法建立最优回归方程.

5.5 多项式回归

多项式回归属于多元非线性回归问题，这里不讨论一般多项式回归问题，主要讨论多元二项式回归问题. 一般多元二项式回归模型为

$$y = b_0 + b_1 x_1 + \cdots + b_m x_m + \sum_{1 \leqslant j \leqslant k \leqslant m} b_{jk} x_j x_k + \varepsilon.$$

MATLAB 提供了一个作多元二项式回归的函数 rstool( )，它产生一个交互式画面，并输出相关信息，其格式如下：

rstool(X,Y, model, alpha)

其中,alpha 是显著性水平(默认时设定为 0.05),model 可选择如下 4 个模型(用字符串输入,默认时设定为线性模型).

(1) linear:只包含线性项;

(2) purequadratic:包含线性项和纯二次项;

(3) interaction:包含线性项和纯交叉项;

(4) quadratic:包含线性项和完全二次项.

输出一个交互式画面.

设 $(y, x_1, \cdots, x_m)$ 的 n 个独立观测值记为 $(b_i, x_{i1}, \cdots, x_{im})$,$i=1, 2, \cdots, n$. Y、X 分别为 n 维列向量和 $n \times m$ 矩阵,这里

$$Y = \begin{pmatrix} b_1 \\ b_2 \\ \vdots \\ b_n \end{pmatrix}, \quad X = \begin{pmatrix} a_{11} & \cdots & a_{1m} \\ a_{21} & \cdots & a_{2m} \\ \vdots & & \vdots \\ x_{n1} & \cdots & x_{nm} \end{pmatrix}.$$

应该指出,矩阵 X 与线性回归分析中的数据矩阵 X 是有差异的,后者的第 1 列为全为 1 的列向量;二次项系数的排列次序是先为交叉项的系数,然后是纯二次项的系数.

例 5.5.1 某厂生产一种电器的销售量 y 与竞争对手的价格 x_1 和本厂的价格 x_2 有关. 表 5-15 是该商品在 10 个城市的销售记录,根据这些数据建立 y 与 x_1、x_2 的关系. 若在某市本厂的销售价格为 160(单位:元),竞争对手的销售价格为 170(单位:元),试预测该市的销售量.

表 5-15 销售量 y 与价格 x_1 和 x_2 的数据

x_1	120	140	190	130	155	175	125	145	180	150
x_2	100	110	90	150	210	150	250	270	300	250
y	102	100	120	77	46	93	26	69	65	85

解 (1)首先作 (y, x_1),(y, x_2) 的散点图,如图 5-8 和图 5-9 所示.

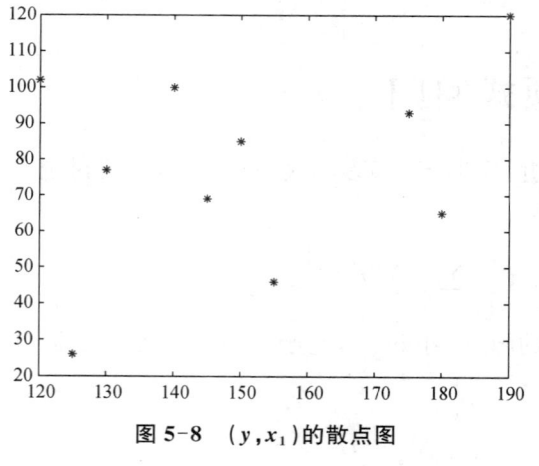

图 5-8 (y, x_1) 的散点图

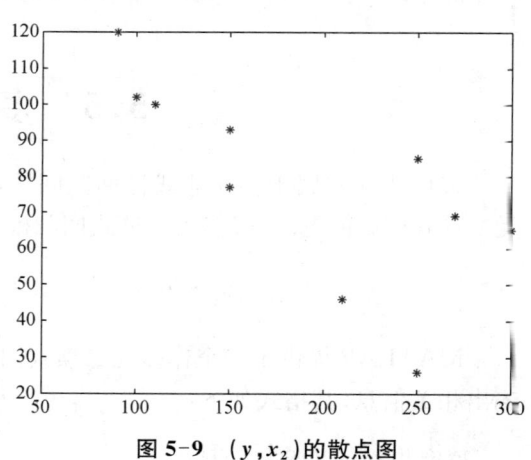

图 5-9 (y, x_2) 的散点图

从图 5-8 和图 5-9 可以看出，y 和 x_2 有较明显的线性关系，而 y 和 x_1 之间的关系难以确定.

(2) y 关于 x_1，x_2 的线性回归方程为 $y=b_0+b_1x_1+b_2x_2$，有关计算结果见表 5-16（MATLAB 代码附后）.

表 5-16　回归系数的点估计和区间估计的计算结果

回归系数	点估计	区间估计
b_0	66.517 6	(−32.506 0，165.541 1)
b_1	0.413 9	(−0.201 8，1.029 6)
b_2	−0.269 8	(−0.461 1，−0.078 5)

$R^2=0.652\ 7$，$F=6.578\ 6$，$p=0.024\ 7$，$s^2=351.044\ 5$.

可以看出以上结果不太好：$p=0.024\ 7$，如果取显著性水平 $\alpha=0.05$，则回归模型有效；如果取显著性水平 $\alpha=0.01$，则回归模型不能用；$R^2=0.652\ 7$ 较小；b_1 的置信区间包含零点.

其 MATLAB 代码如下：

```
x1=[120,140,190,130,155,175,125,145,180,150];
x2=[100,110,90,150,210,150,250,270,300,250];
y=[102,100,120,77,46,93,26,69,65,85];
X=[ones(10,1),x1',x2'];
[b,bint,r,rint,s]=regress(y',X);
b,bint,s,
```

运行结果为

```
b =
    66.5176
     0.4139
    −0.2698
bint =
   −32.5060   165.5411
    −0.2018     1.0296
    −0.4611    −0.0785
s =
    0.6527    6.5786    0.0247    351.0445
```

(3) 用 MATLAB 提供的交互式画面建立 y 关于 x_1，x_2 的二项式回归模型. 根据剩余方标准差（rmse）这个指标选取较好地模型是 purequadratic 模型（用户图形界面的 MATLAB 代码附后）.

有关 MATLAB 代码如下：

```
x=[x1',x2'];
rstool(x,y','purequadratic')
```

运行结果如图 5-10 所示.

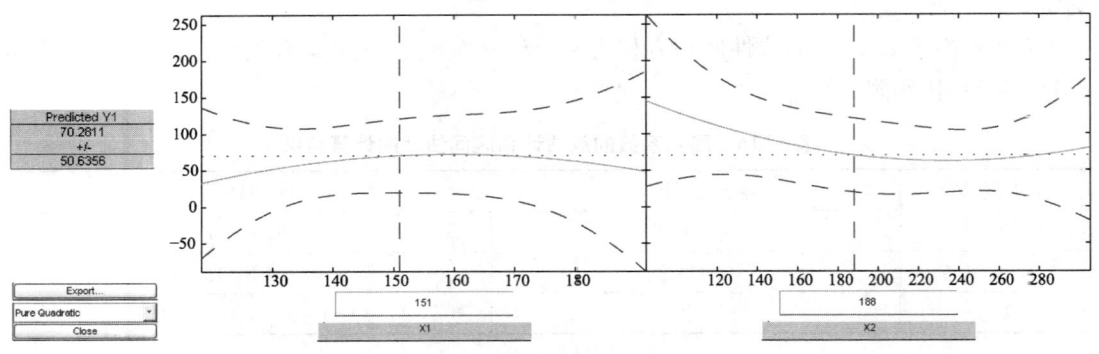

图 5-10　用户图形界面

为了回答"若在某市本厂的销售价格为 160(单位：元)，竞争对手的销售价格为 170(单位：元)，预测该市的销售量"的问题，只需(在以上运行结果——图形界面中)输入 $x_1=170$，$x_2=160$，即可得到图 5-11. 从图 5-11 可以看出 $\hat{y}=82.0523\pm55.8617$，即为 (26.1906，137.9140).

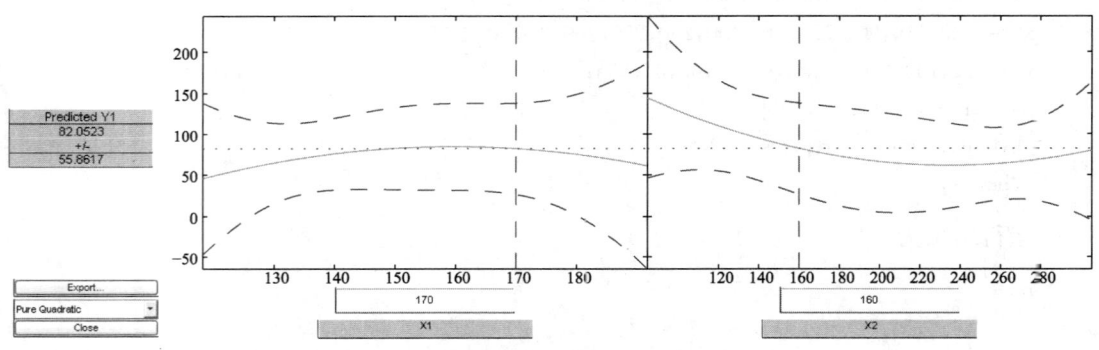

图 5-11　用于预测的用户图形界面

用户图形界面上有两个下拉菜单，上面的菜单 Export 用以向 MATLAB 工作区传送数据，包括回归系数(菜单中的 Parameters，工作区输入 beta)，剩余标准差 s (菜单中为 RMSE，工作区输入 rmse)等. 下面的菜单用以在上述 4 个模型中变更原来的选择.

在本例中，我们把 4 个模型输出的回归系数和剩余标准差列入表 5-17，发现 purequadratic 的剩余标准差最小，所以选其作最终模型.

表 5-17　4 个模型输出结果

	b_0	b_1	b_2	b_3	b_4	b_5	s
purequadratic	−312.5871	7.2701	−1.7337	−0.0228	0.0037		16.6436
quadratic	−307.3600	7.2032	−1.7374	0.0001	−0.0226	0.0037	18.6054
interaction	137.5317	−0.0372	−0.7131	0.0028			19.1656
linear	66.5176	0.4139	−0.2698				18.7362

例 5.5.2 根据表 5-18 某养猪场 25 头猪的数据，试进行瘦肉量 y 对眼肌面积 x_1、腿肉量 x_2、腰肉量 x_3 的多元回归分析.

表 5-18 某养猪场的数据

序号	y	x_1	x_2	x_3	序号	y	x_1	x_2	x_3
1	15.02	23.73	5.49	1.21	14	15.94	23.52	5.18	1.98
2	12.62	22.34	4.32	1.35	15	14.33	21.86	4.86	1.59
3	14.86	28.84	5.04	1.92	16	15.11	28.95	5.18	1.37
4	13.98	27.67	4.72	1.49	17	13.81	24.53	4.88	1.39
5	15.91	20.83	5.35	1.56	18	15.58	27.65	5.02	1.66
6	12.47	22.27	4.27	1.50	19	15.85	27.29	5.55	1.70
7	15.80	27.57	5.25	1.85	20	15.28	29.07	5.26	1.82
8	14.32	28.01	4.62	1.51	21	16.40	32.47	5.18	1.75
9	13.76	24.79	4.42	1.46	22	15.02	29.65	5.08	1.70
10	15.18	28.96	5.30	1.66	23	15.73	22.11	4.90	1.81
11	14.20	25.77	4.87	1.64	24	14.75	22.43	4.65	1.82
12	17.07	23.17	5.80	1.90	25	14.35	20.04	5.08	1.53
13	15.40	28.57	5.22	1.66					

(1) 求 y 关于 x_1, x_2, x_3 的线性回归方程，$y=b_0+b_1x_1+b_2x_2+b_3x_3$，计算 b_0, b_1, b_2, b_3 的估计值；

(2) 对上述回归模型和回归系数进行检验(要写出相关的统计量)；

(3) 试建立 y 关于 x_1, x_2, x_3 的二项式回归模型，并根据适当的统计量指标选择一个较好的模型.

解 (1) 记 y, x_1, x_2, x_3 的独立观测值为 $(b_i, x_{i1}, x_{i2}, x_{i3})$，$i=1, 2, \cdots, 25$，且

$$\boldsymbol{Y} = \begin{pmatrix} b_1 \\ b_2 \\ \vdots \\ b_{25} \end{pmatrix}, \quad \boldsymbol{X} = \begin{pmatrix} 1 & a_{11} & a_{12} & a_{13} \\ 1 & a_{21} & a_{22} & a_{23} \\ \vdots & \vdots & \vdots & \vdots \\ 1 & x_{25,1} & x_{25,2} & x_{25,3} \end{pmatrix}.$$

用最小二乘法求 b_0, b_1, b_2, b_3 的估计值，其结果为(MATLAB 代码附后)

$$\hat{b}_0 = 0.8539, \quad \hat{b}_1 = 0.0178, \quad \hat{b}_2 = 2.0782, \quad \hat{b}_3 = 1.9396.$$

(2) 经计算(MATLAB 代码附后)，得 $F=37.7453$，$F_{0.025}(3,21)=3.8188<37.7453$，所以模型整体通过了检验.

再检验 x_1, x_2, x_3 的系数. 经计算(MATLAB 代码附后)，得到

$$t_0=0.6223, \quad t_1=0.6090, \quad t_2=7.7407, \quad t_3=3.8062.$$

由于 $t_{0.025}(21)=2.0796$，所以在显著性水平 $\alpha=0.05$ 时，x_1 对模型的影响是不显著的. 建立线性模型时可以不使用 x_1.

问题(1)、(2)的 MATLAB 代码如下：

```
clear
ab=textread('zhu.txt');
y=ab(:,[2:5:10]);                          %提取因变量 y 的观测值
Y=nonzeros(y)                              %去掉 y 后面的 0,并变成列向量
x123=[ab([1:13],[3:5]);ab([1:12],[8:10])]; %提取 x1,x2,x3 的观测值
X=[ones(25,1),x123];                       %构造多元线性回归分析的数据矩阵 X
[beta,betaint,r,rint,st]=regress(Y,X)      %计算回归系数和统计量等,st 的第 2 个分量
                                             就是 F 统计量,下面根据统计量的表达式重
                                             新计算的结果和这里是一样的

q=sum(r.^2)                                %计算残差平方和
ybar=mean(Y)                               %计算 y 的观测值的平均值
yhat=X*beta;                               %计算 y 的估计值
u=sum((yhat-ybar).^2)                      %计算回归平方和
m=3;                                       %变量的个数,拟合参数的个数为 m+1
n=length(Y);
F=u/m/(q/(n-m-1))                          %计算 F 统计量的值,自由度为样本点的个数
                                             减拟合参数的个数

fw1=finv(0.025,m,n-m-1)                    %计算上 alpha/2 分位数
fw2=finv(0.975,m,n-m-1)                    %计算上 1-alpha/2 分位数
c=diag(inv(X'*X))
t=beta./sqrt(c)/sqrt(q/(n-m-1))
tfw=tinv(0.975,n-m-1)
save xydata Y x123
```

运行结果(部分)为

```
beta =
    0.8539
    0.0178
    2.0782
    1.9396
betaint =
   -1.9995    3.7073
   -0.0429    0.0784
    1.5199    2.6365
    0.8799    2.9993
st =
    0.8436   37.7453    0.0000    0.2114
q =
    4.4403
ybar =
   14.9096
u =
```

23.9428
F =
37.7453
fw1 =
0.0706
fw2 =
3.8188c =
8.9037
0.0040
0.3409
1.2281
t =
0.6223
0.6090
7.7407
3.8062
tfw =
2.0796

（3）用 MATLAB 提供的交互式画面，建立 y 关于 x_1，x_2，x_3 的二项式回归模型．根据剩余方标准差（rmse）这个指标选取较好地模型是 quadratic——包含线性项和完全二次项（用户图形界面的 MATLAB 代码附后），得到的回归方程为

$$y = -17.099 + 0.361\,07x_1 + 2.356\,3x_2 + 18.273x_3 - 0.141\,21x_1x_2$$
$$- 0.440\,39x_1x_3 - 1.275\,4x_2x_3 + 0.021\,66x_1^2 + 0.502\,46x_2^2 + 0.396\,2x_3^3.$$

有关 MATLAB 代码如下：

```
clear
load xydata
rstool(x123,Y)
```

运行结果如图 5-12 所示．

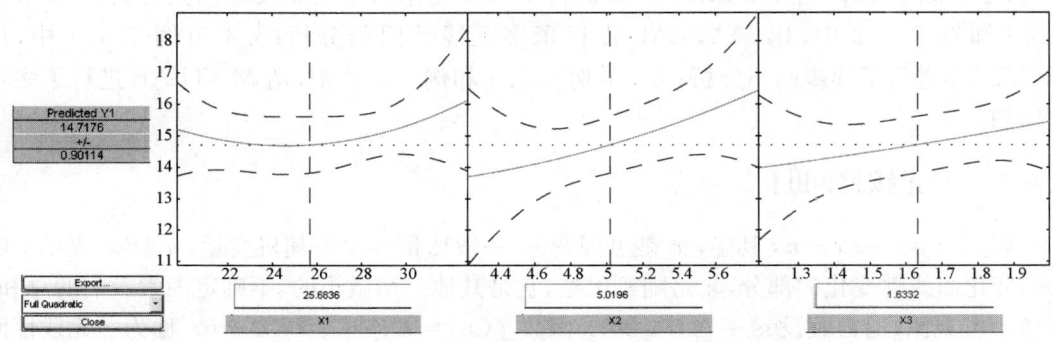

图 5-12　用户图形界面

习题 5.5

1. 汽车销售商认为汽车的销售与汽油价格、贷款利率有关,两种类型汽车(普通型和豪华型)18 个月的调查数据见下表,其中, y_1 是普通型汽车的销售量(单位:千辆), y_2 是豪华型汽车的销售量(单位:千辆), x_1 是汽油价格(单位:元/gai), x_2 是贷款利率.

y_1、y_2 与 x_1、x_2 的数据

序号	y_1	y_2	x_1	x_2	序号	y_1	y_2	x_1	x_2
1	22.1	7.1	1.89	6.1%	10	18.9	7.0	1.74	6.9%
2	15.4	5.4	1.94	6.2%	11	19.3	6.8	1.70	5.2%
3	11.7	7.6	1.95	6.3%	12	30.1	10.1	1.70	4.9%
4	10.3	2.5	1.82	8.2%	13	28.2	9.4	1.68	4.3%
5	11.4	2.4	1.85	9.8%	14	25.6	7.9	1.60	3.7%
6	7.5	1.7	1.78	10.3%	15	37.5	14.1	1.61	3.6%
7	13.0	4.3	1.76	10.5%	16	36.1	14.5	1.64	3.1%
8	12.8	3.7	1.76	8.7%	17	39.8	14.9	1.67	1.8%
9	16.6	3.9	1.75	7.4%	18	44.3	15.5	1.68	2.3%

(1) 对普通型和豪华型汽车分别建立 y_1 与 x_1、x_2, y_2 与 x_1、x_2 的线性模型,并给出回归系数的估计、计算相关检验统计量的值.

(2) 用 $x_3=0,1$ 表示汽车类型,建立 y 与 x_1、x_2、x_3 统一模型,并给出回归系数的估计、计算相关检验统计量的值. 以 $x_3=0,1$ 代入统一模型,将结果与(1)的两个模型进行比较,解释二者的区别.

(3) 对统一模型增加二次项和交叉项,考察结果有何改进.

5.6　MATLAB 在回归分析中的应用

5.1 节例 5.1.2,例 5.1.3,例 5.1.5 和例 5.1.6 中,用 MATLAB 进行了一元线性回归分析;5.2 节例 5.2.1 中,用 MATLAB 进行了可线性化的一元非线性回归分析;5.3 节例 5.3.1 和例 5.3.2 中,用 MATLAB 进行了多元线性回归分析;5.4 节例 5.4.1 中,用 MATLAB 进行了逐步回归分析;5.5 节例 5.5.1 和例 5.5.2 中,用 MATLAB 进行了多项式回归.

5.6.1　一元线性回归

假设 $y=a+bx+\varepsilon$,其中, x 是可控变量(一般变量), y 是随机变量, $a+bx$ 表示 y 随 x 的变化而线性变化的部分, ε 是随机误差,它是其他一切微小的、不确定因素影响的总和,其值不可观测,通常假设 $\varepsilon \sim N(0,\sigma^2)$. 函数 $f(x)=E(y|x)=a+bx$ 称为一元线性回归函数,其中, a 为回归常数, b 称为回归系数,统称为回归参数. 称 x 为回归自变量(或回归因子), y 为回归因变量(或响应变量).

若 $(x_1, y_1), (x_2, y_2), \cdots, (x_n, y_n)$ 是 (x, y) 的一组独立观测值,$y_i = a + bx_i + \varepsilon_i$,$\varepsilon_i \sim N(0, \sigma^2)$,各 ε_i 相互独立.

对于一元线性回归问题,MATLAB 提供了函数 regress,其调用格式如下:

(1) 求回归参数的点估计,其调用格式为

b=regress(y, x);

(2) 求回归参数的点估计与区间估计,并检验回归模型(线性性),其调用格式为

[b, bint, r, rint, stats]=regress(y, x, alpha);

(3) 绘出残差图及其置信区间,其调用格式为

recoplot(r, rint)

上述符号说明如下:

(1) alpha 为显著性水平(缺省时为 0.05);
(2) b 和 bint 为回归系数的点估计与区间估计;
(3) r 和 rint 为残差及其置信区间;
(4) stats 是用于检验回归模型(线性性)的统计量(的观察值),有 4 个值:

第 1 个值是相关系数 R^2,R^2 越接近于 1 说明回归方程(线性性)越显著;

第 2 个值是 F 值,$F > F_\alpha(1, n-2)$,则拒绝 H_0,F 越大说明回归方程(线性性)越显著;

第 3 个值是与 F 对应的概率 p,$p < \alpha$ 时,回归模型成功;

第 4 个值是 s^2(剩余方差),s^2 越小,模型的精度越高(MATLAB7.0 以前版本没有 s^2).

例 5.6.1(葡萄酒和心脏病) 适量饮用葡萄酒可以预防心脏病. 表 5-19(数据来源:[美]戴维,《统计学的世界》,北京:中信出版社,2003)是 19 个发达国家一年的葡萄酒消耗量(每人从所喝葡萄酒所摄取酒精升数)以及一年中因心脏病死亡的人数(每 10 万人死亡人数).

表 5-19 葡萄酒和心脏病问题的数据

序号	国家	从葡萄酒得到的酒精/L	心脏病死亡率(每 10 万人死亡人数)
1	澳大利亚	2.5	211
2	奥地利	3.9	167
3	比利时	2.9	131
4	加拿大	2.4	191
5	丹麦	2.9	220
6	芬兰	0.8	297
7	法国	9.1	71
8	冰岛	0.8	211

(续表)

序号	国家	从葡萄酒得到的酒精/L	心脏病死亡率(每10万人死亡人数)
9	爱尔兰	0.7	300
10	意大利	7.9	107
11	荷兰	1.8	167
12	新西兰	1.9	266
13	挪威	0.8	277
14	西班牙	6.5	86
15	瑞典	1.6	207
16	瑞士	5.8	115
17	英国	1.3	285
18	美国	1.2	199
19	德国	2.7	172

(1)根据表5-19作散点图;(2)求回归系数的点估计与区间估计(置信水平 $\alpha=0.95$);(3)绘出残差图,并作残差分析;(4)已知某个国家成年人每年平均从葡萄酒中摄取8L酒精,请预测这个国家心脏病的死亡率并作图.

解 (1)记心脏病死亡率(每10万人死亡人数)y,从葡萄酒得到的酒精(单位:L)x,将 y 与 x 作散点图.

输入数据并绘制散点图,其MATLAB代码如下:

```
x=[2.5,3.9,2.9,2.4,2.9,0.8,9.1,0.8,0.7,7.9,1.8,1.9,0.8,6.5,1.6,5.8,1.3,1.2,2.7];
X=[ones(19,1),x'];
y=[211,167,131,191,220,297,71,211,300,107,167,266,227,86,207,115,285,199,172];
plot(x,y,'r+')
```

运行结果如图5-13所示.

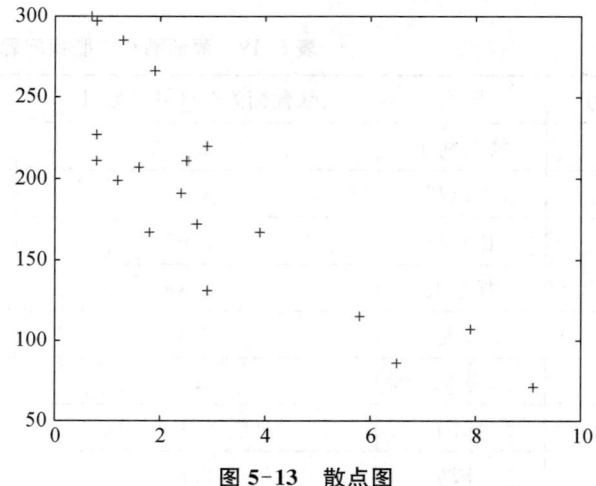

图5-13 散点图

从图 5-13 可以看出，这 19 个点大致位于一条直线附近，因此可以用一元线性回归的方法求回归系数的点估计与区间估计.

（2）MATLAB 代码如下：

[b, bint, r, rint, stats]=regress(y', X, 0.05)

运行结果为

b =
 260.5634
 −22.9688
bint =
 231.3733   289.7534
 −30.4742   −15.4633
stats =
 0.7000 41.7000 0.0000 1434.8

因此 $\hat{b}_1 = 260.5634$，$\hat{b}_2 = -22.9688$；b_1 的置信水平为 0.95 的置信区间为 (231.3733, 289.7534)，b_2 的置信水平 $\alpha = 0.95$ 的置信区间为 (−30.4742, −15.4633)；$R^2 = 0.7000$，$F = 41.7000$，$p = 0.0000 < 0.05$，$s^2 = 1434.8$.

由以上计算结果可知，回归方程为 $y = 260.5634 - 22.9688x$.

（3）MATLAB 代码如下：

rcoplot(r, rint)

运行结果如图 5-14 所示.

从图 5-14 可以看到，数据的残差离零点都比较近，残差的置信区间都包含零点，这说明回归模型 $y = 260.5634 - 22.9688x$ 能较好地符合原始数据.

（4）MATLAB 代码如下：

z=17.4131+6.5110*x;
plot(x, y, '*', x, z, 'r')

运行结果如图 5-15 所示.

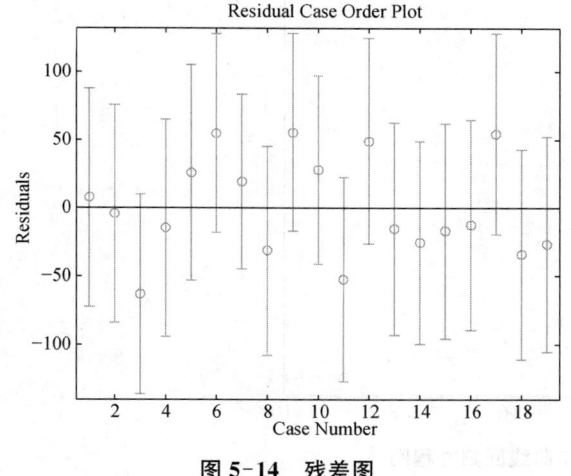

图 5-14　残差图

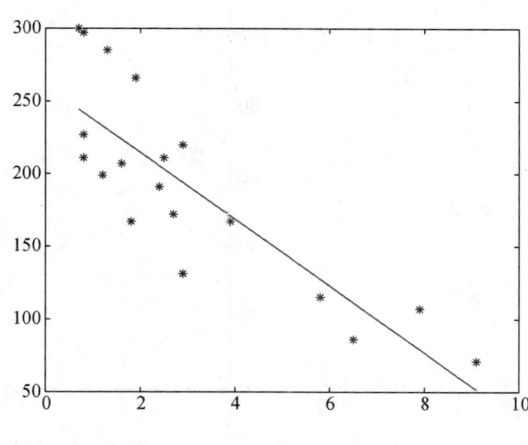

图 5-15　各数据点及回归方程

由已知某个国家成年人每年平均从葡萄酒中摄取 8 L 酒精,预测出这个国家心脏病的死亡率为 $\hat{y}=76.8130$(每 10 万人死亡人数).

5.6.2 可线性化的一元非线性回归

对于可线性化的一元非线性回归问题,通过变量替换转化为一元线性回归问题. 以下通过一个例子来介绍.

例 5.6.2 电容器充电达到某电压值时为时间的计算原点,此后电容器串联一电阻放电,测得各时刻 t 的电压 u,结果见表 5-20. 如果 t 和 u 的关系为 $u=a\mathrm{e}^{bt}$,其中 a,b 未知 ($a>0$),求 u 关于 t 的曲线回归方程.

表 5-20 电压和时间的数据

时间 t/s	0	1	2	3	4	5	6	7	8	9	10
电压 u/V	100	75	55	40	30	20	15	10	10	5	5

解 (1)求回归参数的估计,其 MATLAB 代码如下:

```
x=[0,1,2,3,4,5,6,7,8,9,10]; y=[100,75,55,40,30,20,15,10,10,5,5];
X=[ones(11,1),x']; b=regress(log(y'), X)
```

运行结果为

```
b =
    4.6130
   -0.3126
```

(2)绘出数据点和曲线回归方程图,其 MATLAB 代码如下:

```
z=exp(4.6130).*exp(-0.3126.*x); plot(x, y, '*', x, z, 'r')
```

运行结果如图 5-16 所示.

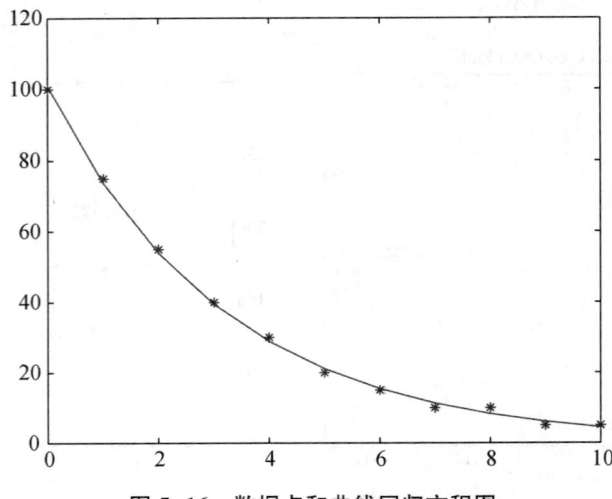

图 5-16 数据点和曲线回归方程图

5.6.3 多元线性回归

对于多元线性回归问题,与一元线性回归问题类似,都是用 MATLAB 提供的函数 regress. 在多元线性回归问题中,regress 的调用格式也与一元线性回归中也类似,以下通过一个例子来介绍.

例 5.6.3 工薪阶层普遍关心年薪与哪些因素有关,由此可制定自己的奋斗目标. 某机构希望估计从业人员的年薪 y(万元)与他(她)们的成果(论文、专著等)的指标 x_1、从事工作的时间 x_2(单位:年)、能成功获得资助的指标 x_3 之间的关系,为此调查了 24 名从业人员,得到的数据见表 5-21.

表 5-21 某类从业人员的指标数据

序号	1	2	3	4	5	6	7	8	9	10	11	12
x_1	3.5	5.3	5.1	5.8	4.2	6.0	6.8	5.5	3.1	7.2	4.5	4.9
x_2	9	20	18	33	31	13	25	30	5	47	25	11
x_3	6.1	6.4	7.4	6.7	7.5	5.9	6.0	4.0	5.8	8.3	5.0	6.4
y	11.1	13.4	12.9	15.6	13.8	12.5	13.0	13.6	10.0	17.6	12.7	10.6
序号	13	14	15	16	17	18	19	20	21	22	23	24
x_1	8.0	6.5	6.5	3.7	6.2	7.0	4.0	4.5	5.9	5.6	4.8	3.9
x_2	23	35	39	21	7	40	35	23	33	27	34	15
x_3	7.6	7.0	5.0	4.0	5.5	7.0	6.0	3.5	4.9	4.3	8.0	5.8
y	14.4	14.7	14.2	11.2	11.4	16.0	12.7	12.0	13.5	12.3	15.1	11.7

(1) 求 y 与 x_1,x_2,x_3 的回归方程,并对回归系数和回归方程进行检验;

(2) 根据模型的残差分析能否改进模型?如果能,请改进模型.

解 (1) 求 y 与 x_1,x_2,x_3 的回归方程,并对回归系数和回归方程进行检验,其 MATLAB 代码如下:

```
y=[11.1,13.4,12.9,15.6,13.8,12.5,13.0,13.6,10.0,17.6,12.7,10.6,14.4,14.7,14.2,
   11.2,11.4,16.0,12.7,12.0,13.5,12.3,15.1,11.7];
x1=[3.5,5.3,5.1,5.8,4.2,6.0,6.8,5.5,3.1,7.2,4.5,4.9,8.0,6.5,6.5,3.7,6.2,7.0,4.0,
   4.5,5.9,5.6,4.8,3.9];
x2=[9,20,18,33,31,13,25,30,5,47,25,11,23,35,39,21,7,40,35,23,33,27,34,15];
x3=[6.1,6.4,7.4,6.7,7.5,5.9,6.0,4.0,5.8,8.3,5.0,6.4,7.6,7.0,5.0,4.0,5.5,7.0,6.0,
   3.5,4.9,4.3,8.0,5.8];
n=24;
m=3;
X=[ones(n,1),x1',x2',x3'];
```

[b,bint,r,rint,s]=regress(y',X);

b,bint,s,

运行结果为

b =

    5.9345

    0.3645

    0.1084

    0.4289

bint =

    4.5777   7.2912

    0.1416   0.5873

    0.0834   0.1334

    0.2296   0.6281

s =

  0.9154   72.0934   0.0000   0.3223

y 与 x_1，x_2，x_3 的回归方程为 $\hat{y}=5.9345+0.3645x_1+0.1084x_2+0.4289x_3$. 从以上结果来看，回归方程可以通过检验.

（2）先绘制残差图，然后根据画残差图，看能否改进模型.

绘制残差图，其 MATLAB 代码如下：

rcoplot(r,rint)

运行结果如图 5-17 所示.

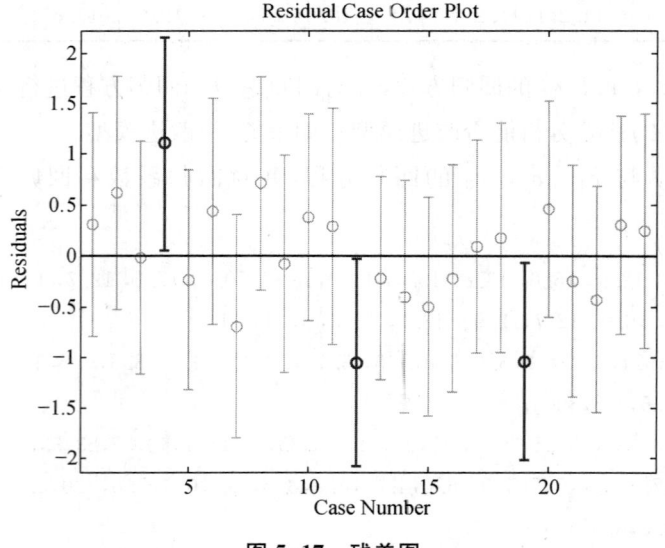

图 5-17　残差图

从残差图可知，第 4,12 和第 19 各点为异常点，剔除它们后重新计算，运行结果为

b =
    6.2914
    0.2954
    0.1072
    0.4450
bint =
    5.2994   7.2833
    0.1237   0.4671
    0.0872   0.1271
    0.3002   0.5899
s =
    0.9564   124.4453   0.0000   0.1624

从运行结果来看,回归系数的置信区间更短,R^2,F 增加,而 s 减小,因此剔除异常点后,模型得到改进.

改进后 y 与 x_1,x_2,x_3 的回归方程为 $\hat{y} = 6.2914 + 0.2954x_1 + 0.1072x_2 + 0.4450x_3$.

第 6 章

多元统计分析初步

多元统计分析(Multivariate Statistical Analysis)是应用统计方法研究多变量(多指标)问题的理论和方法,它是一元统计学的推广.

有了一元统计学的理论和方法,为什么还要研究多元统计分析呢?在实际问题中,很多随机现象涉及的变量不止一个,而经常是多个,并且这些变量之间又存在一定的联系.我们常需要处理多个变量的观测数据,那么如何对多个变量的观测数据进行有效地分析和研究呢?一种做法是把多个变量分开分析,一次处理一个地去分析和研究;另一种做法是同时对多个变量进行分析和研究.显然前者的做法有时是有效的,但一般来说,由于变量多,避免不了变量之间有相关性,把多个变量分开处理不仅会丢失一些信息,往往也不容易取得很好的研究结果.而后一种做法通常可以用多元统计分析方法来解决,通过对多个变量的观测数据的分析,来研究变量之间的相互关系以及揭示这些变量内在的变化规律.

如果说一元统计分析是研究一个变量统计规律的学科,那么多元统计分析则是研究多个变量之间的内在统计规律的统计学科.

早在 19 世纪就出现了处理二维正态总体的一些方法,但系统地处理多维概率分布总体的统计分析问题,则开始于 20 世纪.多元统计分析起源于 20 世纪初,1928 年威沙特(Wishart)发表的论文《多元正态总体样本协方差阵的精确分布》,可以说是多元统计分析的开端.之后费歇尔,霍特林(Hotelling),罗伊(Roy)等人做了一系列奠基性的工作,使多元统计分析在理论上得到迅速的发展.

20 世纪 40 年代,多元统计分析在心理、教育、生物等方面有不少的应用,但由于计算量大,其发展受到影响.20 世纪 50 年代,随着计算机的出现和发展,多元统计分析在地质、医学、气象、社会学等方面得到了广泛的应用.20 世纪 60 年代,应用和实践又完善和发展了多元统计分析理论,新理论和新方法的不断出现又促使它的应用范围更加扩大.20 世纪七八十年代,多元统计分析在我国才受到各个领域大极大关注,近 40 年来我国在多元统计分析的理论和应用上取得了许多显著的成绩.

进入 21 世纪后,人们获得的数据正以前所未有的速度迅速增加,产生了海量数据、超大型数据库等,遍及超级市场销售、银行存款、天文学、粒子物理、化学、医学、生物学以及政府统计等领域,多元统计分析与人工智能、数据库技术等相结合,已经在经济、商业、金融、天文、地理、农业、工业等方面取得了成功的应用.

"多元统计分析"又称"多元分析"(Multivariate Analysis).例如 Mardia et al. (1979)的 *Multivariate Analysis*.英国著名的统计学家肯德尔(Kendall)在《多元分析》一书中,把多元统计分析所研究的内容和方法概括为以下几个方面:

(1) 简化数据结构(降维问题)

简化数据结构就是将某些复杂的数据结构通过变量变换等方法,使相互依赖的变量变成互不相关的;或把高维空间的数据投影到低维空间,使问题得到简化而损失的信息又不太多.例如,主成分分析、因子分析、对应分析等就是这样的一类方法.

(2) 分类与判别(归类问题)

归类问题就是对所考察的观测点(或变量)按照相近程度进行分类(或归类).例如,聚类分析、判别分析等就是解决这类问题的统计方法.

(3) 变量间的相互联系

相互依赖关系:分析一个或几个变量的变化是否依赖于另外一些变量的变化.如果是,建立变量之间的定量关系式,并用于预测或控制——回归分析.

变量之间的相互关系:分析两组变量之间的相互关系——典型相关分析.

(4) 多元数据的统计推断

这是关于参数估计和假设检验的问题.特别是多元正态分布的均值向量和协方差矩阵的估计和假设检验等问题.

(5) 多元统计分析的理论基础

多元统计分析的理论基础包括多维随机向量(特别是多维正态随机向量),以及由此定义的各种多元统计量,推导它们的分布并研究其性质,研究它们的抽样分布理论.

作为多元统计分析初步,本章主要简要介绍:聚类分析,主成分分析,因子分析,同时在一些例题和应用案例中给出有关计算和绘图的代码.

关于多元统计分析,更详细地介绍,见:《应用多元统计分析》(韩明,2017),《应用多元统计分析——基于 R 的实验》(韩明,2019)等.

6.1 聚类分析

将认识对象进行分类是人类认识世界的一种重要方法,比如有关世界的时间进程的研究,就形成了历史学,有关世界空间地域的研究,则形成了地理学.又如在生物学中,为了研究生物的演变,需要对生物进行分类,生物学家根据各种生物的特征,将它们归属于不同的界、门、纲、目、科、属、种之中.事实上,分门别类地对事物进行研究,要远比在一个混杂多变的集合中更清晰、明了和细致,这是因为同一类事物会具有更多的近似特性.在企业的经营管理中,为了确定其目标市场,首先要进行市场细分.因为无论一个企业多么庞大和成功,也无法满足整个市场的各种需求.而市场细分,可以帮助企业找到适合自己特色,并使企业具有竞争力的分市场,将其作为自己的重点开发目标.

俗话说"物以类聚,人以群分".那么什么是分类的根据呢?比如,要想把中国的县分成若干类,就有很多种分类法,可以按照自然条件来分,比如考虑降水,土地,日照等各方面;也可以考虑收入,教育水平,医疗条件,基础设施等指标;既可以用某一项来分类,也可以同时考虑多项指标来分类.

通常,人们可以凭经验和专业知识来实现分类.本章介绍的分类的方法称为聚类分析

(cluster analysis). 聚类分析作为一种定量方法,将从数据分析的角度给出一个更准确、细致的分类工具. 通常把对样品的聚类称为 Q 型聚类,对变量(指标)的聚类称为 R 型聚类.

本节将介绍:聚类分析的基本思想与意义,Q 型聚类分析,R 型聚类分析,我国各地区普通高等教育发展状况的聚类分析.

6.1.1 聚类分析的基本思想与意义

聚类分析的基本思想是在样品之间定义距离,在变量之间定义相似系数,距离或相似系数代表样品或变量之间的相似程度. 按照相似程度的大小,将样品(或变量)逐一归类,关系密切的类聚集到一个小的分类单位,然后逐步扩大,使得关系疏远的聚合到一个大的分类单位,直到所有的样品(或变量)都聚集完毕,形成一个表示亲疏关系的聚类图,依次按照某些要求对样品(或变量)进行分类.

先看一个例子. 表 6-1 收集了 12 种饮料的热量、咖啡因含量、钠含量及价格四种变量的数据. 现在希望利用这四个变量对这些饮料品牌进行聚类. 当然,也可以用其中某些而不是全部变量进行聚类.

表 6-1 12 种饮料的有关数据

饮料编号	热量/kcal	咖啡因含量	钠含量	价格/元	饮料编号	热量/kcal	咖啡因含量	钠含量	价格/元
1	207.20	3.30%	15.50%	2.80	7	146.70	4.30%	9.70%	1.80
2	36.80	5.90%	12.90%	3.30	8	57.60	2.20%	13.60%	2.10
3	72.20	7.30%	8.20%	2.40	9	95.90	0.00%	8.50%	1.30
4	36.70	0.40%	10.50%	4.00	10	199.00	0.00%	10.60%	3.50
5	121.70	4.10%	9.20%	3.50	11	49.80	8.00%	6.30%	3.70
6	89.10	4.00%	10.20%	3.30	12	16.60	4.70%	6.30%	1.50

如果按照这四个指标的任何一项来分类,问题就很简单了,只要把该指标相近的品牌放到一起就行了. 如何同时根据这四个指标来聚类呢? 其想法也类似,就是把距离近的放到一起. 这样就出现下面要提到的距离的定义和度量等问题.

在表 6-1 中每种饮料都有四个变量值,这就是四维空间点的问题了. 按照远近程度来聚类需要明确两个概念:一是点和点之间的距离,二是类和类之间的距离. 点间距离有很多定义方式,最简单的是欧氏距离,当然还有许多其他的距离. 根据距离来决定两点间的远近是最自然不过了. 当然还有一些和距离不同但起类似作用的概念,比如相似性等,两点越相似,就相当于距离越近.

由一个点组成的类是最基本的类,如果每一类都由一个点组成,那么点间的距离就是类间距离. 但是如果某一类包含不止一个点,那么就要确定类间距离. 类间距离是基于点间距离定义的,它也有许多定义的方法,比如两类之间最近点之间的距离可以作为这两类之间的距离,也可以用两类中最远点之间的距离作为这两类之间的距离,当然也可以用各类的中心之间的距离来作为类间距离.在计算时,各种点间距离和类间距离的选择一般是通过软件实现的(除一些比较简单的问题外),选择不同的距离结果可能会不同.

6.1.2　Q型聚类分析

如何度量距离远近？首先要定义两点之间的距离或相似度量,再根据两点之间的距离来定义两类间的距离.

6.1.2.1　两点之间的距离

设有 n 个样品的多元观测数据 $x_i = (x_{i1}, x_{i2}, \cdots, x_{ip})^T$, $i = 1, 2, \cdots, n$. 此时,每个样品可以看成 p 维空间的一个点,n 个样品组成 p 维空间的 n 个点.我们自然用各点之间的距离来衡量各样品之间的相似性程度(或靠近程度).

设 $d(x_i, x_j)$ 是样品 x_i 和 x_j 之间的距离,一般要求它满足下列条件：

(1) $d(x_i, x_j) \geqslant 0$,且 $d(x_i, x_j) = 0$ 当且仅当 $x_i = x_j$;

(2) $d(x_i, x_j) = d(x_j, x_i)$;

(3) $d(x_i, x_j) \leqslant d(x_i, x_k) + d(x_k, x_j)$.

在聚类分析中,有些距离不满足(3),我们在广义的意义下仍然称它为距离.

以下介绍聚类分析中常用的距离.常用的距离有：欧氏(Euclidean)距离,绝对距离,马氏(Mahalanobis)距离等.

假定有 n 个样品的多元数据,对于 $i, j = 1, 2, \cdots, n$, $d(x_i, x_j)$ 为 p 维点(向量) $\boldsymbol{x}_i = (x_{i1}, x_{i2}, \cdots, x_{ip})^T$ 和 $\boldsymbol{x}_j = (x_{j1}, x_{j2}, \cdots, x_{jp})^T$ 之间的距离,记为 $d_{ij} = d(x_i, x_j)$.

1. 欧氏距离

$$d_{ij} = \sqrt{\sum_{k=1}^{p}(x_{ik} - x_{jk})^2}.$$

欧氏距离是最常用的,它的主要优点是当坐标轴进行旋转时,欧氏距离是保持不变的.因此,如果对原坐标系进行平移和旋转变换,则变换后样本点间的距离和变换前完全相同.

称

$$\boldsymbol{D} = (d_{ij})_{n \times n} = \begin{pmatrix} 0 & d_{12} & \cdots & d_{1n} \\ d_{21} & 0 & \cdots & d_{2n} \\ \vdots & \vdots & & \vdots \\ d_{n1} & d_{n2} & \cdots & 0 \end{pmatrix}$$

为距离矩阵,其中 $d_{ij} = d_{ji}$(这说明距离矩阵是对称矩阵).

2. 绝对距离

称

$$d_{ij} = \sum_{k=1}^{p} |x_{ik} - x_{jk}|$$

为绝对距离.

3. 马氏距离

称

$$d_{ij} = \sqrt{(x_i - x_j)^T S^{-1} (x_i - x_j)}$$

为马氏距离. 其中, S 是由 $x_1, x_2, \cdots, x_n$ 得到的协方差矩阵 $S = \dfrac{1}{n-1} \sum\limits_{i=1}^{n} (x_i - \bar{x})(x_i - \bar{x})^T$, $\bar{x} = \dfrac{1}{n} \sum\limits_{i=1}^{n} x_i$.

显然, 当 S 为单位矩阵时, 马氏距离即化简为欧氏距离. 在实际问题中协方差矩阵 S 往往是未知的, 常需要用样本协方差矩阵来估计. 需要说明的是, 马氏距离对一切线性变换都是不变的, 所以不受量纲的影响.

值得注意的是, 当变量的量纲不同时, 观测值的变异范围相差悬殊时, 一般首先对数据进行标准化处理, 然后再计算距离.

例 6.1.1 为研究辽宁、浙江、河南、甘肃、青海 5 省份 1991 年城镇居民月均消费情况, 需要利用调查资料对这 5 个省份分类, 指标变量共 8 个, 含义如下:

x_1: 人均粮食支出, x_2: 人均副食支出, x_3: 人均烟酒茶支出, x_4: 人均其他副食支出, x_5: 人均衣着支出, x_6: 人均日用品支出, x_7: 人均燃料支出, x_8: 人均非商品支出.

具体数据见表 6-2. 把每个省份的数据看成一个样品, (1) 计算样品之间的欧氏距离矩阵; (2) 计算样品之间的绝对距离矩阵.

表 6-2 1991 年 5 省城镇居民月均消费 (单位: 元/人)

	x_1	x_2	x_3	x_4	x_5	x_6	x_7	x_8
辽宁	7.90	39.77	8.49	12.94	19.27	11.05	2.04	13.29
浙江	7.68	50.37	11.35	13.30	19.25	14.59	2.75	14.87
河南	9.42	27.93	8.20	8.14	16.17	9.42	1.55	9.76
甘肃	9.16	27.98	9.01	9.32	15.99	9.10	1.82	11.35
青海	10.06	28.64	10.52	10.05	16.18	8.39	1.96	10.81

解 (1) 样品之间的欧氏距离矩阵

用 1, 2, 3, 4, 5 分别表示辽宁, 浙江, 河南, 甘肃, 青海 5 个省 (样品), 计算每两个样品之间的欧氏距离 $d_{ij}(i, j = 1, 2, 3, 4, 5)$ 为

$d_{12} = d_{21} = \sqrt{(7.90 - 7.68)^2 + (39.77 - 50.37)^2 + \cdots + (13.29 - 14.87)^2} = 11.67, \cdots,$

$d_{23} = d_{32} = \sqrt{(7.68 - 9.42)^2 + (50.37 - 27.93)^2 + \cdots + (14.87 - 9.76)^2} = 24.64, \cdots,$

得到的距离矩阵为 (由于是对称矩阵, 所以可以只用下三角部分, 当然也可以只用上三角部分):

$$\boldsymbol{D} = \begin{bmatrix} 0 & & & & \\ 11.67 & 0 & & & \\ 13.81 & 24.64 & 0 & & \\ 13.13 & 24.06 & 2.20 & 0 & \\ 12.80 & 23.54 & 3.50 & 2.22 & 0 \end{bmatrix},$$

D 中各元素数值的大小,反映了 5 个省城镇居民月均消费水平的接近程度. 例如,甘肃省与河南省的的欧氏距离达到最小值 2.20,反映了这两个省份城镇居民月均消费水平最接近.

可以用 MATLAB 计算每两个样品之间的欧氏距离(距离矩阵),其代码如下:

```
clear
X=[7.90, 39.77, 8.49, 12.94, 19.27, 11.05, 2.04, 13.29;
   7.68, 50.37, 11.35, 13.30, 19.25, 14.59, 2.75, 14.87;
   9.42, 27.93, 8.20, 8.14, 16.17, 9.42, 1.55, 9.76;
   9.16, 27.98, 9.01, 9.32, 15.99, 9.10, 1.82, 11.35;
   10.06, 28.64, 10.52, 10.05, 16.18, 8.39, 1.96, 10.81];
BX=zscore(X);          % 标准化数据矩阵
Y=pdist(X,'euclidean') % 计算两两之间的欧氏距离
D=squareform(Y)        % 欧氏距矩阵
```

运行结果为

Y=

　　11.6726　13.8054　13.1278　12.7983　24.6353　24.0591　23.5389　2.2033　3.5037　2.2159

D=

0	11.6726	13.8054	13.1278	12.7983
11.6726	0	24.6353	24.0591	23.5389
13.8054	24.6353	0	2.2033	3.5037
13.1278	24.0591	2.2033	0	2.2159
12.7983	23.5389	3.5037	2.2159	0

(2) 样品之间的绝对距离矩阵.

只需在(1)中的代码里,把"欧氏距离"改为"绝对距离"即可,即只需要把 'euclidean' 改为 'cityblock' 即可,其代码从略.

运行结果为

Y=

　　19.8900　27.2000　24.5800　26.5200　47.0500　43.3900　42.3100　4.6600　8.0800　5.3800

D=

0	19.8900	27.2000	24.5800	26.5200
19.8900	0	47.0500	43.3900	42.3100
27.2000	47.0500	0	4.6600	8.0800
24.5800	43.3900	4.6600	0	5.3800
26.5200	42.3100	8.0800	5.3800	0

6.1.2.2 两类之间的距离

以上给出了两点之间的距离,现在根据两点之间的距离来定义两类间的距离.

开始时每个对象自成一类,然后每次将最相似的两类合并,合并后重新计算新类与其他类的距离或相似程度.

常用的类间距离主要有:最短距离法,最长距离法,重心法,类平均法等.

设有两个样品类 G_1 和 G_2,用 $D(G_1, G_2)$ 表示在属于 G_1 的样品 x_i 和属于 G_2 的样品 y_j 之间的距离,那么下面就是一些类间距离的定义.

(1) 最短距离法

$$D(G_1, G_2) = \min_{x_i \in G_1, y_j \in G_2}\{d(x_i, y_j)\}.$$

(2) 最长距离法

$$D(G_1, G_2) = \max_{x_i \in G_1, y_j \in G_2}\{d(x_i, y_j)\}.$$

(3) 重心法

$$D(G_1, G_2) = d(\bar{x}, \bar{y}),$$

其中,$\bar{x}$,$\bar{y}$ 分别为 G_1 和 G_2 的重心,$\bar{x} = \frac{1}{n}\sum_{i=1}^{n} x_i$.

(4) 类平均法

$$D(G_1, G_2) = \frac{1}{n_1 n_2}\sum_{x_i \in G_1}\sum_{y_j \in G_2} d(x_i, y_j),$$

其中 n_1,n_2 分别为 G_1,G_2 中样品的个数.

例 6.1.2 设有 5 名销售员 w_1, w_2, w_3, w_4, w_5,他们的销售业绩由二维变量 (v_1, v_2) 描述,见表 6-3.

表 6-3 销售员业绩表

销售员	v_1(销售量)/百件	v_2(回收款项)/万元	销售员	v_1(销售量)/百件	v_2(回收款项)/万元
w_1	1	0	w_4	4	3
w_2	1	1	w_5	2	5
w_3	3	2			

记销售员 $w_i(i=1,2,3,4,5)$ 的销售业绩为 (v_{i1}, v_{i2}),如果使用绝对值距离来测量点与点之间的距离,使用最短距离法来测量类与类之间的距离,即

$$d(w_i, w_j) = \sum_{k=1}^{2} |v_{ik} - v_{jk}|, \quad D(G_1, G_2) = \min_{w_i \in G_1, w_j \in G_2}\{d(w_i, w_j)\}.$$

由距离公式 $d(\cdot, \cdot)$,可以算出距离矩阵为(代码附后)

$$\begin{pmatrix} 0 & 1 & 4 & 6 & 6 \\ & 0 & 3 & 5 & 5 \\ & & 0 & 2 & 4 \\ & & & 0 & 4 \\ & & & & 0 \end{pmatrix}.$$

第 1 步,所有的元素自成一类 $H_1 = \{w_1, w_2, w_3, w_4, w_5\}$. 每一个类的平台高度为 0,即 $f(w_i) = 0$ ($i = 1, 2, 3, 4, 5$).

第 2 步,取新类的平台高度为 1,把 w_1, w_2 合成一个新类 h_6,此时的分类情况是 $H_2 = \{h_6, w_3, w_4, w_5\}$.

第 3 步,取新类的平台高度为 2,把 w_3, w_4 合成一个新类 h_7,此时的分类情况是 $H_3 = \{h_6, h_7, w_5\}$.

第 4 步,取新类的平台高度为 3,把 h_6, h_7 合成一个新类 h_8,此时的分类情况是 $H_4 = \{h_8, w_5\}$.

第 5 步,取新类的平台高度为 4,把 h_8, w_5 合成一个新类 h_9,此时的分类情况是 $H_5 = \{h_9\}$.

以上问题绘制聚类图的 MATLAB 代码如下:

```
clear
a=[1,0;1,1;3,2;4,3;2,5];
y=pdist(a,'cityblock');          % 求 a 的两两行向量间的绝对距离
yc=squareform(y)                 % 变换成距离矩阵
z=linkage(y)                     % 产生等级聚类树
[h,t]=dendrogram(z);             % 绘制聚类图
T=cluster(z,'maxclust',3)        % 把对象划分为 3 类
for i=1:3
    tm=find(T==i);               % 求第 i 类的对象
    tm=reshape(tm,1,length(tm)); % 变成行向量
    fprintf('第 %d 类的有 %s n',i,int2str(tm)); % 显示分类结果
end
```

运行结果如图 6-1 所示.

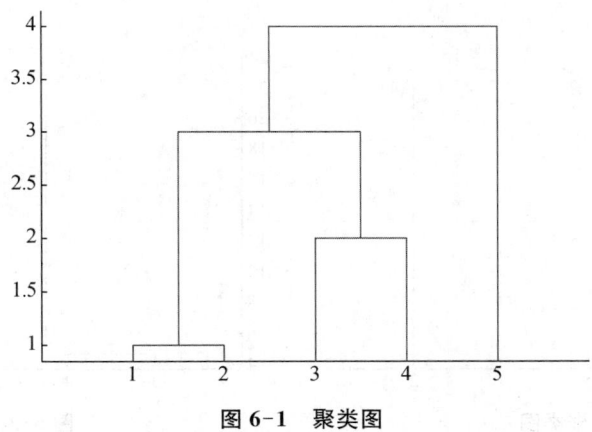

图 6-1 聚类图

有了聚类图,就可以按要求进行分类. 从图 6-1 可以看出,在这 5 名推销员中 w_5 的工作业绩最佳,w_3, w_4 的工作业绩较好,而 w_1, w_2 的工作业绩较差.

例 6.1.3(续例 6.1.1) 根据例 6.1.1 给出的 5 省城镇居民月均消费数据,(1)如果使

用欧氏距离来测量点与点之间的距离,使用最短距离法来测量类与类之间的距离,并进行聚类分析;(2)如果使用绝对距离来测量点与点之间的距离,使用最短距离法来测量类与类之间的距离,并进行聚类分析.

解 (1) 如果使用欧氏距离来测量点与点之间的距离,使用最短距离法来测量类与类之间的距离,进行聚类分析,其 MATLAB 代码如下:

```
clear
X=[7.90, 39.77, 8.49, 12.94, 19.27,11.05, 2.04, 13.29;
   7.68, 50.37, 11.35, 13.30, 19.25, 14.59, 2.75, 14.87;
   9.42, 27.93, 8.20, 8.14, 16.17, 9.42, 1.55, 9.76;
   9.16, 27.98, 9.01, 9.32,15.99, 9.10, 1.82, 11.35;
   10.06, 28.64, 10.52, 10.05, 16.18, 8.39, 1.96, 10.81];
BX=zscore(X);              % 标准化数据矩阵
Y=pdist(X,'euclidean')     % 欧氏距离计算两两之间的距离
D=squareform(Y)            % 欧氏距矩阵
Z=linkage(Y)               % 最短距离法
T=cluster(Z,3)             % 等价于 T=clusterdata(X,3)
find(T==3)                 % 第 3 类集合中的元素
[H,T]=dendrogram(Z)        %绘制聚类图
```

运行结果如图 6-2 所示.

在图 6-2 中,1,2,3,4,5 分别表示辽宁,浙江,河南,甘肃,青海 5 个省(样品).

从图 6-2 可以看出,第一类:1,2(辽宁、浙江);第二类:3,4,5(河南、甘肃、青海).

(2) 如果使用绝对距离来测量点与点之间的距离,使用最短距离法来测量类与类之间的距离,并进行聚类分析. 其 MATLAB 程序与(1)类似(只需把 'euclidean' 改为 'cityblock' 即可),运行结果如图 6-3 所示.

从图 6-2 与图 6-3 可以看出,聚类结果类似.

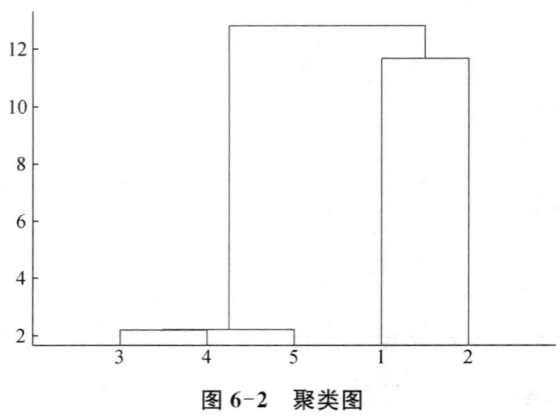

图 6-2 聚类图

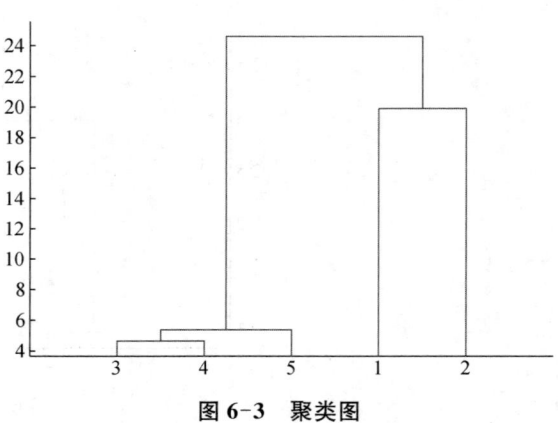

图 6-3 聚类图

6.1.3 R型聚类分析

在实际工作中,变量聚类法的应用也是十分重要的. 在系统分析或评估过程中,为避免

遗漏某些重要因素,往往在一开始选取指标时,尽可能多地考虑所有的相关因素.而这样做的结果,则是变量过多,变量间的相关度高,给系统分析与建模带来很大的不便.因此,人们常常希望能研究变量间的相似关系,按照变量的相似关系把它们聚合成若干类,进而找出影响系统的主要因素.

6.1.3.1 变量相似性度量

在对变量进行聚类分析时,首先要确定变量的相似性度量,常用的变量相似性度量有两种.

1. 相关系数

记变量 x_j 的取值 $(x_{1j}, x_{2j}, \cdots, x_{nj})^T \in R^n (j=1, 2, \cdots, n)$,则可以用两变量 x_j 与 x_k 的样本相关系数作为它们的相似性度量,即

$$r_{jk} = \frac{\sum_{i=1}^{n}(x_{ij}-\bar{x}_j)(x_{ik}-\bar{x}_k)}{\sqrt{\sum_{i=1}^{n}(x_{ij}-\bar{x}_j)^2 \sum_{i=1}^{n}(x_{ik}-\bar{x}_k)^2}},$$

其中 $\bar{x}_j = \frac{1}{n}\sum_{i=1}^{n} x_{ij}, j=1, 2, \cdots, n.$

在对变量进行聚类分析时,利用相关系数矩阵 $(r_{jk})_{n\times n}$ 是最多的.

2. 夹角余弦

可以直接利用两变量 x_j 与 x_k 的夹角余弦 r_{jk} 来定义它们的相似性度量,有

$$r_{jk} = \frac{\sum_{i=1}^{n} x_{ij} x_{ik}}{\sqrt{\sum_{i=1}^{n} x_{ij}^2 \sum_{i=1}^{n} x_{ik}^2}}.$$

这是解析几何中两个向量夹角余弦的概念在 n 维空间的推广.

在对变量进行聚类分析时,也常利用夹角余弦矩阵 $(r_{jk})_{n\times n}$.

各种定义的相似度量均应具有以下两个性质:

(1) $|r_{jk}| \leqslant 1$,对于一切 j, k;

(2) $r_{jk} = r_{kj}$,对于一切 j, k.

$|r_{jk}|$ 越接近于 $1, x_j$ 与 x_k 越相关或越相似;$|r_{jk}|$ 越接近于 $0, x_j$ 与 x_k 的越相似性越弱.

6.1.3.2 变量聚类法

类似于样本集合聚类分析中最常用的最短距离法、最长距离法等,在变量聚类分析中,常用的有最长距离法、最短距离法、类平均法等.

设有两类变量 G_1 和 G_2,用 $R(G_1, G_2)$ 表示它们之间的距离.

1. 最长距离法

定义两类变量的距离为

$$R(G_1, G_2) = \max_{x_i \in G_1, y_k \in G_2} \{d_{ik}\},$$

即用两类中样品之间的距离最长者作为两类之间的距离.

2. 最短距离法

定义两类变量的距离为

$$R(G_1, G_2) = \min_{x_i \in G_1, y_k \in G_2} \{d_{ik}\},$$

即用两类中样品之间的距离最短者作为两类之间的距离.

3. 类平均法

定义两类变量的距离为

$$R(G_1, G_2) = \frac{1}{n_1 n_2} \sum_{x_i \in G_1} \sum_{x_k \in G_2} \{d_{ik}\},$$

其中 n_1, n_2 分别为 G_1, G_2 中样品的个数. 即用两类中所有样品之间的距离的平均作为两类之间的距离.

例 6.1.4(服装标准制定中的变量聚类法) 在服装标准制定中,对某地成年女子旳各部位尺寸进行了统计,通过 14 个部位的测量资料,获得各因素之间的相关系数见表 6-4.

表 6-4 成年女子各部位相关系数

	x_1	x_2	x_3	x_4	x_5	x_6	x_7	x_8	x_9	x_{10}	x_{11}	x_{12}	x_{13}	x_{14}
x_1	1													
x_2	0.366	1												
x_3	0.242	0.233	1											
x_4	0.280	0.194	0.590	1										
x_5	0.360	0.324	0.476	0.435	1									
x_6	0.282	0.262	0.483	0.470	0.452	1								
x_7	0.245	0.265	0.540	0.478	0.535	0.663	1							
x_8	0.448	0.345	0.452	0.404	0.431	0.322	0.266	1						
x_9	0.486	0.367	0.365	0.357	0.429	0.283	0.287	0.82	1					
x_{10}	0.648	0.662	0.216	0.032	0.429	0.283	0.263	0.527	0.547	1				
x_{11}	0.689	0.671	0.243	0.313	0.430	0.302	0.294	0.520	0.558	0.957	1			
x_{12}	0.486	0.636	0.174	0.243	0.375	0.296	0.255	0.403	0.417	0.857	0.852	1		
x_{13}	0.133	0.153	0.732	0.477	0.339	0.392	0.446	0.266	0.241	0.054	0.099	0.055	1	
x_{14}	0.376	0.252	0.676	0.581	0.441	0.447	0.440	0.424	0.372	0.363	0.376	0.321	0.627	1

其中, x_1 为上体长, x_2 为手臂长, x_3 为胸围, x_4 为颈围, x_5 为总肩围, x_6 为总胸宽, x_7 为后背宽, x_8 为前腰节高, x_9 为后腰节高, x_{10} 为总体长, x_{11} 为身高, x_{12} 为下体长,

x_{13} 为腰围,x_{14} 为臀围.

用按最长距离法对这 14 个变量进行系统聚类,绘制聚类图的 MATLAB 代码如下:

```
clear
a=textread('ch.txt');
d=1-abs(a);                          %进行数据变换,把相关系数转化为距离
d=tril(d);                           %提出 d 矩阵的下三角部分
b=nonzeros(d);                       %去掉矩阵中的零元素
b=b';                                %化成行向量
z=linkage(b,'complete');             %按最长距离法聚类
y=cluster(z,'maxclust',2);           %把变量划分成两类
ind1=find(y==1);ind1=ind1'           %显示第一类对应的变量标号
ind2=find(y==2);ind2=ind2'           %显示第二类对应的变量标号
dendrogram(z);                       %绘制聚类图
set(h,'Color','k','Linewidth',1.3)   %把聚类图线的颜色改为黑色,线宽加粗
```

运行结果如图 6-4 所示.

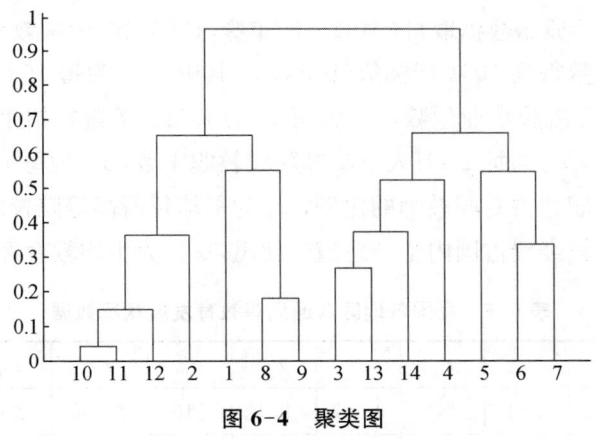

图 6-4 聚类图

说明:图 6-4 中的数字 1 到 14 的意义分别同前面的 14 个变量.

由图 6-4 可以看出,人体的变量大体可以分为两类:一类反映人高、矮的变量,如上体长,手臂长,前腰节高,后腰节高,总体长,身高,下体长;另一类是反映人体胖瘦的变量,如胸围,颈围,总肩围,总胸宽,后背宽,腰围,臀围.

6.1.4 我国高等教育发展状况的聚类分析

6.1.4.1 问题的提出

近年来,我国普通高等教育得到了迅速发展,为国家培养了大批人才.但由于我国各地区经济发展水平不均衡,加之高等院校原有布局使各地区高等教育发展的起点不一致,因而各地区普通高等教育的发展水平存在一定的差异,不同的地区具有不同的特点.

根据以下"综合评价指标体系"和表 6-5(我国各地区普通高等教育发展状况数据),建

立数学模型,并且应用聚类分析,对我国各地区普通高等教育的发展状况进行分类,并指出各类地区普通高等教育发展状况的差异与特点.

综合评价指标体系:高等教育是依赖高等院校进行的,高等教育的发展状况主要体现在高等院校的相关方面.遵循可比性原则,从高等教育的5个方面选取10项评价指标.

"高等教育发展水平"的5个方面:高等院校规模,高等院校数量,高等院校学生数量,教职工情况,经费收入.

每个方面又分为若干项评价指标,选取10项评价指标,具体情况如下:

(1)"高等院校规模"的评价指标为"平均每所高等院校在校生数";

(2)"高等院校数量"的评价指标为"每100万人口高等院校数";

(3)"高等院校学生数量"的评价指标为"每10万人口毕业生数""每10万人口招生数""每10万人口在校生数";

(4)"教职工情况"的评价指标为"每10万人口教职工数""每10万人口专职教师数""高级职称占专职教师的比例";

(5)"经费收入"的评价指标为"国家财政预算内普通高教经费占国内生产总值的比重""生均教育经费".

数据资料:指标的原始数据取自《中国统计年鉴,1995》和《中国教育统计年鉴,1995》除以各地区相应的人口数得到10项指标值见表6-5.其中,x_1为每100万人口高等院校数,x_2为每10万人口高等院校毕业生数,x_3为每10万人口高等院校招生数,x_4为每10万人口高等院校在校生数,x_5为每10万人口高等院校教职工数,x_6为每10万人口高等院校专职教师数,x_7为高级职称占专职教师的比例,x_8为平均每所高等院校的在校生数,x_9为国家财政预算内普通高教经费占国内生产总值的比重,x_{10}为生均教育经费.

表6-5 我国各地区普通高等教育发展状况数据

序号	地区	x_1	x_2	x_3	x_4	x_5	x_6	x_7	x_8	x_9	x_{10}
1	北京	5.96	310	461	1 557	931	319	44.36	2 615	2.20	13 631
2	上海	3.39	234	308	1 035	498	161	35.02	3 052	0.90	12 665
3	天津	2.35	157	229	713	295	109	38.40	3 031	0.86	9 385
4	陕西	1.35	81	111	364	150	58	30.45	2 699	1.22	7 881
5	辽宁	1.50	88	128	421	144	58	34.30	2 808	0.54	7 733
6	吉林	1.67	86	120	370	153	58	33.53	2 215	0.76	7 480
7	黑龙江	1.17	63	93	296	117	44	35.22	2 528	0.58	8 570
8	湖北	1.05	67	92	297	115	43	32.89	2 835	0.66	7 262
9	江苏	0.95	64	94	287	102	39	31.54	3 008	0.39	7 786
10	广东	0.69	39	71	205	61	24	34.50	2 988	0.37	11 355
11	四川	0.56	40	57	177	61	23	32.62	3 149	0.55	7 693
12	山东	0.57	58	64	181	57	22	32.95	3 202	0.28	6 805

(续表)

序号	地区	x_1	x_2	x_3	x_4	x_5	x_6	x_7	x_8	x_9	x_{10}
13	甘肃	0.71	42	62	190	66	26	28.13	2 657	0.73	7 282
14	湖南	0.74	42	61	194	61	24	33.06	2 618	0.47	6 477
15	浙江	0.86	42	71	204	66	26	29.94	2 363	0.25	7 704
16	新疆	1.29	47	73	265	114	46	25.93	2 060	0.37	5 719
17	福建	1.04	53	71	218	63	26	29.01	2 099	0.29	7 106
18	山西	0.85	53	65	218	76	30	25.63	2 555	0.43	5 580
19	河北	0.81	43	66	188	61	23	29.82	2 313	0.31	5 704
20	安徽	0.59	35	47	146	46	20	32.83	2 488	0.33	5 628
21	云南	0.66	36	40	130	44	19	28.55	1 974	0.48	9 106
22	江西	0.77	43	63	194	67	23	28.81	2 515	0.34	4 085
23	海南	0.70	33	51	165	47	18	27.34	2 344	0.28	7 928
24	内蒙古	0.84	43	48	171	65	29	27.65	2 032	0.32	5 581
25	西藏	1.69	26	45	137	75	33	12.10	810	1.00	14 199
26	河南	0.55	32	46	130	44	17	28.41	2 341	0.30	5 714
27	广西	0.60	28	43	129	39	17	31.93	2 146	0.24	5 139
28	宁夏	1.39	48	62	208	77	34	22.70	1 500	0.42	5 377
29	贵州	0.64	23	32	93	37	16	28.12	1 469	0.34	5 415
30	青海	1.48	38	46	151	63	30	17.87	1 024	0.38	7 368

6.1.4.2 问题的分析与建模

对我国各地区普通高等教育的发展状况进行分类,可以采用多元统计分析中的"聚类分析"建模.以下分别应用 R 型聚类分析方法和 Q 型聚类分析方法,对我国各地区普通高等教育的发展状况进行分类.

1. R 型聚类分析

(1) 变量的相似性度量——相关系数法

定性考察反映高等教育发展状况的 5 个方面 10 项评价指标,可以看出,某些指标之间可能存在较强的相关性.比如每 10 万人口高等院校毕业生数、每 10 万人口高等院校招生数与每 10 万人口高等院校在校生数之间可能存在较强的相关性,每 10 万人口高等院校教职工数和每 10 万人口高等院校专职教师数之间可能存在较强的相关性.

在对多个变量(指标)进行聚类分析时,首先要确定变量的相似性度量,常用的变量相似性度量相关系数.

设 $x_1, x_2, \cdots, x_{10}$ 为前叙的 10 项评价指标,记指标 x_j 的取值 $(x_{1j}, x_{2j}, \cdots, x_{10j})^T \in R^{10}$ ($j=1, 2, \cdots, 10$),则可以用两个变量(指标) x_j 和 x_k 的样本相关系数作为它们的相似性度量 ($j, k=1, 2, \cdots, 10$).即

$$r_{jk} = \frac{\sum_{i=1}^{10}(x_{ij}-\bar{x}_j)(x_{ik}-\bar{x}_k)}{\sqrt{\sum_{i=1}^{10}(x_{ij}-\bar{x}_j)^2 \sum_{i=1}^{10}(x_{ik}-\bar{x}_k)^2}},$$

其中,$\bar{x}_j = \frac{1}{10}\sum_{i=1}^{10} x_{ij}$,$j=1,2,\cdots,10$.

在对以上变量(指标)进行聚类时,可以利用相关系数矩阵.

(2) 变量聚类法——类平均法

在变量聚类问题中,常用的方法之一是类平均法(前面已给出类平均法的定义).

2. Q 型聚类分析

对每个变量的数据分别进行标准化处理,样本点间相似性采用欧氏距离度量,类间距离的计算选用类平均法.

(1) 对原始数据进行标准化处理.

$x_1,x_2,\cdots,x_{10}$ 和 x_{ij} 的意义同前,把各 x_{ij} 转换成标准指标值 $\tilde{x}_{ij}$,有

$$\tilde{x}_{ij} = \frac{x_{ij}-\bar{x}_j}{s_j}, \quad i,j=1,2,\cdots,10.$$

其中,$\bar{x}_j = \frac{1}{10}\sum_{i=1}^{10} x_{ij}$,$s_j = \sqrt{\frac{1}{10}\sum_{i=1}^{10}(x_{ij}-\bar{x}_j)^2}$,$j=1,2,\cdots,10$. 即 $\bar{x}_j$ 和 s_j 分别为第 j 个指标的样本均值和样本方差.

(2) 样本点间相似性采用欧氏距离度量.

(3) 类间距离的计算选用类平均法.

6.1.4.3 问题的求解

1. R 型聚类分析的求解

应用 MATLAB 计算 10 个指标之间的相关系数(代码附后),相关系数矩阵见表 6-6.

表 6-6 相关系数矩阵

	x_1	x_2	x_3	x_4	x_5	x_6	x_7	x_8	x_9	x_{10}
x_1	1.0000	0.9434	0.9528	0.9591	0.9746	0.9798	0.4065	0.0663	0.8680	0.6609
x_2	0.9434	1.0000	0.9946	0.9946	0.9743	0.9702	0.6136	0.3500	0.8039	0.5998
x_3	0.9528	0.9946	1.0000	0.9987	0.9831	0.9807	0.6261	0.3445	0.8231	0.6171
x_4	0.9591	0.9946	0.9987	1.0000	0.9878	0.9856	0.6096	0.3256	0.8276	0.6124
x_5	0.9746	0.9743	0.9831	0.9878	1.0000	0.9986	0.5599	0.2411	0.8590	0.6174
x_6	0.9798	0.9702	0.9807	0.9856	0.9986	1.0000	0.5500	0.2222	0.8691	0.6164
x_7	0.4065	0.6136	0.6261	0.6096	0.5599	0.5500	1.0000	0.7789	0.3655	0.1510

(续表)

	x_1	x_2	x_3	x_4	x_5	x_6	x_7	x_8	x_9	x_{10}
x_8	0.066 3	0.350 0	0.344 5	0.325 6	0.241 1	0.222 2	0.778 9	1.000 0	0.112 2	0.048 2
x_9	0.868 0	0.803 9	0.823 1	0.827 6	0.859 0	0.869 1	0.365 5	0.112 2	1.000 0	0.683 3
x_{10}	0.660 9	0.599 8	0.617 1	0.612 4	0.617 4	0.616 4	0.151 0	0.043 2	0.683 3	1.000 0

可以看出某些指标之间确实存在很强的相关性,因此可以考虑从这些指标中选取几个有代表性的指标进行聚类分析. 为此,把十个指标根据其相关性进行 R 型聚类,再从每个类中选取代表性的指标. 首先对每个变量(指标)的数据分别进行标准化处理. 变量间相近性度量采用相关系数,类间相近性度量的计算选用类平均法.

应用 MATLAB 绘制指标聚类图(代码附后),如图 6-5 所示.

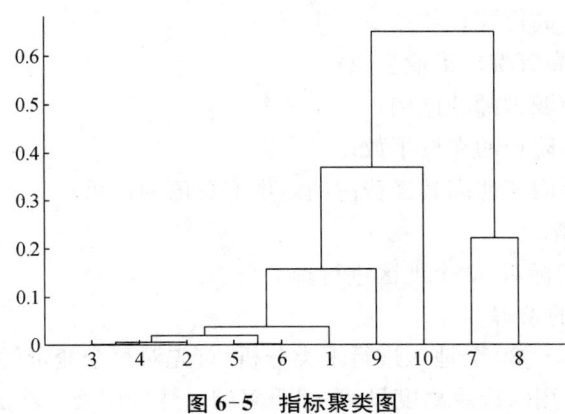

图 6-5 指标聚类图

应用 MATLAB 软件计算指标分类(代码附后),指标分类结果如下:
第 1 类的有 1;
第 2 类的有 2,3,4,5,6;
第 3 类的有 9;
第 4 类的有 7;
第 5 类的有 8;
第 6 类的有 10.

应用 MATLAB 软件计算相关系数、绘制聚类图、计算分类结果,其代码如下:

```
clc, clear
load gj.txt              %把原始数据保存在纯文本文件 gj.txt 中
r=corrcoef(gj)           %计算相关系数矩阵
d=1-r;                   %进行数据变换,把相关系数转化为距离
d=tril(d);               %取出矩阵 d 的下三角元素
d=nonzeros(d);           %取出非零元素
d=d';                    %化成行向量
```

```
z=linkage(d,'average');        %按类平均法聚类
dendrogram(z);                 %绘制聚类图
T=cluster(z,'maxclust',6)      %把变量划分成6类
for i=1:6
tm=find(T==i);                 %求第 i 类的对象
tm=reshape(tm,1,length(tm));
fprintf('第%d类的有%s \n', i,int2str(tm));        %显示分类结果
end
```

从聚类图(图 6-5)中可以看出,每 10 万人口高等院校招生数、每 10 万人口高等院校在校生数、每 10 万人口高等院校教职工数、每 10 万人口高等院校专职教师数、每 10 万人口高等院校毕业生数 5 个指标之间有较大的相关性,最先被聚到一起. 如果将 10 个指标分为 6 类,其他 5 个指标各自为一类. 这样就从 10 个指标中选定了 6 个指标:

x_1:每 100 万人口高等院校数;

x_2:每 10 万人口高等院校毕业生数;

x_7:高级职称占专职教师的比例;

x_8:平均每所高等院校的在校生数;

x_9:国家财政预算内普通高教经费占国内生产总值的比重;

x_{10}:生均教育经费.

可以根据这 6 个指标对 30 个地区进行聚类分析.

2. Q 型聚类分析的求解

根据以上 6 个指标对 30 个地区进行聚类分析. 首先对每个变量的数据分别进行标准化处理,样本间相似性采用欧氏距离度量,类间距离的计算选用类平均法.

应用 MATLAB 软件绘制各地区聚类图(其代码附后),如图 6-6 所示.

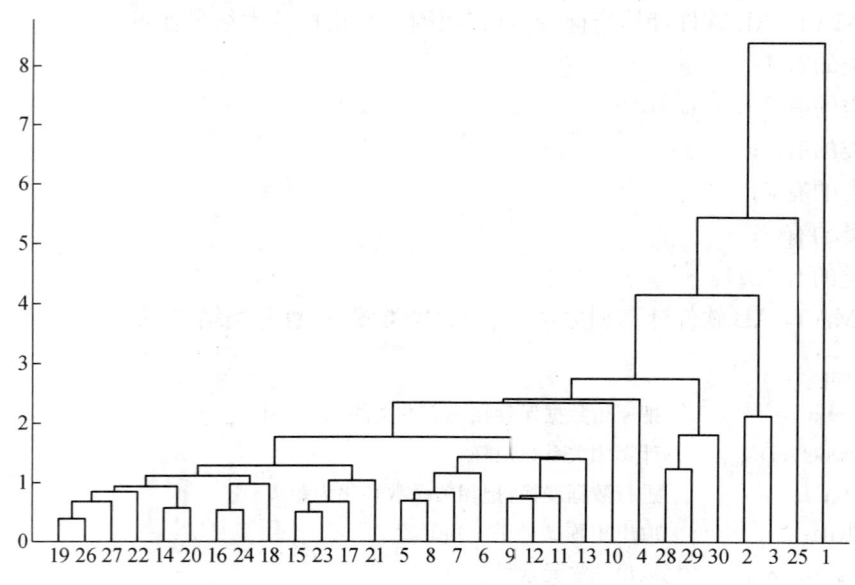

图 6-6 各地区聚类图

应用 MATLAB 软件计算各地区分类结果（代码附后），各地区分类结果如下：
（1）划分成 3 类的结果如下：
第 1 类有 25；
第 2 类有 2，3，4，5，6，7，8，9，10，11，12，13，14，15，16，17，18，19，20，21，22，23，24，26，27，28，29，30；
第 3 类有 1。
（2）划分成 4 类的结果如下：
第 1 类有 2，3；
第 2 类有 4，5，6，7，8，9，10，11，12，13，14，15，16，17，18，19，20，21，22，23，24，26，27，28，29，30；
第 3 类有 25；
第 4 类有 1。
（3）划分成 5 类的结果如下：
第 1 类有 28，29，30；
第 2 类有 4，5，6，7，8，9，10，11，12，13，14，15，16，17，18，19，20，21，22，23，24，26，27；
第 3 类有 2，3；
第 4 类有 25；
第 5 类有 1。
有关计算和绘图的 MATLAB 代码如下：

```
clc,clear
load gj.txt                    %把原始数据保存在纯文本文件 gj.txt 中
gj(:,3:6)=[];                  %删除数据矩阵的第 3 列~第 6 列,即使用变量 1,2,7,8,9,10
gj=zscore(gj);                 %数据标准化
y=pdist(gj);                   %求对象间的欧氏距离,每行是一个对象
z=linkage(y,'average');        %按类平均法聚类
dendrogram(z);                 %绘制聚类图
for k=3:5 fprintf('划分成       %d 类的结果如下：\n',k)
T=cluster(z,'maxclust',k);     %把样本点划分成 k 类
for i=1:k
tm=find(T==i);                 %求第 i 类的对象
tm=reshape(tm,1,length(tm));   %变成行向量
fprintf('第 %d 类的有 %s \n',i,int2str(tm));     % 显示分类结果
end
if k==5
break
end
fprintf(' ******************************** \n');
end
```

6.1.4.4 问题的研究结果

各地区高等教育发展状况存在较大的差异,高教资源的地区分布很不均衡.

(1) 如果根据各地区高等教育发展状况把 30 个地区分为 3 类,结果为第 1 类:北京;第 2 类:西藏;第 3 类:其他地区.

(2) 如果根据各地区高等教育发展状况把 30 个地区分为 4 类,结果为第 1 类:北京;第 2 类:西藏;第 3 类:上海,天津;第 4 类:其他地区.

(3) 如果根据各地区高等教育发展状况把 30 个地区分为 5 类,结果为第 1 类:北京;第 2 类:西藏;第 3 类:上海,天津;第 4 类:宁夏,贵州,青海;第 5 类:其他地区.

结合以上结果和聚类图中的合并距离可以看出:

(1) 北京的高等教育状况与其他地区相比有非常大的不同,主要表现在每 100 万人口的学校数量和每 10 万人口的学生数量以及国家财政预算内普通高教经费占国内生产总值的比重等方面远远高于其他地区,这与北京作为全国的政治、经济与文化中心的地位是吻合的.

(2) 上海和天津作为另外两个较早的直辖市,高等教育状况和北京是类似的状况.

(3) 宁夏、贵州和青海的高等教育状况极为类似,高等教育资源相对匮乏.

(4) 西藏作为一个非常特殊的民族地区,其高等教育状况具有和其他地区不同的情形,被单独聚为一类. 主要表现在每 100 万人口高等院校数比较高,国家财政预算内普通高教经费占国内生产总值的比重和生均教育经费也相对较高,而高级职称占专职教师的比例与平均每所高等院校的在校生数又都是全国最低的. 这正是西藏高等教育状况的特殊之处: 人口相对较少,经费比较充足,高等院校规模较小,师资力量薄弱.

(5) 其他地区(除以上提到的)的高等教育状况较为类似,共同被聚为一类.

针对这种情况,建议有关部门可以采取相应措施对宁夏、贵州、青海和西藏地区进行扶持,促进当地高等教育事业的发展.

6.1.5 聚类分析的注意事项

显然,聚类分析的结果主要受所选择的变量影响. 如果去掉一些变量,或者增加一些变量,结果会很不同. 相比之下,聚类分析方法的选择则不那么重要了. 因此,聚类分析之前一定要目标明确. 例如,如果在表 6-1 中的饮料分类的问题再加上包装、颜色、装罐地点等变量,得到的结果就可能不伦不类了.

另外就分成多少类来说,也要有道理. 只要你高兴,计算机结果可以得到任何可能数量的类. 但是,聚类分析的目的是要使各类之间的距离尽可能地远,而类中点之间的距离尽可能地近,而且分类结果还要有令人信服的解释(这一点就不是统计学可以解决的了). 一定要搞清聚类分析的动机和目的.

习题 6.1

1. 在表 6-1 中,把每种饮料的数据看成一个样品,(1)计算两个样品之间的欧氏距离矩阵;(2)用最短距离法进行聚类分析.

2. 为了研究我国部分省、直辖市、自治区 2007 年城镇居民生活消费的情况,根据调查资料进行区域消

费类型划分.原始数据见下表,样品数 $n = 12$,变量个数 $p = 8$.变量名称如下:

x_1:人均食品支出(元);x_2:人均衣着商品支出(元);x_3:人均家庭设备用品及服务支出(元);x_4:人均医疗保健支出(元);x_5:人均交通和通信支出(元);x_6:人均娱乐教育文化服务支出(元);x_7:人均居住支出(元);x_8:人均杂项商品和服务支出(元).

部分地区城镇居民平均每人全年消费性支出的数据

序号	1	2	3	4	5	6	7	8	9	10	11	12
x_1	4 934	4 249	2 790	2 600	2 825	3 560	2 843	2 633	6 125	3 929	4 893	3 384
x_2	1 513	1 024	976	1 065	1 397	1 018	1 127	1 021	1 330	990	1 406	906
x_3	981	760	547	478	562	439	407	356	959	707	666	465
x_4	1 294	1 164	834	640	719	879	855	729	857	689	859	554
x_5	2 328	1 310	1 010	1 028	1 124	1 033	874	746	3 154	1 303	2 473	891
x_6	2 385	1 640	895	1 054	1 245	1 053	998	938	2 653	1 699	2 158	1 170
x_7	1 246	1 417	917	992	942	1 047	1 062	785	1 412	1 020	1 168	850
x_8	650	464	266	245	468	400	394	311	763	377	468	309

数据来源:《2008 年中国统计年鉴》.序号 1—12,分别代表:北京,天津,河北,山西,内蒙古,辽宁,吉林,黑龙江,上海,江苏,浙江,安徽.

根据表中的数据,(1)计算两个变量之间的绝对距离矩阵;(2)用最短距离法对 8 个变量进行聚类分析.

3. 请对感兴趣的问题收集数据,仿照"我国高等教育发展状况的聚类分析"进行聚类分析.

6.2 主成分分析

本节介绍把变量维数降低以便于描述、理解和分析问题的方法——主成分分析(principal component analysis).主成分分析是 1901 年皮尔逊对非随机变量引入的,1933 年霍特林将此方法推广到随机向量的情形,主成分分析和聚类分析有很大的不同,它有严格的数学理论作基础.主成分分析的主要目的是希望用较少的变量去解释原来资料中的大部分变异,将我们手中许多相关性很高的变量转化成彼此相互独立或不相关的变量.通常是选出比原始变量个数少,能解释大部分资料中的变异的几个新变量,即所谓主成分,并用以解释资料的综合性指标.由此可见,主成分分析实际上是一种降维方法.

多维变量的情况和二维类似,也有高维的椭球,只不过无法直观地看见罢了.首先把高维椭球的各个主轴找出来,再用代表大多数数据信息的最长的几个轴作为新变量.这样,主成分分析就基本完成了.注意,和二维情况类似,高维椭球的主轴也是互相垂直的.这些互相正交的新变量是原先变量的线性组合,称为主成分(principal component).

正如二维椭圆有两个主轴,三维椭球有三个主轴一样,有几个变量,就有几个主成分.当然,选择越少的主成分,降维就越好.什么是选择的标准呢?那就是这些被选的主成分所代表的主轴的长度之和占了主轴长度总和的大部分.有些文献建议,所选的主轴总长度占所有主轴长度之和的约 80%(也有的说 75%左右等)即可.其实,这只是一个大体的说法;具体选几个,要看实际情况而定.但如果所有涉及的变量都不那么相关,就很难降维.不相关的变量就只有自己代表自己了.

假定你是一个公司的财务经理,掌握了公司的所有主要数据,比如固定资产、流动资金、每一笔借贷的数额和期限、各种税费、工资支出、原料消耗、产值、利润、折旧、职工人数、职工的分工和教育程度等. 如果向上级相关部门介绍公司状况,你能够把这些指标和数字都原封不动地列出吗? 当然不能. 你必须要把各个方面进行高度概括,用一两个指标简单明了地把情况说清楚. 其实,每个人都会遇到有很多变量的数据. 比如全国或各个地区的带有许多经济和社会变量的数据,各个学校的研究、教学及各类学生人数及科研经费等各种变量的数据等. 这些数据的共同特点是变量很多,在如此多的变量之中,有很多是相关的. 人们希望能够找出它们的少数"代表"来对它们进行描述.

在实际问题中,往往会涉及众多有关的变量. 但是,变量太多不仅会增加计算的复杂性,而且也给合理地分析问题和解释问题带来困难. 一般来说,虽然每个变量都提供了一定的信息,但其重要性有所不同,而在很多情况下,变量间有一定的相关性,从而使得这些变量所提供的信息在一定程度上有所重叠. 因而人们希望对这些变量加以"改造",用为数较少的互不相关的新变量来反映原变量所提供的绝大部分信息,通过对新变量的分析达到解决问题的目的. 主成分分析便是在这种降维的思想下产生出来的处理高维数据的方法.

本节将介绍: 主成分分析的基本思想及方法,特征值因子的筛选,主成分分析应用案例,主成分分析中需要注意的几个问题.

6.2.1 主成分分析的基本思想及方法

如果用 $x_1, x_2, \cdots, x_p$ 表示 p 门课程,$c_1, c_2, \cdots, c_p$ 表示各门课程的权重,那么加权之和就是

$$s = c_1 x_1 + c_2 x_2 + \cdots + c_p x_p.$$

我们希望选择适当的权重能更好地区分学生的成绩. 每名学生都对应一个这样的综合成绩,记为 $s_1, s_2, \cdots, s_n$(n 为学生人数). 如果这些值很分散,表明区分得好,就是说,需要寻找这样的加权,能使 $s_1, s_2, \cdots, s_n$ 尽可能的分散,下面来看它的统计定义. 设 $X_1, X_2, \cdots, X_p$ 表示以 $x_1, x_2, \cdots, x_p$ 为样本观测值的随机变量,如果能找到 $c_1, c_2, \cdots, c_p$,使得方差

$$\text{Var}(c_1 X_1 + c_2 X_2 + \cdots + c_p X_p) \tag{6.2.1}$$

的值达到最大,则由于方差反映了数据差异的程度,因此也就表明我们抓住了这 p 个变量的最大变异. 当然,式(6.2.1)必须加上某种限制,否则权值可选择无穷大而没有意义,通常规定

$$c_1^2 + c_2^2 + \cdots + c_p^2 = 1.$$

在此约束下,求式(6.2.1)的最优解. 由于这个解是 p 维空间的一个单位向量,它代表一个"方向",它就是常说的主成分方向.

一个主成分不足以代表原来的 p 个变量,因此需要寻找第二个乃至第三、第四主成分,第二个主成分不应该再包含第一个主成分的信息,统计上的描述就是让这两个主成分的协方差为零,几何上就是这两个主成分的方向正交. 具体确定各个主成分的方法如下.

设 Z_i 表示第 i 个主成分 ($i=1, 2, \cdots, p$)，可设

$$\begin{cases} Z_1 = c_{11}X_1 + c_{12}X_2 + \cdots + c_{1p}X_p, \\ Z_2 = c_{21}X_1 + c_{22}X_2 + \cdots + c_{2p}X_p, \\ \quad \vdots \\ Z_p = c_{p1}X_1 + c_{p2}X_2 + \cdots + c_{pp}X_p. \end{cases} \tag{6.2.2}$$

其中对每一个 i，均有 $c_{i1}^2 + c_{i2}^2 + \cdots + c_{ip}^2 = 1$，且 $(c_{11}, c_{12}, \cdots, c_{1p})$ 使得 $\mathrm{Var}(Z_1)$ 的值达到最大；$(c_{21}, c_{22}, \cdots, c_{2p})$ 不仅垂直于 $(c_{11}, c_{12}, \cdots, c_{1p})$，而且使 $\mathrm{Var}(Z_2)$ 的值达到最大；$(c_{31}, c_{32}, \cdots, c_{3p})$ 同时垂直于 $(c_{11}, c_{12}, \cdots, c_{1p})$ 和 $(c_{21}, c_{22}, \cdots, c_{2p})$，并使 $\mathrm{Var}(Z_3)$ 的值达到最大；以此类推可以得到全部 p 个主成分，这项工作很繁琐，但借助于计算机很容易完成. 剩下的是如何确定主成分的个数，我们总结在下面几个注意事项中.

(1) 主成分分析的结果受量纲的影响，由于各变量的单位可能不一样，如果各自改变量纲，结果会不一样，这是主成分分析的最大问题，回归分析是不存在这种情况的，所以实际中可以先把各变量的数据标准化，然后使用协方差矩阵或相关系数矩阵进行分析.

(2) 使方差达到最大的主成分分析不用转轴(由于统计软件常把主成分分析和因子分析放在一起，后者往往需要转轴，使用时应注意).

(3) 主成分的保留. 用相关系数矩阵求主成分时，凯泽(Kaiser)主张将特征值小于 1 的主成分予以放弃(这也是 SPSS 软件的默认值).

(4) 在实际研究中，由于主成分的目的是为了降维，减少变量的个数，故一般选取少量的主成分(不超过 5 或 6 个)，一般只要它们能解释变异的 70%～80%(称累积贡献率)就可以了.

6.2.2 特征值因子的筛选

设有 p 个指标变量 $x_1, x_2, \cdots, x_p$，它在第 i 次试验中的取值为

$$a_{i1}, a_{i2}, \cdots, a_{ip}, \quad i=1, 2, \cdots, n,$$

将它们写成矩阵的形式

$$\boldsymbol{A} = \begin{pmatrix} a_{11} & a_{12} & \cdots & a_{1p} \\ a_{21} & a_{22} & \cdots & a_{2p} \\ \vdots & \vdots & & \vdots \\ a_{n1} & a_{n2} & \cdots & a_{np} \end{pmatrix}.$$

矩阵 $\boldsymbol{A}$ 称为设计矩阵.

回到主成分分析，实际中确定式(6.2.2)中的系数就是采用矩阵 $\boldsymbol{A}^\mathrm{T}\boldsymbol{A}$ 的特征向量. 因此，剩下的问题仅仅是将 $\boldsymbol{A}^\mathrm{T}\boldsymbol{A}$ 的特征值按由大到小的次序排列之后，如何筛选这些特征值? 一个实用的方法是删去 $\lambda_{r+1}, \lambda_{r+2}, \cdots, \lambda_p$，这些删去的特征值之和占整个特征值之和 $\sum_{i=r+1}^{p} \lambda_i$ 的 20% 以下，换句话说，余下的特征值所占的比重(定义为累积贡献率)将超过 80%，当然这不是一种严格的规定，近年来文献中关于这方面的讨论很多，有很多比较成熟的方法，这里不一一介绍.

注意：使用 $\tilde{x}_i = \dfrac{x_i - \mu_i}{\sigma_i}$ 对数据进行标准化后，得到的标准化数据矩阵记为 $\tilde{A}$．相关系数矩阵 $R = \dfrac{\tilde{A}^T \tilde{A}}{(n-1)}$．在主成分分析中需要计算相关系数矩阵 R 的特征值和特征向量．

单纯考虑累积贡献率有时是不够的，还需要考虑选择的主成分对原始变量的贡献值．我们用相关系数的平方和来表示，如果选取的主成分为 $z_1, z_2, \cdots, z_r$，则它们对原变量 x_i 的贡献值为

$$\rho_i = \sum_{j=1}^{r} r^2(z_j, x_i),$$

其中 $r(z_j, x_i)$ 表示 z_j 与 x_i 的相关系数．

例 6.2.1 设 $x = (x_1, x_2, x_3)^T$ 的协方差矩阵为

$$B = \begin{pmatrix} 1 & -2 & 0 \\ -2 & 5 & 0 \\ 0 & 0 & 0 \end{pmatrix}.$$

计算协方差矩阵 B 的（非零）特征值及其对应的特征向量，并求 x 的主成分．

解 计算协方差矩阵 B 的特征值及其对应的特征向量，其 MATLAB 代码如下：

```
B=[1 -2 0; -2 5 0; 0 0 0];
[v,d]=eig(B)
```

运行结果为

```
v=
        0   -0.9239   -0.3827
        0   -0.3827    0.9239
   1.0000        0         0
d=
        0        0         0
        0    0.1716        0
        0        0      5.8284
```

则（非零）特征值分别为 $\lambda_1 = 5.8284, \lambda_2 = 0.1716$，相对应的正交单位化特征向量分别为

$$e_1^T = (-0.3827, 0.9239, 0), \quad e_2^T = (-0.9239, -0.3827, 0).$$

因此 x 的主成分为

$$z_1 = e_1^T x = -0.3827 x_1 + 0.9239 x_2,$$
$$z_2 = e_2^T x = -0.9239 x_1 - 0.3827 x_2.$$

如果我们仅取第一个主成分，由于其贡献率已经达到 97.14%，似乎很理想了，但如果进一步计算主成分对原变量的贡献值，容易发现

$$\rho_3 = r^2(z_1, x_3) = 0,$$

可见，第一个主成分对第三个变量的贡献值为 0，这是因为 x_3 和 x_1, x_2 都不相关．由于在

第一个主成分中一点也不包含 x_3 的信息,这时只选择一个主成分就不够了,还需要考虑第二个主成分.

例 6.2.2 设随机向量 $x=(x_1, x_2, x_3)^T$ 的协方差矩阵为

$$A = \begin{pmatrix} 1 & -2 & 0 \\ -2 & 5 & 0 \\ 0 & 0 & 2 \end{pmatrix},$$

求 x 的各主成分.

解 计算协方差矩阵的特征值及其对应的特征向量,其 MATLAB 代码如下:

A=[1 −2 0; −2 5 0; 0 0 2];
[v,d]=eig(A)

运行结果为

v=
  −0.9239 0 −0.3827
  −0.3827 0 0.9239
    0 1.0000 0
d=
  0.1716 0 0
    0 2.0000 0
    0 0 5.8284

则特征值分别为 $\lambda_1=5.8284$, $\lambda_2=2.0000$, $\lambda_3=0.1716$,相对应的正交单位化特征向量分别为

$e_1^T=(-0.3827, 0.9239, 0)$, $e_2^T=(0, 0, 1)$, $e_3^T=(0.9239, 0.3827, 0)$.

因此 x 的主成分为

$$z_1 = e_1^T x = -0.3827 x_1 + 0.9239 x_2,$$
$$z_2 = e_2^T x = x_3,$$
$$z_3 = e_3^T x = -0.9239 x_1 - 0.3827 x_2.$$

根据 A 可知,x_3 与 x_1,x_2 均不相关.

如果只取第一主成分,则贡献率为

$$\frac{5.83}{5.83+2.00+0.17} = 72.855\%.$$

如果取前两个主成分,则累积贡献率为

$$\frac{5.83+2.00}{5.83+2.00+0.17} = 97.85\%.$$

因此，用取前两个主成分代替原来的三个变量，其信息的损失是很小的.

进一步可以得到前两个主成分与各原变量 x_1，x_2，x_3 的相关系数分别为

$$r(z_1,x_1)=0.925,\quad r(z_1,x_2)=-0.958,\quad r(z_1,x_3)=0,$$
$$r(z_2,x_1)=0,\quad r(z_2,x_2)=0,\quad r(z_2,x_3)=1.$$

以上结果说明，z_1 与 x_1，x_2 高度相关而与 x_3 不相关；z_2 与 x_3 呈线性关系.

例 6.2.3 研究纽约股票市场上 5 种股票的周回升率. 这里，周回升率＝（本星期五市场收盘价－上星期五市场收盘价）/上星期五市场收盘价. 从 1975 年 1 月到 1976 年 12 月，对这 5 种股票作了 100 组独立观测. 因为随着一般经济状况的变化，股票有集聚的趋势，因此，不同股票周末回升率是彼此相关的.

设 $x_1,x_2,\cdots,x_5$ 分别为 5 种股票的周回升率，则从数据算得

$$\bar{\boldsymbol{x}}=(0.005\,4,\ 0.004\,8,\ 0.005\,7,\ 0.006\,3,\ 0.003\,7),$$

$$\boldsymbol{R}=\begin{bmatrix}1.000 & 0.577 & 0.509 & 0.387 & 0.462\\ 0.577 & 1.000 & 0.599 & 0.389 & 0.322\\ 0.509 & 0.599 & 1.000 & 0.436 & 0.426\\ 0.387 & 0.389 & 0.436 & 1.000 & 0.523\\ 0.462 & 0.322 & 0.426 & 0.523 & 1.000\end{bmatrix},$$

这里 $\boldsymbol{R}$ 是相关系数矩阵.

用 MATLAB 求矩阵的特征值与特征向量，其代码如下：

$$R=\begin{bmatrix}1.000 & 0.577 & 0.509 & 0.387 & 0.462\\ 0.577 & 1.000 & 0.599 & 0.389 & 0.322\\ 0.509 & 0.599 & 1.000 & 0.436 & 0.426\\ 0.387 & 0.389 & 0.436 & 1.000 & 0.523\\ 0.462 & 0.322 & 0.426 & 0.523 & 1.000\end{bmatrix}$$

[v,d]=eig(A)

运行结果为

```
v=
      0.4513      0.3866     -0.6117     -0.2403      0.4636
     -0.6762      0.2065      0.1782     -0.5093      0.4571
      0.4000     -0.6624      0.3351     -0.2604      0.4702
      0.1756      0.4720      0.5408      0.5257      0.4215
     -0.3850     -0.3824     -0.4352      0.5820      0.4212
d=
      0.3429      0           0           0           0
      0           0.4515      0           0           0
      0           0           0.5397      0           0
      0           0           0           0.8092      0
      0           0           0           0           2.8567
```

则 5 个特征值分别为 $\lambda_1 = 2.8567, \lambda_2 = 0.8092, \lambda_3 = 0.5397, \lambda_4 = 0.4515, \lambda_5 = 0.3429$.

λ_1 和 λ_2 对应的标准正交特征向量为

$$\boldsymbol{\eta}_1^T = (0.4636, 0.4571, 0.4702, 0.4215, 0.4212),$$
$$\boldsymbol{\eta}_2^T = (-0.2403, -0.5093, -0.2604, 0.5257, 0.5820).$$

标准化变量的前两个主成分为

$$z_1 = 0.4636\tilde{x}_1 + 0.4571\tilde{x}_2 + 0.4702\tilde{x}_3 + 0.4215\tilde{x}_4 + 0.4212\tilde{x}_5,$$
$$z_2 = -0.2403\tilde{x}_1 - 0.5093\tilde{x}_2 - 0.2604\tilde{x}_3 + 0.5257\tilde{x}_4 + 0.5820\tilde{x}_5.$$

它们的累积贡献率为

$$\frac{\lambda_1 + \lambda_2}{\sum_{i=1}^{5}\lambda_i} \times 100\% = 73.32\%.$$

这两个主成分具有重要的实际解释,第一主成分大约等于这 5 种股票周回升率和的一个常数倍,通常称为股票市场主成分,简称市场主成分;第二主成分代表化学股票(在 z_2 中系数为负的三只股票都是化学工业上市企业)和石油股票(在 z_2 中系数为证的两只股票恰好都为石油板块的上市企业)的一个对照,称之为工业主成分. 这说明,这些股票周回升率的大部分变差来自市场活动和与它不相关的工业活动. 关于股票价格的这个结论与经典的证券理论吻合. 至于其他主成分解释较为困难,很可能表示每种股票自身的变差,好在它们的贡献率很少,可以忽略不计.

6.2.3 我国高等教育发展情况的主成分分析

近些年来,我国普通高等教育得到了迅速发展,为国家培养了大批人才. 但由于我国各地区经济发展水平不均衡,加之高等院校原有布局使各地区高等教育发展的起点不一致,因而各地区普通高等教育的发展水平存在一定的差异,不同的地区具有不同的特点.

根据表 6-5(我国各地区普通高等教育发展状况数据),建立数学模型,并且应用主成分分析,对我国各地区普通高等教育发展水平进行综合评价和排名,并对这个排名和综合评价结果进行简要分析.

以下对我国各地区普通高等教育发展水平进行综合评价排序,可以采用主成分分析建模.

对原始数据进行标准化处理、计算相关系数矩阵同前.

6.2.3.1 计算特征值和特征向量

计算相关系数矩阵 $\boldsymbol{R}$ 的特征值 $\lambda_1 \geqslant \lambda_2 \geqslant \cdots \geqslant \lambda_{10} \geqslant 0$,及对应的特征向量 $\boldsymbol{u}_1, \boldsymbol{u}_2, \cdots, \boldsymbol{u}_{10}$,其中 $\boldsymbol{u}_j = (u_{1j}, u_{2j}, \cdots, u_{10j})^T$. 由特征向量组成 10 个新的指标变量:

$$y_1 = u_{11}\tilde{x}_1 + u_{21}\tilde{x}_2 + \cdots + u_{10,1}\tilde{x}_{10},$$
$$y_2 = u_{12}\tilde{x}_1 + u_{22}\tilde{x}_2 + \cdots + u_{10,2}\tilde{x}_{10},$$
$$\vdots$$
$$y_{10} = u_{1,10}\tilde{x}_1 + u_{2,10}\tilde{x}_2 + \cdots + u_{10,10}\tilde{x}_{10}.$$

其中，y_1 是第 1 主成分，y_2 是第 2 主成分，$\cdots$，y_{10} 是第 10 主成分.

6.2.3.2 选择主成分与计算综合评价值

1. 计算特征值 $\lambda_j (j=1,2,\cdots,10)$ 的信息贡献率和累积贡献率

称

$$b_j = \frac{\lambda_j}{\sum_{j=1}^{10} \lambda_j}, \quad j=1,2,\cdots,10$$

为主成分 y_j 的信息贡献率；

称

$$\alpha_p = \frac{\sum_{j=1}^{p} \lambda_j}{\sum_{j=1}^{10} \lambda_j}$$

为主成分 y_1，y_2，$\cdots$，y_p 的累积贡献率.

当 α_p 接近于 1（一般取 $\alpha_p = 0.80, 0.85, 0.90, 0.95$ 等）时，则选择前 p 个指标变量 y_1，y_2，$\cdots$，y_p 作为 p 个主成分，代替原来 10 个指标变量，从而可对 p 个主成分进行综合分析.

2. 计算综合得分

称

$$Z = \sum_{j=1}^{p} b_j y_j$$

为综合得分. 其中 b_j 为第 j 个主成分的信息贡献率，根据综合得分值就可进行评价——排序.

从以上综合得分的定义，可以看出综合得分是以各主成分的信息贡献率为权重的加权平均.

6.2.3.3 问题的求解

1. 相关系数矩阵

定性考察反映高等教育发展状况的 5 个方面 10 项评价指标，可以看出，某些指标之间可能存在较强的相关性. 如果直接用这些指标进行综合评价，必然造成信息的重叠，影响评价结果的客观性. 主成分分析方法可以把多个指标转化为少数几个不相关的综合指标，因此，可以利用主成分进行综合评价.

2. 前几个特征值及其贡献率

编写 MATLAB 程序（相关计算程序附后）对 10 个评价指标进行主成分分析，相关系数矩阵的前 6 个特征值及其贡献率见表 6-7.

表 6-7 主成分分析结果

序号	特征值	贡献率	累计贡献率	序号	特征值	贡献率	累计贡献率
1	7.502 2	75.021 6%	75.021 6%	4	0.206 4	2.063 8%	98.217 4%
2	1.577 0	15.769 9%	90.791 5%	5	0.145 0	1.450 0%	99.667 4%
3	0.536 2	5.362 1%	96.153 6%	6	0.022 2	0.221 9%	99.889 3%

从表 6-7 可以看出,前 2 个特征值的累计贡献率就达到 90% 以上. 由于涉及排名问题,可以多取几个(例如取前 4 个)主成分计算其特征值对应的特征向量.

3. 前 4 个特征值对应的特征向量

下面选取前 4 个主成分(累计贡献率就达到 98% 以上)进行综合评价. 编写 MATLAB 代码(相关代码附后)计算前 4 个特征值对应的特征向量见表 6-8.

表 6-8 标准化变量的前 4 个主成分对应的特征向量

	$\tilde{x}_1$	$\tilde{x}_2$	$\tilde{x}_3$	$\tilde{x}_4$	$\tilde{x}_5$	$\tilde{x}_6$	$\tilde{x}_7$	$\tilde{x}_8$	$\tilde{x}_9$	$\tilde{x}_{10}$
1	0.349 7	0.359 0	0.362 3	0.362 3	0.360 5	0.360 2	0.224 1	0.120 1	0.319 2	0.245 2
2	−0.197 2	0.034 3	0.029 1	0.013 8	−0.050 7	−0.064 6	0.582 6	0.702 1	−0.194 1	−0.286 5
3	−0.163 9	−0.108 4	−0.090 0	−0.112 8	−0.153 4	−0.164 5	−0.039 7	0.357 7	0.120 4	0.863 7
4	−0.102 2	−0.226 6	−0.169 2	−0.160 7	−0.044 2	−0.003 2	0.081 2	0.070 2	0.899 9	0.245 7

由此可得 4 个主成分分别为

$$y_1 = 0.349\,7\tilde{x}_1 + 0.359\,0\tilde{x}_2 + \cdots + 0.245\,2\tilde{x}_{10},$$
$$y_2 = -0.197\,2\tilde{x}_1 + 0.034\,3\tilde{x}_2 + \cdots - 0.286\,5\tilde{x}_{10},$$
$$y_3 = -0.163\,9\tilde{x}_1 - 0.108\,4\tilde{x}_2 + \cdots 0.863\,7\tilde{x}_{10},$$
$$y_4 = -0.102\,2\tilde{x}_1 - 0.226\,6\tilde{x}_2 + \cdots + 0.245\,7\tilde{x}_{10}.$$

从主成分的系数可以看出,第一主成分主要反映了学校数、学生数和教师数方面的信息,第二主成分主要反映了高校规模和教师中高级职称的比例,第三主成分主要反映了生均教育经费,第四主成分主要反映了国家财政预算内普通高教经费占国内生产总值的比重.

把各地区原始 10 个指标的标准化数据代入 4 个主成分的表达式,就可以得到各地区的 4 个主成分值.

4. 分别以 4 个主成分的贡献率为权重,构建主成分综合评价模型

编写 MATLAB 代码(相关计算代码附后),分别以 4 个主成分的贡献率为权重,构建主成分综合评价模型:

$$Z = 0.750\,2y_1 + 0.157\,7y_2 + 0.053\,6y_3 + 0.020\,6y_4.$$

编写 MATLAB 程序(相关计算代码附后),把各地区的 4 个主成分值代入上式,可以得到各地区高教发展水平的排名和综合评价值的计算结果,见表 6-9.

表 6-9 排名和综合评价值的计算结果

地区	北京	上海	天津	陕西	辽宁	吉林	黑龙江	湖北
名次	1	2	3	4	5	6	7	8
综合评价值	8.604 3	4.473 8	2.788 1	0.811 9	0.762 1	0.588 4	0.297 1	0.245 5
地区	江苏	广东	四川	山东	甘肃	湖南	浙江	新疆
名次	9	10	11	12	13	14	15	16
综合评价值	0.058 1	0.005 8	−0.268	−0.364 5	−0.487 9	−0.506 5	−0.701 6	−0.742 8
地区	福建	山西	河北	安徽	云南	江西	海南	内蒙古
名次	17	18	19	20	21	22	23	24
综合评价值	−0.769 7	−0.796 5	−0.889 5	−0.891 7	−0.955 7	−0.961 0	−1.014 7	−1.124 6
地区	西藏	河南	广西	宁夏	贵州	青海		
名次	25	26	27	28	29	30		
综合评价值	−1.147 0	−1.205 9	−1.225 0	−1.251 3	−1.651 4	−1.680 0		

有关计算的 MATLAB 代码如下：

```
clear
load gj.txt                          %把原始数据保存在纯文本文件 gj.txt 中
gj=zscore(gj);                       %数据标准化
r=corrcoef(gj);                      %计算相关系数矩阵
                                     %下面利用相关系数矩阵进行主成分分析，x 的列为 r 的
                                     %  特征向量，即主成分的系数
[x,y,z]=pcacov(r)                    %y 为 r 的特征值，z 为各个主成分的贡献率
f=repmat(sign(sum(x)),size(x,1),1);  %构造与 x 同维数的元素为±1 的矩阵
x=x.*f;                              %修改特征向量的正负号，每个特征向量乘以所有分量和
                                     %  的符号函数值
num=4;                               %num 为选取的主成分的个数
df=gj*x(:,1:num);                    %计算各个主成分的得分
tf=df*z(1:num)/100;                  %计算综合得分
[stf,ind]=sort(tf,'descend');        %把得分按照从高到低的次序排列
stf=stf',ind=ind'
```

6.2.3.4 问题的研究结果

对我国各地区普通高等教育发展水平的排名和综合评价值的计算结果，进行简要分析，主要有以下四个方面：

（1）北京、上海、天津等地区高等教育发展水平遥遥领先，主要表现在每 100 万人口的学校数量和每 10 万人口的教师数量、学生数量以及国家财政预算内普通高教经费占国内生产总值的比重等方面．

（2）陕西和东北三省高等教育发展水平也比较高．

（3）贵州、广西、河南、安徽等地区高等教育发展水平相对落后，这些地区的高等教育发展需要政策和资金的扶持.

（4）值得一提的是，西藏、新疆、甘肃等经济不发达地区的高等教育发展水平居于中上游水平，可能是由于人口等原因.

6.2.4 主成分分析的注意事项

主成分分析依赖于原始变量，也能反映原始变量的信息. 所以原始变量的选择很重要，一定要符合进行分析所要达到的目标.

另外，如果原始变量基本上互相独立，那么降维就可能失败，这是因为很难把很多独立变量用少数综合的变量概括. 数据越相关，降维效果就越好. 那些选出的主成分代表了一些相关的信息（从相关性和线性组合的形式可以看出来）.

在用主成分分析进行排序时要特别小心，特别是对于敏感问题. 由于原始变量不同，主成分的选取不同，排序结果就可能不同.

习题 6.2

1. 设 $x = (x_1, x_2, x_3)^T$ 的相关系数矩阵为

$$A = \begin{pmatrix} 1 & \frac{1}{5} & -\frac{1}{5} \\ \frac{1}{5} & 1 & -\frac{2}{5} \\ -\frac{1}{5} & -\frac{2}{5} & 1 \end{pmatrix},$$

求相关系数矩阵为 A 的特征值及其对应的特征向量，请求 x 的主成分.

2. （贷款客户信用程度的主成分分析）某金融服务公司为了了解贷款客户的信用程度，评价贷款客户的信用等级，采用信用评级中常用 5 项指标：能力，品格，担保，资本，环境. 请对以上 5 项指标结合下表中 12 个贷款客户进行主成分分析，并对 12 个贷款客户违约的可能性进行排名.

12 个贷款客户 5 项指标的数据

客户	1	2	3	4	5	6	7	8	9	10	11	12
x_1	61.76	65.26	63.19	65.02	64.23	65.84	65.85	56.94	66.88	61.22	63.89	63.92
x_2	60.82	65.98	64.81	63.93	65.44	64.00	62.85	58.12	68.31	61.13	65.23	63.05
x_3	62.72	65.97	65.06	64.31	64.01	65.10	62.75	62.72	65.50	62.10	63.05	62.98
x_4	61.39	66.52	62.85	64.04	62.49	64.69	64.71	59.12	67.83	61.64	62.98	63.35
x_5	63.88	65.37	65.10	62.36	65.47	64.97	64.24	65.57	64.48	63.45	63.38	63.81

在上表中，5 项指标（变量）如下：x_1（品格）：客户的名誉；x_2（能力）：客户的偿还能力；x_3（资本）：客户的财务实力和财务状况；x_4（担保）：对申请贷款项担保的覆盖程度；x_5（环境）：外部经济政策环境对客户的影响.

3. 在本章"我国高等教育发展状况的主成分分析"中，取 4 个主成分并进行了主成分分析. 请在该问题中，取 2 个主成分进行主成分分析，并比较两种情况下的结果，你能得到什么结论？

6.3 因子分析

实际上主成分分析可以说是因子分析(factor analysis)的一个特例. 主成分分析从原理上是寻找椭球的所有主轴. 因此,原先有几个变量就有几个主成分. 而因子分析是事先确定要找几个成分(component),又称因子(factor)(从数学模型本身来说是事先确定因子个数,但统计软件是事先确定因子个数,或者把符合某些标准的因子都选入). 变量和因子个数的不一致使得不仅在数学模型上,而且在计算方法上,因子分析和主成分分析有不少区别. 因子分析的计算要复杂一些. 根据因子分析模型的特点,它还多一道工序:因子旋转(factor rotation),这个步骤可以使结果更加使人满意. 当然,对于计算机来说,因子分析并不比主成分分析多费多少时间(可能多一两个选项罢了). 和主成分分析类似,因子分析也可根据相应特征值大小来选择因子.

因子分析是由英国心理学家斯皮尔曼(Spearman)在 1904 年提出来的. 他成功地解决了智力测验得分的统计分析,长期以来,教育心理学家不断丰富、发展了因子分析理论和方法,并应用这一方法在行为科学领域进行了广泛的研究. 因子分析可以看成主成分分析的推广,它也是多元统计分析中常用的一种降维方式,因子分析所涉及的计算与主成分分析也很类似,但差别也是很明显的:

(1) 主成分分析把方差划分为不同的正交成分,而因子分析则把方差划归为不同的起因因子;

(2) 主成分分析仅仅是变量变换,而因子分析需要构造因子模型;

(3) 主成分分析中原始变量的线性组合表示新的综合变量,即主成分. 而因子分析中潜在的假想变量和随机影响变量的线性组合表示原始变量.

因子分析与回归分析不同,因子分析中因子是一个比较抽象的概念,而回归变量有非常明确的实际意义.

因子分析有确定的模型,观察数据在模型中被分解为公共因子、特殊因子和误差三部分.

根据研究对象的不同,因子分析可分为 R 型和 Q 型两种. 当研究对象是变量时,属于 R 型因子分析;当研究对象是样品时,属于 Q 型因子分析.

本节将介绍因子分析模型,因子载荷矩阵的估计方法,因子旋转,因子得分,因子分析的步骤,因子分析应用案例.

6.3.1 因子分析模型

初学因子分析的最大困难在于理解它的模型,我们先看下面几个例子.

例 6.3.1 为了解学生的知识和能力,对学生进行了抽样命题考试,考题包括的面很广,但总的来讲可归结为学生的语文水平、数学推导、艺术修养、历史知识、生活知识等五个方面,我们把每一个方面称为一个(公共)因子,显然每个学生的成绩均可由这 5 个因子来确定,即可设想第 i 个学生考试的分数 X_i 能用这 5 个公共因子 $F_1, F_2, \cdots, F_5$ 的线性组合表

示出来
$$X_i = \mu_i + a_{i1}F_1 + a_{i2}F_2 + \cdots + a_{i5}F_5 + \varepsilon_i, \quad i=1,2,\cdots,n.$$

线性组合系数 $a_{i1}, a_{i2}, \cdots, a_{i5}$ 称为因子载荷(loadings),它分别表示第 i 个学生在这五个因子方面的能力,μ_i 是总平均,ε_i 是第 i 个学生的能力和知识不能被这 5 个因子包含的部分,称为特殊因子,常假定 $\varepsilon_i \sim N(0, \sigma_i^2)$. 不难发现,这个模型与回归模型在形式上是很相似的,但这里 $F_1, F_2, \cdots, F_5$ 的值却是未知的,有关参数的意义也有很大的差异.

因子分析的首要任务就是估计因子载荷 a_{ij} 和方差 σ_i^2,然后给因子 F_i 一个合理的解释,若难以进行合理的解释,则需要进一步作因子旋转,希望旋转后能发现比较合理的解释.

例 6.3.2 诊断时,医生检测了患者的 5 个生理指标:收缩压、舒张压、心跳间隔、呼吸间隔和舌下温度,但依据生理学知识,这 5 个指标是受植物神经支配的,植物神经又分为交感神经和副交感神经,因此这 5 个指标可用交感神经和副交感神经两个公共因子来确定,从而也构成了因子模型.

例 6.3.3 霍金格(Holjinger)和斯温福德(Swineford)在芝加哥郊区对 145 名七、八年级学生进行了 24 个心理测验,通过因子分析,这 24 个心理指标被归结为 4 个公共因子,即词语因子、速度因子、推理因子和记忆因子.

特别需要说明的是,这里的因子和试验设计里的因子(或因素)是不同的,它比较抽象和概括,往往是不可以单独测量的.

6.3.1.1 数学模型

设有 p 个原始变量 $X_i (i=1,2,\cdots,p)$ 可以表示为
$$X_i = \mu_i + a_{i1}F_1 + a_{i2}F_2 + \cdots + a_{im}F_m + \varepsilon_i, \quad m \leq p \quad (6.3.1)$$
或
$$\boldsymbol{X} - \boldsymbol{\mu} = \boldsymbol{\Lambda} \boldsymbol{F} + \boldsymbol{\varepsilon},$$
其中
$$\boldsymbol{X} = \begin{pmatrix} X_1 \\ X_2 \\ \vdots \\ X_p \end{pmatrix}, \quad \boldsymbol{\mu} = \begin{pmatrix} \mu_1 \\ \mu_2 \\ \vdots \\ \mu_p \end{pmatrix}, \quad \boldsymbol{\Lambda} = \begin{pmatrix} a_{11} & a_{12} & \cdots & a_{1m} \\ a_{21} & a_{22} & \cdots & a_{2m} \\ \vdots & \vdots & & \vdots \\ a_{p1} & a_{p2} & \cdots & a_{pm} \end{pmatrix}, \quad \boldsymbol{F} = \begin{pmatrix} F_1 \\ F_2 \\ \vdots \\ F_m \end{pmatrix}, \quad \boldsymbol{\varepsilon} = \begin{pmatrix} \varepsilon_1 \\ \varepsilon_2 \\ \vdots \\ \varepsilon_p \end{pmatrix}.$$

称 $F_1, F_2, \cdots, F_m$ 为公共因子,是不可观测的变量,它们的系数 a_{ij} 称为载荷因子. ε_i 是一个特殊因子,是不能被前 m 个公共因子包含的部分. 并且满足
$$E(\boldsymbol{F}) = 0, \quad E(\boldsymbol{\varepsilon}) = 0, \quad \text{Cov}(\boldsymbol{F}) = \boldsymbol{I}_m,$$
$$\text{Var}(\boldsymbol{\varepsilon}) = \text{Cov}(\boldsymbol{\varepsilon}) = \text{diag}(\sigma_1^2, \sigma_2^2, \cdots, \sigma_m^2), \quad \text{Cov}(\boldsymbol{F}, \boldsymbol{\varepsilon}) = 0.$$

$\text{Cov}(\boldsymbol{F}) = \boldsymbol{I}_m$ 说明 $\boldsymbol{F}$ 的各分量方差为 1,且互不相关. 即在因子分析中,要求公共因子彼此不相关且具有单位方差.

6.3.1.2 因子分析模型的性质

1. 原始变量 X 协方差矩阵的分解

由 $X - \mu = \Lambda F + \varepsilon$，得
$$\text{Cov}(X - \mu) = \Lambda \text{Cov}(F) \Lambda^T + \text{Cov}(\varepsilon),$$

即 $\text{Cov}(X) = \Lambda \Lambda^T + \text{diag}(\sigma_1^2, \sigma_2^2, \cdots, \sigma_m^2)$.

$\sigma_1^2, \sigma_2^2, \cdots, \sigma_m^2$ 的值越小，则公共因子共享的成分越多.

2. 载荷矩阵 $\Lambda = (a_{ij})_{p \times m}$ 不是唯一的

设 B 是一个 $p \times p$ 正交矩阵，令 $\widetilde{\Lambda} = \Lambda B$，$\widetilde{F} = B^T F$，则有
$$X - \mu = \widetilde{\Lambda} \widetilde{F} + \varepsilon.$$

6.3.1.3 因子载荷矩阵中的几个统计性质

1. 因子载荷 a_{ij} 的统计意义

因子载荷 a_{ij} 是第 i 个变量与第 j 个公共因子的相关系数，它反映了第 i 个变量与第 j 个公共因子的相关重要性. 绝对值越大，相关的密切程度越高.

2. 变量共同度的统计意义

变量 X_i 的共同度是因子载荷矩阵的第 i 行的元素的平方和，记为 $h_i^2 = \sum_{j=1}^{m} a_{ij}^2$.

对式(6.3.1)两边求方差，得
$$\text{Var}(X_i) = a_{i1}^2 \text{Var}(F_1) + a_{i2}^2 \text{Var}(F_2) + \cdots + a_{im}^2 \text{Var}(F_m) + \text{Var}(\varepsilon_i),$$

即
$$1 = \sum_{j=1}^{m} a_{ij}^2 + \sigma_i^2,$$

其中特殊因子的方差 $\sigma_i^2 (i = 1, 2, \cdots, p)$ 称为特殊方差.

可以看出，所有公共因子和特殊因子对变量 X_i 的贡献为 1. 如果 $\sum_{j=1}^{m} a_{ij}^2$ 非常接近 1，σ_i^2 非常小，则因子分析的效果好，从原始变量空间的转化效果好.

3. 公共因子 F_j 方差贡献的统计意义

因子载荷矩阵中各列元素的平方和 $s_j = \sum_{i=1}^{p} a_{ij}^2$ 称为 $F_j (j = 1, 2, \cdots, m)$ 对所有的 X_i 的方差贡献和，用于衡量 F_j 的相对重要性.

因子分析的一个基本问题是如何估计因子载荷，即如何求解因子模型(6.3.1).

以下介绍常用的因子载荷矩阵的估计方法.

6.3.2 因子载荷矩阵的估计方法

6.3.2.1 主成分分析法

设 $\lambda_1 \geqslant \lambda_2 \geqslant \cdots \geqslant \lambda_p$ 为样本相关系数矩阵 R 的特征值，$\eta_1, \eta_2, \cdots, \eta_p$ 为相应的标准正交化特征向量. 设 $m < p$，则样本相关系数矩阵 R 的主成分因子分析的载荷矩阵为

$$\boldsymbol{\Lambda} = (\sqrt{\lambda_1}\,\boldsymbol{\eta}_1, \sqrt{\lambda_2}\,\boldsymbol{\eta}_2, \cdots, \sqrt{\lambda_m}\,\boldsymbol{\eta}_m). \tag{6.3.2}$$

特殊因子的方差用 $\boldsymbol{R} - \boldsymbol{\Lambda}\boldsymbol{\Lambda}^{\mathrm{T}}$ 的对角元来估计,即 $\sigma_i^2 = 1 - \sum_{j=1}^{m} a_{ij}^2$.

以下举两个例子分别用 MATLAB 和 R 软件和写出相应的程序.

例 6.3.4(续例 6.2.3) 在例 6.2.3 中,研究纽约股票市场上 5 种股票的周回升率.

在例 6.2.3 中,设 $x_1, x_2, \cdots, x_5$ 分别为 5 种股票的周回升率,则从数据算得 (MATLAB 代码附后)

$$\overline{\boldsymbol{x}}^{\mathrm{T}} = (0.005\,4,\ 0.004\,8,\ 0.005\,7,\ 0.006\,3,\ 0.003\,7),$$

$$\boldsymbol{R} = \begin{bmatrix} 1.000 & 0.577 & 0.509 & 0.387 & 0.462 \\ 0.577 & 1.000 & 0.599 & 0.389 & 0.322 \\ 0.509 & 0.599 & 1.000 & 0.436 & 0.426 \\ 0.387 & 0.389 & 0.436 & 1.000 & 0.532 \\ 0.462 & 0.322 & 0.426 & 0.523 & 1.000 \end{bmatrix}.$$

这里 $\boldsymbol{R}$ 是相关系数矩阵.

我们考虑样本相关系数矩阵 $\boldsymbol{R}$ 的前两个样本主成分,对 $m=1$ 和 $m=2$,因子分析表,见表 6-10 和表 6-11. 对 $m=2$,残差矩阵 $\boldsymbol{R} - \boldsymbol{\Lambda}\boldsymbol{\Lambda}^{\mathrm{T}} - \mathrm{Cov}(\boldsymbol{\varepsilon})$ (MATLAB 代码附后)为

$$\begin{bmatrix} 0 & -0.127\,4 & -0.164\,3 & -0.068\,9 & 0.017\,3 \\ -0.127\,4 & 0 & -0.122\,3 & 0.055\,3 & 0.011\,8 \\ -0.164\,3 & -0.123\,4 & 0 & -0.019\,3 & -0.017\,1 \\ -0.068\,9 & 0.055\,3 & -0.019\,3 & 0 & -0.231\,7 \\ 0.017\,3 & 0.011\,8 & -0.017\,1 & -0.231\,7 & 0 \end{bmatrix}.$$

表 6-10 因子分析表(一个因子)

变量	因子载荷估计 F_1	特殊方差	变量	因子载荷估计 F_1	特殊方差
1	0.783 6	0.386 0	4	0.712 3	0.492 6
2	0.772 6	0.403 1	5	0.711 9	0.493 1
3	0.794 7	0.368 5	累积贡献	0.571 342	—

表 6-11 因子分析表(两个因子)

变量	因子载荷估计 F_1	因子载荷估计 F_2	特殊方差
1	0.783 6	−0.216 2	0.339 3
2	0.772 6	−0.458 1	0.193 2
3	0.794 7	−0.234 3	0.313 6
4	0.712 3	0.472 9	0.269 0
5	0.711 9	0.523 5	0.219 1
累积贡献	0.571 342	0.733 175	—

两个因子解释的总方差比一个因子大很多. 然而, 对 $m=2$, 残差矩阵负元素较多. 这表明 $\Lambda\Lambda^T$ 产生的数比 R 中对应元素(相关系数)要大.

第一个因子 F_1 代表了一般经济条件, 称为市场因子, 所有股票在这个因子上的载荷都比较大, 且大致相等, 第二个因子是化学股和石油股的一个对照, 二者分别有比较大的负、正载荷. 可见 F_2 使不同的工业部门的股票产生差异, 通常称之为工业因子. 归纳起来, 结论如下: 股票回升率由一般经济条件、工业部门活动和各公司本身特殊活动三部分决定.

有关 MATLAB 代码如下:

```
clear
r=[1.000  0.577  0.509  0.387  0.462
   0.577  1.000  0.599  0.389  0.322
   0.509  0.599  1.000  0.436  0.426
   0.387  0.389  0.436  1.000  0.523
   0.462  0.322  0.426  0.523  1.000];
                                %下面利用相关系数矩阵求主成分解, val 的列为 r 的特征向量, 即主成分的系数
[vec,val,con]=pcacov(r);        %val 为 r 的特征值, con 为各个主成分的贡献率
f1=repmat(sign(sum(vec)),size(vec,1),1);  %构造与 vec 同维数的元素为±1 的矩阵
vec=vec.*f1;
f2=repmat(sqrt(val)',size(vec,1),1);
a=vec.*f2                       %构造全部因子的载荷矩阵
a1=a(:,1)                       %提出一个因子的载荷矩阵
tcha1=diag(r-a1*a1')            %计算一个因子的特殊方差
a2=a(:,[1,2])                   %提出两个因子的载荷矩阵
tcha2=diag(r-a2*a2')            %计算两个因子的特殊方差
ccha2=r-a2*a2'-diag(tcha2)      %求两个因子时的残差矩阵
gong=cumsum(con)                %求累积贡献率
```

运行结果为

```
a=
    0.7836  -0.2162  -0.4494   0.2598  -0.2643
    0.7726  -0.4581   0.1309   0.1387   0.3960
    0.7947  -0.2343   0.2461  -0.4451  -0.2343
    0.7123   0.4729   0.3973   0.3172  -0.1028
    0.7119   0.5235  -0.3197  -0.2570   0.2255
a1=
    0.7836
    0.7726
    0.7947
    0.7123
    0.7119
tcha1=
    0.3860
```

```
    0.4031
    0.3685
    0.4926
    0.4931
a2=
    0.7836   −0.2162
    0.7726   −0.4581
    0.7947   −0.2343
    0.7123    0.4729
    0.7119    0.5235
tcha2=
    0.3393
    0.1932
    0.3136
    0.2690
    0.2191
ccha2=
         0   −0.1274   −0.1643   −0.0689    0.0173
   −0.1274        0   −0.1223    0.0553    0.0118
   −0.1643   −0.1223        0   −0.0193   −0.0171
   −0.0689    0.0553   −0.0193        0   −0.2317
    0.0173    0.0118   −0.0171   −0.2317        0
gong=
    57.1342
    73.3175
    84.1110
    93.1410
   100.0000
```

6.3.2.2 主因子法

主因子方法是对主成分方法的修正,假定首先对变量进行标准化变换,则

$$R = \mathbf{\Lambda}\mathbf{\Lambda}^{\mathrm{T}} + D,$$

其中 $D = \mathrm{diag}\{\sigma_1^2, \sigma_2^2, \cdots, \sigma_m^2\}$.

称 $R^* = \mathbf{\Lambda}\mathbf{\Lambda}^{\mathrm{T}} = R - D$ 为约相关系数矩阵,R^* 的对角线上的元素是 h_i^2.

在实际应用中,特殊因子的方差一般都是未知的,可以通过一组样本来估计. 估计的方法有如下两种:

(1) 取 $h_i^2 = 1$,在这个情况下主因子解与主成分解等价.

(2) $h_i^2 = \max_{j \neq i} |r_{ij}|$,这意味着取 X_i 与其余的 X_j 的简单相关系数的绝对值最大者.

记

$$R^* = \begin{pmatrix} \hat{h}_1^2 & r_{12} & \cdots & r_{1p} \\ r_{21} & \hat{h}_2^2 & \cdots & r_{2p} \\ \vdots & \vdots & & \vdots \\ r_{p1} & r_{p2} & \cdots & \hat{h}_p^2 \end{pmatrix},$$

直接求 R^* 的前 p 个特征值 $\lambda_1^* \geqslant \lambda_2^* \geqslant \cdots \geqslant \lambda_p^*$ 和对应的正交特征向量 $u_1^*, u_2^*, \cdots, u_p^*$，得到如下的因子载荷矩阵：

$$\Lambda = (\sqrt{\lambda_1^*} u_1^* \quad \sqrt{\lambda_2^*} u_2^* \quad \cdots \quad \sqrt{\lambda_p^*} u_p^*). \tag{6.3.3}$$

6.3.2.3 求因子载荷矩阵的例子

下面给出两个求因子载荷矩阵的例子.

例 6.3.5 假如某地固定资产投资率 x_1，通货膨胀率 x_2，失业率 x_3，相关系数矩阵为

$$\begin{pmatrix} 1 & \dfrac{1}{5} & -\dfrac{1}{5} \\ \dfrac{1}{5} & 1 & -\dfrac{2}{5} \\ -\dfrac{1}{5} & -\dfrac{2}{5} & 1 \end{pmatrix},$$

试用主成分分析法求因子分析模型.

解 编写 MATLAB 代码（附后），有关计算结果如下：

特征值为 $\lambda_1 = 1.5464, \lambda_2 = 0.8536, \lambda_3 = 0.6$，对应的特征向量为

$$u_1 = \begin{pmatrix} 0.4597 \\ 0.628 \\ -0.628 \end{pmatrix}, \quad u_2 = \begin{pmatrix} 0.8881 \\ -0.3251 \\ 0.3251 \end{pmatrix}, \quad u_3 = \begin{pmatrix} 0 \\ 0.7071 \\ -0.7071 \end{pmatrix},$$

载荷矩阵为

$$\Lambda = (\sqrt{\lambda_1} u_1 \quad \sqrt{\lambda_2} u_2 \quad \sqrt{\lambda_3} u_3) = \begin{pmatrix} 0.5717 & 0.8205 & 0 \\ 0.7809 & -0.3003 & 0.5447 \\ -0.7809 & 0.3003 & 0.5447 \end{pmatrix}.$$

$$x_1 = 0.5717 F_1 + 0.8205 F_2,$$
$$x_2 = 0.7809 F_1 - 0.3003 F_2 + 0.5447 F_3,$$
$$x_3 = -0.7809 F_1 + 0.3003 F_2 + 0.5447 F_3.$$

可取前两个因子 F_1 和 F_2 为公共因子，第一公因子 F_1 为物价因子，对 X 的贡献为 1.5464，第二公因子 F_2 为投资因子，对 X 的贡献为 0.8536. 共同度分别为 1, 0.7, 0.7.

有关 MATLAB 代码和计算结果如下：

```
clear
```

```
r=[1 1/5 -1/5;1/5 1 -2/5;-1/5 -2/5 1];
                        %下面利用相关系数矩阵求主成分解,val的列为r的特征向量,即主成分的系数
[vec,val,con]=pcacov(r)              %val为r的特征值,con为各个主成分的贡献率
    num=input('请选择公共因子的个数:');   %交互式选取主因子的个数
    f1=repmat(sign(sum(vec)),size(vec,1),1);
    vec=vec.*f1;                     %特征向量正负号转换
    f2=repmat(sqrt(val)',size(vec,1),1);
    a=vec.*f2                        %计算初等载荷矩阵
    aa=a(:,1:num);                   %提出两个主因子的载荷矩阵
    s1=sum(aa.^2)                    %计算对X的贡献率,实际上等于对应的特征值
    s2=sum(aa.^2,2)                  %计算共同度
```

运行结果为

vec=
   -0.4597   0.8881   0
   -0.6280   -0.3251   0.7071
    0.6280   0.3251   0.7071

val=
    1.5464
    0.8536
    0.6000

con=
   51.5470
   28.4530
   20.0000

a=
    0.5717   0.8205   0
    0.7809   -0.3003   0.5477
   -0.7809   0.3003   0.5477

例 6.3.6(续例 6.2.3) 在例 6.2.3 中,假如某地固定资产投资率 x_1,通货膨胀率 x_2,失业率 x_3,相关系数矩阵为

$$\begin{pmatrix} 1 & \frac{1}{5} & -\frac{1}{5} \\ \frac{1}{5} & 1 & -\frac{2}{5} \\ -\frac{1}{5} & -\frac{2}{5} & 1 \end{pmatrix},$$

试用主因子分析法求因子载荷矩阵.

解 应用相关系数矩阵的数据进行有关计算(MATLAB代码附后).

假设用 $\hat{h}_i^2 = \max_{j \neq i} |r_{ij}|$ 代替 h_i^2,则有 $h_1^2 = \frac{1}{5}, h_2^2 = \frac{2}{5}, h_3^2 = \frac{2}{5}$.

$$R^* = \begin{pmatrix} \frac{1}{5} & \frac{1}{5} & -\frac{1}{5} \\ \frac{1}{5} & \frac{2}{5} & -\frac{2}{5} \\ -\frac{1}{5} & -\frac{2}{5} & \frac{2}{5} \end{pmatrix},$$

R^* 的特征值为 $\lambda_1 = 0.9123$, $\lambda_2 = 0.0877$, $\lambda_3 = 0$, 非零特征值对应的特征向量为

$$u_1 = \begin{pmatrix} 0.3690 \\ 0.6572 \\ -0.6572 \end{pmatrix}, \quad u_2 = \begin{pmatrix} 0.9294 \\ -0.2610 \\ 0.2610 \end{pmatrix}.$$

取两个主因子,求得载荷矩阵

$$\Lambda = \begin{pmatrix} 0.3525 & 0.2752 \\ 0.6277 & -0.0773 \\ -0.6277 & 0.0773 \end{pmatrix}.$$

MATLAB 代码如下:

```
clear
r=[1 1/5 -1/5;1/5 1 -2/5;-1/5 -2/5 1];
n=size(r,1); rt=abs(r);
rt(1:n:n^2)=0;
rstar=r;
rstar(1:n+1:n^2)=max(rt')
[vec1,val,rate]=pcacov(rstar)
f1=repmat(sign(sum(vec1)),size(vec1,1),1);
vec2=vec1.*f1;
f2=repmat(sqrt(val)',size(vec2,1),1);
a=vec2.*f2
num=input('请选择公共因子的个数:');
aa=a(:,1:num)
s1=sum(aa.^2)
s2=sum(aa.^2,2) %计算共同度
```

6.3.3 因子旋转

建立因子分析模型的目的不仅仅要找出公共因子以及对变量进行分组,更重要的要知道每个公共因子的意义,以便进行进一步的分析.如果每个公共因子的含义不清,则不便进行实际背景的解释.由于因子载荷阵是不唯一的,所以应该对因子载荷阵进行旋转.目的是使因子载荷阵的结构简化,使载荷矩阵每列或行的元素平方值向 0 和 1 两级分化.有三种主要的因子旋转法:方差最大法、四次方最大法和等量最大法.

6.3.3.1 方差最大法

方差最大法从简化因子载荷矩阵的每一列出发,使和每个因子有关的载荷的平方的方差最大. 当只有少数几个变量在某个因子上有较高的载荷时,对因子的解释最简单. 方差最大的直观意义是希望通过因子旋转后,使每个因子上的载荷尽量拉开距离,一部分的载荷趋于 ± 1,另一部分趋于 0.

6.3.3.2 四次方最大法

四次方最大旋转是从简化载荷矩阵的行出发,通过旋转初始因子,使每个变量只在一个因子上有较高的载荷,而在其他的因子上有尽可能低的载荷. 如果每个变量只在一个因子上有非零的载荷,这时的因子解释是最简单的. 四次方最大法通过使因子载荷矩阵中每一行的因子载荷平方的方差达到最大.

6.3.3.3 等量最大法

等量最大法把四次方最大法和方差最大法结合起来,使它们的加权平均最大.

对两个因子的载荷矩阵

$$\boldsymbol{\Lambda} = (a_{ij})_{p \times 2}, \quad i = 1, 2, \cdots, p; j = 1, 2.$$

取正交矩阵

$$\boldsymbol{B} = \begin{pmatrix} \cos \phi & -\sin \phi \\ \sin \phi & \cos \phi \end{pmatrix},$$

这是逆时针旋转,如果作正时针旋转,只需将矩阵 $\boldsymbol{B}$ 的次对角线上的两个元素对调即可. 记 $\widetilde{\boldsymbol{\Lambda}} = \boldsymbol{\Lambda B}$ 为旋转因子的载荷矩阵,此时模型由 $\boldsymbol{X} - \boldsymbol{\mu} = \boldsymbol{\Lambda F} + \boldsymbol{\varepsilon}$ 变为

$$\boldsymbol{X} - \boldsymbol{\mu} = \widetilde{\boldsymbol{\Lambda}}(\boldsymbol{B}^{\mathrm{T}} \boldsymbol{F}) + \boldsymbol{\varepsilon},$$

同时公因子 $\boldsymbol{F}$ 也随之变为 $\boldsymbol{B}^{\mathrm{T}} \boldsymbol{F}$,现在希望通过旋转,使因子的含义更加明确.

当公因子数 $m > 2$ 时,可以考虑不同的两个因子的旋转,从 m 个因子中每次选取两个旋转,共有 $m(m-1)/2$ 种选择,这样共有 $m(m-1)/2$ 次旋转,作完这 $m(m-1)/2$ 次旋转就完成了一个循环,然后可以重新开始第二次循环,直到每个因子的含义都比较明确为止.

例 6.3.7 设某三个变量的样本相关系数矩阵为

$$\boldsymbol{R} = \begin{pmatrix} 1 & -\dfrac{1}{3} & \dfrac{2}{3} \\ -\dfrac{1}{3} & 1 & 0 \\ \dfrac{2}{3} & 0 & 1 \end{pmatrix},$$

试从 $\boldsymbol{R}$ 出发,作因子分析.

解 应用相关系数矩阵的数据进行因子分析(MATLAB 代码附后).

(1) 求 $\boldsymbol{R}$ 特征值及其特征向量

三个特征值为 $\lambda_1 = 1.7454$,$\lambda_2 = 1$,$\lambda_3 = 0.2546$. 由于前面两个特征值的累积方差贡

献率已达到 91.51%，所以只取两个主因子即可. 给出前面两个特征值对应的特征向量：
$$\boldsymbol{\eta}_1=(0.707\,1,\ 0.316\,2,\ -0.632\,5)^{\mathrm{T}},\quad \boldsymbol{\eta}_2=(0,\ 0.894\,4,\ 0.447\,2)^{\mathrm{T}}.$$

(2) 求因子载荷矩阵 $\boldsymbol{\Lambda}_1$

由式(6.3.2)即可算出
$$\boldsymbol{\Lambda}_1=\begin{pmatrix}0.934\,2 & 0 \\ -0.417\,8 & 0.894\,4 \\ 0.835\,5 & 0.447\,2\end{pmatrix}.$$

(3) 对载荷矩阵 $\boldsymbol{\Lambda}_1$ 作正交旋转

对载荷矩阵 $\boldsymbol{\Lambda}_1$ 作正交旋转，使得到的矩阵 $\boldsymbol{\Lambda}_2=\boldsymbol{\Lambda}_1 B$ 的方差和最大. 计算结果为
$$\boldsymbol{B}=\begin{pmatrix}0.932\,0 & -0.362\,5 \\ 0.362\,5 & 0.932\,0\end{pmatrix},\quad \boldsymbol{\Lambda}_2=\begin{pmatrix}0.870\,6 & -0.338\,6 \\ -0.065\,1 & 0.985\,0 \\ 0.940\,8 & 0.113\,9\end{pmatrix}.$$

MATLAB 代码如下：

```
clear
r=[1 -1/3 2/3;-1/3 1 0;2/3 0 1];
[vec1,val,rate]=pcacov(r)
f1=repmat(sign(sum(vec1)),size(vec1,1),1);
vec2=vec1.*f1;
f2=repmat(sqrt(val)',size(vec2,1),1);
lambda=vec2.*f2;
num=2;
[lambda2,t]=rotatefactors(lambda(:,1:num),'method','varimax')
```

6.3.4 因子得分

6.3.4.1 因子得分的概念

前面我们主要解决了用公共因子的线性组合来表示一组观测变量的有关问题. 如果我们要使用这些因子作其他的研究，比如把得到的因子作为自变量来做回归分析，对样本进行分类或评价，这就需要我们对公共因子进行度量，即给出公共因子的值. 前面已给出了因子分析的模型：
$$\boldsymbol{X}=\boldsymbol{\mu}+\boldsymbol{\Lambda}\boldsymbol{F}-\boldsymbol{\varepsilon},$$

其中
$$\boldsymbol{X}=\begin{pmatrix}X_1\\X_2\\\vdots\\X_p\end{pmatrix},\ \boldsymbol{\mu}=\begin{pmatrix}\mu_1\\\mu_2\\\vdots\\\mu_p\end{pmatrix},\ \boldsymbol{\Lambda}=\begin{pmatrix}a_{11}&a_{12}&\cdots&a_{1m}\\a_{21}&a_{22}&\cdots&a_{2m}\\\vdots&\vdots&&\vdots\\a_{p1}&a_{p2}&\cdots&a_{pm}\end{pmatrix},\ \boldsymbol{F}=\begin{pmatrix}F_1\\F_2\\\vdots\\F_m\end{pmatrix},\ \boldsymbol{\varepsilon}=\begin{pmatrix}\varepsilon_1\\\varepsilon_2\\\vdots\\\varepsilon_p\end{pmatrix}.$$

原变量被表示为公共因子的线性组合,当载荷矩阵旋转之后,公共因子可以作出解释,通常的情况下,我们还想反过来把公共因子表示为原变量的线性组合.因子得分函数为

$$F_j = c_j + b_{j1}X_1 + b_{j2}X_2 + \cdots + b_{jp}X_p, \quad j = 1, 2, \cdots, m,$$

可见,要求得每个因子的得分,必须求得分函数的系数,而由于 $p > m$,所以不能得到精确的得分,只能通过估计.

6.3.4.2 加权最小二乘法

把 $X_i - \mu_i$ 看作因变量,把因子载荷矩阵

$$\begin{pmatrix} a_{11} & a_{12} & \cdots & a_{1m} \\ a_{21} & a_{22} & \cdots & a_{2m} \\ \vdots & \vdots & & \vdots \\ a_{p1} & a_{p2} & \cdots & a_{pm} \end{pmatrix}$$

看成自变量的观测,有

$$\begin{cases} X_1 - \mu_1 = a_{11}F_1 + a_{12}F_2 + \cdots + a_{1m}F_m + \varepsilon_1, \\ X_2 - \mu_2 = a_{21}F_1 + a_{22}F_2 + \cdots + a_{2m}F_m + \varepsilon_2, \\ \quad \vdots \\ X_p - \mu_p = a_{p1}F_1 + a_{p2}F_2 + \cdots + a_{pm}F_m + \varepsilon_p. \end{cases}$$

由于特殊因子的方差相异 $\mathrm{Var}(\varepsilon_i) = \sigma_i^2$,所以用加权最小二乘法求得分,使

$$\sum_{i=1}^{p} \frac{\varepsilon_i^2}{\sigma_i^2} = \sum_{i=1}^{p} \left[(X_i - \mu_i) - (a_{i1}F_1 + a_{i2}F_2 + \cdots + a_{im}F_m) \right]^2 / \sigma_i^2$$

最小的 $\hat{F}_1, \hat{F}_2, \cdots, \hat{F}_m$ 是相应的因子得分.

用矩阵表达有

$$\boldsymbol{\varepsilon}^\mathrm{T} \boldsymbol{D}^{-1} \boldsymbol{\varepsilon} = \boldsymbol{X} - \boldsymbol{\mu} = \boldsymbol{\Lambda} \boldsymbol{F} + \boldsymbol{\varepsilon},$$

要使

$$(\boldsymbol{X} - \boldsymbol{\mu} - \boldsymbol{\Lambda} \boldsymbol{F})^\mathrm{T} \boldsymbol{D}^{-1} (\boldsymbol{X} - \boldsymbol{\mu} - \boldsymbol{\Lambda} \boldsymbol{F})$$

达到最小,其中 $\boldsymbol{D} = \mathrm{diag}\{\sigma_1^2, \sigma_2^2, \cdots, \sigma_m^2\}$,使上式取得最小值的 $\boldsymbol{F}$ 是相应的因子得分.

得到 $\boldsymbol{F}$ 的加权最小二乘估计为

$$\hat{\boldsymbol{F}} = (\boldsymbol{\Lambda}^\mathrm{T} \boldsymbol{D}^{-1} \boldsymbol{\Lambda})^{-1} \boldsymbol{\Lambda}^\mathrm{T} \boldsymbol{D}^{-1} (\boldsymbol{X} - \boldsymbol{\mu}).$$

这个估计也称为巴特莱特因子得分.

6.3.5 因子分析的步骤

6.3.5.1 选择分析的变量

用定性分析和定量分析的方法选择变量,因子分析的前提条件是观测变量间有较强的

相关性,因为如果变量之间无相关性或相关性较小,它们不会有共享因子,所以原始变量间应该有较强的相关性.

6.3.5.2 计算所选原始变量的相关系数矩阵

相关系数矩阵描述了原始变量之间的相关关系,可以帮助判断原始变量之间是否存在相关关系,这对因子分析是非常重要的.因为如果所选变量之间无关系,作因子分析是不恰当的,并且相关系数矩阵是估计因子结构的基础.

6.3.5.3 提出公共因子

这一步要确定因子求解的方法和因子的个数,需要根据研究者的设计方案或有关的经验或知识事先确定.因子个数的确定可以根据因子方差的大小,只取方差大于1(或特征值大于1)的那些因子,因为方差小于1的因子其贡献可能很小;按照因子的累计方差贡献率来确定,一般认为至少要达到80%才能符合要求.

6.3.5.4 因子旋转

通过坐标变换使每个原始变量在尽可能少的因子之间有密切的关系,这样因子解的实际意义更容易解释,并为每个潜在因子赋予有实际意义的名字.

6.3.5.5 计算因子得分

求出各样本的因子得分,有了因子得分值,则可以在许多分析中使用这些因子,例如以因子的得分作聚类分析的变量,作回归分析中的回归因子.

6.3.6 我国上市公司的因子分析

以下对我国上市公司营利能力与资本结构,应用因子分析法进行实证分析.上市公司的数据见表6-12.

表6-12 我国上市公司的数据

公司名称	销售净利润率	资产净利润率	净资产收益率	销售毛利率	资产负利率
歌华有线	43.31%	7.39%	8.73%	54.89%	15.35%
五粮液	17.11%	12.1%	17.29%	44.25%	29.69%
用友软件	21.11%	6.03%	7%	89.37%	13.82%
太太药业	29.55%	8.62%	10.13%	73%	14.88%
浙江阳光	11%	8.41%	11.83%	25.22%	25.49%
烟台万华	17.63%	13.86%	15.41%	36.44%	10.03%
方正科技	2.73%	4.22%	17.16%	9.96%	74.12%
红河光明	29.11%	5.44%	6.09%	56.26%	9.85%
贵州茅台	20.29%	9.48%	12.97%	82.23%	26.73%
中铁二局	3.99%	4.64%	9.35%	13.04%	50.19%
红星发展	22.65%	11.13%	14.3%	50.51%	21.59%

(续表)

公司名称	销售净利润率	资产净利润率	净资产收益率	销售毛利率	资产负利率
伊利股份	4.43%	7.3%	14.36%	29.04%	44.74%
青岛海尔	5.4%	8.9%	12.53%	65.5%	23.27%
湖北宜化	7.06%	2.79%	5.24%	19.79%	40.68%
雅戈尔	19.82%	10.53%	18.55%	42.04%	37.19%
福建南纸	7.26%	2.99%	6.99%	22.72%	56.58%

记 x_1 为"销售净利润率",x_2 为"资产净利润率",x_3 为"净资产收益率",x_4 为"销售毛利率",y 为"资产负利率".

6.3.6.1 对原始数据进行标准化处理

进行因子分析的指标变量有 4 个,就是上述 x_1,x_2,x_3,x_4,共有 16 个评价对象,第 i 个评价对象的第 j 个指标的取值为 $a_{ij}(i=1,2,\cdots,16;j=1,2,3,4)$. 把各指标值转换成标准化指标 $\tilde{a}_{ij}$,有

$$\tilde{a}_{ij} = \frac{a_{ij} - \bar{\mu}_j}{s_j}, \quad i=1,2,\cdots,16; j=1,2,3,4.$$

其中,$\bar{\mu}_j = \frac{1}{16}\sum_{i=1}^{16} a_{ij}$,$s_j = \sqrt{\frac{1}{16-1}\sum_{i=1}^{16}(a_{ij}-\bar{\mu}_j)^2}$,即 $\bar{\mu}_j,s_j$ 为第 j 个指标的样本均值和样本标准差. 对应地,称

$$\tilde{x}_j = \frac{x_j - \bar{\mu}_j}{s_j}, \quad j=1,2,3,4$$

为标准化指标变量.

6.3.6.2 计算相关系数矩阵

相关系数矩阵 $\boldsymbol{R} = (r_{ij})_{4\times 4}$,

$$r_{ij} = \frac{\sum_{k=1}^{16} \tilde{a}_{ki}\tilde{a}_{kj}}{16-1}, \quad i,j=1,2,3,4,$$

其中,$r_{ii}=1$,$r_{ij}=r_{ji}$,r_{ij} 是第 i 个指标与第 j 个指标的相关系数.

6.3.6.3 计算初等载荷矩阵

计算相关系数矩阵 $\boldsymbol{R}$ 的特征值 $\lambda_1 \geqslant \lambda_2 \geqslant \lambda_3 \geqslant \lambda_4 \geqslant 0$,及对应的特征向量 $\boldsymbol{u}_1,\boldsymbol{u}_2,\boldsymbol{u}_3,\boldsymbol{u}_4$,其中 $\boldsymbol{u}_j = (u_{1j},\cdots,u_{4j})^T$,初等载荷矩阵

$$\boldsymbol{\Lambda}_1 = (\sqrt{\lambda_1}\boldsymbol{u}_1, \sqrt{\lambda_2}\boldsymbol{u}_2, \sqrt{\lambda_3}\boldsymbol{u}_3, \sqrt{\lambda_4}\boldsymbol{u}_4).$$

6.3.6.4 选择 m ($m \leqslant 4$) 个主因子

根据初等载荷矩阵,计算各个公共因子的贡献率,并选择 m ($m \leqslant 4$) 个主因子. 对提取

的因子载荷矩阵进行旋转,得到矩阵 $\boldsymbol{\Lambda}_2 = \boldsymbol{\Lambda}_1^{(m)} \boldsymbol{B}$(其中 $\boldsymbol{\Lambda}_1^{(m)}$ 为 $\boldsymbol{\Lambda}_1$ 的前 m 列,$\boldsymbol{B}$ 为正交矩阵),构造因子模型

$$\begin{cases} \tilde{\boldsymbol{x}}_1 = \alpha_{11}\boldsymbol{F}_1 + \cdots + \alpha_{1m}\boldsymbol{F}_m, \\ \vdots \\ \tilde{\boldsymbol{x}}_4 = \alpha_{41}\boldsymbol{F}_1 + \cdots + \alpha_{4m}\boldsymbol{F}_m. \end{cases}$$

根据表 6-12 的数据,应用因子分析法进行了有关计算(MATLAB 代码附后).

我们选取 2 个主因子,第一公共因子 F_1 为销售利润因子,第二公共因子 F_2 为资产收益因子.因子贡献及贡献率见表 6-13,旋转因子分析见表 6-14.

表 6-13 因子贡献及贡献率

因子	贡献	贡献率	累积贡献率	因子	贡献	贡献率	累积贡献率
1	1.779 4	44.49%	44.49%	2	1.667 3	41.68%	86.17%

表 6-14 旋转因子分析

指标	主因子 1	主因子 2	指标	主因子 1	主因子 2
销售净利润率	0.893	0.008 2	净资产收益率	−0.230 2	0.938 6
资产净利润率	0.372	0.885 4	销售毛利率	0.888 2	0.049 4

6.3.6.5 计算因子得分,并进行综合评价

用回归方法求单个因子得分函数

$$\hat{\boldsymbol{F}}_j = \beta_{j1}\tilde{\boldsymbol{x}}_1 + \beta_{j2}\tilde{\boldsymbol{x}}_2 + \beta_{j3}\tilde{\boldsymbol{x}}_3 + \beta_{j4}\tilde{\boldsymbol{x}}_4, \quad j = 1, 2.$$

记第 i 个样本点对第 j 个因子 F_j 得分的估计值为

$$\hat{F}_{ij} = \beta_{j1}\tilde{a}_{i1} + \beta_{j2}\tilde{a}_{i2} + \beta_{j3}\tilde{a}_{i3} + \beta_{j4}\tilde{a}_{i4}, \quad i = 1, 2, \cdots, 16; j = 1, 2.$$

则有

$$\begin{bmatrix} \beta_{11} & \beta_{12} \\ \vdots & \vdots \\ \beta_{14} & \beta_{24} \end{bmatrix} = \boldsymbol{R}^{-1}\boldsymbol{\Lambda}_2,$$

且

$$\hat{\boldsymbol{F}} = (\hat{F}_j)_{16 \times 2} = \boldsymbol{X}_0 \boldsymbol{R}^{-1} \boldsymbol{\Lambda}_2,$$

其中,$\boldsymbol{X}_0 = (\tilde{a}_{ij})_{16 \times 4}$ 是原始数据的标准化数据矩阵,$\boldsymbol{R}$ 为相关系数矩阵,$\boldsymbol{\Lambda}_2$ 是前面得到的载荷矩阵.

计算得到各个因子得分函数为

$$F_1 = 0.506\tilde{x}_1 + 0.161\,5\tilde{x}_2 - 0.183\,1\tilde{x}_3 + 0.501\,5\tilde{x}_4,$$
$$F_2 = -0.045\tilde{x}_1 + 0.515\,1\tilde{x}_2 + 0.581\tilde{x}_3 - 0.019\,9\tilde{x}_4.$$

利用综合因子得分公式

$$F = \frac{44.49F_1 + 41.68F_2}{86.17}.$$

计算16家上市公司营利能力的综合得分，见表6-15。

表6-15 上市公司营利能力的综合排名

排名	1	2	3	4	5	6	7	8
F_1	0.0315	0.0025	0.9789	0.4558	−0.0563	1.2791	1.5159	1.2477
F_2	1.4691	1.4477	0.3959	0.8548	1.3577	−0.1564	−0.5814	−0.9729
F	0.7269	0.7016	0.6969	0.6488	0.6277	0.5847	0.5014	0.1735
公司	烟台万华	五粮液	贵州茅台	红星发展	雅戈尔	太太药业	歌华有线	用友软件
排名	9	10	11	12	13	14	15	16
F_1	−0.0351	0.9313	−0.6094	−0.9859	−1.7266	−1.2509	−0.8872	−0.8910
F_2	0.3166	−1.1949	0.1544	0.3468	0.2639	−0.7424	−1.1091	−1.2403
F	0.1350	−0.7016	−0.2399	−0.3412	−0.7639	−1.0049	−1.1091	−1.2403
公司	青岛海尔	红河光明	浙江阳光	伊利股份	方正科技	中铁二局	福建南纸	湖北宜化

说明：由于上述排名是根据表6-12中的数据得到的，可能有局限性，所以上述排名仅供参考。

有关MATLAB代码如下：

```
clear
load ssgs.txt                                    %把原始数据保存在纯文本文件 ssgs.txt 中
n=size(ssgs,1);
x=ssgs(:,[1:4]); y=ssgs(:,5);                    %分别提出自变量 x1…x4 和因变量 x 的值
x=zscore(x);                                     %数据标准化
r=corrcoef(x);                                   %求相关系数矩阵
[vec1,val,con1]=pcacov(r);                       %进行主成分分析的相关计算
f1=repmat(sign(sum(vec1)),size(vec1,1),1);
vec2=vec1.*f1;                                   %特征向量正负号转换
f2=repmat(sqrt(val)',size(vec2,1),1);
a=vec2.*f2                                       %求初等载荷矩阵
num=input('请选择主因子的个数：');
am=a(:,[1:num]);                                 %提出 num 个主因子的载荷矩阵
[bm,t]=rotatefactors(am,'method','varimax')      %am 旋转变换，bm 为旋转后的载荷阵
bt=[bm,a(:,[num+1:end])];                        %旋转后全部因子的载荷矩阵，前两个旋转，后
                                                 %  面不旋转
con2=sum(bt.^2)                                  %计算因子贡献
check=[con1,con2'/sum(con2)*100]                 %该语句是领会旋转意义，con1 是未旋转前的
```

	贡献率
rate=con2(1:num)/sum(con2)	%计算因子贡献率
coef=inv(r)*bm	%计算得分函数的系数
score=x*coef	%计算各个因子的得分
weight=rate/sum(rate)	%计算得分的权重
Tscore=score*weight'	%对各因子的得分进行加权求和,即求各企业综合得分
[STscore,ind]=sort(Tscore,'descend')	%对企业进行排序
display=[score(ind,:)';STscore;ind]	%显示排序结果
[ccoef,p]=corrcoef([Tscore,y])	%计算 F 与资产负债的相关系数
[d,dt,e,et,stats]=regress(Tscore,[ones(n,1),y]);	%计算 F 与资产负债的方程
d,stats	%显示回归系数,和相关统计量的值

习题 6.3

1. 简要叙述因子分析与主成分分析的区别和联系.
2. 在本章中"贷款客户信用程度的主成分分析",请对该问题中的数据进行因子分析,并把结果进行比较,你能得到什么结论?

6.4 MATLAB 在多元统计分析中的应用

在 6.1 节例 6.1.1,例 6.1.2,例 6.1.3,例 6.1.4 以及 6.1.4 节(我国高等教育发展状况的聚类分析——聚类分析的综合应用案例)中,分别给出了 MATLAB 在聚类分析中的应用.

在 6.2 节例 6.2.1,例 6.2.2,例 6.2.3 以及 6.2.3 节(我国高等教育发展状况的主成分分析——主成分分析的综合应用案例)中,分别给出了 MATLAB 在主成分分析中的应用.

在 6.3 节例 6.3.4,例 6.3.5,例 6.3.6,例 6.3.7 以及 6.3.6 节(我国上市公司的因子分析——因子分析的综合应用案例)中,分别给出了 MATLAB 在因子分析中的应用.

关于 MATLAB 在聚类分析,主成分分析,因子分析中的其他应用,见《数据分析教程》(包科研,2011),《数学建模算法与应用》(司守奎,孙玺菁,2011)和《数学建模算法与应用习题解答》(司守奎等,2013)等.

第 7 章

随机过程简介

在"概率论"中我们学习过一个或多个随机变量(或随机向量).但在自然现象、社会现象以及实际问题中,我们还会遇到无穷多个随机变量在一起需要当作一个整体来对待的情形,这就需要引进随机过程的概念.

本章将简要介绍:随机过程的概念,独立增量过程,马尔可夫过程,平稳过程.

7.1 随机过程的概念

定义 7.1.1 给定参数集合 $T \subset (-\infty, +\infty)$,如果对于每个 $t \in T$,对应一个随机变量 X_t,则称随机变量族 $\{X_t, t \in T\}$ 为**随机过程**,简称**过程**.

例 7.1.1 用 X_t 表示某电话机从时刻 0 开始到时刻 t 为止所接到的呼唤次数,则 $\{X_t, t \in [0, +\infty)\}$ 便是一个随机过程.

例 7.1.2 对晶体管热噪声电压进行测量,每隔 1 μs 测一次,测量时刻记作 1, 2, $\cdots$,在时刻 t 的测量值记作 X_t,则 $\{X_t, t = 1, 2, \cdots\}$ 便是一个随机过程.

例 7.1.3 1826 年,布朗(Brown)发现水中花粉(或其他液体中的微粒)在不停地运动,这种现象后来被称为布朗运动.由于花粉受到水分子的碰撞,每秒钟所受到碰撞次数多达 10^{21} 次,这些随机的微小碰撞力的总和使得花粉做随机运动,用 X_t 表示花粉在 t 时刻所在位置的一个坐标(例如横坐标),则 $\{X_t, t \in [0, +\infty)\}$ 便是一个随机过程.

只要考察随机现象如何随着时间而变化,就会遇到随机过程.从这个意义上来说,随机过程的例子实在是太多了.

定义 7.1.2 用 E 表示诸 X_t 所有可能取值所组成的集合,则 E 称为**状态空间**(或**相空间**).如果 $X_t = x$,则称随机过程 $\{X_t, t \in T\}$ 在时刻 t 的处于状态 x.

当 T 是一个有限集或可列集时,$\{X_t, t \in T\}$ 称为**离散时间的随机过程**(**随机序列**).最常见的有 $T = \{0, 1, 2, \cdots\}$ 和 $T = \{\cdots, -2, -1, 0, 1, 2, \cdots\}$.

当 T 是一个区间(可以是无穷区间)时,$\{X_t, t \in T\}$ 称为**连续时间的随机过程**.最常见的有 $T = [0, +\infty)$ 和 $T = (-\infty, +\infty)$.

给定 T 中 n 个值 $t_1, t_2, \cdots, t_n$,记 $(X_{t_1}, X_{t_2}, \cdots, X_{t_n})$ 的分布函数为 $F_{t_1 t_2 \cdots t_n}(x_1, x_2, \cdots, x_n)$.这种分布函数的全体 $\{F_{t_1 t_2 \cdots t_n}(x_1, x_2, \cdots, x_n): n \geq 1, t_1, t_2, \cdots, t_n \in T\}$ 称为随机过程 $\{X_t, t \in T\}$ 的**有限维分布函数族**.这个分布函数族描写了随机过程的概率特性.

随机过程 $\{X_t, t \in T\}$ 也可以从另一个角度进行考察. 每个随机变量 X_t 是在某条件组 S 下所有可能的结果组成的集合,记作 Ω. X_t 就是定义在 Ω 上的函数 $X_t(\omega)$(随机变量). 所以固定 ω 后,$X_t(\omega)$ 便是 t 的函数. 这个函数称为随机过程的"实现",或称为"实现"(又称"轨道"或"样本函数"). 我们对一个随机过程的观察,所得的记录就是这个随机过程的"实现".

例如,在例 7.1.2 中,对晶体管热噪声电压进行测量,在时刻 $1, 2, \cdots$ 测得的具体数据: $x_1, x_2, \cdots$ 就是随机过程 $\{X_t, t = 1, 2, \cdots\}$ 的一个"实现".

在连续时间的随机过程的情形,随机过程的"实现"常用曲线来表示.

如何根据随机过程的"实现"去推断随机过程的性质,是随机过程的一个重要问题,它属于随机过程统计的范围.

怎样去研究随机过程呢?通常是按照随机过程的概率特性划分成几个大类进行研究. 每类都有专门的名称,最重要的有三类:独立增量过程,马尔可夫过程,平稳过程.

以下三节分别介绍以上三种随机过程的基本知识. 实际上,独立增量过程是特殊的马尔可夫过程,而有些马尔可夫过程又是平稳过程.

7.2 独立增量过程

定义 7.2.1 称随机过程 $\{X_t, t \in T\}$ 为**独立增量过程**,如果对任何 $t_1 < t_2 < \cdots < t_n$ ($t_i \in T, i = 1, 2, \cdots, n$),随机变量 $X_{t_2} - X_{t_1}, X_{t_3} - X_{t_2}, X_{t_n} - X_{t_{n-1}}$ 是相互独立的. 如果此时 $X_{t+\tau} - X_t (\tau > 0)$ 的分布函数只依赖于 τ 而不依赖于 t,则称 $\{X_t, t \in T\}$ 为**时齐的独立增量过程**.

根据定义 7.2.1,如果随机过程 $\{X_t, t \in T\}$ 为独立增量过程,Y 为随机变量,则 $\{X_t + Y, t \in T\}$ 也是独立增量过程.

例 7.2.1 设 $X_1, X_2, \cdots$ 是相互独立的随机变量序列,$S_n = X_1 + X_2 + \cdots + X_n (n \geqslant 1)$,则 $\{S_n, n \geqslant 1\}$ 是独立增量过程(证明从略). 如果所有的 X_i 服从相同的分布,则这个随机过程是时齐的(证明从略). 在概率论中的"大数定律"和"中心极限定理"就是讨论这个特殊随机过程的性质.

本节我们不讨论一般的独立增量过程,只介绍两个典型例子:泊松过程和维纳(Wiener)过程.

7.2.1 泊松过程

定义 7.2.2 称 $\{X_t, t \geqslant 0\}$ 为**泊松过程**,如果它是独立增量过程,而且 X_t 取值是非负整数,增量 $X_t - X_s (0 \leqslant s \leqslant t)$ 服从泊松分布:

$$P\{X_t - X_s = k\} = e^{\lambda(t-s)} \frac{[\lambda(t-s)]^k}{k!}, \quad k = 0, 1, \cdots,$$

其中 $\lambda > 0$ 是与 t, s 无关的常数.

在什么情况下会出现泊松过程呢？有以下定理（这里只叙述，不证明，其证明见陈家鼎等，2004）.

定理 7.2.1　设 $\{X_t, t \geqslant 0\}$ 是取非负整数值的时齐的独立增量过程，且满足：

(1) $P\{X_0 = 0\} = 1$；

(2) $P\{X_{t+\Delta t} - X_t = 1\} = \lambda \Delta t + o(\Delta t)$，$\Delta t \longrightarrow 0+$；

(3) $P\{X_{t+\Delta t} - X_t \geqslant 2\} = o(\Delta t)$，

其中 $\lambda > 0$，则 $\{X_t, t \geqslant 0\}$ 是泊松过程.

7.2.2　维纳过程

定义 7.2.3　称独立增量过程 $\{X_t, t \geqslant 0\}$ 为**维纳过程**，如果对于任何 $t > s$，有
$$X_t - X_s \sim N(0, (t-s)\sigma^2),$$
其中 σ 是固定的正数且与 t, s 无关.

通过物理学的研究知道，维纳过程是描述布朗运动的概率模型. X_t 表示液体中运动的微粒在时刻 t 的位置的横坐标.

经过数学研究发现，只要在数学上加点条件，维纳过程的几乎所有的轨道（或"实现"）是 t 的连续函数，但这些连续函数几乎处处没有导数（这里"几乎处处"是有明确的数学含义的）. 对于维纳过程以及更一般的扩散过程，现在有大量的研究，限于篇幅，这里不能展开了.

7.3　马尔可夫过程

7.3.1　马尔可夫过程的定义

设 $\{X_t, t \in T\}$ 是一个随机过程，状态空间为 E，我们可以把这个随机过程看成某系统的"状态"的演变过程. "$X_t = x$"表示该系统在时刻 t 处于状态 x.

定义 7.3.1　称 $\{X_t, t \in T\}$ 为**马尔可夫过程**，如果对于 T 中任何 n 个数值 $t_1 < t_2 < \cdots < t_n$，状态空间 E 中任何 n 个状态 $x_1, x_2, \cdots, x_n$ 及任何实数 x 均有

$$P\{X_{t_n} \leqslant x \mid X_{t_1} = x_1, X_{t_2} = x_2, \cdots, X_{t_{n-1}} = x_{n-1}\} = P\{X_{t_n} \leqslant x \mid X_{t_{n-1}} = x_{n-1}\}. \tag{7.3.1}$$

从定义 7.3.1 可以看出：马尔可夫过程的特征是，如果已知"现在：$X_{t_{n-1}} = x_{n-1}$"，则"将来：$X_{t_n} \leqslant x$"不依赖于"过去：$X_{t_1} = x_1, X_{t_2} = x_2, \cdots, X_{t_{n-2}} = x_{n-2}$". 这也表达了过程的"无后效性".

式(7.3.1)所表达的性质称为马尔可夫性，简称马氏性. 马尔可夫过程简称马氏过程. 马尔可夫过程的内容十分丰富，但很多讨论都涉及较深的数学知识. 以下只介绍最简单的情况，即 $T = \{0, 1, 2, \cdots\}$，状态空间 E 为有限集或可列集的情形.

7.3.2 马尔可夫链

定义 7.3.2 $\{X_n, n \geq 0\}$ 是随机变量序列,状态空间 E 为有限集或可列集,如果对于任何 $i_0, i_1, \cdots, i_n \in E$,只要 $P\{X_0=i_0, X_1=i_1, \cdots, X_{n-1}=i_{n-1}\} \neq 0$,有

$$P\{X_n=i_n \mid X_0=i_0, X_1=i_1, \cdots, X_{n-1}=i_{n-1}\} = P\{X_n=i_n \mid X_{n-1}=i_{n-1}\}, \quad (7.3.2)$$

则称 $\{X_n, n \geq 0\}$ 为**马尔可夫链**,简称马氏链.

可以验证,马氏链是一种特殊的马氏过程.

通常称条件概率 $P\{X_t=j \mid X_s=i\}$ 为转移概率,记作 $p_{ij}(s,t)$(其中 $s \leq t$). 关于转移概率,有以下定理(这里只叙述,不证明,其证明见陈家鼎等,2004).

定理 7.3.1 设 $\{X_n, n \geq 0\}$ 是马氏链,则对于 $s<t<u$,有

$$p_{ij}(s,u) = \sum_{k \in E} p_{ik}(s,t) p_{kj}(t,u). \quad (7.3.3)$$

式(7.3.3)称为 C-K 方程.

如果任意固定 i,j 后,$p_{ij}(s,t) = p_{ij}(s+\tau, t+\tau)$(对一切 $\tau \geq 0$),则称马氏链 $\{X_n, n \geq 0\}$ 是时齐的,也称为齐次的. 以下只讨论齐次马氏链,简称马氏链. 记 $p_{ij} = P\{X_{t+1}=j \mid X_t=i\}$,称它为一步转移概率,称矩阵 $\boldsymbol{P} = (p_{ij}), i,j \in E$ 为一步转移概率矩阵,它有以下性质(这里只叙述,不证明,其证明见陈家鼎等,2004).

定理 7.3.2 对于一步转移概率矩阵,有

(1) $p_{ij} \geq 0$;

(2) $\sum_{j \in E} p_{ij} = 1 \ (i \in E)$.

例 7.3.1(自由随机游动) 某质点在整数点集 $\{\cdots, -2, -1, 0, 1, 2, \cdots\}$ 上随机游动. 设开始时质点在位置 0,以后每经过一个单位时间按下列概率规则改变一次位置:如果它在某时刻位于点 i,则它以概率 $p(0<p<1)$ 转移到 $i+1$,以概率 $1-p$ 转移到 $i-1$. 用 X_n 表示质点在时刻 n 所在的位置,则 $\{X_n, n \geq 0\}$ 是一个马氏链,其一步转移概率矩阵为

$$\boldsymbol{P} = \begin{pmatrix} \ddots & \ddots & \ddots & & & \\ & 1-p & 0 & p & & \\ & & 1-p & 0 & p & \\ & & & 1-p & 0 & p \\ & & & & \ddots & \ddots & \ddots \end{pmatrix}.$$

例 7.3.2(带吸收壁的随机游动) 某质点在整数点集 $\{0, 1, 2, \cdots\}$ 上随机游动. 转移规律如下:若在某时刻处于位置 $i>0$,则下一步以概率 $p(0<p<1)$ 转移到 $i+1$,以概率 $1-p$ 转移到 $i-1$;若在某时刻处于位置 0,则下一步仍停留在 0. 如果开始时质点位于 i_0($i_0>0$),用 X_n 表示质点在时刻 n 所在的位置,则 $\{X_n, n \geq 0\}$ 是一个马氏链,其一步转移概率矩阵为

$$P = \begin{bmatrix} 1 & 0 & 0 & 0 & \\ 1-p & 0 & p & 0 & \\ 0 & 1-p & 0 & p & \\ & \ddots & \ddots & \ddots & \end{bmatrix}.$$

7.4 平稳过程

在许多科学技术领域,常会遇到一类与前述的马尔可夫过程不一样的随机过程:它的过去情况对未来有着强烈的不可忽视的影响.

7.4.1 严平稳过程

以下设参数集合 T 有如下性质:如果 $s, t \in T$,则 $s+t \in T$.

定义 7.4.1 称随机过程 $\{X_t, t \in T\}$ 为**严平稳的**,如果对于任何 $n \geqslant 1$, $t_1, t_2, \cdots$, $t_n, \in T$ 及实数 $x_1, x_2, \cdots, x_n$,有

$$\begin{aligned} & P\{X_{t_1+\tau} \leqslant x_1, X_{t_2+\tau} \leqslant x_2, \cdots, X_{t_n+\tau} \leqslant x_n\} \\ & = P\{X_{t_1} \leqslant x_1, X_{t_2} \leqslant x_2, \cdots, X_{t_n} \leqslant x_n\}. \end{aligned} \tag{7.4.1}$$

换句话说,如果有限维分布函数随着时间的推移不改变,则随机过程为严平稳过程.

严平稳随机过程也称为**强平稳随机过程**.

显然,如果 $\{X_t, t \in T\}$ 为严平稳过程,则 X_t 的分布函数 $F_t(x)$ 与 t 无关,(X_{t_1}, X_{t_2}) 的分布函数只依赖于 $t_2 - t_1$,由此可以得到:$E(X_t) \equiv C$(常数),协方差 $\text{Cov}(X_t, X_{t+\tau})$ 只依赖于 τ(当期望和协方差都存在时).

7.4.2 宽平稳过程

定义 7.4.2 称随机过程 $\{X_t, t \in T\}$ 为**宽平稳的**,满足:

(1) $E|X_t|^2$ 存在且有限 $(t \in T)$;

(2) $E(X_t) \equiv C$(常数)$(t \in T)$;

(3) $E[(X_t - C)\overline{(X_{t+\tau} - C)}]$ 只依赖于 τ 与 t 无关,其中 $\overline{X_{t+\tau} - C}$ 表示 $X_{t+\tau} - C$ 的共轭复数.

定义 7.4.3 称函数

$$B(\tau) = E\{[X_t - E(X_t)]\overline{[X_{t+\tau} - E(X_{t+\tau})]}\}$$

为宽平稳过程的自协方差函数,又称相关函数.

宽平稳过程也称为**弱平稳过程**. 显然,如果 $\{X_t, t \in T\}$ 是一个二阶矩存在(即 $E|X_t|^2$ 存在且有限)的严平稳过程,则它一定是宽平稳过程.

例 7.4.1 设 $\{X_n, n = 0, \pm 1, \pm 2, \cdots\}$ 是互不相关的实值随机变量序列(即对于

任何 $n \neq n'$，X_n 与 $X_{n'}$ 的协方差为 0)，$E(X_n) \equiv 0$，$D(X_n) \equiv \sigma^2 > 0$，则 $\{X_n, n=0, \pm 1, \pm 2, \cdots\}$ 是宽平稳过程(随机变量序列).

事实上，

$$E(X_n X_{n+\tau}) = \begin{cases} \sigma^2, & \tau = 0, \\ 0, & \tau \neq 0. \end{cases}$$

在物理上和工程技术中，常把这种随机变量序列称为"白噪声". 在随机干扰理论中，"白噪声"干扰研究比较多，因为它存在于多种波动现象中. 标准差是 1(即 $\sigma = 1$) 时的白噪声称为标准白噪声.

例 7.4.2 考虑一个具有随机相位的余弦波，它由如下定义的随机过程描述：$\{X_t = A\cos(\lambda t + \theta), -\infty < t < +\infty\}$，其中，$\lambda$ 是常数，A 是正数，θ 为服从 $[0, 2\pi]$ 上均匀分布的随机变量，则 $\{X_t = A\cos(\lambda t + \theta), -\infty < t < +\infty\}$ 是宽平稳过程.

可以验证：$E(X_t) = 0$，$E(X_t X_{t+\tau}) = \dfrac{A^2}{2} \cos(\lambda \tau)$.

7.4.3 高斯过程

服从 n 维正态分布的随机向量称为高斯随机向量，又称正态随机向量.

定义 7.4.4 称 $\{X_t, t \in T\}$ 为**高斯过程**，如果对于 T 中任何 n 个不相同的数 $t_1, t_2, \cdots, t_n$，$(X_{t_1}, X_{t_2}, \cdots, X_{t_n})$ 是高斯随机向量.

定理 7.4.1 设 $\{X_t, t \in T\}$ 为高斯过程，则它是严平稳的，必须且只须它是宽平稳的.

定理 7.4.1 的证明这里从略(其证明见陈家鼎等，2004).

根据定理 7.4.1，对于为高斯过程，严平稳性与宽平稳性是等价的.

7.5　MATLAB 在随机过程中的应用

以下通过一个例子来看 MATLAB 在本章的应用.

例 7.5.1(仪器的可靠性问题)　每隔一个固定时间观测某仪器运行情况，数据如下(其中 1 表示仪器正常运行，0 表示仪器不正常)：1 1 1 0 0 1 0 0 1 1 1 1 1 1 1 0 0 1 1 1 1 0 1 1 1 1 1 1 0 0 1 1 1 1 1 1 1 1 0 0 0 1 1 0 1 1 0 1

(1) 检验仪器运行状态是一个马氏链(上述问题中数据构成马氏链)；
(2) 计算上述问题中马氏链的一步转移概率矩阵.

解　以下用 MATLAB 软件解决上述两个问题：
(1) 以下检验上述问题中数据构成马氏链，其 MATLAB 代码如下：

```
clear all; clc;
eps=0.3;
```

```
x=[1 1 1 0 0 1 0 0 1 1 1 1 1 1 1 0 0 1 1 1 1 0 1 1 1 1 1 1 0 0 1 1 1 1 1 1 1 1 1 0 0 0 1 1 0 1 1 0 1];
n=length(x)-1;
I=[1-x; x];
f1=mean(I(:,1:n-1),2);
for i=1:2
    for j=1:2
        f2(i,j)=mean(I(i,1:n-1).*I(j,2:n),2);
    end
end
for l=1:2
    for i=1:2
        for j=1:2
            f3(l,i,j)= mean(I(l,1:n-1).*I(i,2:n).*I(j,3:n+1),2);
        end
    end
end
H=0;
for i=1:2
    for j=1:2
        for l=1:2
            if abs(f3(l,i,j)/f2(l,i)- f2(i,j)/f1(i))>eps
                H=H+1;
            end
        end
    end
end
H
```

运行结果为

H=0

上述结果表明,给定 $\varepsilon=0.3$(上述代码中 eps=0.3),通过了检验,因此可以认为仪器运行状态是一个马氏链.

(2) 以下计算上述问题中马氏链的一步转移概率,其 MATLAB 代码如下:

```
x=[1 1 1 0 0 1 0 0 1 1 1 1 1 1 1 0 0 1 1 1 1 0 1 1 1 1 1 1 0 0 1 1 1 1 1 1 1 1 1 0 0 0 1 1 0 1 1 0 1];
n=length(x)-1;
I=[1-x; x];
f1=mean(I(:,1:n),2);
for i=1:2
```

```
    for j=1:2
        f2(i,j)= mean((I( i,1:n). * I(j,2:n+1)),2);
        PijHat(i,j)=f2(i,j)./f1(i);
    end
end
PijHat
```

运行结果为

  0.4286 0.5714

  0.2353 0.7647

所以上述问题中马氏链的一步转移概率矩阵为

$$\boldsymbol{P} = \begin{pmatrix} 0.428\,6 & 0.571\,4 \\ 0.235\,3 & 0.764\,7 \end{pmatrix}.$$

附录 A MATLAB 的基本操作

说明：本附录来自《数学实验(MATLAB 版)》(韩明,王家宝,李林,2018).

A1. MATLAB 的启动和关闭

A1.1 起动方式

（1）如果已经在桌面设置了 MATLAB 快捷图标,则双击图标进入 MATLAB 环境,这是最快最常用的方式；

（2）在开始菜单中选择程序→MATLAB→MATLAB,点击进入 MATLAB 环境；

（3）在 MATLAB 安装目录中选择 MATLAB→MATLAB 快捷方式,双击点图标进入 MATLAB 环境.

启动 MATLAB 后,进入 MATLAB 集成环境,包括 MATLAB 主窗口、命令窗口(Command Window)、工作空间窗口(Workspace)、命令历史窗口(Command History)、当前目录窗口(Current Directory)和启动平台窗口(Launch Pad).

A1.2 关闭方式

（1）在 MATLAB 命令窗口,直接点击关闭图标,即可关闭 MATLAB 软件,这是最简单最常用的方式；

（2）在 MATLAB 命令窗口键入"exit"或"quit",回车关闭 MATLAB 软件；

（3）在 MATLAB 命令窗口,菜单条中选择、点击"EXIT MATLAB"（或按 Ctrl＋Q）关闭 MATLAB 软件.

A2. 窗口与菜单

A2.1 主窗口

MATLAB 主窗口是 MATLAB 的主要工作界面. 主窗口除了嵌入一些子窗口外,还包括菜单栏和工具栏.

A2.1.1 菜单栏

File 菜单项	实现有关文件的操作
Edit 菜单项	用于命令窗口的编辑操作
Debug 菜单项	用于调试 MATLAB 程序

(续表)

Desktop 菜单项	用于设置 MATLAB 的集成环境的显示方式
Window 菜单项	主窗口菜单栏上的 Window 菜单,只包含一个子菜单 Close all,用于关闭所有打开的编辑器窗口,包括 M-file、Figure、Model 和 GUI 窗口
Help 菜单项	用于提供帮助信息

A2.1.2 工具栏

MATLAB 主窗口的工具栏共提供了 10 个命令按钮.这些命令按钮均有对应的菜单命令,但使用起来比菜单命令更快捷、方便.

A2.2 命令窗口

命令窗口是 MATLAB 的主要交互窗口,用于输入命令并显示除图形以外的所有执行结果. MATLAB 命令窗口中的">>"为命令提示符,在提示符后键入命令并按下回车键后,MATLAB 就会解释执行所输入的命令,并在命令后面给出计算结果.

一般来说,一个命令行输入一条命令,命令行以回车结束.但一个命令行也可以输入若干条命令,各命令之间以逗号分隔,若前一命令后带有分号,则逗号可以省略.

如果一个命令行很长,一行之内写不下,可以在该行之后加上 3 个小黑点,回车换行,继续写命令的其他部分.

A2.3 工作空间窗口

工作空间位于默认(Default)界面左上方窗口前台,是 MATLAB 用于存储变量和结果的内存空间.该窗口显示工作空间中所有变量的名称、大小、字节数和变量类型说明,可对变量进行观察、编辑、保存和删除.

A2.4 当前目录窗口

(1) 当前目录窗口.位于默认(Default)界面左上方窗口后台,用鼠标点击可以切换到前台.当前目录是指 MATLAB 运行文件时的工作目录,只有在当前目录或搜索路径下的文件、函数可以被运行或调用.在当前目录窗口中可以显示或改变当前目录,还可以显示当前目录下的文件并提供搜索功能.

(2) MATLAB 的搜索路径.用户在 MATLAB 命令窗口输入一条命令后,MATLAB 按照一定次序寻找相关的文件.基本的搜索过程是:检查该命令是不是一个变量→检查该命令是不是一个内部函数→检查该命令是否当前目录下的 M 文件→检查该命令是否 MATLAB 搜索路径中其他目录下的 M 文件.

用户可以将自己的工作目录列入 MATLAB 搜索路径,从而将用户目录纳入 MATLAB 系统统一管理.设置搜索路径的方法有:

● 用 path 命令设置搜索路径.例如,将用户目录 c:\mydir 加到搜索路径下,可在命令窗口输入命令:path(path,'c:\mydir')

● 用对话框设置搜索路径在 MATLAB 的 File 菜单中选 Set Path 命令或在命令窗口

执行 pathtool 命令,将出现搜索路径设置对话框.通过 Add Folder 或 Add with Subfolder 命令按钮将指定路径添加到搜索路径列表中.在修改完搜索路径后,需要保存搜索路径.

A2.5　命令历史记录窗口

在默认设置下,历史记录窗口中会自动保留自安装起所有用过的命令的历史记录,并且还标明了使用时间,从而方便用户查询.通过双击命令可进行历史命令的再运行.如果要清除这些历史记录,可以选择 Edit 菜单中的 Clear Command History 命令.

A2.6　Start 按钮

MATLAB 主窗口左下角还有一个 Start 按钮,单击该按钮会弹出一个菜单,选择其中的命令可以执行 MATLAB 产品的各种工具,还可以查阅 MATLAB 包含的各种资源.

A2.7　编辑窗口和图形窗口

在命令窗口的菜单条中直接点击文件图标或选择点击 File→New→M file 打开一个编辑窗口(Edit Window).通常,MATLAB 的程序都是在这个窗口编写成 M 文件,存盘后在命令窗口输入文件名执行运算.

在命令窗口选择点击 File→New→Figure 可以打开一个图形窗口,但通常都是在执行作图命令时自动打开画有相关图形的图形窗口.

这些窗口的上方都有菜单和工具栏,其功能与 Word 相仿,不一一介绍.

A3.　变量与符号

A3.1　特殊变量

变量名	说　明	变量名	说　明
i 或 j	虚数单位 $\sqrt{-1}$	Inf	无穷大
pi	圆周率 $\pi = 3.14159265\cdots$	NaN	无意义的数,如 0/0 等
eps	浮点数识别精度 $2^{-52} = 2.2204 \times 10^{-16}$	ans	表示结果的缺省变量名
realmin	最小正实数 $2^{-2^{10}} = 2.2251 \times 10^{-308}$	nargin	所用函数的输入变量数目
realmax	最大正实数 $2^{2^{10}} = 1.7977 \times 10^{308}$	nargout	所用函数的输出变量数目

特殊变量在工作空间观察不到,但只要 MATLAB 一启动,这些变量就已赋值,可以直接使用.

A3.2　用户变量

MATLAB 变量总是以字母开头,由字母、数字或下画线组成,中间不能有空格,字母区分大小写.一般不能与特殊变量以及内部函数名同名(如果同名,则特殊变量以及内部函数将改变其值).

用户变量保存在工作空间,可以随时调用,用命令 who 或 whos 可以查到它们的信息.

A3.3 数学运算符

运算符	意 义
+	加法运算,数与数、数与矩阵、同型矩阵之间的相加
−	减法运算,数与数、数与矩阵、同型矩阵之间的相减
*	乘法运算,数与数、数与矩阵、矩阵与矩阵之间的普通乘法
/	除法运算,当 a,b 为数时 $a/b=\dfrac{a}{b}$,当 a,b 为矩阵时 $a/b=ab^{-1}$
\	左除运算,当 a,b 为数时 $a\backslash b=\dfrac{b}{a}$,当 a,b 为矩阵时 $a\backslash b=a^{-1}b$
^	乘幂运算,a^k(k 是数,a 可以是数或矩阵),数、矩阵的普通乘幂运算
.*	点乘运算,一种数组运算,表示同型数组(矩阵)之间对应元素相乘
./	点除运算,一种数组运算,表示同型数组(矩阵)之间对应元素相除
.^	点幂运算,一种数组运算,当 a,k 为数时,$a.\hat{\ }k=a^k$, 当 a 为数组(矩阵),k 为数时,$a.\hat{\ }k$ 表示矩阵 a 的每个元素取 k 次幂.

点(数组)运算在 MATLAB 中有重要作用,必须真正理解和掌握.

A3.4 关系与逻辑运算符

关系运算符	意义	关系运算符	意义	逻辑运算符	意义
<	小于	>	大于	&	逻辑与
<=	小于等于	>=	大于等于	|	逻辑或
==	等于	~=	不等于	~	逻辑非

关系运算与逻辑运算都是元素之间的操作,结果是特殊的逻辑数组(矩阵). 值得注意的是"="表示赋值,"=="表示(是否)等于,不可混淆. 在 MATLAB 中,"真(Ture)"用 1 表示,"假(False)"用 0 表示.

A4. 常用命令和技巧

A4.1 常用命令

运算符	意义	运算符	意义
cd	显示或改变当前目录	hold	图形保持开关
dir	显示目录下的文件	disp	显示变量或文字内容
type	显示文件内容	path	显示搜索目录
clear	清理内存变量	save	保存内存变量到指定文件

(续表)

运算符	意义	运算符	意义
clf	清除图形窗口	load	加载指定文件中的变量
pack	收集内存碎片,扩大内存空间	diary	日志文件命令
clc	清除工作窗口	quit	退出 MATLAB 命令
echo	工作窗口信息显示开关	!	调用 DOS 命令

A4.2 常用操作技巧

按键	说明	按键	说明
↑	调用上一行	Home	置关标于当前行开头
↓	调用下一行	End	置关标于当前行末尾
←	光标左移一个字符	Esc	清除当前输入行
→	光标右移一个字符	Del	删除光标处的字符
Ctrl+←	光标左移一个单词	Backspace	删除光标前的字符
Ctrl+→	光标右移一个单词	Alt+backspace	恢复上次删除内容

A4.3 常用标点符号

标点	作用
:	冒号,$a:b$ 生成公差为 1 的数组;$a:d:b$ 生成公差为 d 的数组
;	分号,数组的行分隔符;用于语句末尾表示不显示运算结果
,	逗号,变量、选项、语句之间的分割符,用于语句末时(与无标点符号一样)显示运算结果
( )	括号,数组援引;函数命令输入变量列表
[ ]	方括号,数组记号
{ }	大括号,元胞数组记述符
.	小数点符号,数值表示中的小数点;域访问符等
…	续行符,用于行末(注意:…前最好留一空格),表示本行输入尚未结束,接下一行
%	注释符,%号后面的文字用作注释,不参与运算
=	等号,赋值记号

A5. 函　　数

A5.1 数学函数

常用函数见下表.

函数	意义	函数	意义
$\sin(x)$	正弦	$\text{fix}(x)$	向 0 取整
$\cos(x)$	余弦	$\text{floor}(x)$	向 $-\infty$ 取整
$\tan(x)$	正切	$\text{ceil}(x)$	向 ∞ 取整
$\cot(x)$	余切	$\text{round}(x)$	按四舍五入方式取整
$\text{asin}(x)$	反正弦	$\text{mod}(m,n)$	m 除以 n 得到的在 0 与 $n-1$ 之间的余数
$\text{acos}(x)$	反余弦	$\text{rem}(m,n)$	m 除以 n 得到的余数,余数符号同 m
$\text{atan}(x)$	反正切	$\text{real}(z)$	复数实部
$\text{sqrt}(x)$	开方	$\text{image}(z)$	复数虚部
$\exp(x)$	指数函数	$\text{angle}(z)$	复数幅角
$\log(x)$	自然对数	$\text{conj}(z)$	复数共轭
$\log 10(x)$	十进对数	$\min(x)$	最小值
$\text{abs}(x)$	绝对值(模)	$\max(x)$	最大值
$\text{sign}(x)$	符号函数	$\text{sum}(x)$	元素总和

A5.2 测试函数

函数	意义
$\text{all}(x)$	向量 x 的所有分量都为非零,返回 1,否则返回 0
$\text{any}(x)$	向量 x 中存在一个分量为非零,返回 1,否则返回 0
$\text{isinteger}(x)$	x 为整型数时,返回 1,否则返回 0
$\text{isfinite}(x)$	x 为有限数时,返回 1,否则返回 0
$\text{isstring}(x)$	x 为字符串时,返回 1,否则返回 0
$\text{isempty}(x)$	x 为空时,则返回 1,否则返回 0
$\text{isnan}(x)$	x 为不定值时,则返回 1,否则返回 0
$\text{isinfinity}(x)$	若 x 为无穷大时,则返回 1,否则返回 0

A5.3 自定义函数

函数	定义方式	说明
内联函数	fun=inline('函数表达式','变量1','变量2',…)	使用方便
匿名函数	fun=@('变量1','变量2',…)函数表达式	可以接受工作空间中的变量值
M 函数	事先在编辑窗口编写 M 函数文件	用函数名或函数句柄方式调用

A6. M 文 件

复杂的程序结构在命令窗口调试、保存很不方便,一般都使用程序文件,最常见的是 M 文件,它可以在编辑窗口中编写存盘,也可以在任何文本编辑器中编写,但必须以"m"作为扩展名存盘.

A6.1 M 文件概述

用 MATLAB 语言编写的程序,并以"m"作为扩展名存盘的文件称为 M 文件. 根据调用方式的不同 M 文件可以分为两类:脚本文件(Script File)和函数文件(Function File).

M 文件是一个文本文件,它可以用任何文本编辑程序来建立和编辑,最方便的是直接使用 MATLAB 提供的文本编辑器.

A6.1.1 建立新的 M 文件

建立新的 M 文件,有 3 种方法启动 MATLAB 文本编辑器:

● 菜单操作. 从 MATLAB 主窗口的 File 菜单中选择 New 菜单项,再选择 M-file 命令,屏幕上会出现 MATLAB 文本编辑器窗口.

● 命令操作. 在 MATLAB 命令窗口输入命令 edit,启动 MATLAB 文本编辑器后,输入 M 文件的内容并存盘.

● 命令按钮操作. 单击 MATLAB 主窗口工具栏上的 New M-File 命令按钮,启动 MATLAB 文本编辑器后,输入 M 文件的内容并存盘.

A6.1.2 打开已有的 M 文件

打开已有的 M 文件,也有 3 种方法:

● 菜单操作. 从 MATLAB 主窗口的 File 菜单中选择 Open 命令,在 Open 对话框中选中并打开所需的 M 文件. 在编辑窗口可以对打开的 M 文件进行修改,编辑完成后,将 M 文件存盘.

● 命令操作. 在 MATLAB 命令窗口输入命令: edit 文件名,则打开指定的 M 文件.

● 命令按钮操作. 单击 MATLAB 主窗口工具栏上的 Open File 命令按钮,再从弹出的对话框中选择所需打开的 M 文件.

A6.2 脚本文件

将多条 MATLAB 语句按要求写在一起,并以扩展名为"m"的文件存盘即构成一个 M 脚本文件. 如果利用 MATLAB 自带的编辑器编写存盘,MATLAB 会自动加上扩展名 m.

注意:

(1) M 脚本文件的命名与变量命名规则相仿,但在 MATLAB 中文件名不区分大小写;

(2) 要防止文件名与已有的变量名、函数名以及 MATLAB 系统保留名等相冲突;

(3) 最好将 M 文件(无论是脚本文件还是函数文件)保存在当前目录,以便调用.

(4) 执行 M 脚本文件可以在命令窗口直接输入文件名（不必带扩展名），也可以在编辑窗口选择菜单 Deburg-run 执行.

A6.3 函数文件

M 脚本文件没有参数传递功能，当需要修改程序中某些变量的值时必须修改文佧. 利用 M 函数文件可以进行参数传递.

A6.3.1 M 函数文件的格式

```
function          输出形参＝函数名(输入形参)
注释说明部分
函数体语句
```

其中以 function 开头的一行为引导行，表示该 M 文件是一个函数文件. 函数名的命名规则与变量名相同. 当输出形参多于一个时，应当用方括号括起来.

A6.3.2 M 函数的调用

调用的一般格式：[输出实参表]＝函数名(输入实参表)

编写 M 函数文件要在编辑窗口，而调用 M 函数要在命令窗口. 函数调用时各实参出现的顺序、个数，应与函数定义时形参的顺序、个数一致，否则会出错. M 函数可以被脚本文件或其他 M 函数文件调用，也可以自身嵌套调用. 一个函数调用它自身称为函数的**递归调用**.

注意：在 MATLAB 中，使用 M 函数是以该函数的磁盘文件名调用，而不是以文件中的函数名调用. 为了增强程序的可读性，最好二者同名.

A6.3.3 函数参数的可调性

在调用函数时，MATLAB 用两个永久变量 nargin 和 nargout 分别记录调用该函数时的输入实参和输出实参的个数. 变量 nargin 和 nargout 经常用于条件表达式中，决定对函数如何进行处理.

A7. 程序控制结构

A7.1 顺序结构

(1) 数据的输入. 可以使用 input 函数从键盘输入数据，调用格式为

　　A＝input(提示信息,选项)

其中提示信息为一个字符串，用于提示用户输入什么样的数据. 当调用 input 函数时采用 's' 选项，则允许用户输入一个字符串.

(2) 数据的输出. 可以用 disp 函数输出数据，调用格式为

　　disp(输出项)

其中输出项既可以为字符串，也可以为矩阵.

（3）程序的暂停.暂停程序的执行可以使用 pause 函数,调用格式为

pause(延迟秒数)

如果省略延迟时间,则将暂停程序,直到用户按任意键后程序继续执行.若要强行中止程序的运行可使用 Ctrl+C 命令.

A7.2 选择结构

A7.2.1 if 语句

if 语句有 3 种格式.

1. 单分支 if 语句:

```
if      条件
        语句组
end
```

当条件成立时,执行语句组,执行完之后继续执行 if 语句的后继语句;若条件不成立,则直接执行 if 语句的后继语句.

2. 双分支 if 语句:

```
if      条件
        语句组 1
else
        语句组 2
end
```

当条件成立时,执行语句组 1,否则执行语句组 2,语句组 1 或语句组 2 执行后,执行 if 语句的后继语句.

3. 多分支 if 语句:

```
if      条件 1
        语句组 1
elseif  条件 2
        语句组 2
        ……
elseif  条件 m
        语句组 m
else
        语句组 n
end
```

A7.2.2 switch 语句

switch 语句根据表达式的取值不同，分别执行不同的语句，其语句格式为

```
switch      表达式
case        表达式 1
            语句组 1
case        表达式 2
            语句组 2
            ……
case        表达式 m
            语句组 m
otherwise
            语句组 n
end
```

当表达式的值等于表达式 1 的值时，执行语句组 1，当表达式的值等于表达式 2 的值时，执行语句组 2，…，当表达式的值等于表达式 m 的值时，执行语句组 m，当表达式的值不等于 case 所列的表达式的值时，执行语句组 n. 任意一个分支语句执行完后，直接执行 switch 语句的下一句.

A7.2.3 try 语句

语句格式为

```
try
            语句组 1
catch
            语句组 2
end
```

try 语句先试探性执行语句组 1，如果语句组 1 在执行过程中出现错误，则将错误信息赋给保留的 lasterr 变量，并转去执行语句组 2. try 语句经常用于程序调试.

A7.3 循环结构

A7.3.1 for 语句

for 语句的格式为

```
for    循环变量＝表达式 1：表达式 2：表达式 3
       循环体语句
end
```

其中,表达式 1 为循环变量的初值,表达式 2 为步长,表达式 3 为循环变量的终值.步长为 1 时,表达式 2 可以省略.

for 语句更一般的格式为:

```
for     循环变量=矩阵表达式
        循环体语句
end
```

执行过程是依次将矩阵的各列(视作元素)赋给循环变量,然后执行循环体语句.

A7.3.2　while 语句

while 语句的一般格式为

```
while     (条件)
          循环体语句
end
```

若条件成立,则执行循环体语句,执行后再判断条件是否成立,若不成立则跳出循环.

A7.3.3　break 语句和 continue 语句

break　当在循环体内执行到该语句时,程序将跳出循环,执行循环语句的下一语句.

continue　当在循环体内执行到该语句时,程序将跳过循环体中剩下的语句,执行下一次循环.

break 语句和 continue 语句一般与 if 语句配合使用.

A7.3.4　循环的嵌套

如果一个循环结构的循环体又包含一个循环结构,就称为循环的嵌套,或称为多重循环结构.MATLAB 允许循环的嵌套.

A8.　数据显示格式

格式	中文解释	说　明	示　例(显示 1000π)
format (short)	短格式、默认格式	显示 5 位十进制数	3.141 6e+003
format long	长格式	显示 15 位浮点数	3.141 592 653 589 793e+003
format rat	有理格式	用近似分数显示	84 823/27
format short e	短格式 e 方式	工程计数法显示 5 位浮点数	3.141 6e+003
format long e	长格式 e 方式	工程计数法显示 15 位浮点数	3.141 592 653 589 793e+003
format short g	短格式 g 方式	合适方式显示 5 位十进制数	3 141.6
format long g	长格式 g 方式	合适方式显示 15 位十进制数	3 141.592 653 589 79
format hex	16 进制格式	显示十六进制数	40a88b2f704a9409
format bank	银行格式	只显示到小数 2 位	3 141.59

A9. MATLAB 的文件操作

A9.1 文件的打开与关闭

A9.1.1 文件的打开
打开文件用 fopen 函数,调用格式为

fid=fopen(文件名,打开方式)

其中文件名用字符串形式,表示待打开的数据文件. 常见的打开方式有:'r' 表示对打开的文件读数据,'w' 表示对打开的文件写数据,'a' 表示在打开的文件末尾添加数据. fid 用于存储文件句柄值,句柄值用来标识该数据文件,其他函数可以利用它对该数据文件进行操作.

文件的数据格式有二进制文件和文本文件两种形式,在打开文件时需要指定文件格式类型.

A9.1.2 文件的关闭
关闭文件用 fclose 函数,调用格式为

sta=fclose(fid)

该函数关闭 fid 所表示的文件. sta 表示关闭文件操作的返回代码,若关闭成功,返回 0,否则返回 −1. 文件在进行完读、写等操作后,应及时关闭.

A9.2 文件的读写操作

A9.2.1 二进制文件的读写操作
1. 读二进制文件

fread 函数可以读取二进制文件的数据,并将数据存入矩阵. 其调用格式为

[A,COUNT]=fread(fid,size,precision)

其中,A 用于存放读取的数据,COUNT 返回所读取的数据元素个数,fid 为文件句柄,size 为可选项,若不选用则读取整个文件内容,若选用则它的值可以是下列值:N 表示读取 N 个元素到一个列向量;Inf 表示读取整个文件;[M,N]表示读数据到 $M \times N$ 的矩阵中,数据按列存放. precision 代表读写数据的类型,如 'int' 或 'float'.

2. 写二进制文件

fwrite 函数按照指定的数据类型将矩阵中的元素按列写入到文件中. 其调用格式为

COUNT=fwrite(fid, A, precision)

其中 COUNT 返回所写的数据元素个数,fid 为文件句柄,A 用来存放写入文件的数据,precision 用于控制所写数据的类型,其形式与 fread 函数相同.

A9.2.2 文本文件的读写操作

1. 读文本文件

fscanf 函数读取文本文件,调用格式为

[A,COUNT]=fscanf(fid,format,size)

其中 A 用以存放读取的数据,COUNT 返回所读取的数据元素个数. fid 为文件句柄. format 用以控制读取的数据格式,由 size 为可选项,决定矩阵 A 中数据的排列形式.

2. 写文本文件

fprintf 函数写入文本文件,调用格式为

COUNT=fprintf(fid,format,A)

其中 A 存放要写入文件的数据. 先按 format 指定的格式将数据矩阵 A 格式化,然后写入到 fid 所指定的文件. 格式符与 fscanf 函数相同.

A10. MATLAB 的帮助系统

A10.1 帮助窗口

可以通过以下 3 种方法进入帮助窗口:
(1) 单击 MATLAB 主窗口工具栏中的 Help 按钮;
(2) 在命令窗口中输入 helpwin、helpdesk 或 doc;
(3) 选择 Help 菜单中的"MATLAB Help"选项.

A10.2 帮助命令

MATLAB 帮助命令包括 help、lookfor 以及模糊查询.

(1) help 命令. 在 MATLAB 命令窗口中直接输入 help 命令将会显示当前帮助系统中所包含的所有项目,即搜索路径中所有的目录名称. 同样,可以通过 help 加函数名来显示该函数的帮助说明.

(2) lookfor 命令. help 命令只搜索出那些关键字完全匹配的结果,lookfor 命令对搜索范围内的 M 文件进行关键字搜索,条件比较宽松. lookfor 命令只对 M 文件的第一行进行关键字搜索. 若在 lookfor 命令加上 -all 选项,则可对 M 文件进行全文搜索.

(3) 模糊查询. MATLAB 6.0 以上的版本提供了一种类似模糊查询的命令查询方法,用户只需要输入命令的前几个字母,然后按 Tab 键,系统就会列出所有以这几个字母开头的命令.

A10.3 演示系统

在帮助窗口中选择演示系统(Demos)选项卡,然后在其中选择相应的演示模块,或者在命令窗口输入 Demos,或者选择主窗口 Help 菜单中的 Demos 子菜单,打开演示系统.

A11. 给初学者的八条提醒

初学 MATLAB 者常犯的错误,绝大部分(80%以上)仅仅是一些低级错误,注意避免这些错误可以使运行 MATLAB 的命令或程序大为顺利.

(1) 所有输入(除了注释符%后的)内容,必须是英文状态下的字母、符号、数字;
(2) 所有命令必须符合格式要求;
(3) 进行新的运算或运行新的程序前应当用 clear 清除以前留存在工作空间的变量;
(4) 需要用数组运算的场合(如用 plot 作图时的函数表达式)必须用点运算;
(5) 在 while 循环中条件判断表达式的值要及时更新;
(6) 各种括号必须正确配对;
(7) 逻辑表达式相等应当用"==",而不是"=";
(8) 矩阵加减,或向矩阵添加行、列时,行、列必须匹配.

附录 B 数理统计实验简介

MATLAB 软件提供了一些专用的工具箱(toolbox),如统计工具箱(statistics toolbox),其中包含了大量的函数,可以直接用于求解数理统计领域的问题.当然,MATLAB 是可扩展语言,还可以通过编写一些程序解决很多问题.

以下将简要地介绍 MATLAB 中常用分布的有关函数,并给出几个应用例子(所有例题中的代码都已通过 MATLAB R2016b 的运行).关于"数理统计实验"的其他内容,感兴趣的读者可参考:《数学实验(MATLAB 版)》(韩明,王家宝,李林,2018).

B.1 MATLAB 中常用分布的有关函数

统计工具箱中有 20 多种概率分布,几种常见分布及其命令字符见表 B-1.

表 B-1 几种常见分布及其命令字符

常见分布	二项分布	泊松分布	均匀分布	指数分布	正态分布	χ^2 分布	t 分布	F 分布
命令字符	bino	poiss	unif	exp	norm	chi2	t	f

统计工具箱中对每种分布都提供了五类函数,其命令字符见表 B-2.

表 B-2 五类函数及其命令字符

函数	密度函数(分布律)	分布函数	分位数	均值与方差	随机数生成
命令字符	pdf	cdf	inv	stat	rnd

MATLAB 自带了一些常见分布的密度函数(分布律),函数名称及调用格式见表 B-3.

表 B-3 密度函数(分布律)及其调用格式

函数名称及调用格式	常见分布	函数名称及调用格式	常见分布
binopdf(x, n, p)	二项分布	normpdf(x, mu, sigma)	正态分布
poisspdf(x, lambda)	泊松分布	chi2pdf(x, n)	χ^2 分布
unifpdf(x, a, b)	均匀分布	tpdf(x, n)	t 分布
exppdf(x, theta)	指数分布	fpdf(x, n, m)	F 分布

分位数的调用格式,只需在表 B-3 中把 pdf 换成 inv.几种常见分布的上侧 α 分位数的调用格式,见表 B-4.

表 B-4　几种常见分布的上侧 α 分位数的调用格式

分布名称	上侧 α 分位数的调用格式	上侧 α 分位数
正态分布	norminv(1－alpha)	z_α
χ^2 分布	chi2inv(1－alpha, n)	$\chi^2_\alpha(n)$
t 分布	tinv(1－alpha, n)	$t_\alpha(n)$
F 分布	finv(1－alpha, n, m)	$F_\alpha(n, m)$

B.2　几个应用例子

例 B.2.1　在例 1.1.2 中绘制经验分布函数图.

解　输入命令

x=[22, 22, 21, 22, 23, 20, 21, 22, 24, 22, 23, 23, 22, 21];
h=cdfplot(x)

运行结果如图 1-1 所示.

例 B.2.2　在例 1.2.1 中绘制直方图.

解　输入命令

x=[160,196,164,148,170,175,178,166,181,162,161,168,166,162,172,156,170,157,162 154];
hist(x,5)

运行结果如图 1-2 所示.

例 B.2.3　在例 1.2.2 中绘制出箱线图.

解　输入命令

X=[82,92,77,62,70,36,80,100,74,64,63,56.72,78,68,65,72,80,58,92,79,92,65,56,85,73,61,71,42,89;

57,67,64,54,77,65,71,58,59,69,67,84,63,95,81,46,49,60,64,66,74,55,58,63,65,63,76,72,48,72];
boxplot(X')

运行结果如图 1-5 所示.

例 B.2.4　(1) 对标准正态分布，当 α =0.025, 0.05, 0.10 时，求 z_α；(2) 对 χ^2 分布，求 $\chi^2_{0.10}(6)$；(3) 对 t 分布，求 $t_{0.05}(5)$；(4) 对 F 分布，求 $F_{0.05}(5, 10)$.

解　(1) 输入命令

norminv(0.975)

运行结果为

1.960 0

即 $z_{0.025}$=1.960 0.

输入命令

norminv(0.95)

运行结果为

1.644 9

即 $z_{0.05} = 1.644\ 9$.

输入命令

norminv(0.90)

运行结果为

1.281 6

即 $z_{0.10} = 1.281\ 6$.

（2）输入命令

chi2inv(0.90, 6)

运行结果为

10.644 6

即 $\chi^2_{0.10}(6) = 10.644\ 6$.

（3）输入命令

tinv(0.95, 5)

运行结果为

2.015 0

即 $t_{0.05}(5) = 2.015\ 0$.

（4）输入命令

finv(0.95, 5, 10)

运行结果为

3.325 8

即 $F_{0.05}(5, 10) = 3.325\ 8$.

例 B.2.5 在例 2.1.7 中，用 MATLAB 软件产生容量为 30 且均值为 $\theta = 10$ 的指数分布 $E(\theta)$ 的随机样本，求参数 θ 的极大似然估计值.

解 用 MATLAB 软件产生容量为 30 且均值为 $\theta = 10$ 的指数分布 $E(\theta)$ 的随机样本，求参数 θ 的极大似然估计值，其 MATLAB 代码如下：

```
clear
m=10000;
q=0;
for i=1:m
    x=exprnd(10,1,30);
    p(i)=expfit(x);
    q=q+1;
end
mean(p)
```

运行结果为

10.017 6

参数 θ 的极大似然估计值为 10.017 6.

说明：由于样本的随机性，每次运行的结果会有差异.

例 B.2.6 在例 2.3.2 和例 2.3.3 中，分别给出了正态分布中均值和标准差的置信水平 $\alpha=0.95$ 的区间估计. 以下用 MATLAB 软件计算上述正态分布中均值和标准差的点估计（极大似然估计）和区间估计（置信水平为 0.95）.

解 用 MATLAB 软件计算上述正态分布中均值和标准差的点估计（极大似然估计）和区间估计（置信水平为 0.95），其 MATLAB 代码如下：

data=[506,508,499,503,504,510,497,512,514,505,493,496,506,502,509,496];
[mu, sigma, muci, sigmaci]=normfit(data, 0.05)

运行结果为

mu=
　　503.7500
sigma=
　　　6.2022
muci=
　　500.4451
　　507.0549
sigmaci=
　　　4.5816
　　　9.5990

其他"数理统计实验"，见每章（最后一节）的"MATLAB 在本章的应用".

附录 C 概率论基础知识概要

作为概率论基础知识,本附录概要介绍:随机事件及其概率,随机变量及其分布,多维随机变量及其分布,随机变量的数字特征,特征函数与极限定理等.

作为本书的附录,这里只能概要地介绍"概率论基础知识",更详细的介绍见《概率论与数理统计教程》(韩明,2018).

C1 随机事件及其概率

本部分主要包括:随机试验、随机事件,概率的直观意义及其计算,概率的公理化定义和概率的性质,条件概率,独立性等.

C1.1 随机试验、随机事件

C1.1.1 随机现象
在个别试验中其结果呈现出不确定性,在大量重复试验中其结果呈现出规律性的现象,称为**随机现象**(或**偶然现象**).

C1.1.2 随机试验
如果一个试验同时满足下列条件:

(1) 可以在相同的条件下重复地进行(简称"可重复性");

(2) 每次试验的可能结果不止一个,并且能事先明确试验的所有可能结果(简称"不唯一性");

(3) 进行一次试验之前不能确定哪一个结果会出现(简称"不确定性").

称这样的试验为**随机试验**,有时把随机试验简称为**试验**(experiment),用 E 来表示.

C1.1.3 样本空间
把随机试验 E 的所有可能结果组成的集合称为 E 的**样本空间**,用 Ω 来表示. 样本空间 Ω 中的元素,即试验 E 的每个结果,称为**样本点**,用 ω 来表示.

根据样本空间中样本点的特点,可以把样本空间进行分类:

只包含有限个样本点的样本空间,称为**有限样本空间**;包含可列个样本点的样本空间,称为**可列样本空间**;有限样本空间和可列样本空间统称为**离散样本空间**;全部样本点可以充满某个区间(或区域)的样本空间,称为**连续样本空间**.

C1.1.4 随机事件
称试验 E 的样本空间 Ω 的子集为 E 的**随机事件**(或"随机试验的某些样本点组成的集合"),简称**事件**(event). 在一次试验中,当且仅当这一子集中的一个样本点出现时,称这一**事件发生**.

(1) 由一个样本点组成的单点集,称为**基本事件**.

(2) 样本空间 Ω 包含所有样本点,它是自身的子集,在每次试验中它总是发生的,称为**必然事件**.

(3) 空集 $\varnothing$ 不包含任何样本点,它也作为样本空间的子集,它在每次试验中都不发生,称为**不可能事件**.

C1.1.5 事件间的关系与运算

设试验 E 的样本空间为 Ω,而 A,B,A_i($i=1,2,\cdots$) 是 Ω 的子集.

(1) 若 $A \subset B$,则称事件 B **包含**事件 A,这指的是事件 A 发生必然导致事件 B 发生.
若 $A \subset B$ 且 $A \supset B$,则称事件 A 与事件 B **相等**,记为 $A=B$.

(2) 事件 $A \cup B = \{x \mid x \in A \text{ 或 } x \in B\}$ 称为事件 A 与事件 B 的**和事件**(或事件 A 与事件 B 的**并**). 当且仅当 A,B 中至少有一个事件发生时,事件 $A \cup B$ 发生.

类似地,称 $\bigcup\limits_{i=1}^{n} A_i$ 为 n 个事件 $A_1, A_2, \cdots, A_n$ 的和事件,称 $\bigcup\limits_{i=1}^{\infty} A_i$ 为可列个事件 A_1, $A_2, \cdots$ 的和事件.

(3) 事件 $A \cap B = \{x \mid x \in A \text{ 且 } x \in B\}$ 称为事件 A 与事件 B 的**积事件**(或事件 A 与事件 B 的**交**). 当且仅当 A,B 同时发生时,事件 $A \cap B$ 发生. $A \cap B$ 简记为 AB.

类似地,称 $\bigcap\limits_{i=1}^{n} A_i$ 为 n 个事件 $A_1, A_2, \cdots, A_n$ 的积事件,称 $\bigcap\limits_{i=1}^{\infty} A_i$ 为可列个事件 A_1, $A_2, \cdots$ 的积事件.

(4) 事件 $A - B = \{x \mid x \in A \text{ 且 } x \notin B\}$ 称为事件 A 与事件 B 的**差事件**. 当且仅当 A 发生,B 不发生时,事件 $A - B$ 发生.

(5) 若 $A \cup B = \Omega$ 且 $A \cap B = \varnothing$,则称事件 A 与事件 B 互为**对立事件**(或**逆事件**). 记事件 A 的对立事件为 $\bar{A}$,$\bar{A} = \Omega - A$.

(6) 若 $A \cap B = \varnothing$,则称事件 A 与事件 B **互不相容**(或**互斥**). 这指的是事件 A 与事件 B 不能同时发生.

C1.1.6 事件的运算定律

在进行事件的运算时,经常要用到下述定律.

设 A,B,C,A_i($i=1,2,\cdots$) 为事件,则有

交换律:$A \cup B = B \cup A$,$A \cap B = B \cap A$.

结合律:$A \cup (B \cup C) = (A \cup B) \cup C$,$A \cap (B \cap C) = (A \cap B) \cap C$.

分配律:$A \cup (B \cap C) = (A \cup B) \cap (A \cup C)$,$A \cap (B \cup C) = (A \cap B) \cup (A \cap C)$.

德·摩根(De Morgan)律:$\overline{A \cup B} = \bar{A} \cap \bar{B}$,$\overline{A \cap B} = \bar{A} \cup \bar{B}$.

可以把以上两个事件的德摩根律推广到有限个事件、可列个事件的情形,即

$$\overline{\bigcup_{i=1}^{n} A_i} = \bigcap_{i=1}^{n} \bar{A}_i, \quad \overline{\bigcap_{i=1}^{n} A_i} = \bigcup_{i=1}^{n} \bar{A}_i, \quad \overline{\bigcup_{i=1}^{\infty} A_i} = \bigcap_{i=1}^{\infty} \bar{A}_i, \quad \overline{\bigcap_{i=1}^{\infty} A_i} = \bigcup_{i=1}^{\infty} \bar{A}_i.$$

C1.2 概率的直观意义及其计算

C1.2.1 频率

定义 C1.2.1 在相同条件下,进行了 n 次试验,在这 n 次试验中,事件 A 发生的次数

n_A，称为事件 A 发生的**频数**，比值 $\dfrac{n_A}{n}$ 称为事件 A 发生的**频率**(frequency)，并记作 $f_n(A)$.

频率具有下述基本性质：

(1) 对于任意事件 A，有 $0 \leqslant f_n(A) \leqslant 1$；

(2) 对于必然事件 Ω，$f_n(\Omega) = 1$；

(3) 对于两两互不相容的事件 $A_1, A_2, \cdots, A_k$，有 $f_n(\bigcup_{i=1}^{k} A_i) = \sum_{i=1}^{k} f_n(A_i)$.

C1.2.2 概率的统计定义

定义 C1.2.2 在大量重复试验中，若事件 A 发生的频率稳定地在某一个常数 p 附近摆动，则称该常数 p 为事件 A 发生的**概率**(probability)，记作 $P(A)$，即 $P(A) = p$.

C1.2.3 古典型试验与古典概型

具有以下两个特点的试验，称为**古典型试验**：

(1) 试验的样本空间只包含有限个样本点；

(2) 试验中的每一个样本点发生的可能性相等.

定义 C1.2.3 设随机试验 E 为古典型试验，它的样本空间为 $\Omega = \{\omega_1, \omega_2, \cdots, \omega_n\}$，若事件 A 包含 k 个样本点，则事件 A 的概率为

$$P(A) = \dfrac{k}{n}. \tag{C1.2.1}$$

这里 $k =$ 事件 A 所包含样本点的个数，$n =$ 样本空间 Ω 所有样本点的个数.

称满足定义 C1.2.3 的概率模型为**古典概型**. 古典概型又称**等可能概型**.

C1.2.4 几何概率

定义 C1.2.4 如果试验 E 的样本点有无限多个，其样本空间 Ω 可用一个有度量的几何区域来表示，并且样本点落在 Ω 内任意一点处都是等可能的，其中 A 是 Ω 中的一个区域，样本点落在区域 A 的概率与 A 的度量(长度、面积、体积等)成正比，而与 A 的位置和形状无关，则样本点落在区域 A 的概率为

$$P(A) = \dfrac{m(A)}{m(\Omega)}. \tag{C1.2.2}$$

这里 $m(A)$ 为区域 A 的度量，$m(\Omega)$ 为样本空间 Ω 的度量. 称上述的概率为**几何概率**.

C1.2.5 排列与组合公式

(1) 从 n 个不同元素中任取 k ($k \leqslant n$) 个元素(被取出的元素各不相同)，按照一定的顺序排成一列，叫做从 n 个不同元素中取出 k 个元素的一个**排列**(arrangement)，此种排列的总数记为 A_n^k，其计算公式为 $A_n^k = n(n-1)\cdots(n-k+1) = \dfrac{n!}{(n-k)!}$. 当 $n = k$ 时，称为全排列，此时 $A_n^n = n!$.

(2) 从 n 个不同元素中任取 k ($k \leqslant n$) 个元素组成一组(不考虑元素间的先后次序)，称

为一个**组合**（combination），此种组合的总数记为 C_n^k，其计算公式为 $C_n^k = \dfrac{A_n^k}{k} = \dfrac{n!}{k!(n-k)!}$.

排列与组合的主要区别在于：如果不讲究取出元素间的顺序，则用组合公式，否则用排列公式. 即，排列与元素的顺序有关，组合与顺序无关.

C1.3 概率的公理化定义和概率的性质

C1.3.1 概率的公理化定义

定义 C1.3.1 设 E 为随机试验，Ω 为它的样本空间，若对于 E 的任意一个事件 A，都有一个实值集函数 $P(A)$ 与之对应，并且满足下列三个公理：

(1) **非负性公理** 对于任意一个事件 A，有 $P(A) \geqslant 0$；

(2) **正则性公理** 对于必然事件 Ω，有 $P(\Omega) = 1$；

(3) **可列可加性公理** 对于可列个两两互不相容的事件 $A_1, A_2, \cdots$，有

$$P(\bigcup_{i=1}^{\infty} A_i) = \sum_{i=1}^{\infty} P(A_i).$$

则称 $P(A)$ 为事件 A 的**概率**.

C1.3.2 不可能事件的概率

性质 C1.3.1 $P(\varnothing) = 0$.

C1.3.3 有限可加性

性质 C1.3.2（有限可加性） 若 $A_1, A_2, \cdots, A_n$ 是两两互不相容的事件，则有 $P(\bigcup_{k=1}^{n} A_k) = \sum_{k=1}^{n} P(A_k)$. 即，有限个两两互不相容事件的和事件的概率，等于每个事件概率的和.

C1.3.4 对立事件的概率

性质 C1.3.3（对立事件的概率） 对于任意一个事件 A，有 $P(\bar{A}) = 1 - P(A)$.

C1.3.5 减法公式

性质 C1.3.4（减法公式） (1) 设 A, B 是两个事件，若 $A \subset B$，则有 $P(B - A) = P(B) - P(A)$；(2) 对于任意两个事件 A, B，有 $P(A - B) = P(A) - P(AB)$.

C1.3.6 单调性

性质 C1.3.5（单调性） 设 A, B 是两个事件，若 $A \subset B$，则 $P(A) \leqslant P(B)$.

C1.3.7 有界性

性质 C1.3.6 对于任意一个事件 A，则 $P(A) \leqslant 1$.

C1.3.8 加法公式

性质 C1.3.7（加法公式） 对于任意两个事件 A, B，有 $P(A \cup B) = P(A) + P(3) - P(AB)$.

性质 C1.3.7 可以推广到多个事件的情形.

设 A_1, A_2, A_3 是任意三个事件,有

$$P(A_1 \cup A_2 \cup A_3) = P(A_1) + P(A_2) + P(A_3) - P(A_1 A_2) - P(A_1 A_3) \\ - P(A_2 A_3) + P(A_1 A_2 A_3).$$

一般,对于任意 n 个事件 $A_1, A_2, \cdots, A_n (n \geqslant 2)$,则有

$$P(\bigcup_{i=1}^{n} A_i) = \sum_{i=1}^{n} P(A_i) - \sum_{1 \leqslant i < j \leqslant n} P(A_i A_j) + \sum_{1 \leqslant i < j < k \leqslant n} P(A_i A_j A_k) + \cdots + (-1)^{n-1} P(A_1 A_2 \cdots A_n).$$

推论 C1.3.1(半可加性) 设对于任意 n 个事件 $A_1, A_2, \cdots, A_n (n \geqslant 2)$,则有

(1) $P(A_1 \cup A_2) \leqslant P(A_1) + P(A_2)$;

(2) $P(\bigcup_{i=1}^{n} A_i) \leqslant \sum_{i=1}^{n} P(A_i)$.

C1.3.9 概率的连续性

性质 C1.3.8(概率的连续性) 设 $A_1 \supset A_2 \supset \cdots$,且 $\bigcap_{n=1}^{\infty} A_n = \varnothing$,则 $\lim_{n \to \infty} P(A_n) = 0$.

推论 C1.3.2 设 $A_1 \supset A_2 \supset \cdots$,且 $\bigcap_{n=1}^{\infty} A_i = A$,则 $\lim_{n \to \infty} P(A_n) = P(A)$.

一般称具有推论 C1.3.2 所述的非负实值集函数 P 是**上连续的**.

推论 C1.3.3 设 $A_1 \subset A_2 \subset \cdots$,且 $\bigcup_{i=1}^{\infty} A_i = A$,则 $\lim_{n \to \infty} P(A_n) = P(A)$.

一般称具有推论 C1.3.3 所述的非负实值集函数 P 是**下连续的**.

C1.4 条件概率

C1.4.1 条件概率

定义 C1.4.1 设 A, B 是两个事件,且 $P(A) > 0$,称

$$P(B \mid A) = \frac{P(AB)}{P(A)} \tag{C1.4.1}$$

为在事件 A 发生的条件下事件 B 发生的**条件概率**.

C1.4.2 条件概率满足概率的公理化定义

性质 C1.4.1 设 B 是一个事件,$P(B) > 0$,则对任意事件 A,有 $P(A \mid B)$ 对应,且 $P(A \mid B)$ 满足:

(1) **非负性** $P(A \mid B) \geqslant 0$;

(2) **正则性** $P(\Omega \mid B) = 1$;

(3) **可列可加性** 对于可列个两两互不相容的事件 $A_1, A_2, \cdots$,则有

$$P(\bigcup_{i=1}^{\infty} A_i \mid B) = \sum_{i=1}^{\infty} P(A_i \mid B).$$

C1.4.3 乘法公式

定理 C1.4.1(乘法公式) 设 $P(A) > 0$,则有 $P(AB) = P(B|A)P(A)$.

定理 C1.4.1 可以推广到多个事件的情形.

设 A_1, A_2, A_3 是任意三个事件,且 $P(A_1A_2) > 0$,则有

$$P(A_1A_2A_3) = P(A_3|A_1A_2)P(A_2|A_1)P(A_1).$$

一般,对于 n 个事件 $A_1, A_2, \cdots, A_n (n \geq 2)$,且 $P(A_1A_2\cdots A_{n-1}) > 0$,则有

$$P(A_1A_2\cdots A_n) = P(A_n|A_1A_2\cdots A_{n-1})P(A_{n-1}|A_1A_2\cdots A_{n-2})\cdots P(A_2|A_1)P(A_1).$$

C1.4.4 样本空间的划分

定义 C1.4.2 设 Ω 为试验 E 的样本空间,$B_1, B_2, \cdots, B_n$ 为 E 的一组事件. 若

(1) $B_iB_j = \varnothing$, $i \neq j$, $i, j = 1, 2, \cdots, n$;

(2) $B_1 \cup B_2 \cup \cdots \cup B_n = \Omega$,

则称 $B_1, B_2, \cdots, B_n$ 为样本空间 Ω 的一个**划分**.

C1.4.5 全概率公式

定理 C1.4.2(全概率公式) 设试验 E 的样本空间为 Ω,A 为 E 的事件,$B_1, B_2, \cdots, B_n$ 为样本空间 Ω 的一个划分,且 $P(B_i) > 0$ $(i = 1, 2, \cdots, n)$,则

$$P(A) = P(A|B_1)P(B_1) + P(A|B_2)P(B_2) + \cdots + P(A|B_n)P(B_n). \quad (C1.4.2)$$

式(C1.4.2)称为**全概率公式**.

C1.4.6 贝叶斯公式

定理 C1.4.3(贝叶斯公式) 设试验 E 的样本空间为 Ω,A 为 E 的事件,$B_1, B_2, \cdots, B_n$ 为样本空间 Ω 的一个划分,且 $P(A) > 0$,$P(B_i) > 0$ $(i = 1, 2, \cdots, n)$,则

$$P(B_i|A) = \frac{P(A|B_i)P(B_i)}{\sum_{j=1}^{n} P(A|B_j)P(B_j)}, \quad i = 1, 2, \cdots, n. \quad (C1.4.3)$$

式(C1.4.3)称为**贝叶斯(Bayes)公式**.

C1.5 独立性

C1.5.1 两个事件的独立性

定义 C1.5.1 设 A 和 B 是两个事件,如果满足等式

$$P(AB) = P(A)P(B),$$

则称事件 A 与 B **相互独立**,简称 A 与 B **独立**.

定理 C1.5.1 设 A 和 B 是两个事件,且 $P(A) > 0$,若 A 与 B 相互独立,则有 $P(B|A) = P(B)$,反之亦然.

定理 C1.5.2 若事件 A 与 B 相互独立,则下列各对事件也相互独立:A 与 $\bar{B}$,$\bar{A}$ 与 B,

$\bar{A}$ 与 $\bar{B}$.

C1.5.2　三个事件的独立性

定义 C1.5.2　设 A, B, C 是三个事件, 如果满足等式

$$\begin{cases} P(AB)=P(A)P(B), \\ P(BC)=P(B)P(C), \\ P(AC)=P(A)P(C), \\ P(ABC)=P(A)P(B)P(C), \end{cases}$$

则称事件 A, B, C 相互独立.

C1.5.3　n 个事件的独立性

一般, 设 A_1, A_2, $\cdots$, A_n 是 n ($n \geqslant 2$) 个事件, 如果对于其中任意 2 个, 3 个, $\cdots$, 任意 n 个事件的积事件的概率都等于各事件概率之积, 则称事件 A_1, A_2, $\cdots$, A_n 相互独立.

由此可以得到以下两个结论:

(1) 若 n 个事件 A_1, A_2, $\cdots$, A_n ($n \geqslant 2$) 相互独立, 则其中任意 k ($2 \leqslant k \leqslant n$) 个事件也相互独立.

(2) 若 n 个事件 A_1, A_2, $\cdots$, A_n ($n \geqslant 2$) 相互独立, 则将 A_1, A_2, $\cdots$, A_n 中任意多个事件换成它们的对立事件, 所得的 n 个事件仍然是相互独立的.

一般, 在实际应用中, 对于事件的独立性常常是根据事件的实际意义去判断.

若 A_1, A_2, $\cdots$, A_n ($n \geqslant 2$) 相互独立, 则其中任意两个事件都是独立的, 但反过来却不一定正确.

C1.5.4　试验的独立性、n 重伯努利试验

定义 C1.5.3　设有两个试验 E_1, E_2, 假设 E_1 的任一结果(事件)与 E_2 的任一结果(事件)都是相互独立的, 则称这两个试验相互独立.

类似地可以定义 n 个试验的独立性: 如果 E_1 的任一结果, E_2 的任一结果, $\cdots$, E_n 的任一结果都是相互独立的事件, 则称 n 个试验 E_1, E_2, $\cdots$, E_n 相互独立. 如果这 n 个试验还是相同的, 则称其为 n 重独立重复试验. 如果在 n 重独立重复试验中, 每次试验的可能结果为两个: A 或 $\bar{A}$, 则称这种试验为 n 重伯努利(Bernoulli)试验.

C1.5.5　二项概率、伯努利概型

在 n 重伯努利试验中, 事件 A 可能发生的次数为 $0, 1, 2, \cdots, n$. 设 $P(A)=p$ ($0<p<1$), 此时 $P(\bar{A})=1-p$. 由于各次试验是相互独立的, 因此事件 A 在指定的 k ($0 \leqslant k \leqslant n$) 次试验中发生, 而在其他 $n-k$ 次中不发生的概率为

$$\underbrace{p \cdots p}_{k \text{个}} \underbrace{(1-p) \cdots (1-p)}_{n-k \text{个}} = p^k (1-p)^{n-k}.$$

这种指定的方式共有 C_n^k 种, 它们是互不相容的, 因此在 n 重伯努利试验中事件 A 发生 k 次的概率为 $C_n^k p^k (1-p)^{n-k}$, 记 $q=1-p$, 即有

$$P_n(k) = C_n^k p^k q^{n-k}, \quad k = 0, 1, 2, \cdots, n.$$

从上式可以看出，$C_n^k p^k q^{n-k}$ 恰好是二项式 $(p+q)^n$ 的展开式中出现 p^k 的那一项，因此称 $P_n(k)$ 为**二项概率**。

根据伯努利试验和二项概率得到的概率模型，称为**伯努利概型**，尽管它比较简单，却概括了许多实际问题中的数学模型，因而它很有实用价值。

C2 随机变量及其分布

本部分主要包括：随机变量，常见的离散型随机变量，随机变量的分布函数，连续型随机变量及其密度函数，常见的连续型随机变量，随机变量函数的分布等。

C2.1 随机变量

C2.1.1 随机变量的定义

定义 C2.1.1 设 E 是随机试验，Ω 为 E 的样本空间，$\omega \in \Omega$，$X(\omega)$ 是定义在 Ω 上的单值实函数，如果对于任意的实数 x，$\{X(\omega) \leqslant x\}$ 是一个随机事件，则称 $X = X(\omega)$ 为**随机变量**(random variable)。

C2.1.2 离散型随机变量

定义 C2.1.2 如果随机变量 X 的所有可能取值是有限个或可列无限多个，则称 X 为**离散型随机变量**。

C2.1.3 分布律的定义和性质

设离散型随机变量 X 的所有可能取值为 $x_k(k=1,2,\cdots)$，X 的各个可能取值的概率，即事件 $\{X = x_k\}$ 的概率为

$$P\{X = x_k\} = p_k, \quad k = 1, 2, \cdots \quad \text{(C2.1.1)}$$

我们称式(C2.1.1)为离散型随机变量 X 的**分布律**(或**分布列**)。分布律也可以用表的形式来表示，见下表：

X	x_1	x_2	$\cdots$	x_n	$\cdots$
p_k	p_1	p_2	$\cdots$	p_n	$\cdots$

根据分布律的定义，p_k 具有如下两个性质：

(1) **非负性** $p_k \geqslant 0, k = 1, 2, \cdots$；

(2) **正则性** $\sum_{k=1}^{\infty} p_k = 1$。

C2.2 常见的离散型随机变量

C2.2.1 两点分布、单点分布

定义 C2.2.1 设随机变量 X 只可能取 0 与 1 两个值，X 取 1 的概率为 p，X 的分布

律为

$$P\{X=k\}=p^k(1-p)^{1-k}, \quad k=0,1, 0<p<1,$$

则称 X 服从**两点分布**(或 **0—1 分布**).

两点分布的分布律也可以写成下表的形式:

X	0	1
p_k	$1-p$	p

特别,常数 c 可以看作仅取一个值的随机变量 X,即 $P\{X=c\}=1$,则称 X 服从**单点分布**(或**退化分布**).

C2.2.2 二项分布

定义 C2.2.2 如果随机变量 X 的分布律为

$$P\{X=k\}=C_n^k p^k(1-p)^{n-k}, \quad k=0,1,2,\cdots,n, 0<p<1, \quad \text{(C2.2.1)}$$

则称 X 服从参数为 n,p 的**二项分布**(binomial distribution),记为 $X \sim B(n,p)$.

特别地,当 $n=1$ 时,式(C2.2.1)变为 $P\{X=k\}=p^k(1-p)^{1-k}$, $k=0,1$,此时,二项分布退化为**两点分布**,记为 $X \sim B(1,p)$.

另外,如果随机变量 $X_1, X_2, \cdots, X_n$ 相互独立,且都服从两点分布 $B(1,p)$,则 $X_1+X_2+\cdots+X_n$ 服从二项分布 $B(n,p)$.

C2.2.3 泊松分布

定义 C2.2.3 设随机变量 X 的所有可能取值为 $0,1,2,\cdots$,而取各个值的概率为

$$P\{X=k\}=\frac{\lambda^k e^{-\lambda}}{k!}, \quad k=0,1,2,\cdots. \quad \text{(C2.2.2)}$$

其中 $\lambda>0$ 为常数,则称 X 服从参数为 λ 的**泊松分布**(Poisson distribution),记为 $X \sim P(\lambda)$.

C2.2.4 二项分布的泊松近似

定理 C2.2.1(泊松定理) 设 $0<p_n<1$ $(n=1,2,\cdots)$,若 $\lim_{n \to \infty} n p_n = \lambda > 0$,则

$$\lim_{n \to \infty} C_n^k p_n^k (1-p_n)^{n-k} = \frac{\lambda^k}{k!} e^{-\lambda}, \quad k=0,1,2,\cdots.$$

根据定理 C2.2.1,当 n 很大,p 很小,$np=\lambda$ 大小适中时,有 $C_n^k p^k(1-p)^{n-k} \approx \frac{\lambda^k e^{-\lambda}}{k!}$.

在实际计算中,就可以用 $\frac{\lambda^k e^{-\lambda}}{k!}$ 作为 $C_n^k p^k(1-p)^{n-k}$ 的近似值,而前者可以查泊松分布表(见书末附表 2),计算较为方便.

C2.2.5 超几何分布

定义 C2.2.4 设有 N 件产品,其中有 M 件不合格品.若从中不放回地随机抽取 n 件,则其中含有不合格品的件数 X 服从**超几何分布**(hypergeometric distribution),记为 $X \sim H(n, N, M)$. 超几何分布的分布律为

$$P(X=k) = \frac{C_M^k C_{N-M}^{n-k}}{C_N^n}, \quad k=0, 1, \cdots, r. \tag{C2.2.3}$$

其中 $r = \min\{M, n\}$,且 $M \leqslant N$, $n \leqslant N$, n, N, M 均为正整数.

C2.2.6 超几何分布的二项近似

定理 C2.2.2 若 $\lim\limits_{N \to \infty} \dfrac{M}{N} = p$,则在 n 和 k 保持不变的条件下,有

$$\lim_{N \to \infty} \frac{C_M^k C_{N-M}^{n-k}}{C_N^n} = C_n^k p^k (1-p)^{n-k}.$$

当 $n \ll N$ 时,即抽取个数 n 远小于总产品数 N 时,每次抽取后总体中的不合格品率 $p = M/N$ 改变甚微,所以不放回抽样可以近似地看成放回抽样,此时超几何分布可以用二项分布近似:

$$\frac{C_M^k C_{N-M}^{n-k}}{C_N^n} \approx C_n^k p^k (1-p)^{n-k}.$$

C2.2.7 几何分布

定义 C2.2.5 在伯努利试验序列中,记每次试验中事件 A 发生的概率为 p,如果 X 为事件 A 首次出现时的试验次数, X 的可能取值为 $1, 2, \cdots$,则称 X 服从**几何分布**(geometric distribution),记为 $X \sim \text{Geo}(p)$,其分布律为

$$P\{X=k\} = (1-p)^{k-1} p, \quad k=1, 2, \cdots. \tag{C2.2.4}$$

C2.2.8 几何分布的无记忆性

定理 C2.2.3(几何分布的无记忆性) 设 $X \sim \text{Geo}(p)$,则对于任意的正整数 m 和 n 有

$$P(X > m+n \mid X > m) = P(X > n).$$

C2.2.9 负二项分布

定义 C2.2.6 在伯努利试验序列中,记每次试验中事件 A 发生的概率为 p,如果 X 为事件 A 第 r 次出现时的试验次数, X 的可能取值为 $r, r+1, \cdots$,则称 X 服从**负二项分布**(negative binomial distribution),记为 $X \sim NB(r, p)$,其分布律为

$$P\{X=k\} = C_{k-1}^{r-1} (1-p)^{k-r} p^r, \quad k=r, r+1, \cdots. \tag{C2.2.5}$$

对负二项分布 $X \sim NB(r, p)$,当 $r=1$ 时,就退化为几何分布,即 $NB(1, p) = $

Geo(p).

如果把第一个出现事件 A 的试验次数记为 X_1,第二个出现事件 A 的试验次数记为 X_2,$\cdots$,第 r 个出现事件 A 的试验次数记为 X_r,则 $X_1, X_2, \cdots, X_r$ 相互独立,且 $X_i \sim$ Geo(p). 此时有 $X = X_1 + X_2 + \cdots + X_r \sim NB(r, p)$,即服从负二项分布的随机变量可以表示成 r 个相互独立的服从几何分布的随机变量之和.

C2.3 随机变量的分布函数

C2.3.1 分布函数的定义

定义 C2.3.1 设 X 是一个随机变量,x 是任意实数,函数

$$F(x) = P\{X \leqslant x\}$$

称为 X 的**累积分布函数**(cumulative distribution function,简记为 cdf),简称为**分布函数**.

C2.3.2 分布函数的性质

定理 C2.3.1 任意分布函数 $F(x)$ 都具有以下基本性质:

(1) **单调性** $F(x)$ 是单调不减函数,即对于任意的 $x_1 < x_2$,有 $F(x_1) \leqslant F(x_2)$.

(2) **有界性** 对于任意的 x,有 $0 \leqslant F(x) \leqslant 1$,且 $F(-\infty) = \lim\limits_{x \to -\infty} F(x) = 0$,$F(\infty) = \lim\limits_{x \to \infty} F(x) = 1$.

(3) **右连续性** $F(x)$ 是一个右连续函数,即对于任意的实数 x,有 $F(x + 0) = F(x)$.

C2.4 连续型随机变量及其密度函数

C2.4.1 连续型随机变量及其密度函数

定义 C2.4.1 对于随机变量 X 的分布函数 $F(x)$,如果存在非负可积函数 $f(x)$,使对于任意实数 x 有

$$F(x) = P\{X \leqslant x\} = \int_{-\infty}^{x} f(t) dt,$$

则称 X 为**连续型随机变量**,其中函数 $f(x)$ 称为 X 的**概率密度函数**(probability density function,简写为 pdf),简称**密度函数**.

C2.4.2 密度函数的性质

根据定义 C2.4.1 可知,密度函数 $f(x)$ 有如下性质:

(1) **非负性** $f(x) \geqslant 0$.

(2) **正则性** $\int_{-\infty}^{\infty} f(x) dx = 1$.

(3) 对于任意的 $x_1, x_2 (x_1 < x_2)$,有 $P\{x_1 < X \leqslant x_2\} = F(x_2) - F(x_1) = \int_{x_1}^{x_2} f(x) dx$.

(4) 在连续点上,有 $F'(x)=f(x)$.

C2.5 常见的连续型随机变量

C2.5.1 均匀分布
定义 C2.5.1 如果连续型随机变量 X 的密度函数为

$$f(x)=\begin{cases} \dfrac{1}{b-a}, & a<x<b, \\ 0, & \text{其他}, \end{cases}$$

则称 X 在区间 (a,b) 上服从**均匀分布**(uniform distribution),记为 $X \sim U(a,b)$.

C2.5.2 指数分布
定义 C2.5.2 如果连续型随机变量 X 的密度函数为

$$f(x)=\begin{cases} \dfrac{1}{\theta}e^{-\frac{x}{\theta}}, & x>0, \\ 0, & \text{其他}, \end{cases}$$

其中 $\theta>0$ 为常数,则称 X 服从参数为 θ 的**指数分布**(exponential distribution),记为 $X \sim E(\theta)$.

令 $\lambda=\dfrac{1}{\theta}$,则上述指数分布的密度函数变为

$$f(x)=\begin{cases} \lambda e^{-\lambda x}, & x>0, \\ 0, & \text{其他}, \end{cases}$$

其中 $\lambda>0$ 为常数,则称 X 服从参数为 λ 的指数分布,记为 $X \sim E(1/\lambda)$. 这也是指数分布的另一种形式[有的书上也把参数为 λ 的指数分布记为 $X \sim E(\lambda)$].

C2.5.3 指数分布的"无记忆性"
性质 C2.5.1(指数分布的"无记忆性") 对于任意的 $s,t>0$,有 $P\{X>s+t \mid X>s\}=P\{X>t\}$.

C2.5.4 正态分布
定义 C2.5.3 如果连续型随机变量 X 的密度函数为

$$f(x)=\dfrac{1}{\sqrt{2\pi}\sigma}e^{-\frac{(x-\mu)^2}{2\sigma^2}}, \quad -\infty<x<\infty,$$

其中 μ,σ ($\sigma>0$) 为常数,则称 X 服从参数为 μ 和 σ 的**正态分布**(normal distribution),记为 $X \sim N(\mu,\sigma^2)$.

特别地,当 $\mu=0,\sigma=1$ 时,得到 $X \sim N(0,1)$,此时称 X 服从**标准正态分布**. 其密度函数和分布函数分别用 $\varphi(x)$ 和 $\Phi(x)$ 表示,即

$$\varphi(x) = \frac{1}{\sqrt{2\pi}} e^{-\frac{x^2}{2}}, \quad \Phi(x) = \frac{1}{\sqrt{2\pi}} \int_{-\infty}^{x} e^{-\frac{t^2}{2}} dt, \quad x \in \mathbf{R}.$$

C2.5.5 标准化变换

定理 C2.5.1 若 $X \sim N(\mu, \sigma^2)$,则 $Z = \dfrac{X-\mu}{\sigma} \sim N(0,1)$.

$Z = \dfrac{X-\mu}{\sigma}$ 称为 X 的标准化变换.

推论 C2.5.1 若 $X \sim N(\mu, \sigma^2)$,则有(1) $F_X(x) = \Phi\left(\dfrac{x-\mu}{\sigma}\right)$;(2)对于任意区间 $(x_1, x_2]$,有 $P\{x_1 < X \leqslant x_2\} = \Phi\left(\dfrac{x_2-\mu}{\sigma}\right) - \Phi\left(\dfrac{x_1-\mu}{\sigma}\right)$.

C2.5.6 标准正态分布的上侧分位数

定义 C2.5.4 设 $X \sim N(0,1)$,若 z_α 满足条件 $P\{X > z_\alpha\} = \alpha$,$0 < \alpha < 1$,则称点 z_α 为标准正态分布的上侧 α 分位数.

标准正态分布的上侧 α 分位数 z_α,如图 C-1 所示.

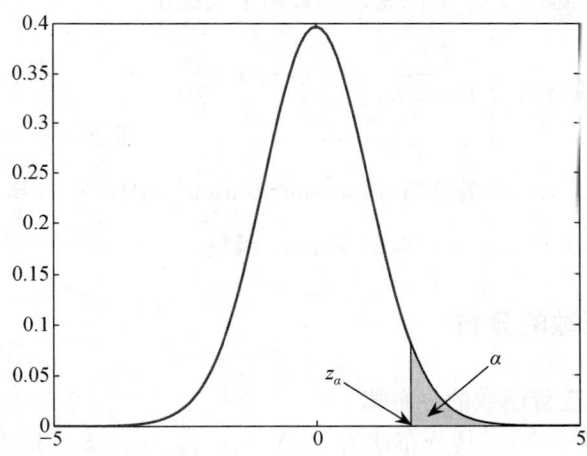

图 C-1 标准正态分布的上侧 α 分位数

下表列出了几个常用的 z_α 值.

几个常用的 z_α 值

α	0.001	0.005	0.01	0.025	0.05	0.10
z_α	3.090	2.576	2.327	1.960	1.645	1.282

上表列出了几个常用的 z_α 值,其他 z_α 的值可以查书末的附表1——正态分布表.

C2.5.7 伽玛分布

定义 C2.5.5 若随机变量 X 的密度函数由下式给出

$$f(x) = \begin{cases} \dfrac{b^a}{\Gamma(a)} x^{a-1} e^{-bx}, & x \geqslant 0, \\ 0, & x < 0, \end{cases}$$

其中 $a > 0, b > 0$, 则称 X 服从**伽玛分布**(Gamma distribution), 记为 $X \sim Ga(a, b)$.

这里 $\Gamma(a) = \int_0^\infty x^{a-1} e^{-x} dx$ 是微积分中的 Gamma 函数.

当 $a = 1$ 时, 根据伽玛分布的密度函数, 可以得到指数分布的密度函数:

$$f(x) = \begin{cases} b e^{-bx} = \dfrac{1}{(1/b)} e^{-\frac{x}{(1/b)}}, & x > 0, \\ 0, & \text{其他}. \end{cases}$$

即 $Ga(1, b) = E(1/b)$.

当 $n \in \mathbf{N}$ 时, 伽玛分布 $Ga(n, b)$ 与指数分布 $E(1/b)$ 有如下关系(这里只叙述, 不证明): 若 $X \sim Ga(n, b)$, 则 $X = X_1 + X_2 + \cdots + X_n$, 其中 X_i 相互独立, 且 $X_i \sim E(1/b)$, $i = 1, 2, \cdots, n$.

C2.5.8 贝塔分布

定义 C2.5.6 若随机变量 X 的密度函数由下式给出

$$f(x) = \begin{cases} \dfrac{1}{B(a, b)} x^{a-1} (1-x)^{b-1}, & 0 < x < 1, \\ 0, & \text{其他}. \end{cases}$$

则称 X 服从参数为 a, b 的**贝塔分布**(Beta distribution), 记作 $X \sim Be(a, b), a > 0, b > 0$. 其中 $B(a, b) = \int_0^1 x^{a-1} (1-x)^{b-1} dx$ 为 Beta 函数.

C2.6 随机变量函数的分布

C2.6.1 离散型随机变量函数的分布律

设 X 为离散型随机变量, 其分布律为 $P\{X = x_k\} = p_k$, $k = 1, 2, \cdots$, 随机变量 $Y = g(X)$, 于是 Y 的所有可能值为 $y_k = g(x_k)$, $k = 1, 2, \cdots$, 因此 Y 也是离散型随机变量.

C2.6.2 连续型随机变量函数的密度函数

定理 C2.6.1 设随机变量 X 具有密度函数 $f_X(x)$, $-\infty < x < \infty$, 又设函数 $Y = g(X)$ 处处可导且恒有 $g'(x) > 0$(或恒有 $g'(x) < 0$), 则随机变量 $Y = g(X)$ 的密度函数为

$$f_Y(y) = \begin{cases} f_X[h(y)] \, |h'(y)|, & a < y < b, \\ 0, & \text{其他}. \end{cases}$$

其中 $a = \min(g(-\infty), g(\infty))$, $b = \max(g(-\infty), g(\infty))$, $h(y)$ 是 $g(x)$ 的反函数.

定理 C2.6.2 设随机变量 X 的分布函数 $F_X(x)$ 为严格单调的连续函数, 其反函数为 $F_X^{-1}(y)$, 则 $Y = F_X(X)$ 服从 $(0, 1)$ 上的均匀分布 $U(0, 1)$.

C3　多维随机变量及其分布

本部分主要包括：二维随机变量及其分布，边缘分布，随机变量的独立性，条件分布，随机变量函数的分布等.

C3.1　二维随机变量及其分布

C3.1.1　二维随机变量
定义 C3.1.1　设 $X=X(\omega)$ 和 $Y=Y(\omega)$ 是定义在同一个样本空间 Ω 上的两个随机变量，则称 (X,Y) 为**二维随机向量**或**二维随机变量**.

C3.1.2　联合分布函数
定义 C3.1.2　设 (X,Y) 是二维随机变量，对于任意的实数 x,y，二元函数
$$F(x,y)=P\{(X\leqslant x)\cap(Y\leqslant y)\}\xlongequal{\text{记作}}P\{X\leqslant x,Y\leqslant y\}$$
称为二维随机变量 (X,Y) 的**联合分布函数**，简称**联合分布**.

随机点 (X,Y) 落在矩形 $[x_1<x\leqslant x_2,y_1<y\leqslant y_2]$ 内的概率为
$$P\{x_1<X\leqslant x_2,y_1<Y\leqslant y_2\}=F(x_2,y_2)-F(x_1,y_2)-F(x_2,y_1)+F(x_1,y_1).$$
$$\text{(C3.1.1)}$$

C3.1.3　联合分布函数的性质
定理 C3.1.1　若 $F(x,y)$ 是二维随机变量 (X,Y) 的联合分布函数，则有：

(1) $F(x,y)$ 是变量 x 或 y 的不减函数，即对于任意固定的 y，当 $x_2>x_1$ 时，$F(x_2,y)\geqslant F(x_1,y)$；对于任意固定的 x，当 $y_2>y_1$ 时，$F(x,y_2)\geqslant F(x,y_1)$.

(2) $0\leqslant F(x,y)\leqslant 1$，且对于任意固定的 y，$F(-\infty,y)=0$；对于任意固定的 x，$F(x,-\infty)=0$；$F(-\infty,-\infty)=0$，$F(\infty,\infty)=1$.

(3) $F(x,y)=F(x+0,y)$，$F(x,y)=F(x,y+0)$，即 $F(x,y)$ 关于 x 右连续，关于 y 也右连续.

(4) 对于任意的 (x_1,y_1)，(x_2,y_2)，$x_1<x_2$，$y_1<y_2$，下述不等式成立，
$$F(x_2,y_2)-F(x_1,y_2)-F(x_2,y_1)+F(x_1,y_1)\geqslant 0.$$

需要指出的是，定理 C3.1.1 的逆定理也是成立的.

若二元是实函数 $F(x,y)(x,y\in\mathbf{R})$ 满足定理 C3.1.1 的条件(1)—(4)，则必存在随机变量 (X,Y)，使 $F(x,y)$ 是 (X,Y) 的联合分布函数.

C3.1.4　二维离散型随机变量及其联合分布律
定义 C3.1.3　若二维随机变量 (X,Y) 的所有可能取到的不同值是有限对或可列无限多对时，则称 (X,Y) 为**二维离散型随机变量**.

设二维离散型随机变量 (X,Y) 的所有可能取值为 (x_i,y_j)，$i,j=1,2,\cdots$，记

$P\{X=x_i, Y=y_j\}=p_{ij}$, $i,j=1,2,\cdots$，则由概率的定义，有

(1) **非负性** $p_{ij} \geqslant 0$, $i,j=1,2,\cdots$；

(2) **正则性** $\sum\limits_{i=1}^{\infty}\sum\limits_{j=1}^{\infty} p_{ij}=1$.

称 $P\{X=x_i, Y=y_j\}=p_{ij}(i,j=1,2,\cdots)$ 为二维离散型随机变量 (X,Y) 的**联合分布律**或**联合分布列**.

C3.1.5　二维连续型随机变量及其联合密度函数

定义 C3.1.4　对于以 $F(x,y)$ 为联合分布函数的二维随机变量 (X,Y)，如果存在非负函数 $f(x,y)$，使对于任意的 x,y，有

$$F(x,y)=\int_{-\infty}^{x}\int_{-\infty}^{y} f(u,v)\mathrm{d}u\mathrm{d}v,$$

则称 (X,Y) 为**二维连续型随机变量**，其中函数 $f(x,y)$ 称为 (X,Y) 的**联合密度函数**，简称**联合密度**.

联合密度函数 $f(x,y)$ 有以下性质：

(1) **非负性**　$f(x,y) \geqslant 0$；

(2) **正则性**

$$\int_{-\infty}^{\infty}\int_{-\infty}^{\infty} f(u,v)\mathrm{d}u\mathrm{d}v = F(\infty,\infty)=1;$$

(3) 设 G 是 xOy 平面上的区域，则随机点 (X,Y) 落在区域 G 内的概率为

$$P\{(X,Y)\in G\}=\iint_{G} f(x,y)\mathrm{d}x\mathrm{d}y.$$

(4) 在 $F(x,y)$ 偏导数存在的点上，有 $\dfrac{\partial^2 F(x,y)}{\partial x \partial y}=f(x,y)$.

C3.1.6　n 维随机变量

一般，设 $X_1, X_2, \cdots, X_n$ 是定义在同一个样本空间 Ω 上的 $n(n>2)$ 个一维随机变量，则称 $(X_1, X_2, \cdots, X_n)$ 为 **n 维随机向量**，或 **n 维随机变量**. 与二维随机变量的情形类似，也可以定义 n 维随机变量的分布函数等.

C3.1.7　n 维均匀分布

定义 C3.1.5（n 维均匀分布）　设 D 为 $\mathbf{R}^n$ 中的一个有界区域，其度量（平面的为面积，空间的为体积等）为 S_D，如果 $n(n\geqslant 2)$ 维随机变量 $(X_1, X_2, \cdots, X_n)$ 的联合密度函数为

$$f(x_1,x_2,\cdots,x_n)=\begin{cases}\dfrac{1}{S_D}, & (x_1,x_2,\cdots,x_n)\in D,\\ 0, & \text{其他},\end{cases}$$

则称 $(X_1, X_2, \cdots, X_n)$ 服从区域 D 上的 **n 维均匀分布**.

C3.2 边缘分布

C3.2.1 边缘分布函数

定义 C3.2.1 二维随机变量 (X,Y) 作为一个整体,具有联合分布函数 $F(x,y)$,而 X 和 Y 作为一维随机变量分别也有分布函数,将它们分别记为 $F_X(x)$ 和 $F_Y(y)$,称 $F_X(x)$ 和 $F_Y(y)$ 分别为二维随机变量 (X,Y) 关于 X 和关于 Y 的**边缘分布函数**(或**边际分布函数**).

C3.2.2 边缘分布律

定义 C3.2.2 分别称 $p_{i\cdot}=\sum_{j=1}^{\infty}p_{ij}=P\{X=x_i\}$ $(i=1,2,\cdots)$ 和 $p_{\cdot j}=\sum_{i=1}^{\infty}p_{ij}=P\{Y=y_j\}$ $(j=1,2,\cdots)$ 为二维离散型随机变量 (X,Y) 关于 X 和关于 Y 的**边缘分布律**(或**边际分布律**).

C3.2.3 边缘密度函数

定义 C3.2.3 分别称

$$f_X(x)=\int_{-\infty}^{\infty}f(x,y)\mathrm{d}y,\quad f_Y(y)=\int_{-\infty}^{\infty}f(x,y)\mathrm{d}x$$

为 (X,Y) 关于 X 和 Y 的**边缘密度函数**,简称**边缘密度**(或**边际密度**).

C3.3 随机变量的独立性

C3.3.1 随机变量的独立性

定义 C3.3.1 设 $F(x,y)$, $F_X(x)$, $F_Y(y)$ 分别为二维随机变量 (X,Y) 的联合分布函数及边缘分布函数,若对于任意的实数 x,y,有

$$P\{X\leqslant x,Y\leqslant y\}=P\{X\leqslant x\}P\{Y\leqslant y\},$$

即

$$F(x,y)=F_X(x)F_Y(y),$$

则称随机变量 X 和 Y **相互独立**.

C3.3.2 两个随机变量相互独立的充分必要条件

定理 C3.3.1 (1)设 (X,Y) 为连续型随机变量,则 X 和 Y 相互独立的充分必要条件是对于任意的实数 x,y,有

$$f(x,y)=f_X(x)f_Y(y).$$

(2)设 (X,Y) 为离散型随机变量,则 X 和 Y 相互独立的充分必要条件是对于 (X,Y) 的所有可能取的值 (x_i,y_j),有

$$P\{X=x_i,Y=y_j\}=P\{X=x_i\}P\{Y=y_j\}.$$

C3.3.3 随机变量独立性的性质

定理 C3.3.2 设 $(X_1, X_2, \cdots, X_m)$ 和 $(Y_1, Y_2, \cdots, Y_n)$ 相互独立,则 $X_i(i=1, 2, \cdots, m)$ 和 $Y_j(j=1, 2, \cdots, n)$ 相互独立. 又若 h, g 都是连续函数,则 $h(X_1, X_2, \cdots, X_m)$ 和 $g(Y_1, Y_2, \cdots, Y_n)$ 相互独立.

C3.4 条件分布

C3.4.1 条件分布律

定义 C3.4.1 对一切使 $P(Y=y_j) = p_{\cdot j} = \sum_{i=1}^{\infty} p_{ij} > 0$ 的 y_j,称

$$p(i \mid j) = P(X=x_i \mid Y=y_j) = \frac{P(X=x_i, Y=y_j)}{P(Y=y_j)} = \frac{p_{ij}}{p_{\cdot j}}, \quad i=1, 2, \cdots$$

为给定 $Y=y_j$ 的条件下,X 的条件分布律.

同理,对一切使 $P(X=x_i) = p_{i\cdot} = \sum_{j=1}^{\infty} p_{ij} > 0$ 的 x_i,称

$$p(j \mid i) = P(Y=y_j \mid X=x_i) = \frac{P(X=x_i, Y=y_j)}{P(X=x_i)} = \frac{p_{ij}}{p_{i\cdot}}, \quad j=1, 2, \cdots$$

为给定 $X=x_i$ 的条件下,Y 的条件分布律.

C3.4.2 离散型随机变量的条件分布函数

定义 C3.4.2 给定 $Y=y_j$ 的条件下,X 的条件分布函数为

$$F(x \mid y_j) = \sum_{x_i \leqslant x} P(X=x_i \mid Y=y_j) = \sum_{x_i \leqslant x} p(i \mid j),$$

给定 $X=x_i$ 的条件下,Y 的条件分布函数为

$$F(y \mid x_i) = \sum_{y_j \leqslant y} P(Y=y_j \mid X=x_i) = \sum_{y_j \leqslant y} p(j \mid i).$$

C3.4.3 连续型随机变量的条件分布函数、条件密度函数

定义 C3.4.3 对一切 $f_Y(y) > 0$ 的 y,给定 $Y=y$ 的条件下,X 的条件分函数和条件密度函数分别为

$$F(x \mid y) = \int_{-\infty}^{x} \frac{f(u, y)}{f_Y(y)} du, \quad f(x \mid y) = \frac{f(x, y)}{f_Y(y)}.$$

同理,对一切 $f_X(x) > 0$ 的 x,给定 $X=x$ 的条件下,Y 的条件分布函数和条件密度函数分别为

$$F(y \mid x) = \int_{-\infty}^{y} \frac{f(x, v)}{f_X(x)} dv, \quad f(y \mid x) = \frac{f(x, y)}{f_X(x)}.$$

C3.5 随机变量函数的分布

C3.5.1 和的密度函数——卷积公式

当 X 和 Y 相互独立时,设 (X,Y) 关于 X 和 Y 的边缘密度函数为 $f_X(x)$, $f_Y(y)$,则 $Z = X+Y$ 的概率密度为

$$f_Z(z) = \int_{-\infty}^{\infty} f_X(z-y) f_Y(y) \mathrm{d}y, \quad f_Z(z) = \int_{-\infty}^{\infty} f_X(x) f_Y(z-x) \mathrm{d}x.$$

这两个公式称为**卷积公式**,记为 $f_X * f_Y$,即

$$f_X * f_Y = \int_{-\infty}^{\infty} f_X(z-y) f_Y(y) \mathrm{d}y = \int_{-\infty}^{\infty} f_X(x) f_Y(z-x) \mathrm{d}x.$$

C3.5.2 最大值和最小值的分布

设 X 和 Y 是两个相互独立的随机变量,它们的分布函数分别是 $F_X(x)$ 和 $F_Y(y)$,则 $M = \max(X, Y)$ 及 $N = \min(X, Y)$ 的分布函数分别为

$$F_{\max}(z) = F_X(z) F_Y(z), \quad F_{\min}(z) = 1 - [1 - F_X(z)][1 - F_Y(z)].$$

以上结果容易推广到 n 个相互独立的随机变量的情形. 设 $X_1, X_2, \cdots, X_n$ 是 n 个相互独立的随机变量,它们的分布函数分别为 $F_{X_i}(x_i)$, $i = 1, 2, \cdots, n$,则 $M = \max(X_1, X_1, \cdots, X_n)$ 及 $N = \min(X_1, X_1, \cdots, X_n)$ 的分布函数分别为

$$F_{\max}(z) = F_{X_1}(z) F_{X_2}(z) \cdots F_{X_n}(z), \quad F_{\min}(z)$$
$$= 1 - [1 - F_{X_1}(z)][1 - F_{X_2}(z)] \cdots [1 - F_{X_n}(z)].$$

特别地,当 $X_1, X_2, \cdots, X_n$ 相互独立且具有相同的分布函数 $F(x)$ 时,有

$$F_{\max}(z) = [F(z)]^n, \quad F_{\min}(z) = 1 - [1 - F(z)]^n.$$

C4 随机变量的数字特征

本部分主要包括:数学期望,方差,协方差、相关系数与矩,变异系数、分位数.

C4.1 数学期望

C4.1.1 数学期望

定义 C4.1.1 (1) 设离散型随机变量 X 的分布律为 $P\{X = x_k\} = p_k$, $k = 1, 2, \cdots$,若级数 $\sum_{k=1}^{\infty} x_k p_k$ 绝对收敛,则称 $\sum_{k=1}^{\infty} x_k p_k$ 为随机变量 X 的**数学期望**(expectation),记为 $E(X)$,即 $E(X) = \sum_{k=1}^{\infty} x_k p_k$.

(2) 设连续型随机变量 X 的密度函数为 $f(x)$,若积分 $\int_{-\infty}^{\infty} x f(x) \mathrm{d}x$ 绝对收敛,则称

$\int_{-\infty}^{\infty} x f(x) \mathrm{d}x$ 为随机变量 X 的**数学期望**,记为 $E(X)$,即 $E(X) = \int_{-\infty}^{\infty} x f(x) \mathrm{d}x$.

数学期望简称**期望**,又称**均值**.

C4.1.2 随机变量函数的数学期望

定理 C4.1.1 设随机变量 Y 是随机变量 X 的连续函数 $Y = g(X)$,则有:

(1) 设 X 是离散型随机变量,其分布律为 $P\{X = x_k\} = p_k$, $k = 1, 2, \cdots$. 若级数 $\sum_{k=1}^{\infty} g(x_k) p_k$ 绝对收敛,则

$$E(Y) = E[g(X)] = \sum_{k=1}^{\infty} g(x_k) p_k.$$

(2) 设 X 是连续型随机变量,其密度函数为 $f(x)$,若积分 $\int_{-\infty}^{\infty} g(x) f(x) \mathrm{d}x$ 绝对收敛,则

$$E(Y) = E[g(X)] = \int_{-\infty}^{\infty} g(x) f(x) \mathrm{d}x.$$

定理 C4.1.2 设随机变量 Z 是随机变量 X, Y 的连续函数 $Z = g(X, Y)$,则有:

(1) 设二维随机变量 (X, Y) 为离散型随机变量,其分布律为 $P\{X = x_i, Y = y_j\} = p_{ij}$, $i, j = 1, 2, \cdots$. 若级数 $\sum_{i=1}^{\infty} \sum_{j=1}^{\infty} g(x_i, y_j) p_{ij}$ 绝对收敛,则

$$E(Z) = E[g(X, Y)] = \sum_{i=1}^{\infty} \sum_{j=1}^{\infty} g(x_i, y_j) p_{ij}.$$

(2) 设二维随机变量 (X, Y) 为连续型随机变量,其密度函数为 $f(x, y)$,若积分 $\int_{-\infty}^{\infty} \int_{-\infty}^{\infty} g(x, y) f(x, y) \mathrm{d}x \mathrm{d}y$ 绝对收敛,则

$$E(Z) = E[g(X, Y)] = \int_{-\infty}^{\infty} \int_{-\infty}^{\infty} g(x, y) f(x, y) \mathrm{d}x \mathrm{d}y.$$

C4.1.3 数学期望的性质

(1) 设 C 是常数,则有 $E(C) = C$.
(2) 设 X 是一个随机变量,C 是常数,则有 $E(CX) = CE(X)$.
(3) 设 X, Y 是两个随机变量,则有 $E(X + Y) = E(X) + E(Y)$.
这个性质可以推广到任意有限个随机变量之和的情况.
(4) 设 X 和 Y 是相互独立的随机变量,则有 $E(XY) = E(X)E(Y)$.
这个性质可以推广到任意有限个相互独立的随机变量之积的情况.

C4.1.4 条件数学期望

定义 C4.1.2 条件分布的数学期望(若存在)称为条件数学期望,其定义如下:

$$E(X \mid Y=y) = \begin{cases} \sum_{i=1}^{\infty} x_i P(X=x_i \mid Y=y), & \text{离散型场合}, \\ \int_{-\infty}^{\infty} x f(x \mid y) \mathrm{d}x, & \text{连续型场合}; \end{cases}$$

$$E(Y \mid X=x) = \begin{cases} \sum_{j=1}^{\infty} y_j P(Y=y_j \mid X=x), & \text{离散型场合}, \\ \int_{-\infty}^{\infty} y f(y \mid x) \mathrm{d}y, & \text{连续型场合}. \end{cases}$$

C4.2 方差

C4.2.1 方差的定义

定义 C4.2.1 设 X 是随机变量，若 $E\{[X-E(X)]^2\}$ 存在，则称

$$E\{[X-E(X)]^2\}$$

为 X 的**方差**(variance)，记为 $D(X)$ 或 $\mathrm{Var}(X)$，即 $D(X) = E\{[X-E(X)]^2\}$. 称 $\sqrt{D(X)}$ 为**标准差**.

由定义 C4.2.1 知，方差实际上就是随机变量 X 的函数 $g(X) = [X-E(X)]^2$ 的数学期望.

对于离散型随机变量，有

$$D(X) = \sum_{k=1}^{\infty} [x_k - E(X)]^2 p_k,$$

其中 $P\{X=x_k\} = p_k (k=1, 2, \cdots)$ 是 X 的分布律.

对于连续型随机变量，有

$$D(X) = \int_{-\infty}^{\infty} [x - E(X)]^2 f(x) \mathrm{d}x,$$

其中 $f(x)$ 是 X 的密度函数.

C4.2.2 方差的计算公式

定理 C4.2.1(方差的计算公式)

$$D(X) = E(X^2) - [E(X)]^2. \tag{C4.2.1}$$

C4.2.3 方差的性质

(1) 设 C 是常数，则有 $D(C) = 0$.

(2) 设 X 是一个随机变量，C 是常数，则有 $D(CX) = C^2 D(X)$.

(3) 设 X, Y 是两个随机变量，则有

$$D(X \pm Y) = D(X) + D(Y) \pm 2E\{[X-E(X)][Y-E(Y)]\}.$$

特别地,若 X 和 Y 相互独立,则有 $D(X \pm Y) = D(X) + D(Y)$.

这个性质可以推广到任意有限个相互独立的随机变量的情况.

(4) $D(X) = 0$ 的充分必要条件是 X 以概率 1 取常数 C,即 $P\{X=C\}=1$[显然,这里 $C = E(X)$].

C4.2.4 几种常见分布的均值和方差

几种常见分布的均值和方差见表 C-1.

表 C-1 几种常见分布的均值和方差

分布名称	分布律或概率密度函数	均值	方差
两点分布 $B(1, p)$	$p_k = p^k(1-p)^{1-k}$, $k=0,1; 0<p<1$	p	$p(1-p)$
二项分布 $B(n, p)$	$p_k = C_n^k p^k (1-p)^{n-k}$, $k=0,1,2,\cdots,n; 0<p<1$	np	$np(1-p)$
泊松分布 $P(\lambda)$	$p_k = \dfrac{\lambda^k \mathrm{e}^{-\lambda}}{k!}$, $\lambda > 0, k=0,1,2,\cdots$	λ	λ
均匀分布 $U(a, b)$	$f(x) = \dfrac{1}{b-a}$, $a < x < b$	$\dfrac{a+b}{2}$	$\dfrac{(b-a)^2}{12}$
指数分布 $E(\theta)$	$f(x) = \dfrac{1}{\theta} \mathrm{e}^{-\frac{x}{\theta}}$, $\theta > 0, x > 0$	θ	θ^2
正态分布 $N(\mu, \sigma^2)$	$f(x) = \dfrac{1}{\sqrt{2\pi}\sigma} \mathrm{e}^{-\frac{(x-\mu)^2}{2\sigma^2}}$, $-\infty < x < \infty$	μ	σ^2

C4.2.5 条件方差

定义 C4.2.2(条件方差) 条件分布的方差(如果存在)称之为**条件方差**,给定 $X=x$ 时,Y 的**条件方差**定义如下:

$$D(Y \mid X=x) = E\{[Y - E(Y \mid X=x)]^2 \mid X=x\}.$$

从定义 C4.2.2 可以看出,条件方差是用条件数学期望定义的.这与(普通)方差是用(普通)数学期望定义的相同.

与(普通)方差的计算公式类似,条件方差也有相应的计算公式——条件方差的计算公式:

$$D(Y \mid X=x) = E(Y^2 \mid X=x) - [E(Y \mid X=x)]^2.$$

C4.3 协方差、相关系数与矩

C4.3.1 协方差、相关系数

定义 C4.3.1 如果随机变量 X 与 Y 的数学期望和方差都存在,称

$$E\{[X-E(X)][Y-E(Y)]\}$$

为随机变量 X 与 Y 的**协方差**(covariance),记为 $\mathrm{Cov}(X,Y)=E\{[X-E(X)][Y-E(Y)]\}$.

当 $D(X)>0, D(Y)>0$ 时,

$$\frac{\mathrm{Cov}(X,Y)}{\sqrt{D(X)}\sqrt{D(Y)}}$$

称为随机变量 X 与 Y 的**相关系数**(correlation coefficient),记为 ρ_{XY} 或 $\mathrm{Corr}(X,Y)$.

按定义 C4.3.1,若 (X,Y) 是离散型随机变量,其联合分布律为 $P\{X=x_i, Y=y_j\}=p_{ij}(i,j=1,2,\cdots)$,则

$$\mathrm{Cov}(X,Y)=\sum_{i=1}^{\infty}\sum_{j=1}^{\infty}[x_i-E(X)][y_j-E(Y)]p_{ij}.$$

若 (X,Y) 是连续型随机变量,其联合密度函数为 $f(x,y)$,则

$$\mathrm{Cov}(X,Y)=\int_{-\infty}^{\infty}\int_{-\infty}^{\infty}[x-E(X)][y-E(Y)]f(x,y)\mathrm{d}x\mathrm{d}y.$$

根据定义 C4.3.1,可知 $\mathrm{Cov}(X,Y)=\mathrm{Cov}(Y,X)$,$\mathrm{Cov}(X,X)=D(X)$.

根据定义 C4.3.1 和方差的性质,对于任意的随机变量 X 与 Y,有 $D(X\pm Y)=D(X)+D(Y)\pm 2\mathrm{Cov}(X,Y)$.

C4.3.2 协方差的计算公式

定理 C4.3.1(协方差的计算公式)

$$\mathrm{Cov}(X,Y)=E(XY)-E(X)E(Y). \tag{C4.3.1}$$

C4.3.3 协方差的性质

定理 C4.3.2(协方差的性质) (1) $\mathrm{Cov}(aX,bY)=ab\mathrm{Cov}(X,Y)$,其中 a,b 是常数;
(2) $\mathrm{Cov}(X_1+X_2,Y)=\mathrm{Cov}(X_1,Y)+\mathrm{Cov}(X_2,Y)$.

C4.3.4 相关系数的性质

定理 C4.3.3 (1) $|\rho_{XY}|\leqslant 1$;(2) $|\rho_{XY}|=1$ 的充分必要条件是,存在 a,b 使 $P\{Y=a+bX\}=1$.

C4.3.5 不相关与独立性

定义 C4.3.2 当 $\rho_{XY}=0$ 时,称 X 和 Y **不相关**.

假设随机变量 X 和 Y 的相关系数 ρ_{XY} 存在,当 X 和 Y 相互独立时,根据数学期望的性

质(4)及协方差的计算公式(C4.3.1),知 $Cov(X,Y)=0$,从而 $\rho_{XY}=0$,即 X 和 Y 不相关. 反之,若 X 和 Y 不相关,X 和 Y 却不一定相互独立. 由此可见,"独立"必然导致"不相关",而"不相关"不一定导致"独立".

C4.3.6 矩、协方差矩阵

定义 C4.3.3 设 X 和 Y 是随机变量,若 $E(X^k)$ 存在 $(k=1,2,\cdots)$,称它为 X 的 k **阶原点矩**.

若 $E\{[X-E(X)]^k\}$ 存在 $(k=1,2,\cdots)$,称它为 X 的 k **阶中心矩**.

若 $E(X^k Y^l)$ 存在 $(k,l=1,2,\cdots)$,称它为 X 和 Y 的 $k+l$ **阶混合原点矩**.

若 $E\{[X-E(X)]^k[Y-E(Y)]^l\}$ 存在 $(k,l=1,2,\cdots)$,称它为 X 和 Y 的 $k+l$ **阶混合中心矩**.

显然,数学期望 $E(X)$ 是一阶原点矩,方差 $D(X)$ 是二阶中心矩,协方差 $Cov(X,Y)$ 是 X 和 Y 的二阶混合中心矩.

二维随机变量 (X_1,X_2) 有四个二阶中心矩(设它们都存在),分别记为

$$c_{11}=E\{[X_1-E(X_1)]^2\},\quad c_{12}=E\{[X_1-E(X_1)][X_2-E(X_2)]\},$$
$$c_{21}=E\{[X_2-E(X_2)][X_1-E(X_1)]\},\quad c_{22}=E\{[X_2-E(X_2)]^2\}.$$

将它们写成矩阵的形式

$$\begin{bmatrix} c_{11} & c_{12} \\ c_{21} & c_{22} \end{bmatrix}$$

称这个矩阵为随机变量 (X_1,X_2) 的**协方差矩阵**. 显然它是对称矩阵.

类似地可以建立多维随机变量协方差矩阵的概念,这里从略.

C4.4 变异系数、分位数

C4.4.1 变异系数

定义 C4.4.1 设随机变量 X 的二阶矩存在,且 $E(X) \neq 0$,则称

$$C_v(X) = \frac{\sqrt{D(X)}}{E(X)} \tag{C4.4.1}$$

为 X 的**变异系数**.

C4.4.2 上侧、下侧分位数

定义 C4.4.2 设连续型随机变量 X 的分布函数为 $F(x)$,密度函数为 $f(x)$. 对于任意的 $p \in (0,1)$,称满足条件

$$1-F(x_p)=\int_{x_p}^{\infty} f(x)\,dx = p \tag{C4.4.2}$$

的 x_p 为此分布的**上侧 p 分位数**.

同理,称满足条件

$$F(x'_p) = \int_{-\infty}^{x'_p} f(x)\mathrm{d}x = p \tag{C4.4.3}$$

的 x'_p 为此分布的**下侧 p 分位数**.

上侧 p 分位数 x_p 和下侧 p 分位数 x'_p，分别如图 C-2 和图 C-3 所示.

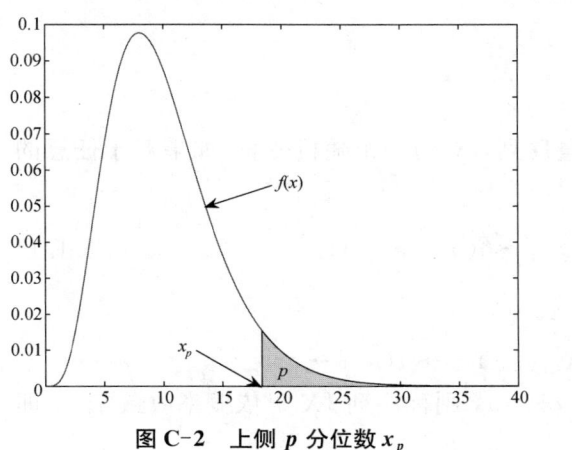

图 C-2　上侧 p 分位数 x_p

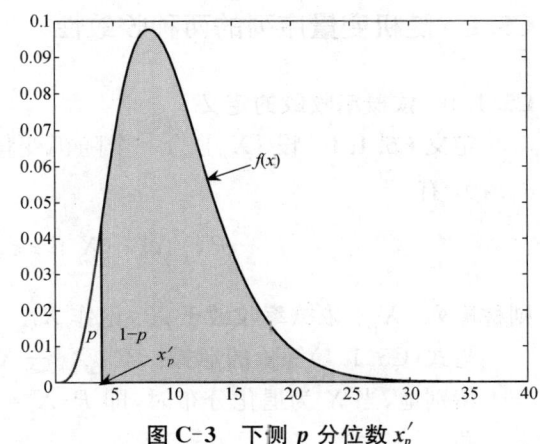

图 C-3　下测 p 分位数 x'_p

下侧分位数 x'_p 与上侧分位数 x_p 的关系如下：

$$x_p = x'_{1-p}, \quad x'_p = x_{1-p}.$$

C4.4.3　中位数

定义 C4.4.3　设连续型随机变量 X 的分布函数为 $F(x)$，密度函数为 $f(x)$. 称当 $p=0.5$ 时的分位数 $x_{0.5}$ 为此分布的**中位数**，即

$$1 - F(x_{0.5}) = \int_{x_{0.5}}^{\infty} f(x)\mathrm{d}x = 0.5 \tag{C4.4.4}$$

或

$$F(x_{0.5}) = 1 - \int_{x_{0.5}}^{\infty} f(x)\mathrm{d}x = 0.5. \tag{C4.4.5}$$

中位数 $x_{0.5}$，如图 C-4 所示.

标准正态分布 $N(0,1)$ 的中位数记为 $z_{0.5}$，它是方程 $\Phi(z_{0.5}) = 0.5$ 的唯一解，其解为 $z_{0.5} = \Phi^{-1}(0.5) = 0$.

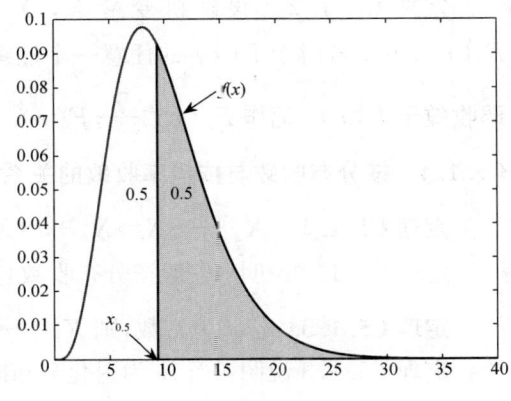

图 C-4　中位数 $x_{0.5}$

C5 特征函数与极限定理

本节主要包括：随机变量序列的两种收敛性，特征函数，大数定律，中心极限定理等.

C5.1 随机变量序列的两种收敛性

C5.1.1 依概率收敛的定义

定义 C5.1.1 设 $\{X_n\}$ 为一个随机变量序列，X 为一个随机变量，如果对于任意的 $\varepsilon > 0$，有

$$P(|X_n - X| \geqslant \varepsilon) \longrightarrow 0 \ (n \longrightarrow \infty), \tag{C5.1.1}$$

则称序列 $\{X_n\}$ **依概率收敛于** X，记作 $X_n \xrightarrow{P} X$.

与式(C5.1.1)等价的形式：$P(|X_n - X| < \varepsilon) \longrightarrow 1 \ (n \longrightarrow \infty)$.

特别地，当 X 为退化分布时，即 $P(X = c) = 1$，则称序列 $\{X_n\}$ 依概率收敛于 c，即 $X_n \xrightarrow{P} c$.

C5.1.2 依概率收敛于常数的四则运算性质

定理 C5.1.1 设 $\{X_n\}$，$\{Y_n\}$ 为两个随机变量序列，a，b 是常数. 如果 $X_n \xrightarrow{P} a$，$Y_n \xrightarrow{P} b$，则有：

(1) $X_n \pm Y_n \xrightarrow{P} a \pm b$；

(2) $X_n \times Y_n \xrightarrow{P} a \times b$；

(3) $X_n \div Y_n \xrightarrow{P} a \div b \ (b \neq 0)$.

定理 C5.1.1 说明：随机变量序列在概率意义上的极限（即依概率收敛于常数）在四则运算下仍然成立.

C5.1.3 按分布收敛、弱收敛的定义

定义 C5.1.2 设随机变量 X，X_1，X_2，$\cdots$ 的分布函数分别为 $F(x)$，$F_1(x)$，$F_2(x)$，$\cdots$，若对于 $F(x)$ 的任意一个连续点 x，都有 $\lim_{n \to \infty} F_n(x) = F(x)$，则称 $\{F_n(x)\}$ **弱收敛于** $F(x)$，记作 $F_n(x) \xrightarrow{W} F(x)$. 也称 $\{X_n\}$ **按分布收敛于** X，记作 $X_n \xrightarrow{L} X$.

C5.1.4 按分布收敛与依概率收敛的关系

定理 C5.1.2 $X_n \xrightarrow{P} X \Rightarrow X_n \xrightarrow{L} X$.

定理 C5.1.2 说明：一般按分布收敛与依概率收敛不是等价的.

定理 C5.1.3 若 c 为常数，则 $X_n \xrightarrow{P} c$ 的充分必要条件是 $X_n \xrightarrow{L} c$.

定理 C5.1.3 说明：当 X 为退化分布时（即 $P(X=c)=1$），按分布收敛与依概率收敛是等价的.

C5.2 特征函数

C5.2.1 特征函数的定义

定义 C5.2.1 设 X 是一个随机变量，称

$$\varphi(t) = E(e^{itX}), \quad t \in \mathbf{R}. \tag{C5.2.1}$$

为 X 的**特征函数**. 其中 $i = \sqrt{-1}$ 是虚数单位.

由于 $|e^{itX}| = 1$，所以 $E(e^{itX})$ 总是存在的，即随机变量 X 的特征函数总是存在的.

当 X 为离散型随机变量时，其分布律为 $p_k = P(X = x_k)$，$k = 1, 2, \cdots$，则 X 的特征函数为

$$\varphi(t) = \sum_{k=1}^{\infty} e^{itx_k} p_k, \quad t \in \mathbf{R}. \tag{C5.2.2}$$

当 X 为连续型随机变量时，$f(x)$ 是其密度函数，则 X 的特征函数为

$$\varphi(t) = \int_{-\infty}^{\infty} e^{itx} f(x) dx, \quad t \in \mathbf{R}. \tag{C5.2.3}$$

C5.2.2 特征函数的性质

性质 C5.2.1 $|\varphi(t)| \leqslant \varphi(0) = 1$.

性质 C5.2.2 $\varphi(-t) = \overline{\varphi(t)}$，其中 $\overline{\varphi(t)}$ 表示 $\varphi(t)$ 的共轭复数.

性质 C5.2.3 若 $Y = aX + b$，其中 a，b 为常数，则有 $\varphi_Y(t) = e^{ibt} \varphi_X(at)$.

性质 C5.2.4 若随机变量 X 与 Y 相互独立，则有 $\varphi_{X+Y}(t) = \varphi_X(t) \varphi_Y(t)$.

性质 C5.2.5 若 $E(X^l)$ 存在，则 X 的特征函数 $\varphi(t)$ 可 l 次求导，且对于 $1 \leqslant k \leqslant l$，有 $\varphi^{(k)}(0) = i^k E(X^k)$.

性质 C5.2.5 提供了求随机变量各阶矩的一个途径：$E(X^k) = i^{-k} \varphi^{(k)}(0)$.

特别地，可以用性质 C5.2.5 求随机变量数学期望、方差：

$$E(X) = i^{-1} \varphi'(0), \quad D(X) = -\varphi''(0) + [\varphi'(0)]^2.$$

定理 C5.2.1 随机变量 X 的特征函数 $\varphi(t)$ 在 $\mathbf{R}$ 上一致连续.

定理 C5.2.2 随机变量 X 的特征函数 $\varphi(t)$ 是非负定的.

波赫纳-辛钦定理 若函数 $\varphi(t)$，$t \in \mathbf{R}$，连续，非负定且 $\varphi(0) = 1$，则 $\varphi(t)$ 必为特征函数.

C5.2.3 反演公式

定理 C5.2.3(反演公式) 设 $F(x)$ 和 $\varphi(t)$ 分别为随机变量 X 的分布函数和特征函数，则对于 $F(x)$ 的任意两个连续点 x_1 和 $x_2 (-\infty < x_1 < x_2 < \infty)$，有

$$F(x_2) - F(x_1) = \lim_{T \to \infty} \frac{1}{2\pi} \int_{-T}^{T} \frac{e^{-itx_1} - e^{-itx_2}}{it} \varphi(t) dt. \tag{C5.2.4}$$

定理 C5.2.3 说明：当 x_1 和 $x_2 (-\infty < x_1 < x_2 < \infty)$ 为 $F(x)$ 的任意两个连续点时，

$F(x_2) - F(x_1)$ 的值完全由特征函数 $\varphi(t)$ 按式(C5.2.4)给出,即它给出了随机变量 X 取值于 $[x_1, x_2)$ 的概率:

$$P(x_1 \leqslant X < x_2) = F(x_2) - F(x_1).$$

设 $x_2 = x$ 为 $F(x)$ 的连续点,令 x_1 沿着 $F(x)$ 的连续点趋于 $-\infty$,这时,有 $\lim_{x_1 \to -\infty} F(x_1) = 0$. 由此得到

$$F(x) = \lim_{x_1 \to -\infty} [F(x) - F(x_1)] = \lim_{x_1 \to -\infty} \left[\lim_{T \to \infty} \frac{1}{2\pi} \int_{-T}^{T} \frac{e^{-itx_1} - e^{-itx}}{it} \varphi(t) dt \right].$$

定理 C5.2.3 说明: 对于分布函数 $F(x)$ 的连续点,分布函数 $F(x)$ 能被其特征函数 $\varphi(t)$ 表示出来.

C5.2.4 唯一性定理

定理 C5.2.4(唯一性定理) 随机变量的分布函数由其特征函数唯一决定.

定理 C5.2.5 若 X 为连续随机变量, $f(x)$ 是其密度函数, 特征函数为 $\varphi(t)$. 如果 $\int_{-\infty}^{\infty} |\varphi(t)| dt < \infty$, 则有

$$f(x) = \frac{1}{2\pi} \int_{-\infty}^{\infty} e^{-itx} \varphi(t) dt. \tag{C5.2.5}$$

式(C5.2.5)也称为傅立叶逆变换,所以式(C5.2.3)和式(C5.2.5)实质上是一对互逆的变换:

$$\varphi(t) = \int_{-\infty}^{\infty} e^{itx} f(x) dx,$$

$$f(x) = \frac{1}{2\pi} \int_{-\infty}^{\infty} e^{-itx} \varphi(t) dt.$$

这说明特征函数是密度函数的傅立叶变换,而密度函数是特征函数的傅立叶逆变换.

下面的定理指出: 分布函数序列的弱收敛性与相应的特征函数序列的点点收敛是等价的.

定理 C5.2.6 分布函数序列 $\{F_n(x)\}$ 弱收敛于分布函数 $F(x)$ 的充分必要条件是 $\{F_n(x)\}$ 的特征函数序列 $\{\varphi_n(t)\}$ 收敛于 $F(x)$ 的特征函数 $\varphi(t)$.

定理 C5.2.6 称为特征函数的连续性定理,因为它表明分布函数与特征函数的一一对应关系具有连续性.

C5.3 大数定律

C5.3.1 切比雪夫不等式

定理 C5.3.1(切比雪夫不等式) 设随机变量 X 具有数学期望 $E(X) = \mu$,方差 $D(X) = \sigma^2$,则对于任意的正数 ε,有

$$P\{|X-\mu|\geqslant\varepsilon\}\leqslant\frac{\sigma^2}{\varepsilon^2}. \tag{C5.3.1}$$

式(C5.3.1)称为**切比雪夫不等式**. 式(C5.3.1)也可以写成如下等价的形式

$$P\{|X-\mu|<\varepsilon\}\geqslant 1-\frac{\sigma^2}{\varepsilon^2}. \tag{C5.3.2}$$

式(C5.3.2)表明,随机变量 X 的方差越小,事件 $\{|X-\mu|<\varepsilon\}$ 发生的概率越大,即 X 的取值基本上集中在它的数学期望 μ 附近. 由此可见,方差刻画了随机变量取值的分散程度.

C5.3.2 切比雪夫大数定律

定理 C5.3.2(切比雪夫大数定律) 设随机变量 $X_1, X_2, \cdots, X_r, \cdots$ 相互独立,且具有相同的数学期望和方差: $E(X_k)=\mu, D(X_k)=\sigma^2 (k=1,2,\cdots)$. 作前 n 个随机变量的算术平均 $\overline{X}=\frac{1}{n}\sum_{k=1}^{n}X_k$, 则对于任意的正数 ε, 有

$$\lim_{n\to\infty}P\{|\overline{X}-\mu|<\varepsilon\}=\lim_{n\to\infty}P\left\{\left|\frac{1}{n}\sum_{k=1}^{n}X_k-\mu\right|<\varepsilon\right\}=1. \tag{C5.3.3}$$

定理 C5.3.2 表明,当 n 很大时,随机变量 $X_1, X_2, \cdots, X_n$ 的算术平均 $\overline{X}=\frac{1}{n}\sum_{k=1}^{n}X_k$ 接近于数学期望 $E(X_1)=E(X_2)=\cdots=E(X_n)=\mu$. 这种接近是在概率的意义下的接近. 通俗地说,在定理 C5.3.2 的条件下, n 个随机变量的算术平均,当 n 无限增加时将几乎变成一个常数.

用"依概率收敛"定理 C5.3.2 又可以叙述为:

定理 C5.3.2 设随机变量 $X_1, X_2, \cdots, X_n, \cdots$ 相互独立,且具有相同的数学期望和方差: $E(X_k)=\mu, D(X_k)=\sigma^2 (k=1,2,\cdots)$, 则 $\overline{X}_n=\frac{1}{n}\sum_{k=1}^{n}X_k$ 依概率收敛于 μ, 即 $\overline{X}_n \xrightarrow{P} \mu$.

C5.3.3 伯努利大数定律

定理 C5.3.3(伯努利大数定律) 设 n_A 是 n 次独立重复试验中事件 A 发生的次数, p 是事件 A 在每次试验中发生的概率,则对于任意的正数 ε, 有

$$\lim_{n\to\infty}P\left\{\left|\frac{n_A}{n}-p\right|<\varepsilon\right\}=1 \tag{C5.3.4}$$

或

$$\lim_{n\to\infty}P\left\{\left|\frac{n_A}{n}-p\right|\geqslant\varepsilon\right\}=0. \tag{C5.3.5}$$

定理 C5.3.3(伯努利大数定律)表明,事件 A 发生的频率 $\dfrac{n_A}{n}$ 依概率收敛于事件 A 发生的概率. 它揭示了"事件发生的频率具有稳定性". 因此,在实际问题的应用中,当试验的次数很大时,用事件的频率代替它的概率是合理的.

如果事件 A 的概率很小,根据伯努利大数定律,事件 A 发生的频率也是很小的,或者说 A 很少发生,即"概率很小的事件在个别试验中几乎不会发生",这一原理称为**小概率事件原理**(或**实际推断原理**),它的应用很广泛. 例如,如果在某种假设下,一个事件发生的概率很小,可是它在一次试验中竟然发生了,我们根据小概率事件原理,有理由怀疑假设的正确性. 但应该注意,小概率事件与不可能事件是有区别的.

C5.3.4 辛钦大数定律

定理 C5.3.4(辛钦大数定律) 设随机变量 $X_1, X_2, \cdots, X_n, \cdots$ 相互独立,服从同一分布,且具有数学期望 $E(X_k) = \mu$ ($k = 1, 2, \cdots$),则对于任意的正数 ε,有

$$\lim_{n \to \infty} P\left\{ \left| \frac{1}{n} \sum_{k=1}^{n} X_k - \mu \right| < \varepsilon \right\} = 1.$$

定理 C5.3.2(切比雪夫大数定律)是定理 C5.3.4(辛钦大数定律)的特殊情形.

C5.4 中心极限定理

C5.4.1 独立同分布中心极限定理

定理 C5.4.1(独立同分布中心极限定理) 设随机变量 $X_1, X_2, \cdots, X_n, \cdots$ 相互独立,服从同一分布,且具有数学期望和方差:$E(X_k) = \mu$,$D(X_k) = \sigma^2 > 0$ ($k = 1, 2, \cdots$),则随机变量之和 $\sum\limits_{k=1}^{n} X_k$ 的标准化随机变量

$$Y_n = \frac{\sum\limits_{k=1}^{n} X_k - E(\sum\limits_{k=1}^{n} X_k)}{\sqrt{D(\sum\limits_{k=1}^{n} X_k)}} = \frac{\sum\limits_{k=1}^{n} X_k - n\mu}{\sqrt{n}\sigma}$$

的分布函数 $F_n(x)$ 对于任意的 x 满足

$$\lim_{n \to \infty} F_n(x) = \lim_{n \to \infty} P\left\{ \frac{\sum\limits_{k=1}^{n} X_k - n\mu}{\sqrt{n}\sigma} \leqslant x \right\} = \int_{-\infty}^{x} \frac{1}{\sqrt{2\pi}} e^{-\frac{t^2}{2}} dt = \Phi(x). \quad (C5.4.1)$$

独立同分布中心极限定理说明,具有数学期望 $E(X_k) = \mu$ 和方差 $D(X_k) = \sigma^2 > 0$ 的独立同分布的随机变量 $X_1, X_2, \cdots, X_n$ 之和 $\sum\limits_{k=1}^{n} X_k$ 的标准化随机变量,当 n 充分大时,有

$$Y_n = \frac{\sum\limits_{k=1}^{n} X_k - n\mu}{\sqrt{n}\sigma} \stackrel{\text{近似}}{\sim} N(0, 1). \quad (C5.4.2)$$

在一般情况下,很难求出 $\sum_{k=1}^{n} X_k$ 的分布的确切形式.式(C5.4.2)说明,当 n 充分大时,可以利用正态分布对 $\sum_{k=1}^{n} X_k$ 进行近似计算.

C5.4.2　De Moiver-Laplace 中心极限定理

定理 C5.4.2(De Moiver-Laplace 中心极限定理)　设随机变量 Y_n ($n=1, 2, \cdots$) 服从参数为 n 和 p ($0<p<1$) 的二项分布,则对于任意的 x,有

$$\lim_{n\to\infty} P\left\{ \frac{Y_n - np}{\sqrt{np(1-p)}} \leqslant x \right\} = \int_{-\infty}^{x} \frac{1}{\sqrt{2\pi}} e^{-\frac{t^2}{2}} dt = \Phi(x). \quad (C5.4.3)$$

定理 C5.4.2 说明,当 n 充分大时,二项分布的标准化随机变量 $\dfrac{Y_n - np}{\sqrt{np(1-p)}}$ 近似服从标准正态分布.即当 n 充分大时,有

$$\frac{Y_n - np}{\sqrt{np(1-p)}} \stackrel{\text{近似}}{\sim} N(0, 1).$$

这样,在实际中当 n 充分大时,可以利用式(C5.4.3)来近似计算二项分布的概率.

附录 D 数理统计附表

附表 1 正态分布表

$$\Phi(z) = \int_{-\infty}^{z} \frac{1}{\sqrt{2\pi}} e^{-\frac{u^2}{2}} du = P\{Z \leqslant z\}$$

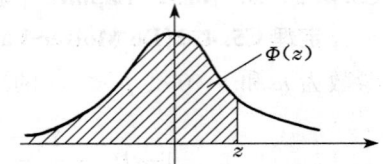

z	0	1	2	3	4	5	6	7	8	9
0.0	0.500 0	0.504 0	0.508 0	0.512 0	0.516 0	0.519 9	0.523 9	0.527 9	0.531 9	0.535 9
0.1	0.539 8	0.543 8	0.547 8	0.551 7	0.555 7	0.559 6	0.563 6	0.567 5	0.571 4	0.575 3
0.2	0.579 3	0.583 2	0.587 1	0.591 0	0.594 8	0.598 7	0.602 6	0.606 4	0.610 3	0.614 1
0.3	0.617 9	0.621 7	0.625 5	0.629 3	0.633 1	0.636 8	0.640 6	0.644 3	0.648 0	0.651 7
0.4	0.655 4	0.659 1	0.662 8	0.666 4	0.670 0	0.673 6	0.677 2	0.680 8	0.684 4	0.687 9
0.5	0.691 5	0.695 0	0.698 5	0.701 9	0.705 4	0.708 8	0.712 3	0.715 7	0.719 0	0.722 4
0.6	0.725 7	0.729 1	0.732 4	0.735 7	0.738 9	0.742 2	0.745 4	0.748 6	0.751 7	0.754 9
0.7	0.758 0	0.761 1	0.764 2	0.767 3	0.770 3	0.773 4	0.776 4	0.779 4	0.782 3	0.785 2
0.8	0.788 1	0.791 0	0.793 9	0.796 7	0.799 5	0.802 3	0.805 1	0.807 8	0.810 6	0.813 3
0.9	0.815 9	0.818 6	0.821 2	0.823 8	0.826 4	0.828 9	0.831 5	0.834 0	0.836 5	0.838 9
1.0	0.841 3	0.843 8	0.846 1	0.848 5	0.850 8	0.853 1	0.855 4	0.857 7	0.859 9	0.862 1
1.1	0.864 3	0.866 5	0.868 6	0.870 8	0.872 9	0.874 9	0.877 0	0.879 0	0.881 0	0.883 0
1.2	0.884 9	0.886 9	0.888 8	0.890 7	0.892 5	0.894 4	0.896 2	0.898 0	0.899 7	0.901 5
1.3	0.903 2	0.904 9	0.906 6	0.908 2	0.909 9	0.911 5	0.913 1	0.914 7	0.916 2	0.917 7
1.4	0.919 2	0.920 7	0.922 2	0.923 6	0.925 1	0.926 5	0.927 8	0.929 2	0.930 6	0.931 9
1.5	0.933 2	0.934 5	0.935 7	0.937 0	0.938 2	0.939 4	0.940 6	0.941 8	0.943 0	0.944 1
1.6	0.945 2	0.946 3	0.947 4	0.948 4	0.949 5	0.950 5	0.951 5	0.952 5	0.953 5	0.954 5
1.7	0.955 4	0.956 4	0.957 3	0.958 2	0.959 1	0.959 9	0.960 8	0.961 6	0.962 5	0.963 3
1.8	0.964 1	0.964 8	0.965 6	0.966 4	0.967 1	0.967 8	0.968 6	0.969 3	0.970 0	0.970 6
1.9	0.971 3	0.971 9	0.972 6	0.973 2	0.973 8	0.974 4	0.975 0	0.975 6	0.976 2	0.976 7
2.0	0.977 2	0.977 8	0.978 3	0.978 8	0.979 3	0.979 8	0.980 3	0.980 8	0.981 2	0.981 7
2.1	0.982 1	0.982 6	0.983 0	0.983 4	0.983 8	0.984 2	0.984 6	0.985 0	0.985 4	0.985 7
2.2	0.986 1	0.986 4	0.986 8	0.987 1	0.987 4	0.987 8	0.988 1	0.988 4	0.988 7	0.989 0
2.3	0.989 3	0.989 6	0.989 8	0.990 1	0.990 4	0.990 6	0.990 9	0.991 1	0.991 3	0.991 6
2.4	0.991 8	0.992 0	0.992 2	0.992 5	0.992 7	0.992 9	0.993 1	0.993 2	0.993 4	0.993 6
2.5	0.993 8	0.994 0	0.994 1	0.994 3	0.994 5	0.994 6	0.994 8	0.994 9	0.995 1	0.995 2
2.6	0.995 3	0.995 5	0.995 6	0.995 7	0.995 9	0.996 0	0.996 1	0.996 2	0.996 3	0.996 4
2.7	0.996 5	0.996 6	0.996 7	0.996 8	0.996 9	0.997 0	0.997 1	0.997 2	0.997 3	0.997 4
2.8	0.997 4	0.997 5	0.997 6	0.997 7	0.997 7	0.997 8	0.997 9	0.997 9	0.998 0	0.998 1
2.9	0.998 1	0.998 2	0.998 2	0.998 3	0.998 4	0.998 4	0.998 5	0.998 5	0.998 6	0.998 6
3.0	0.998 7	0.999 0	0.999 3	0.999 5	0.999 7	0.999 8	0.999 8	0.999 9	0.999 9	1.000 0

注：本表的最后一行从左到右依次是 $\Phi(3.0), \Phi(3.1), \cdots, \Phi(3.9)$ 的值。

附表2 t 分布表

$P\{t(n) > t_\alpha(n)\} = \alpha$

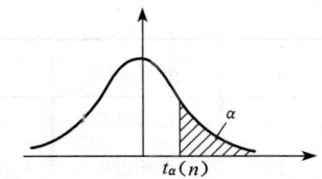

n	$\alpha=0.25$	0.10	0.05	0.025	0.01	0.005
1	1.000 0	3.077 7	6.313 8	12.706 2	31.820 7	63.657 4
2	0.816 5	1.885 6	2.920 0	4.302 7	6.964 6	9.924 8
3	0.764 9	1.637 7	2.353 4	3.182 4	4.540 7	5.840 9
4	0.740 7	1.533 2	2.131 8	2.776 4	3.746 9	4.604 1
5	0.726 7	1.475 9	2.015 0	2.570 6	3.364 9	4.032 2
6	0.717 6	1.439 8	1.943 2	2.446 9	3.142 7	3.707 4
7	0.711 1	1.414 9	1.894 6	2.364 6	2.998 0	3.499 5
8	0.706 4	1.396 8	1.859 5	2.306 0	2.896 5	3.355 4
9	0.702 7	1.383 0	1.833 1	2.262 2	2.821 4	3.249 8
10	0.699 8	1.372 2	1.812 5	2.238 1	2.763 8	3.169 3
11	0.697 4	1.363 4	1.795 9	2.201 0	2.718 1	3.105 8
12	0.695 5	1.356 2	1.782 3	2.178 8	2.681 0	3.054 5
13	0.693 8	1.350 2	1.770 9	2.160 4	2.650 3	3.012 3
14	0.692 4	1.345 0	1.761 3	2.144 8	2.624 5	2.976 8
15	0.691 2	1.340 6	1.753 1	2.131 5	2.602 5	2.946 7
16	0.690 1	1.336 8	1.745 9	2.119 9	2.583 5	2.920 8
17	0.689 2	1.333 4	1.739 6	2.109 8	2.566 9	2.898 2
18	0.688 4	1.330 4	1.734 1	2.100 9	2.552 4	2.878 4
19	0.687 6	1.327 7	1.729 1	2.093 0	2.539 5	2.860 9
20	0.687 0	1.325 3	1.724 7	2.086 0	2.528 0	2.845 3
21	0.686 4	1.323 2	1.720 7	2.079 6	2.517 7	2.831 4
22	0.685 8	1.321 2	1.717 1	2.073 9	2.508 3	2.818 8
23	0.685 3	1.319 5	1.713 9	2.068 7	2.499 9	2.807 3
24	0.684 8	1.317 8	1.710 9	2.063 9	2.492 2	2.796 9
25	0.684 4	1.316 3	1.708 1	2.059 5	2.485 1	2.787 4
26	0.684 0	1.315 0	1.705 8	2.055 5	2.478 6	2.778 7

(续表)

n	α=0.25	0.10	0.05	0.025	0.01	0.005
27	0.683 7	1.313 7	1.703 3	2.051 8	2.472 7	2.770 7
28	0.683 4	1.312 5	1.701 1	2.048 4	2.467 1	2.763 3
29	0.683 0	1.311 4	1.699 1	2.045 2	2.462 0	2.756 4
30	0.682 8	1.310 4	1.697 3	2.042 3	2.457 3	2.750 0
31	0.682 5	1.309 5	1.695 5	2.039 5	2.452 8	2.744 0
32	0.682 2	1.308 6	1.683 9	2.036 9	2.448 7	2.738 5
33	0.682 0	1.307 7	1.692 4	2.034 5	2.444 8	2.733 3
34	0.681 8	1.307 0	1.690 9	2.032 2	2.441 1	2.728 4
35	0.681 6	1.306 2	1.689 6	2.030 1	2.437 7	2.723 8
36	0.681 4	1.305 5	1.688 3	2.028 1	2.434 5	2.719 5
37	0.681 2	1.304 9	1.687 1	2.026 2	2.431 4	2.715 4
38	0.681 0	1.304 2	1.686 0	2.024 4	2.428 6	2.711 6
39	0.680 8	1.303 6	1.684 9	2.022 7	2.425 8	2.707 9
40	0.680 7	1.303 1	1.683 9	2.021 1	2.423 3	2.704 5
41	0.680 5	1.302 5	1.682 9	2.019 5	2.420 8	2.701 2
42	0.680 4	1.302 0	1.682 0	2.018 1	2.418 5	2.698 1
43	0.680 2	1.301 6	1.681 1	2.016 7	2.416 3	2.695 1
44	0.680 1	1.301 1	1.680 2	2.015 4	2.414 1	2.692 3
45	0.680 0	1.300 6	1.679 4	2.014 1	2.412 1	2.680 6

附表3 χ² 分布表

$$P\{\chi^2 > \chi_\alpha^2(n)\} = \alpha$$

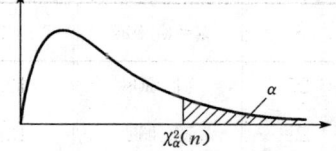

n	α=0.995	0.99	0.975	0.95	0.90	0.75
1	—	—	0.001	0.004	0.016	0.102
2	0.010	0.020	0.051	0.103	0.211	0.575
3	0.072	0.115	0.216	0.352	0.584	1.213
4	0.207	0.297	0.484	0.711	1.064	1.923
5	0.412	0.554	0.831	1.145	1.610	2.675
6	0.676	0.872	1.237	1.635	2.204	3.455
7	0.989	1.239	1.690	2.167	2.833	4.255
8	1.344	1.646	2.180	2.733	3.490	5.071
9	1.735	2.088	2.700	3.325	4.168	5.899
10	2.156	2.558	3.247	3.940	4.865	6.737
11	2.603	3.053	3.816	4.575	5.578	7.584
12	3.074	3.571	4.404	5.226	6.304	8.438
13	3.565	4.107	5.009	5.892	7.042	9.299
14	4.075	4.660	5.629	6.571	7.790	10.165
15	4.601	5.229	6.262	7.261	8.547	11.037
16	5.142	5.812	6.908	7.962	9.312	11.912
17	5.697	6.408	7.564	8.672	10.085	12.792
18	6.265	7.015	8.231	9.390	10.865	13.675
19	6.844	7.633	8.907	10.117	11.651	14.562
20	7.434	8.260	9.591	10.851	12.443	15.452
21	8.034	8.897	10.283	11.591	13.240	16.344
22	8.643	9.542	10.982	12.338	14.042	17.240
23	9.260	10.196	11.689	13.091	14.848	18.137
24	9.886	10.856	12.401	13.848	15.659	19.037
25	10.520	11.524	13.120	14.611	16.473	19.939
26	11.160	12.198	13.844	15.379	17.292	20.843

(续表)

n	α=0.995	0.99	0.975	0.95	0.90	0.75
27	11.808	12.879	14.573	16.151	18.114	21.749
28	12.461	13.565	15.308	16.928	18.939	22.657
29	13.121	14.257	16.047	17.708	19.768	23.567
30	13.787	14.954	16.791	18.493	20.599	24.478
31	14.458	15.655	17.539	19.281	21.434	25.390
32	15.134	16.362	18.291	20.072	22.271	26.304
33	15.815	17.074	19.047	20.807	23.110	27.219
34	16.501	17.789	19.806	21.664	23.952	28.136
35	17.192	18.509	20.569	22.465	24.797	29.054
36	17.887	19.233	21.336	23.369	25.613	29.973
37	18.586	19.960	22.106	24.075	26.492	30.893
38	19.289	20.691	22.878	24.884	27.343	31.815
39	19.996	21.426	23.654	25.695	28.196	32.737
40	20.707	22.164	24.433	26.509	29.015	33.660
41	21.421	22.906	25.215	27.326	29.907	34.585
42	22.138	23.650	25.999	28.144	30.765	35.510
43	22.859	24.398	26.785	28.965	31.625	36.430
44	23.584	25.148	27.575	29.787	32.487	37.363
45	24.311	25.901	28.366	30.612	33.350	38.291
n	α=0.25	0.10	0.05	0.025	0.01	0.005
1	1.323	2.706	3.841	5.024	6.635	7.879
2	2.773	4.605	5.991	7.378	9.210	10.597
3	4.108	6.251	7.815	9.348	11.345	12.838
4	5.385	7.779	9.488	11.143	13.277	14.860
5	6.626	9.236	11.071	12.833	15.086	16.750
6	7.841	10.645	12.592	14.449	16.812	18.548
7	9.037	12.017	14.067	16.013	18.475	20.278
8	10.219	13.362	15.507	17.535	20.090	21.955
9	11.389	14.684	16.919	19.023	21.666	23.589
10	12.549	15.987	18.307	20.483	23.209	25.188
11	13.701	17.275	19.675	21.920	24.725	26.757

(续表)

n	$\alpha=0.25$	0.10	0.05	0.025	0.01	0.005
12	14.845	18.549	21.026	23.337	26.217	28.299
13	15.984	19.812	22.362	24.736	27.688	29.819
14	17.117	21.064	23.685	26.119	29.141	31.319
15	18.245	22.307	24.996	27.488	30.578	32.801
16	19.369	23.542	26.296	28.845	32.000	34.267
17	20.489	24.769	27.587	30.191	33.409	35.718
18	21.605	25.989	28.869	31.526	34.805	37.156
19	22.718	27.204	30.144	32.852	36.191	38.582
20	23.828	28.412	31.410	34.170	37.566	39.997
21	24.935	29.615	32.671	35.479	38.932	41.401
22	26.039	30.813	33.924	36.781	40.289	42.796
23	27.141	32.007	35.172	38.076	41.638	44.181
24	28.241	33.196	36.415	39.364	42.980	45.559
25	29.339	34.382	37.652	40.646	44.314	46.928
26	30.435	35.563	38.885	41.923	45.642	48.290
27	31.528	36.741	40.113	43.194	46.963	49.645
28	32.620	37.916	41.337	44.461	48.278	50.993
29	33.711	39.087	42.557	45.722	49.588	52.336
30	34.800	40.256	43.773	46.979	50.892	53.672
31	35.887	41.422	44.985	48.232	52.191	55.003
32	36.973	42.585	46.194	49.480	53.486	56.328
33	38.058	43.745	47.400	50.725	54.776	57.648
34	39.141	44.903	48.602	51.966	56.061	58.964
35	40.223	46.059	49.802	53.203	57.342	60.275
36	41.304	47.212	50.998	54.437	58.619	61.581
37	42.383	48.363	52.192	55.668	59.892	62.883
38	43.462	59.513	53.384	56.896	61.162	64.181
39	44.539	50.660	54.572	58.120	62.428	65.476
40	45.616	51.805	55.758	59.342	63.691	66.766
41	46.692	52.949	56.942	60.561	64.950	68.053
42	47.766	54.090	58.124	61.777	66.206	69.336
43	48.840	55.230	59.304	62.990	67.459	70.606
44	49.913	56.369	60.481	64.201	69.710	71.893
45	50.895	57.505	61.656	65.410	69.957	73.166

附表 4 F 分布表

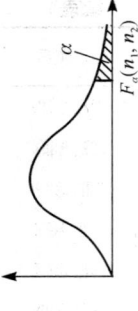

$$P\{F(n_1, n_2) > F_\alpha(n_1, n_2)\} = \alpha$$

$\alpha = 0.10$

n_1 \ n_2	1	2	3	4	5	6	7	8	9	10	12	15	20	24	30	40	60	120	∞
1	39.86	49.50	53.59	55.83	57.24	58.20	58.91	59.44	59.86	60.19	60.71	61.22	61.74	62.00	62.26	62.53	62.79	63.06	63.33
2	8.53	9.00	9.16	9.24	9.29	9.33	9.35	9.37	9.38	9.39	9.41	9.42	9.44	9.45	9.46	9.47	9.47	9.48	9.49
3	5.54	5.46	5.39	5.34	5.31	5.28	5.27	5.25	5.24	5.23	5.22	5.20	5.18	5.18	5.17	5.16	5.15	5.14	5.13
4	4.54	4.32	4.19	4.11	4.05	4.01	3.98	3.95	3.94	3.92	3.90	3.87	3.84	3.83	3.82	3.80	3.79	3.78	3.76
5	4.06	3.78	3.62	3.52	3.45	3.40	3.37	3.34	3.32	3.30	3.27	3.24	3.21	3.19	3.17	3.16	3.14	3.12	3.10
6	3.78	3.46	3.29	3.18	3.11	3.05	3.01	2.98	2.96	2.94	2.90	2.87	2.84	2.82	2.80	2.78	2.76	2.74	2.72
7	3.59	3.26	3.07	2.96	2.88	2.83	2.78	2.75	2.72	2.70	2.67	2.63	2.59	2.58	2.56	2.54	2.51	2.49	2.47
8	3.46	3.11	2.92	2.81	2.73	2.67	2.62	2.59	2.56	2.54	2.50	2.46	2.42	2.40	2.38	2.36	2.34	2.32	2.29
9	3.36	3.01	2.81	2.69	2.61	2.55	2.51	2.47	2.44	2.42	2.38	2.34	2.30	2.28	2.25	2.23	2.21	2.18	2.16
10	3.29	2.92	2.73	2.61	2.52	2.46	2.41	2.38	2.35	2.32	2.28	2.24	2.20	2.18	2.16	2.13	2.11	2.08	2.06
11	3.23	2.86	2.66	2.54	2.45	2.39	2.34	2.30	2.27	2.25	2.21	2.17	2.12	2.10	2.08	2.05	2.03	2.00	1.97
12	3.18	2.81	2.61	2.48	2.39	2.33	2.28	2.24	2.21	2.19	2.15	2.10	2.06	2.04	2.01	1.99	1.96	1.93	1.90
13	3.14	2.76	2.56	2.43	2.35	2.28	2.23	2.20	2.16	2.14	2.10	2.05	2.01	1.98	1.96	1.93	1.90	1.88	1.85
14	3.10	2.73	2.52	2.39	2.31	2.24	2.19	2.15	2.12	2.10	2.05	2.01	1.96	1.94	1.91	1.89	1.86	1.83	1.80
15	3.07	2.70	2.49	2.36	2.27	2.21	2.16	2.12	2.09	2.06	2.02	1.97	1.92	1.90	1.87	1.85	1.82	1.79	1.76
16	3.05	2.67	2.46	2.33	2.24	2.18	2.13	2.09	2.06	2.03	1.99	1.94	1.89	1.87	1.84	1.81	1.78	1.75	1.72
17	3.03	2.64	2.44	2.31	2.22	2.15	2.10	2.06	2.03	2.00	1.96	1.91	1.86	1.84	1.81	1.78	1.75	1.72	1.69
18	3.01	2.62	2.42	2.29	2.20	2.13	2.08	2.04	2.00	1.98	1.93	1.89	1.84	1.81	1.78	1.75	1.72	1.69	1.66
19	2.99	2.61	2.40	2.27	2.18	2.11	2.06	2.02	1.98	1.96	1.91	1.86	1.81	1.79	1.76	1.73	1.70	1.67	1.63
20	2.97	2.59	2.38	2.25	2.16	2.09	2.04	2.00	1.96	1.94	1.89	1.84	1.79	1.77	1.74	1.71	1.68	1.64	1.61
21	2.96	2.57	2.36	2.23	2.14	2.08	2.02	1.98	1.95	1.92	1.87	1.83	1.78	1.75	1.72	1.69	1.66	1.62	1.59
22	2.95	2.56	2.35	2.22	2.13	2.06	2.01	1.97	1.93	1.90	1.86	1.81	1.76	1.73	1.70	1.67	1.64	1.60	1.57
23	2.94	2.55	2.34	2.21	2.11	2.05	1.99	1.95	1.92	1.89	1.84	1.80	1.74	1.72	1.68	1.66	1.62	1.59	1.55

(续表)

$\alpha = 0.10$

n_1 \ n_2	1	2	3	4	5	6	7	8	9	10	12	15	20	24	30	40	60	120	∞
24	2.93	2.54	2.33	2.19	2.10	2.04	1.98	1.94	1.91	1.88	1.83	1.78	1.73	1.70	1.67	1.64	1.61	1.57	1.53
25	2.92	2.53	2.32	2.18	2.09	2.02	1.97	1.93	1.89	1.87	1.82	1.77	1.72	1.69	1.66	1.63	1.59	1.56	1.52
26	2.91	2.52	2.31	2.17	2.08	2.01	1.96	1.92	1.88	1.86	1.81	1.76	1.71	1.68	1.65	1.61	1.58	1.54	1.50
27	2.90	2.51	2.30	2.17	2.07	2.00	1.95	1.91	1.87	1.85	1.80	1.75	1.70	1.67	1.64	1.60	1.57	1.53	1.49
28	2.89	2.50	2.29	2.16	2.06	2.00	1.94	1.90	1.87	1.84	1.79	1.74	1.69	1.66	1.63	1.59	1.56	1.52	1.48
29	2.89	2.50	2.28	2.15	2.06	1.99	1.93	1.89	1.86	1.83	1.78	1.73	1.68	1.65	1.62	1.58	1.55	1.51	1.47
30	2.88	2.49	2.28	2.14	2.05	1.98	1.93	1.88	1.85	1.82	1.77	1.72	1.67	1.64	1.61	1.57	1.54	1.50	1.46
40	2.84	2.44	2.23	2.09	2.00	1.93	1.87	1.83	1.79	1.76	1.71	1.66	1.61	1.57	1.54	1.51	1.47	1.42	1.38
60	2.79	2.39	2.18	2.04	1.95	1.87	1.82	1.77	1.74	1.71	1.66	1.60	1.54	1.51	1.48	1.44	1.40	1.35	1.29
120	2.75	2.35	2.13	1.99	1.90	1.82	1.77	1.72	1.68	1.65	1.60	1.55	1.48	1.45	1.41	1.37	1.32	1.26	1.19
∞	2.71	2.30	2.08	1.94	1.85	1.77	1.72	1.67	1.63	1.60	1.55	1.49	1.42	1.38	1.34	1.30	1.24	1.17	1.00

$\alpha = 0.05$

n_1 \ n_2	1	2	3	4	5	6	7	8	9	10	12	15	20	24	30	40	60	120	∞
1	161.4	199.5	215.7	224.6	230.2	234.0	236.8	238.9	240.5	241.9	243.9	245.9	248.0	249.1	250.1	251.1	252.2	253.3	254.3
2	18.51	19.00	19.16	19.25	19.30	19.33	19.35	19.37	19.38	19.40	19.41	19.43	19.45	19.45	19.46	19.47	19.48	19.49	19.50
3	10.13	9.55	9.28	9.12	9.01	8.94	8.89	8.85	8.81	8.79	8.74	8.70	8.66	8.64	8.62	8.59	8.57	8.55	8.53
4	7.71	6.94	6.59	6.39	6.26	6.16	6.09	6.04	6.00	5.96	5.91	5.86	5.80	5.77	5.75	5.72	5.69	5.66	5.63
5	6.61	5.79	5.41	5.19	5.05	4.95	4.88	4.82	4.77	4.74	4.68	4.62	4.56	4.53	4.50	4.46	4.43	4.40	4.36
6	5.99	5.14	4.76	4.53	4.39	4.28	4.21	4.15	4.10	4.06	4.00	3.94	3.87	3.84	3.81	3.77	3.74	3.70	3.67
7	5.59	4.74	4.35	4.12	3.97	3.87	3.79	3.73	3.68	3.64	3.57	3.51	3.44	3.41	3.38	3.34	3.30	3.27	3.23
8	5.32	4.46	4.07	3.84	3.69	3.58	3.50	3.44	3.39	3.35	3.28	3.22	3.15	3.12	3.08	3.04	3.01	2.97	2.93
9	5.12	4.26	3.86	3.63	3.48	3.37	3.29	3.23	3.18	3.14	3.07	3.01	2.94	2.90	2.86	2.83	2.79	2.75	2.71
10	4.96	4.10	3.71	3.48	3.33	3.22	3.14	3.07	3.02	2.98	2.91	2.85	2.77	2.74	2.70	2.66	2.62	2.58	2.54
11	4.84	3.98	3.59	3.36	3.20	3.09	3.01	2.95	2.90	2.85	2.79	2.72	2.65	2.61	2.57	2.53	2.49	2.45	2.40
12	4.75	3.89	3.49	3.26	3.11	3.00	2.91	2.85	2.80	2.75	2.69	2.62	2.54	2.51	2.47	2.43	2.38	2.34	2.30
13	4.67	3.81	3.41	3.18	3.03	2.92	2.83	2.77	2.71	2.67	2.60	2.53	2.46	2.42	2.38	2.34	2.30	2.25	2.21
14	4.60	3.74	3.34	3.11	2.96	2.85	2.76	2.70	2.65	2.60	2.53	2.46	2.39	2.35	2.31	2.27	2.22	2.18	2.13
15	4.54	3.68	3.29	3.06	2.90	2.79	2.71	2.64	2.59	2.54	2.48	2.40	2.33	2.29	2.25	2.20	2.16	2.11	2.07

(续表)

$\alpha = 0.05$

n_1 \ n_2	1	2	3	4	5	6	7	8	9	10	12	15	20	24	30	40	60	120	∞
16	4.49	3.63	3.24	3.01	2.85	2.74	2.66	2.59	2.54	2.49	2.42	2.35	2.28	2.24	2.19	2.15	2.11	2.06	2.01
17	4.45	3.59	3.20	2.96	2.81	2.70	2.61	2.55	2.49	2.45	2.38	2.31	2.23	2.19	2.15	2.10	2.06	2.01	1.96
18	4.41	3.55	3.16	2.93	2.77	2.66	2.58	2.51	2.46	2.41	2.34	2.27	2.19	2.15	2.11	2.06	2.02	1.97	1.92
19	4.38	3.52	3.13	2.90	2.74	2.63	2.54	2.48	2.42	2.38	2.31	2.23	2.16	2.11	2.07	2.03	1.98	1.93	1.88
20	4.35	3.49	3.10	2.87	2.71	2.60	2.51	2.45	2.39	2.35	2.28	2.20	2.12	2.08	2.04	1.99	1.95	1.90	1.84
21	4.32	3.47	3.07	2.84	2.68	2.57	2.49	2.42	2.37	2.32	2.25	2.18	2.10	2.05	2.01	1.96	1.92	1.87	1.81
22	4.30	3.44	3.05	2.82	2.66	2.55	2.46	2.40	2.34	2.30	2.23	2.15	2.07	2.03	1.98	1.94	1.89	1.84	1.78
23	4.28	3.42	3.03	2.80	2.64	2.53	2.44	2.37	2.32	2.27	2.20	2.13	2.05	2.01	1.96	1.91	1.86	1.81	1.76
24	4.26	3.40	3.01	2.78	2.62	2.51	2.42	2.36	2.30	2.25	2.18	2.11	2.03	1.98	1.94	1.89	1.84	1.79	1.73
25	4.24	3.39	2.99	2.76	2.60	2.49	2.40	2.34	2.28	2.24	2.16	2.09	2.01	1.96	1.92	1.87	1.82	1.77	1.71
26	4.23	3.37	2.98	2.74	2.59	2.47	2.39	2.32	2.27	2.22	2.15	2.07	1.99	1.95	1.90	1.85	1.80	1.75	1.69
27	4.21	3.35	2.96	2.73	2.57	2.46	2.37	2.31	2.25	2.20	2.13	2.06	1.97	1.93	1.88	1.84	1.79	1.73	1.67
28	4.20	3.34	2.95	2.71	2.56	2.45	2.36	2.29	2.24	2.19	2.12	2.04	1.96	1.91	1.87	1.82	1.77	1.71	1.65
29	4.18	3.33	2.93	2.70	2.55	2.43	2.35	2.28	2.22	2.18	2.10	2.03	1.94	1.90	1.85	1.81	1.75	1.70	1.64
30	4.17	3.32	2.92	2.69	2.53	2.42	2.33	2.27	2.21	2.16	2.09	2.01	1.93	1.89	1.84	1.79	1.74	1.68	1.62
40	4.08	3.23	2.84	2.61	2.45	2.34	2.25	2.18	2.12	2.08	2.00	1.92	1.84	1.79	1.74	1.69	1.64	1.58	1.51
60	4.00	3.15	2.76	2.53	2.37	2.25	2.17	2.10	2.04	1.99	1.92	1.84	1.75	1.70	1.65	1.59	1.53	1.47	1.39
120	3.92	3.07	2.68	2.45	2.29	2.17	2.09	2.02	1.96	1.91	1.83	1.75	1.66	1.61	1.55	1.50	1.43	1.35	1.25
∞	3.84	3.00	2.60	2.37	2.21	2.10	2.01	1.94	1.88	1.83	1.75	1.67	1.57	1.52	1.46	1.39	1.32	1.22	1.00

$\alpha = 0.025$

n_1 \ n_2	1	2	3	4	5	6	7	8	9	10	12	15	20	24	30	40	60	120	∞
1	647.8	799.5	864.2	899.6	921.8	937.1	948.2	956.7	963.3	968.6	976.7	984.9	993.1	997.2	1 001	1 006	1 010	1 014	1 018
2	38.51	39.00	39.17	39.25	39.30	39.33	39.36	39.37	39.39	39.40	39.41	39.43	39.45	39.46	39.46	39.47	39.48	39.49	39.50
3	17.44	16.04	15.44	15.10	14.88	14.73	14.62	14.54	14.47	14.42	14.34	14.25	14.17	14.12	14.08	14.04	13.99	13.95	13.90
4	12.22	10.65	9.98	9.60	9.36	9.20	9.07	8.98	8.90	8.84	8.75	8.66	8.56	8.51	8.46	8.41	8.36	8.31	8.26
5	10.01	8.43	7.76	7.39	7.15	6.98	6.85	6.76	6.68	6.62	6.52	6.43	6.33	6.28	6.23	6.18	6.12	6.07	6.02
6	8.81	7.26	6.60	6.23	5.99	5.82	5.70	5.60	5.52	5.46	5.37	5.27	5.17	5.12	5.07	5.01	4.96	4.90	4.85
7	8.07	6.54	5.89	5.52	5.29	5.12	4.99	4.90	4.82	4.76	4.67	4.57	4.47	4.42	4.36	4.31	4.25	4.20	4.14
8	7.57	6.06	5.42	5.05	4.82	4.65	4.53	4.43	4.36	4.30	4.20	4.10	4.00	3.95	3.89	3.84	3.78	3.73	3.67
9	7.21	5.71	5.08	4.72	4.48	4.23	4.20	4.10	4.03	3.96	3.87	3.77	3.67	3.61	3.56	3.51	3.45	3.39	3.33

(续表)

$\alpha = 0.025$

n_1 \ n_2	1	2	3	4	5	6	7	8	9	10	12	15	20	24	30	40	60	120	∞
10	6.94	5.46	4.83	4.47	4.24	4.07	3.95	3.85	3.78	3.72	3.62	3.52	3.42	3.37	3.31	3.26	3.20	3.14	3.08
11	6.72	5.26	4.63	4.28	4.04	3.88	3.76	3.66	3.59	3.53	3.43	3.33	3.23	3.17	3.12	3.06	3.00	2.94	2.88
12	6.55	5.10	4.47	4.12	3.89	3.73	3.61	3.51	3.44	3.37	3.28	3.18	3.07	3.02	2.96	2.91	2.85	2.79	2.72
13	6.41	4.97	4.35	4.00	3.77	3.60	3.48	3.39	3.31	3.25	3.15	3.05	2.95	2.89	2.84	2.78	2.72	2.66	2.60
14	6.30	4.86	4.24	3.89	3.66	3.50	3.38	3.29	3.21	3.15	3.05	2.95	2.84	2.79	2.73	2.67	2.61	2.55	2.49
15	6.20	4.77	4.15	3.80	3.58	3.41	3.29	3.20	3.12	3.06	2.96	2.86	2.76	2.70	2.64	2.59	2.52	2.46	2.40
16	6.12	4.69	4.08	3.73	3.50	3.34	3.22	3.12	3.05	2.99	2.89	2.79	2.68	2.63	2.57	2.51	2.45	2.38	2.32
17	6.04	4.62	4.01	3.66	3.44	3.28	3.16	3.06	2.98	2.92	2.82	2.72	2.62	2.56	2.50	2.44	2.38	2.32	2.25
18	5.98	4.56	3.95	3.61	3.38	3.22	3.10	3.01	2.93	2.87	2.77	2.67	2.56	2.50	2.44	2.38	2.32	2.26	2.19
19	5.92	4.51	3.90	3.56	3.33	3.17	3.05	2.96	2.88	2.82	2.72	2.62	2.51	2.45	2.39	2.33	2.27	2.20	2.13
20	5.87	4.46	3.86	3.51	3.29	3.13	3.01	2.91	2.84	2.77	2.68	2.57	2.46	2.41	2.35	2.29	2.22	2.16	2.09
21	5.83	4.42	3.82	3.48	3.25	3.09	2.97	2.87	2.80	2.73	2.64	2.53	2.42	2.37	2.31	2.25	2.18	2.11	2.04
22	5.79	4.38	3.78	3.44	3.22	3.05	2.93	2.84	2.76	2.70	2.60	2.50	2.39	2.33	2.27	2.21	2.14	2.08	2.00
23	5.75	4.35	3.75	3.41	3.18	3.02	2.90	2.81	2.73	2.67	2.57	2.47	2.36	2.30	2.24	2.18	2.11	2.04	1.97
24	5.72	4.32	3.72	3.38	3.15	2.99	2.87	2.78	2.70	2.64	2.54	2.44	2.33	2.27	2.21	2.15	2.08	2.01	1.94
25	5.69	4.29	3.69	3.35	3.13	2.97	2.85	2.75	2.68	2.61	2.51	2.41	2.30	2.24	2.18	2.12	2.05	1.98	1.91
26	5.66	4.27	3.67	3.33	3.10	2.94	2.82	2.73	2.65	2.59	2.49	2.39	2.28	2.22	2.16	2.09	2.03	1.95	1.88
27	5.63	4.24	3.65	3.31	3.08	2.92	2.80	2.71	2.63	2.57	2.47	2.36	2.25	2.19	2.13	2.07	2.00	1.93	1.85
28	5.61	4.22	3.63	3.29	3.06	2.90	2.78	2.69	2.61	2.55	2.45	2.34	2.23	2.17	2.11	2.05	1.98	1.91	1.83
29	5.59	4.20	3.61	3.27	3.04	2.88	2.76	2.67	2.59	2.53	2.43	2.32	2.21	2.15	2.09	2.03	1.96	1.89	1.81
30	5.57	4.18	3.59	3.25	3.03	2.87	2.75	2.65	2.57	2.51	2.41	2.31	2.20	2.14	2.07	2.01	1.94	1.87	1.79
40	5.42	4.05	3.46	3.13	2.90	2.74	2.62	2.53	2.45	2.39	2.29	2.18	2.07	2.01	1.94	1.88	1.80	1.72	1.64
60	5.29	3.93	3.34	3.01	2.79	2.63	2.51	2.41	2.33	2.27	2.17	2.06	1.94	1.88	1.82	1.74	1.67	1.58	1.48
120	5.15	3.80	3.23	2.89	2.67	2.52	2.39	2.30	2.22	2.16	2.05	1.94	1.82	1.76	1.69	1.61	1.53	1.43	1.31
∞	5.02	3.69	3.12	2.79	2.57	2.41	2.29	2.19	2.11	2.05	1.94	1.83	1.71	1.64	1.57	1.48	1.39	1.27	1.00

$\alpha = 0.01$

n_1 \ n_2	1	2	3	4	5	6	7	8	9	10	12	15	20	24	30	40	60	120	∞
1	4 052	4 999.5	5 403	5 625	5 764	5 859	5 928	5 981	6 022	6 056	6 106	6 157	6 209	6 235	6 261	6 287	6 313	6 339	6 366
2	98.50	99.00	99.17	99.25	99.30	99.33	99.36	99.37	99.39	99.40	99.42	99.43	99.45	99.46	99.47	99.47	99.48	99.49	99.50
3	34.12	30.82	29.46	28.71	28.24	27.91	27.67	27.49	27.35	27.23	27.05	26.87	26.69	26.60	26.50	26.41	26.32	26.22	26.13

(续表)

$\alpha = 0.01$

n_1 / n_2	1	2	3	4	5	6	7	8	9	10	12	15	20	24	30	40	60	120	∞
4	21.20	18.00	16.69	15.98	15.52	15.21	14.98	14.80	14.66	14.55	14.37	14.20	14.02	13.93	13.84	13.75	13.65	13.56	13.46
5	16.26	13.27	12.06	11.39	10.97	10.67	10.46	10.29	10.16	10.05	9.89	9.72	9.55	9.47	9.38	9.29	9.20	9.11	9.02
6	13.75	10.92	9.78	9.15	8.75	8.47	8.26	8.10	7.98	7.87	7.72	7.56	7.40	7.31	7.23	7.14	7.06	6.97	6.88
7	12.25	9.55	8.45	7.85	7.46	7.19	6.99	6.84	6.72	6.62	6.47	6.31	6.16	6.07	5.99	5.91	5.82	5.74	5.65
8	11.26	8.65	7.59	7.01	6.63	6.37	6.18	6.03	5.91	5.81	5.67	5.52	5.36	5.28	5.20	5.12	5.03	4.95	4.86
9	10.56	8.02	6.99	6.42	6.06	5.80	5.61	5.47	5.35	5.26	5.11	4.96	4.81	4.73	4.65	4.57	4.48	4.40	4.31
10	10.04	7.56	6.55	5.99	5.64	5.39	5.20	5.06	4.94	4.85	4.71	4.56	4.41	4.33	4.25	4.17	4.08	4.00	3.91
11	9.65	7.21	6.22	5.67	5.32	5.07	4.89	4.74	4.63	4.54	4.40	4.25	4.10	4.02	3.94	3.86	3.78	3.69	3.60
12	9.33	6.93	5.95	5.41	5.06	4.82	4.64	4.50	4.39	4.30	4.16	4.01	3.86	3.78	3.70	3.62	3.54	3.45	3.36
13	9.07	6.70	5.74	5.21	4.86	4.62	4.44	4.30	4.19	4.10	3.96	3.82	3.66	3.59	3.51	3.43	3.34	3.25	3.17
14	8.86	6.51	5.56	5.04	4.69	4.46	4.28	4.14	4.03	3.94	3.80	3.66	3.51	3.43	3.35	3.27	3.18	3.09	3.00
15	8.68	6.36	5.42	4.89	4.56	4.32	4.14	4.00	3.89	3.80	3.67	3.52	3.37	3.29	3.21	3.13	3.05	2.96	2.87
16	8.53	6.23	5.29	4.77	4.44	4.20	4.03	3.89	3.78	3.69	3.55	3.41	3.26	3.18	3.10	3.02	2.93	2.84	2.75
17	8.40	6.11	5.18	4.67	4.34	4.10	3.93	3.79	3.68	3.59	3.46	3.31	3.16	3.08	3.00	2.92	2.83	2.75	2.65
18	8.29	6.01	5.09	4.58	4.25	4.01	3.84	3.71	3.60	3.51	3.37	3.23	3.08	3.00	2.92	2.84	2.75	2.66	2.57
19	8.18	5.93	5.01	4.50	4.17	3.94	3.77	3.63	3.52	3.43	3.30	3.15	3.00	2.92	2.84	2.76	2.67	2.58	2.49
20	8.10	5.85	4.94	4.43	4.10	3.87	3.70	3.56	3.46	3.37	3.23	3.09	2.94	2.86	2.78	2.69	2.61	2.52	2.42
21	8.02	5.78	4.87	4.37	4.04	3.81	3.64	3.51	3.40	3.31	3.17	3.03	2.88	2.80	2.72	2.64	2.55	2.46	2.36
22	7.95	5.72	4.82	4.31	3.99	3.76	3.59	3.45	3.35	3.26	3.12	2.98	2.83	2.75	2.67	2.58	2.50	2.40	2.31
23	7.88	5.66	4.76	4.26	3.94	3.71	3.54	3.41	3.30	3.21	3.07	2.93	2.78	2.70	2.62	2.54	2.45	2.35	2.26
24	7.82	5.61	4.72	4.22	3.90	3.67	3.50	3.36	3.26	3.17	3.03	2.89	2.74	2.66	2.58	2.49	2.40	2.31	2.21
25	7.77	5.57	4.68	4.18	3.85	3.63	3.46	3.32	3.22	3.13	2.99	2.85	2.70	2.62	2.54	2.45	2.36	2.27	2.17
26	7.72	5.53	4.64	4.14	3.82	3.59	3.42	3.29	3.18	3.09	2.96	2.81	2.66	2.58	2.50	2.42	2.33	2.23	2.13
27	7.68	5.49	4.60	4.11	3.78	3.56	3.39	3.26	3.15	3.06	2.93	2.78	2.63	2.55	2.47	2.38	2.29	2.20	2.10
28	7.64	5.45	4.57	4.07	3.75	3.53	3.36	3.23	3.12	3.03	2.90	2.75	2.60	2.52	2.44	2.35	2.26	2.17	2.06
29	7.60	5.42	4.54	4.04	3.73	3.50	3.33	3.20	3.09	3.00	2.87	2.73	2.57	2.49	2.41	2.33	2.23	2.14	2.03
30	7.56	5.39	4.51	4.02	3.70	3.47	3.30	3.17	3.07	2.98	2.84	2.70	2.55	2.47	2.39	2.30	2.21	2.11	2.01
40	7.31	5.18	4.31	3.83	3.51	3.29	3.12	2.99	2.89	2.80	2.66	2.52	2.37	2.29	2.20	2.11	2.02	1.92	1.80
60	7.08	4.98	4.13	3.65	3.34	3.12	2.95	2.82	2.72	2.63	2.50	2.35	2.20	2.12	2.03	1.94	1.84	1.73	1.60
120	6.85	4.79	3.95	3.48	3.17	2.96	2.79	2.66	2.56	2.47	2.34	2.19	2.03	1.95	1.86	1.76	1.66	1.53	1.38
∞	6.63	4.61	3.78	3.32	3.02	2.80	2.64	2.51	2.41	2.32	2.18	2.04	1.88	1.79	1.70	1.59	1.47	1.32	1.00

(续表)

$\alpha = 0.005$

n_1 \ n_2	1	2	3	4	5	6	7	8	9	10	12	15	20	24	30	40	60	120	∞
1	16 211	20 000	21 615	22 500	23 056	23 437	23 715	23 925	24 091	24 224	24 426	24 630	24 836	24 940	25 044	25 148	25 253	25 359	25 465
2	198.5	199.0	199.2	199.2	199.3	199.3	199.4	199.4	199.4	199.4	199.4	199.4	199.4	199.5	199.5	199.5	199.5	199.5	199.5
3	55.55	49.80	47.47	46.19	45.39	44.84	44.43	44.13	43.88	43.69	43.39	43.08	42.78	42.62	42.47	42.31	42.15	41.99	41.83
4	31.33	26.28	24.26	23.15	22.46	21.97	21.62	21.35	21.14	20.97	20.70	20.44	20.17	20.03	19.89	19.75	19.61	19.47	19.32
5	22.78	18.31	16.53	15.56	14.94	14.51	14.20	13.96	13.77	13.62	13.38	13.15	12.90	12.78	12.66	12.53	12.40	12.27	12.14
6	18.63	14.54	12.92	12.03	11.46	11.07	10.79	10.57	10.39	10.25	10.03	9.81	9.59	9.47	9.36	9.24	9.12	9.00	8.88
7	16.24	12.40	10.88	10.05	9.52	9.16	8.89	8.68	8.51	8.38	8.18	7.97	7.75	7.64	7.53	7.42	7.31	7.19	7.08
8	14.69	11.04	9.60	8.81	8.30	7.95	7.69	7.50	7.34	7.21	7.01	6.81	6.61	6.50	6.40	6.29	6.18	6.06	5.95
9	13.61	10.11	8.72	7.96	7.47	7.13	6.88	6.69	6.54	6.42	6.23	6.03	5.83	5.73	5.62	5.52	5.41	5.30	5.19
10	12.83	9.43	8.08	7.34	6.87	6.54	6.30	6.12	5.97	5.85	5.66	5.47	5.27	5.17	5.07	4.97	4.86	4.75	4.64
11	12.23	8.91	7.60	6.88	6.42	6.10	5.86	5.68	5.54	5.42	5.24	5.05	4.86	4.76	4.65	4.55	4.45	4.34	4.23
12	11.75	8.51	7.23	6.52	6.07	5.76	5.52	5.35	5.20	5.09	4.91	4.72	4.53	4.43	4.33	4.23	4.12	4.01	3.90
13	11.37	8.19	6.93	6.23	5.79	5.48	5.25	5.08	4.94	4.82	4.64	4.46	4.27	4.17	4.07	3.97	3.87	3.76	3.65
14	11.06	7.92	6.68	6.00	5.56	5.26	5.03	4.86	4.72	4.60	4.43	4.25	4.06	3.96	3.86	3.76	3.66	3.55	3.44
15	10.80	7.70	6.48	5.80	5.37	5.07	4.85	4.67	4.54	4.42	4.25	4.07	3.88	3.79	3.69	3.58	3.48	3.37	3.26
16	10.58	7.51	6.30	5.64	5.21	4.91	4.69	4.52	4.38	4.27	4.10	3.92	3.73	3.64	3.54	3.44	3.33	3.22	3.11
17	10.38	7.35	6.16	5.50	5.07	4.78	4.56	4.39	4.25	4.14	3.97	3.79	3.61	3.51	3.41	3.31	3.21	3.10	2.98
18	10.22	7.21	6.03	5.37	4.96	4.66	4.44	4.28	4.14	4.03	3.86	3.68	3.50	3.40	3.30	3.20	3.10	2.99	2.87
19	10.07	7.09	5.92	5.27	4.85	4.56	4.34	4.18	4.04	3.93	3.76	3.50	3.40	3.31	3.21	3.11	3.00	2.89	2.78
20	9.94	6.99	5.82	5.17	4.76	4.47	4.26	4.09	3.96	3.85	3.68	3.50	3.32	3.22	3.12	3.02	2.92	2.81	2.69
21	9.83	6.89	5.73	5.09	4.68	4.39	4.18	4.01	3.88	3.77	3.60	3.43	3.24	3.15	3.05	2.95	2.84	2.73	2.61
22	9.73	6.81	5.65	5.02	4.61	4.32	4.11	3.94	3.81	3.70	3.54	3.36	3.18	3.08	2.98	2.88	2.77	2.66	2.55
23	9.63	6.73	5.58	4.95	4.54	4.26	4.05	3.86	3.75	3.64	3.47	3.30	3.12	3.02	2.92	2.82	2.71	2.60	2.48
24	9.55	6.66	5.52	4.89	4.49	4.20	3.99	3.83	3.69	3.59	3.42	3.25	3.06	2.97	2.87	2.77	2.66	2.55	2.43
25	9.48	6.60	5.46	4.84	4.43	4.15	3.94	3.78	3.64	3.54	3.37	3.20	3.01	2.92	2.82	2.72	2.61	2.50	2.38

(续表)

$\alpha = 0.005$

$n_1 \backslash n_2$	1	2	3	4	5	6	7	8	9	10	12	15	20	24	30	40	60	120	∞
26	9.41	6.54	5.41	4.79	4.38	4.10	3.89	3.73	3.60	3.49	3.33	3.15	2.97	2.87	2.77	2.67	2.56	2.45	2.33
27	9.34	6.49	5.36	4.74	4.34	4.06	3.85	3.69	3.56	3.45	3.28	3.11	2.93	2.83	2.73	2.63	2.52	2.41	2.29
28	9.28	6.44	5.32	4.70	4.30	4.02	3.81	3.65	3.52	3.41	3.25	3.07	2.89	2.79	2.69	2.59	2.48	2.37	2.25
29	9.23	6.40	5.28	4.66	4.26	3.98	3.77	3.61	3.48	3.38	3.21	3.04	2.86	2.76	2.66	2.56	2.45	2.33	2.21
30	9.18	6.35	5.24	4.62	4.23	3.95	3.74	3.58	3.45	3.34	3.18	3.01	2.82	2.73	2.63	2.52	2.42	2.30	2.18
40	8.83	6.07	4.98	4.37	3.99	3.71	3.51	3.35	3.22	3.12	2.95	2.78	2.60	2.50	2.40	2.30	2.18	2.06	1.93
60	8.49	5.79	4.73	4.14	3.76	3.49	3.29	3.13	3.01	2.90	2.74	2.57	2.39	2.29	2.19	2.08	1.96	1.83	1.69
120	8.18	5.54	4.50	3.92	3.55	3.28	3.09	2.93	2.81	2.71	2.54	2.37	2.19	2.09	1.98	1.87	1.75	1.61	1.43
∞	7.88	5.30	4.28	3.72	3.35	3.09	2.90	2.74	2.62	2.52	2.36	2.19	2.00	1.90	1.79	1.67	1.53	1.36	1.00

$\alpha = 0.001$

$n_1 \backslash n_2$	1	2	3	4	5	6	7	8	9	10	12	15	20	24	30	40	60	120	∞
1	4 053*	5 000*	5 404*	5 625*	5 764*	5 859*	5 929*	5 981*	6 023*	6 056*	6 107*	6 158*	6 209*	6 235*	6 261*	6 287*	6 313*	6 340*	6 366*
2	998.5	999.0	999.2	999.2	999.3	999.3	999.4	999.4	999.4	999.4	999.4	999.4	999.4	999.5	999.5	999.5	999.5	999.5	999.5
3	167.0	148.5	141.1	137.1	134.6	132.8	131.6	130.6	129.9	129.2	128.3	127.4	126.4	125.9	125.4	125.0	124.5	124.0	123.5
4	74.14	61.25	56.18	53.44	51.71	50.53	49.66	49.00	48.47	48.05	47.41	46.76	46.10	45.77	45.43	45.09	44.75	44.40	44.05
5	47.18	37.12	33.20	31.09	29.75	28.84	28.16	27.64	27.24	26.92	26.42	25.91	25.39	25.14	24.87	24.60	24.33	24.06	23.79
6	35.51	27.00	23.70	21.92	20.81	20.03	19.46	19.03	18.69	18.41	17.99	17.56	17.12	16.89	16.67	16.44	16.21	15.99	15.75
7	29.25	21.69	18.77	17.19	16.21	15.52	15.02	14.63	14.33	14.08	13.71	13.32	12.93	12.73	12.53	12.33	12.12	11.91	11.70
8	25.42	18.49	15.83	14.39	13.49	12.86	12.40	12.04	11.77	11.54	11.19	10.84	10.48	10.30	10.11	9.92	9.73	9.53	9.33
9	22.86	16.39	13.90	12.56	11.71	11.13	10.70	10.37	10.11	9.89	9.57	9.24	8.90	8.72	8.55	8.37	8.19	8.00	7.81
10	21.04	14.91	12.55	11.28	10.48	9.92	9.52	9.20	8.96	8.75	8.45	8.13	7.80	7.64	7.47	7.30	7.12	6.94	6.76
11	19.69	13.81	11.56	10.35	9.58	9.05	8.66	8.35	8.12	7.92	7.63	7.32	7.01	6.85	6.68	6.52	6.35	6.17	6.00
12	18.64	12.97	10.80	9.63	8.89	8.38	8.00	7.71	7.48	7.29	7.00	6.71	6.40	6.25	6.00	5.93	5.76	5.59	5.42

(续表)

$\alpha = 0.001$

n_1 \ n_2	1	2	3	4	5	6	7	8	9	10	12	15	20	24	30	40	60	120	∞
13	17.81	12.31	10.21	9.07	8.35	7.86	7.49	7.21	6.98	6.80	6.52	6.23	5.93	5.78	5.63	5.47	5.30	5.14	4.97
14	17.14	11.78	9.73	8.62	7.92	7.43	7.08	6.80	6.58	6.40	6.13	5.85	5.56	5.41	5.25	5.10	4.94	4.77	4.60
15	16.59	11.34	9.34	8.25	7.57	7.09	6.74	6.47	6.26	6.08	5.81	5.54	5.25	5.10	4.95	4.80	4.64	4.47	4.31
16	16.12	10.97	9.00	7.94	7.27	6.81	6.46	6.19	5.98	5.81	5.55	5.27	4.99	4.85	4.70	4.54	4.39	4.23	4.06
17	15.72	10.66	8.73	7.68	7.02	6.56	6.22	5.96	5.75	5.58	5.32	5.05	4.78	4.63	4.48	4.33	4.18	4.02	3.85
18	15.38	10.39	8.49	7.46	6.81	6.35	6.02	5.76	5.56	5.39	5.13	4.87	4.59	4.45	4.30	4.15	4.00	3.84	3.67
19	15.08	10.16	8.28	7.26	6.62	6.18	5.85	5.59	5.39	5.22	4.97	4.70	4.43	4.29	4.14	3.99	3.84	3.68	3.51
20	14.82	9.95	8.10	7.10	6.46	6.02	5.69	5.44	5.24	5.08	4.82	4.56	4.29	4.15	4.00	3.86	3.70	3.54	3.38
21	14.59	9.77	7.94	6.95	6.32	5.88	5.56	5.31	5.11	4.95	4.70	4.44	4.17	4.03	3.88	3.74	3.58	3.42	3.26
22	14.38	9.61	7.80	6.81	6.19	5.76	5.44	5.19	4.99	4.83	4.58	4.33	4.06	3.92	3.78	3.63	3.48	3.32	3.15
23	14.19	9.47	7.67	6.69	6.08	5.65	5.33	5.09	4.89	4.73	4.48	4.23	3.96	3.82	3.68	3.53	3.38	3.22	3.05
24	14.03	9.34	7.55	6.59	5.98	5.55	5.23	4.99	4.80	4.64	4.39	4.14	3.87	3.74	3.59	3.45	3.29	3.14	2.97
25	13.88	9.22	7.45	6.49	5.88	5.46	5.15	4.91	4.71	4.56	4.31	4.06	3.79	3.66	3.52	3.37	3.22	3.06	2.89
26	13.74	9.12	7.36	6.41	5.80	5.38	5.07	4.83	4.64	4.48	4.24	3.99	3.72	3.59	3.44	3.30	3.15	2.99	2.82
27	13.61	9.02	7.27	6.33	5.73	5.31	5.00	4.76	4.57	4.41	4.17	3.92	3.66	3.52	3.38	3.23	3.08	2.92	2.75
28	13.50	8.93	7.19	6.25	5.66	5.24	4.93	4.69	4.50	4.35	4.11	3.86	3.60	3.46	3.32	3.18	3.02	2.86	2.69
29	13.39	8.85	7.12	6.19	5.59	5.18	4.87	4.64	4.45	4.29	4.05	3.80	3.54	3.41	3.27	3.12	2.97	2.81	2.64
30	13.29	8.77	7.05	6.12	5.53	5.12	4.82	4.58	4.39	4.24	4.00	3.75	3.49	3.36	3.22	3.07	2.92	2.76	2.59
40	12.61	8.25	6.60	5.70	5.13	4.73	4.44	4.21	4.02	3.87	3.64	3.40	3.15	3.01	2.87	2.73	2.57	2.41	2.23
60	11.97	7.76	6.17	5.31	4.76	4.37	4.09	3.87	3.69	3.54	3.31	3.08	2.83	2.69	2.55	2.41	2.25	2.08	1.89
120	11.38	7.32	5.79	4.95	4.42	4.04	3.77	3.55	3.38	3.24	3.02	2.78	2.53	2.40	2.26	2.11	1.95	1.76	1.54
∞	10.83	6.91	5.42	4.62	4.10	3.74	3.47	3.27	3.10	2.96	2.74	2.51	2.27	2.13	1.99	1.84	1.66	1.45	1.00

注:"*"表示要将所列数乘100.

附表5 相关系数临界值 r_α 表

$$P\{|r|>r_\alpha\}=\alpha$$

α \ $n-2$	0.10	0.05	0.02	0.01	0.001	α \ $n-2$
1	0.987 69	0.996 92	0.999 507	0.999 877	0.999 998 8	1
2	0.900 00	0.950 00	0.980 00	0.999 000	0.999 00	2
3	0.805 4	0.878 3	0.934 33	0.958 73	0.991 16	3
4	0.729 3	0.811 4	0.882 2	0.917 20	0.974 06	4
5	0.669 4	0.754 5	0.832 9	0.874 5	0.950 75	5
6	0.621 5	0.706 7	0.788 7	0.834 3	0.924 93	6
7	0.582 2	0.666 4	0.749 8	0.797 7	0.898 2	7
8	0.549 4	0.631 9	0.715 5	0.764 6	0.872 1	8
9	0.521 4	0.602 1	0.685 1	0.734 8	0.847 1	9
10	0.497 3	0.576 0	0.658 1	0.707 9	0.823 3	10
11	0.476 2	0.552 9	0.633 9	0.683 5	0.801 0	11
12	0.457 5	0.532 4	0.612 0	0.661 4	0.780 0	12
13	0.440 9	0.513 9	0.592 3	0.641 1	0.760 3	13
14	0.425 9	0.497 3	0.574 2	0.622 6	0.742 0	14
15	0.412 4	0.482 1	0.557 7	0.605 5	0.724 6	15
16	0.400 0	0.468 3	0.542 5	0.589 7	0.708 4	16
17	0.388 7	0.455 5	0.528 5	0.575 1	0.693 2	17
18	0.378 3	0.443 8	0.515 5	0.561 4	0.678 7	18
19	0.368 7	0.432 9	0.503 4	0.548 7	0.665 2	19
20	0.359 8	0.422 7	0.492 1	0.536 8	0.652 4	20
25	0.323 3	0.380 9	0.445 1	0.486 9	0.597 4	25
30	0.296 0	0.349 4	0.409 3	0.448 7	0.554 1	30
35	0.274 6	0.324 6	0.381 0	0.418 2	0.518 9	35
40	0.257 3	0.304 4	0.357 8	0.403 2	0.489 6	40
45	0.242 8	0.287 5	0.338 4	0.372 1	0.464 8	45
50	0.230 6	0.273 2	0.321 8	0.354 1	0.443 3	50
60	0.210 8	0.250 0	0.294 8	0.324 8	0.407 8	60
70	0.195 4	0.231 9	0.273 7	0.301 7	0.379 9	70
80	0.182 9	0.217 2	0.256 5	0.283 0	0.356 8	80
90	0.172 6	0.205 0	0.242 2	0.267 3	0.337 5	90
100	0.163 8	0.194 6	0.233 1	0.254 0	0.321 1	100

习题参考答案

习题 1.1

1. (1) 总体是该产品的寿命，它服从均值为 θ 的指数分布；(2) 样本观察值是 $x_1, x_2, \cdots, x_{10}$；(3) 0.606 5.

2. (1) 4；(2) 4；(3) $F_{10}(x) = \begin{cases} 0, & x < 1, \\ \frac{1}{10}, & 1 \leqslant x < 2, \\ \frac{2}{10}, & 2 \leqslant x < 3, \\ \frac{4}{10}, & 3 \leqslant x < 4, \\ \frac{7}{10}, & 4 \leqslant x < 5, \\ \frac{8}{10}, & 5 \leqslant x < 6, \\ \frac{9}{10}, & 6 \leqslant x < 8, \\ 1, & x \geqslant 8. \end{cases}$

3. $N(\mu, \sigma^2)$；$N(\mu, 5\sigma^2)$；$N(n\mu, n\sigma^2)$.

4. (1) $P\{X_1 = x_1, X_2 = x_2, \cdots, X_n = x_n\} = p^{\sum\limits_{i=1}^n x_i}(1-p)^{n-\sum\limits_{i=1}^n x_i}$, $x_i = 0, 1$.

(2) $P\left\{\sum\limits_{i=1}^n X_i = k\right\} = C_n^k p^k (1-p)^{n-k}$, $k = 0, 1, 2, \cdots, n$.

习题 1.2

1. 略. **2.** (1) 略；(2) 略；(3) 略. **3.** (1) 略；(2) 近似服从正态分布.

习题 1.3

1. 0.829 3. **2.** 4；2. **3.** p；$\frac{p(1-p)}{n}$；$p(1-p)$. **4.** $a = \pm 2$, $b = \mp 2$.

5. (1) 439；(2) 200；(3) 要以高概率保持同样的精度，则必须增加样本容量. **6.** 0, $\frac{1}{3n}$.

7. $N\left(p, \frac{p(1-p)}{20}\right)$.

习题 1.4

1. (1) 0.233，-0.233，0.687 0，-0.687 0；(2) 4.604 1.

2. (1) 34.382, 2.24, 0.446 4; (2) 24.996. **3.** 10, 2, 20. **4.** $\chi^2(2)$, 2. **5.** 0.99. **6.** 0.58. **7.** 0.674 2. **8.** 16. **9.** $F(1,1)$. **10.** $t(n-1)$. **11.** μ. **12.** -0.423. **13.** 略. **14.** 略.

习题 2.1

1. $3\overline{X}$. **2.** 74.002, $6.857\,1\times 10^{-6}$. **3.** $\overline{X}$, S^2; $\bar{x}$, s^2.

4. (1) $\left(\dfrac{\overline{X}}{1-\overline{X}}\right)^2$, $\left(\dfrac{\bar{x}}{1-\bar{x}}\right)^2$; (2) $\dfrac{n^2}{\left(\sum\limits_{i=1}^n \ln x_i\right)^2}$, $\dfrac{n^2}{\left(\sum\limits_{i=1}^n \ln x_i\right)^2}$.

5. (1) $\dfrac{\overline{X}}{m}$, $\dfrac{\bar{x}}{m}$; (2) $\dfrac{\bar{x}}{m}$, $\dfrac{\overline{X}}{m}$. **6.** 0.499. **7.** (1) $1.64\sigma+\overline{X}$; (2) $1.64\sqrt{\dfrac{n-1}{n}}S+\overline{X}$.

8. $\dfrac{1}{4}$; $\dfrac{7-\sqrt{13}}{12}$. **9.** $\dfrac{1-2\bar{x}}{\bar{x}-1}$, $\dfrac{1-2\overline{X}}{\overline{X}-1}$; $-1-\dfrac{n}{\sum\limits_{i=1}^n \ln x_i}$; $-1-\dfrac{n}{\sum\limits_{i=1}^n \ln X_i}$.

10. $\bar{x}$, $e^{-\bar{x}}$. **11.** 0.325 3. **12.** 172.704 0; 5.370 7. **13.** $1-\dfrac{\sum\limits_{i=1}^n X_i}{\sum\limits_{i=1}^n X_i^2}$.

习题 2.2

1. 0.006 64. **2.** 略. **3.** $\dfrac{1}{n}$. **4.** (1) 略; (2) $\hat{\mu}_3$. **5.** $\dfrac{1}{3}$, $k_2=\dfrac{2}{3}$. **6.** 略.

7. (1) T_1, T_3; (2) T_3. **8.** 略. **9.** $\dfrac{1}{2(n-1)}$.

习题 2.3

1. (1) (5.608, 6.392); (2) (5.558, 6.442). **2.** 97. **3.** (7.4, 21.1). **4.** (11.696, 12.744).
5. (−5.76, 0.56). **6.** (0.222, 3.601). **7.** (4.412, 5.588). **8.** (98.822, 124.956).
9. (15.334 7, 15.465 3). **10.** (4.551 6, 4.866 8). **11.** (0.014 8, 0.119 3).
12. (1) (432.306 4, 482.693 6); (2) (438.905 8, 476.094 2); (3) (24.223 9, 64.137 8).
13. (31.843, 32.397); 32.294 3; (0.162 3, 0.558 5).
14. (171.177 7, 174.230 3); (4.486 3, 6.692 6).
15. (0.453 9, 0.915 2).

习题 2.4

1. $Ga(0.000\,4, 2)$. **2.** $U(11.1, 11.7)$.

3. $P(\lambda=1.5\mid X=3)=0.389\,9$, $P(\lambda=1.8\mid X=3)=0.610\,1$.

4. (1) $Be(n+1, \sum\limits_{i=1}^n x_i+1)$; (2) 0.25.

5. (1) $\pi(\theta\mid x_1, x_2, \cdots, x_n)=\dfrac{2n-1}{\theta^{2n}[x_n^{-2n+1}-1]}$, $0<\theta<1$;

(2) $\pi(\theta \mid x_1, x_2, \cdots, x_n) = \dfrac{2n-3}{\theta^{2n-2}[x_n^{-2n+3}-1]}, 0 < \theta < 1.$ 6. $\dfrac{n+a}{b-\sum\limits_{i=1}^{n}\ln x_i}.$

习题 3.1

1. D.   2. D.   3. C.   4. (1) 0.554 8；(2) 0.002 1.   5. 0.048 1；0.850 6.   6. $\dfrac{2}{3}$；$\dfrac{1}{9}$.
7. 0.98；0.83.

习题 3.2

1. (1) 单边检验；(2) $H_0: \mu_0 = 30\,000$；$H_1: \mu_0 > 30\,000$；(3) $\{\bar{x} > 30\,820\}$.   2. 正常.
3. 不合格.   4. 接受.   5. 否.   6. 不认为测定值的均方差小于等于2.   7. 没有显著变化.   8. 不正常.   9. 接受原假设 H_0.   10. 接受原假设 H_0.   11. 没有显著提高.   12. 没有显著改变.   13. 存在质量问题.   14. 没有显著差异.   15. 可以认为平均成绩为 70 分.   16. 否.   17. 可以认为不正常.

习题 3.3

1. 无显著差异.   2. 提高了钢的得率.   3. 可以认为.   4. 有显著的差异.   5. 合理.   6. 接受 H_0.
7. (1) 接受 H_0；(2) 拒绝 H_0'.

习题 3.4

1. 均匀.   2. 均匀.   3. 服从.   4. 服从.   5. 可以认为.   6. 不均匀.   7. 不服从.
8. 并不是保持不变的.

习题 4.1

1. 略.
2.

方差分析表

方差来源	自由度	平方和	均值	F 比
因素 A	2	4.2	2.1	7.5
误差	9	2.5	0.28	
总和	11	6.7		

因子 A 是显著的.
3. 存在显著性差异.   4. 有显著差异.   5. 3 种教学方法有显著差异；第二种教学方法.
6. 存在显著差异.
7. 略.

习题 4.2

1. 燃料和推进器的不同对火箭的射程有显著影响；燃料和推进器的交互作用显著.
2. 有显著影响.   3. 工人、机器对各自产量无显著影响,但交互作用却有显著影响.
4. 两个因素对化验结果有显著差异.   5. 都是显著的,而它们之间的交互作用则可以忽略.

习题 5.1

1. (1) 略； (2) 0.959 7； (3) $\hat{y} = 22.648 + 0.264\,3x$； (4) 回归方程是显著的.
2. 散点图(略)； $\hat{y} = 24.628\,7 + 0.058\,86x$. 3. $\hat{y} = 28.12 + 132.66x$； 回归方程是显著的.
4. (490.98, 521.02).
5. (1) y 随 x 增长而减少； (2) $\hat{y} = 7.94 - 0.91x$； (3) 回归方程显著； (4) 5.21.
6. (1) 散点图(略)； (2) $\hat{y} = 13.958\,4 + 12.550\,3x$； (3) 0.043 194 63； (4) 拒绝 H_0；
   (5) (19.66, 20.81).
7. (1) 略； (2) $\hat{y} = 67.493 + 0.870\,8x$； (3) 拒绝 H_0； (4) 135.415 4.
8. (1) $\hat{y} = 55.84 + 0.312x$； (2) 显著； (3) (274.05, 336.83).

习题 5.2

1. 令 $u = \ln x$，则原曲线函数化为 $y = a + bu$. 2. $\hat{y} = 17.521\,9 + \dfrac{3.743\,3}{x}$.
3. $y = 1.727\,834\,\mathrm{e}^{\frac{-0.145\,864}{x}}$.
4. $\dfrac{1}{\hat{y}} = 1.114\,8 - \dfrac{0.098\,3}{x}$.
5. (1) $\hat{y} = 390.137\,8\mathrm{e}^{-0.217\,9t}$； (2) $\hat{y} = 606.679\,1 t^{-1.174\,6}$, (1)中的方程较好.

习题 5.3

1. (1) 模型是 $y = -34.072\,5 + 1.223\,9x_1 + 4.398\,9x_2$；
   (2) 剔除两个异常点后 $y = -35.709\,5 + 1.602\,3x_1 + 3.392\,6x_2$.
2. (1) $y_1 = 90.181\,4 - 27.658\,8x_1 - 3.228\,3x_2$； (2) $y_2 = 24.547\,1 - 4.628\,5x_1 - 1.436\,0x_2$.

习题 5.4

1. 略. 2. 略.

习题 5.5

1. 略.

习题 6.1

1. 提示：参考例 6.1.3.
2. 提示：参考例 6.1.4.
3. 提示：参考"我国高等教育发展状况的聚类分析".

习题 6.2

1. 特征值分别为 1.546 4, 0.853 6, 0.600 0； 其他部分提示：参考例 6.2.2.
2. 提示：参考"我国高等教育发展状况的主成分分析".
3. 略.

习题 6.3

1. 略. 2. 提示：参考"我国上市公司的因子分析".

参 考 文 献

[1] Devore J L. Probability and Statistics for Engineering and the Science[M]. 6th ed. Brooks/Cole, 2004.

[2] 统计模型——理论和实践[M]. 吴喜之, 译. 北京: 机械工业出版社, 2010.

[3] Miller I, Miller M, John E. Freund's Mathematical Statistics with Applications[M]. 7th ed, Pearson Education, Prentice Hall, 2004.

[4] Mardia K V, Kent J T, Bibby J M. Multivariate Analysis [M]. London: Academic Press, 1979.

[5] Peck R, Olsen C, Devore J. Introduction to Statistics & Data Analysis [M]. 3rd ed. North Scituate, Mass. Duxbury, 2008.

[6] Walpole R E, Myers R H, Myers S L, et al. Probability and Statistics for Engineers and the Science[M]. Eighth Edition, Pearson Education, Inc., 2007.

[7] 包科研. 数据分析教程[M]. 北京: 清华大学出版社, 2011.

[8] 陈希孺. 数理统计学简史[M]. 长沙: 湖南教育出版社, 2002.

[9] 陈家鼎, 刘婉如, 汪仁官. 概率论与数理统计[M]. 3版. 北京: 高等教育出版社, 2004.

[10] 陈家鼎, 孙山泽, 李东风, 等. 数理统计学讲义[M]. 2版. 北京: 高等教育出版社, 2006.

[11] 陈平, 等. 应用数理统计[M]. 北京: 机械工业出版社, 2015.

[12] 关静, 张玉环, 史道济. 应用数理统计[M]. 2版. 天津: 天津大学出版社, 2016.

[13] 韩明. 工科"概率统计"教学中的几个问题II[J]. 高等数学研究, 2009, 12(1): 86-88.

[14] 韩明. 应用多元统计分析[M]. 2版. 上海: 同济大学出版社, 2017.

[15] 韩明. 贝叶斯统计——基于R和BUGS的应用[M]. 上海: 同济大学出版社, 2017.

[16] 韩明, 王家宝, 李林. 数学实验(MATLAB版)[M]. 4版. 上海: 同济大学出版社, 2018.

[17] 韩明. 概率论与数理统计教程[M]. 2版. 上海: 同济大学出版社, 2018.

[18] 韩明. 应用多元统计分析——基于R的实验[M]. 上海: 同济大学出版社, 2019.

[19] 韩明, 张积林, 李林, 等. 数学建模案例[M]. 2版. 上海: 同济大学出版社, 2020.

[20] 胡政发, 肖海霞. 应用数理统计与随机过程[M]. 北京: 电子工业出版社, 2021.

[21] 李忠范, 等. 应用数理统计[M]. 北京: 高等教育出版社, 2009.

[22] 刘剑平, 等. 应用数理统计[M]. 3版. 上海: 东华大学出版社, 2019.

[23] 茆诗松, 王静龙. 数理统计[M]. 上海: 华东师范大学出版社, 1990.

[24] 茆诗松, 王静龙, 濮晓龙. 高等数理统计[M]. 2版. 北京: 高等教育出版社, 2006.

[25] 茆诗松, 汤银才, 王玲玲. 可靠性统计[M]. 北京: 高等教育出版社, 2008.

[26] 茆诗松, 吕晓玲. 数理统计学[M]. 2版. 北京: 中国人民大学出版社, 2016.

[27] 茆诗松, 程依明, 濮晓龙. 概率论与数理统计教程[M]. 3版. 北京: 高等教育出版

社,2019.

[28] 孙荣恒.应用数理统计[M].北京:科学出版社,2010.
[29] 司守奎,孙玺菁.数学建模算法与应用[M].北京:国防工业出版社,2011.
[30] 司守奎,等.数学建模算法与应用习题解答[M].北京:国防工业出版社,2013.
[31] 王兆军,邹长亮.数理统计教程[M].北京:高等教育出版社,2014.
[32] 吴喜之.统计学:从数据到结论[M].4版.北京:中国统计出版社,2013.
[33] 吴翊,李永乐,胡庆军.应用数理统计[M].长沙:国防科技大学出版社,1995.
[34] 魏宗舒.概率论与数理统计教程[M].3版.北京:高等教育出版社,1983.
[35] 杨虎,钟波,刘琼荪.应用数理统计[M].北京:清华大学出版社,2006.
[36] 杨振海,张忠占.应用数理统计[M].2版.北京:科学出版社,2003.
[37] 张润楚.数理统计学[M].北京:科学出版社,2010.
[38] 张志华.可靠性理论及其工程应用[M].北京:科学出版社,2012.
[39] 朱勇华,邰淑彩,孙韫玉.应用数理统计[M].武汉:武汉水利电力大学出版社,2000.
[40] 庄楚强,何春雄.应用数理统计基础[M].4版.广州:华南理工大学出版社,2013.